公钥密码学：算法构造及安全性证明

周彦伟　编著

科学出版社
北京

内 容 简 介

本书主要介绍公钥密码机制的构造方法及安全性证明，共 9 章。第 1 章介绍随机谕言机模型下的数字签名机制；第 2 章介绍标准模型下的数字签名机制；第 3 章介绍公钥加密机制；第 4 章介绍随机谕言机模型下基于身份的加密机制；第 5 章介绍标准模型下基于身份的加密机制；第 6 章介绍基于属性的加密机制；第 7 章介绍无证书公钥加密机制；第 8 章介绍哈希证明系统；第 9 章介绍基于身份的哈希证明系统。

本书可以作为网络空间安全、密码科学与技术等专业高年级本科生和研究生的参考书，也可以作为相关科研人员和工程技术人员的参考书。

图书在版编目（CIP）数据

公钥密码学：算法构造及安全性证明 / 周彦伟编著. —北京：科学出版社，2024.4

ISBN 978-7-03-076629-8

Ⅰ. ①公… Ⅱ. ①周… Ⅲ. ①公钥密码系统 Ⅳ.①TN918.4

中国国家版本馆 CIP 数据核字(2023)第 194909 号

责任编辑：陈　静　霍明亮 / 责任校对：胡小洁
责任印制：赵　博 / 封面设计：迷底书装

科学出版社 出版
北京东黄城根北街 16 号
邮政编码：100717
http://www.sciencep.com

北京华宇信诺印刷有限公司印刷
科学出版社发行　各地新华书店经销

*

2024 年 4 月第　一　版　开本：720×1000　1/16
2024 年 4 月第一次印刷　印张：18
字数：360 000

定价：168.00 元

（如有印装质量问题，我社负责调换）

前　言

正确理解经典密码算法的安全性证明过程是掌握密码学中安全性证明方法的重要途径，是灵活运用安全性证明技巧的必经之路，然而作者在近年的授课过程中发现，当前关于密码学安全性证明的著作均重点介绍了安全性归约的思想及证明理论，忽略了对经典密码算法证明过程的具体分析。对读者而言，将已了解的安全归约思想及证明理论与具体密码方案的安全性证明相联系是一件困难的事。为了进一步促进读者对安全证明理论的理解和熟练运用，本书以经典的公钥密码方案为例，对相关算法的构造及安全性证明思路进行介绍，从方案设计者的角度出发，展示如何使用安全归约思想及证明理论去实现具体密码方案的安全性证明。

本书重点介绍公钥密码学的算法构造及安全性证明过程，分别对数字签名、公钥加密、基于身份的加密、基于属性的加密、无证书公钥加密、哈希证明系统和基于身份的哈希证明系统等进行介绍；从算法定义、安全模型、具体方案构造和形式化安全证明等方面进行详细的阐述。

本书的内容安排如下：第 1 章介绍随机谕言机模型下的数字签名机制，包括 BLS 数字签名机制及相应的改进方案等；第 2 章介绍标准模型下的数字签名机制；第 3 章介绍公钥加密机制，包括 ElGamal 公钥加密机制、Cramer-Shoup 公钥加密机制和 RSA 加密机制等；第 4 章介绍随机谕言机模型下基于身份的加密机制，包括基于双线性映射的身份基加密机制、具有紧归约安全性的身份基加密机制和密钥长度较短的身份基加密机制等；第 5 章介绍标准模型下基于身份的加密机制，包括选择身份安全的身份基加密机制、适应性安全的身份基加密机制、密文尺寸固定的分层身份基加密机制、匿名的身份基加密机制、广义身份基加密机制和基于对偶系统加密的全安全身份基加密机制等；第 6 章介绍基于属性的加密机制，包括基于模糊身份的加密机制、密钥策略的属性基加密机制和密文策略的属性基加密机制等；第 7 章介绍无证书公钥加密机制；第 8 章与第 9 章分别介绍哈希证明系统和基于身份的哈希证明系统。

本书的出版得到国家自然科学基金（62272287）、陕西省重点研发计划项目（2024GX-YBXM-074）和中央高校基本科研业务费专项资金（GK202301009）的资助，在此表示感谢。此外，在本书的撰写过程中，参考了国内外有关学者的文献，在此表示感谢。

由于作者水平有限，书中不足之处在所难免，敬请广大读者批评指正。

作　者

2024 年 2 月

目　录

第 1 章　随机谕言机模型下的数字签名机制

本章主要介绍随机谕言机模型下的经典数字签名机制，介绍相关签名机制[1-3]的算法定义及安全性证明方法。

1.1　算法定义及安全模型

本节将介绍签名机制的形式化定义及不可伪造性。

1.1.1　形式化定义

一个消息空间为 $\mathcal{M}$ 的签名机制由 KeyGen 、 Sign 和 Verify 等三个算法组成。

(1) 密钥生成。

密钥生成算法 KeyGen 的输入是安全参数 κ ，输出公私钥对 (pk,sk)，其中 pk 是公钥，sk 是私钥。该算法可以表示为 $(\text{pk},\text{sk}) \leftarrow \text{KeyGen}(1^{\kappa})$ 。

(2) 签名。

签名算法 Sign 输入一个明文 $m \in \mathcal{M}$ 和私钥 sk，输出相应的签名 δ 。该算法可以表示为 $\delta \leftarrow \text{Sign}(\text{sk}, m)$ 。

(3) 验证。

验证算法 Verify 输入签名 δ 、消息 m 和公钥 pk，若 δ 是关于消息 m 的合法签名，则输出 1；否则，输出 0。该算法可以表示为 $1/0 \leftarrow \text{Verify}(\text{pk}, \delta, m)$ 。

一般情况下，算法 KeyGen 和 Sign 是概率性算法，即随机数将参与上述算法的运行，如随机性签名算法 Sign 可以保证相同的明文消息 $m \in \mathcal{M}$，多次运行算法 Sign 可以产生不同的签名值 $\delta \leftarrow \text{Sign}(\text{sk}, m)$ 。

正确性要求对于任意的消息 $m \in \mathcal{M}$ 和公私钥对 $(\text{pk},\text{sk}) \leftarrow \text{KeyGen}(1^{\kappa})$ ，有关系 $1 = \text{Verify}(\text{pk}, \text{Sign}(\text{sk}, m), m)$ 成立。特别地，在部分签名机制的算法定义中会包含一个初始化算法用于生成该签名机制所需的公共参数。

1.1.2　不可伪造性

设 $\Pi = (\text{KeyGen}, \text{Sign}, \text{Verify})$ 是一个消息空间为 $\mathcal{M}$ 的签名机制。适应性选择消息攻击下存在不可伪造性 (existential unforgeability against chosen-message attacks, EUF-CMA) 的游戏中挑战者 $\mathcal{C}$ 和敌手 $\mathcal{A}$ 间的消息交互过程如下所示。

(1)初始化。

挑战者 $\mathcal{C}$ 输入安全参数 κ，运行密钥生成算法 $\text{KeyGen}(1^{\kappa})$，产生公钥 pk 和私钥 sk，秘密保存 sk 的同时将 pk 发送给敌手 $\mathcal{A}$。

(2)询问。

敌手 $\mathcal{A}$ 自适应地选取任意消息 $m_i \in \mathcal{M}$ 进行签名询问，挑战者 $\mathcal{C}$ 运行签名算法 Sign，生成相应的签名 $\delta_i \leftarrow \text{Sign}(\text{sk}, m_i)$，并将其发送给敌手 $\mathcal{A}$。

(3)伪造。

敌手 $\mathcal{A}$ 输出关于消息 $m^* \in \mathcal{M}$ 的伪造签名 δ^*，当 δ^* 满足下面两个条件时，敌手 $\mathcal{A}$ 在该游戏中获胜。

① δ^* 是关于消息 m^* 的有效签名，即 $\text{Verify}(\text{pk}, \delta^*, m^*) = 1$。

②询问阶段未对挑战消息 m^* 进行签名生成询问。

敌手 $\mathcal{A}$ 在上述游戏中获胜的优势定义为

$$\text{Adv}_{\text{Sign},\mathcal{A}}^{\text{EUF-CMA}}(\kappa) = \Pr[\mathcal{A} \text{ wins}]$$

定义 1-1(签名机制的不可伪造性) 对于任意的概率多项式时间敌手 $\mathcal{A}$，若其在上述游戏中获胜的优势 $\text{Adv}_{\text{Sign},\mathcal{A}}^{\text{EUF-CMA}}(\kappa)$ 是可忽略的，则相应的签名机制在适应性选择消息攻击下具有不可伪造性。

上述安全性游戏的形式化描述如下所示。

$\text{Exp}_{\text{Sign},\mathcal{A}}^{\text{EUF-CMA}}(\kappa)$:

$(\text{sk}, \text{pk}) \leftarrow \text{KeyGen}(1^{\kappa})$;

$(\delta^*, m^*) \leftarrow \mathcal{A}^{\mathcal{O}_{\text{Sign}}(\kappa)}(\text{pk})$;

若 $\text{Verify}(\text{pk}, \delta^*, m^*) = 1$ 且 $m^* \notin L_{\text{Sign}}$，则输出1；否则，输出0。

其中，$\mathcal{O}_{\text{Sign}}(\kappa)$ 是签名询问谕言机；L_{Sign} 是记录敌手 $\mathcal{A}$ 所提交的签名询问消息的相关列表。特别地，谕言机 $\mathcal{O}_{\text{Sign}}(\kappa)$ 的应答过程如下所示。

$\mathcal{O}_{\text{Sign}}(\kappa, m_i)$:

$\delta_i \leftarrow \text{Sign}(\text{sk}, m_i)$;

添加消息 m_i 到列表 L_{Sign};

输出 δ_i。

在交互式实验 $\text{Exp}_{\text{Sign},\mathcal{A}}^{\text{EUF-CMA}}(\kappa)$ 中，敌手 $\mathcal{A}$ 获胜的优势定义为

$$\text{Adv}_{\text{Sign},\mathcal{A}}^{\text{EUF-CMA}}(\kappa) = \Pr[\text{Exp}_{\text{Sign},\mathcal{A}}^{\text{EUF-CMA}}(\kappa) = 1]$$

对于签名机制而言，上述游戏要求挑战消息不能在询问阶段出现，这个要求一定程度上限制了敌手的能力，使得不可伪造性的安全强度相对较低。为了进一步提升安全强度，本书将介绍签名机制的强不可伪造性定义，该性质的形式化描述如下所示：

$\mathrm{Exp}_{\mathrm{Sign},\mathcal{A}}^{\text{S-EUF-CMA}}(\kappa)$:

　$(\mathrm{sk},\mathrm{pk}) \leftarrow \mathrm{KeyGen}(1^{\kappa})$;

　$(\delta^*, m^*) \leftarrow \mathcal{A}^{\mathcal{O}'_{\mathrm{Sign}}(\kappa)}(\mathrm{pk})$;

　若$\mathrm{Verify}(\mathrm{pk},\delta^*,m^*)=1$且$(\delta^*,m^*) \notin L_{\mathrm{Sign}}$，则输出1；否则，输出0。

其中，$\mathcal{O}'_{\mathrm{Sign}}(\kappa)$ 是签名询问谕言机；L_{Sign} 是记录敌手 $\mathcal{A}$ 所提交的签名询问消息的相关列表。特别地，谕言机 $\mathcal{O}'_{\mathrm{Sign}}(\kappa)$ 的应答过程如下所示。

$\mathcal{O}'_{\mathrm{Sign}}(\kappa, m_i)$:

　$\delta_i \leftarrow \mathrm{Sign}(\mathrm{sk}, m_i)$;

　添加消息 (m_i, δ_i) 到列表 L_{Sign};

　输出 δ_i 。

在交互式实验 $\mathrm{Exp}_{\mathrm{Sign},\mathcal{A}}^{\text{S-EUF-CMA}}(\kappa)$ 中，敌手 $\mathcal{A}$ 获胜的优势定义为

$$\mathrm{Adv}_{\mathrm{Sign},\mathcal{A}}^{\text{S-EUF-CMA}}(\kappa) = \Pr\left[\mathrm{Exp}_{\mathrm{Sign},\mathcal{A}}^{\text{S-EUF-CMA}}(\kappa)=1\right]$$

定义 1-2(签名机制的强不可伪造性)　对于任意的概率多项式时间敌手 $\mathcal{A}$ ，若其在上述交互式实验 $\mathrm{Exp}_{\mathrm{Sign},\mathcal{A}}^{\text{S-EUF-CMA}}(\kappa)$ 中获胜的优势 $\mathrm{Adv}_{\mathrm{Sign},\mathcal{A}}^{\text{S-EUF-CMA}}(\kappa)$ 是可忽略的，则相应的签名机制在适应性选择消息攻击下具有强不可伪造性。

特别地，在强不可伪造性的定义中，允许敌手 $\mathcal{A}$ 向挑战者 $\mathcal{C}$ 提出关于挑战消息 m^* 的签名生成询问，只要在伪造阶段敌手 $\mathcal{A}$ 输出的伪造签名 δ^* 不是由挑战者 $\mathcal{C}$ 生成的即可。对挑战消息 m^* 的签名询问为敌手 $\mathcal{A}$ 提供了额外帮助，增加了敌手 $\mathcal{A}$ 伪造成功的概率，因此强不可伪造性的安全级别更高。

1.2　BLS 数字签名机制

本节将介绍 BLS 签名机制，是由 Boneh、Lynn 和 Shacham 提出的一种签名机制[1]。

1.2.1　具体构造

(1)初始化。

$\mathrm{Init}(\kappa)$:

　运行$(G_1, G_2, g, p, e) \leftarrow \mathcal{G}(\kappa)$，其中大素数 p 是群G_1和G_2的阶，g是群G_1的生成元，$e: G_1 \times G_1 \rightarrow G_2$

　选取$H:\{0,1\}^* \rightarrow G_1$;

　输出系统参数$\mathrm{params}=(G_1, G_2, g, p, e, H)$。

(2)密钥产生。

KeyGen(params):

$a \leftarrow_R Z_p$；$h = g^a$。

输出$\mathrm{pk} = h$，$\mathrm{sk} = a$。

(3)签名。

Sign(sk, params, m):

输出$\delta = H(m)^a$。

其中，$m \in \{0,1\}^*$。

(4)验证。

Verify(pk, m, δ):

若$e(\delta, g) = e(H(m), h)$，则接受该签名；否则拒绝。

签名的合法性验证是正确的，这是因为

$$e(\delta, g) = e(H(m)^a, g) = e(H(m), g^a) = e(H(m), h)$$

1.2.2 安全性证明

假设 1-1(计算性 Diffie-Hellman(computational Diffie-Hellman，CDH)假设)　对于已知的元组$(G_1, g, p) \leftarrow \mathcal{G}(\kappa)$，给定任意的随机元素$g^a, g^b \in G_1$，对于任意未知的指数$a, b \in Z_q^*$，CDH 问题的目标是计算$g^{ab}$。CDH 假设意味着在多项式时间内敌手$\mathcal{A}$成功解决 CDH 问题的优势$\mathrm{Adv}_{\mathcal{A}}^{\mathrm{CDH}}(\kappa) = \Pr[\mathcal{A}(g, g^a, g^b) = g^{ab}]$是可忽略的，其中概率来源于$a$与$b$在$Z_q^*$上的随机选取和算法$\mathcal{A}$的随机选择。

定理 1-1　令哈希函数$H:\{0,1\}^* \to G_1$是一个随机谕言机。若群G_1上的 CDH 假设成立，则上述 BLS 签名机制在适应性选择消息攻击下是不可伪造的。

安全性证明中，挑战者基于 CDH 问题的挑战元组为敌手构建一个 BLS 签名机制供敌手攻击，挑战者需要从敌手的伪造签名中得出 CDH 问题的解。由具体的签名形式$H(m)^a$可知，挑战者要想解决该问题只能将相应的已知参数g^a与g^b分别嵌入到h和挑战消息m^*所对应的哈希函数值$H(m^*)$中，那么敌手输出的关于挑战消息m^*的伪造签名$H(m^*)^a$将包含 CDH 问题的有效解g^{ab}。因此，证明时需要将挑战消息m^*的哈希值与已知参数g^b建立联系，则哈希函数$H:\{0,1\}^* \to G_1$被视为随机谕言机。特别地，在上述操作中，对于挑战者而言如何获知敌手的挑战消息是证明成功的关键，因此挑战者需要在询问过程中适应性地猜测敌手的挑战消息。

证明　游戏开始之前，挑战者$\mathcal{C}$将收到 CDH 假设的挑战元组(g, g^a, g^b)和相应的公开参数(G_1, G_2, g, p, e)，目标是计算g^{ab}。挑战者$\mathcal{C}$与敌手$\mathcal{A}$间的游戏交互过程如下所示。

(1) 系统设置。

令 $H:\{0,1\}^* \to G_1$ 是一个随机谕言机。挑战者 $\mathcal{C}$ 首先设置公钥 $\mathrm{pk}=h=g^a$，然后公开参数 $\mathrm{params}=(G_1,G_2,g,p,e,H)$ 和 pk 给敌手 $\mathcal{A}$。隐含地设置私钥 $\mathrm{sk}=a$，但挑战者 $\mathcal{C}$ 并不掌握 sk。

(2) 询问。

该阶段敌手 $\mathcal{A}$ 可适应性地进行多项式有界次的下述询问。在收到敌手 $\mathcal{A}$ 所提交的相关询问之前，挑战者 $\mathcal{C}$ 适应性地选取一个整数 $i^* \in [1,q_H]$ 作为对挑战消息的猜测，其中 q_H 是敌手 $\mathcal{A}$ 对 H 谕言机的询问总数(对于敌手 $\mathcal{A}$ 而言，生成伪造签名时需使用挑战消息 m^* 的哈希函数值，因此为了提高签名伪造成功的概率，敌手 $\mathcal{A}$ 肯定会对挑战消息 m^* 进行哈希询问，也就是提交 H 谕言机询问)。此外，挑战者 $\mathcal{C}$ 将维护一个初始为空的哈希列表来记录相应的询问和应答。

① H 谕言机询问。对于敌手 $\mathcal{A}$ 所提交的关于消息 m_i 的哈希询问，若哈希列表中存在关于 m_i 的相应记录 $(i,m_i,w_i,H(m_i))$，则挑战者 $\mathcal{C}$ 返回相应的 $H(m_i)$ 给敌手 $\mathcal{A}$；否则，挑战者 $\mathcal{C}$ 随机选取 $w_i(w^*) \leftarrow_R Z_p$，并设置：

$$H(m_i)=\begin{cases} g^b g^{w^*}=g^{b+w^*}, & i=i^* \\ g^{w_i}, & \text{其他} \end{cases}$$

最后，挑战者 $\mathcal{C}$ 返回相应的 $H(m_i)$ 给敌手 $\mathcal{A}$，并添加相应的元组 $(i,m_i,w_i,H(m_i))$ 到哈希列表中。

②签名询问。对于敌手 $\mathcal{A}$ 所提交的关于消息 m_i 的签名询问，若 $i=i^*$，则挑战者 $\mathcal{C}$ 终止并输出 $\perp$；否则 $i\neq i^*$，挑战者 $\mathcal{C}$ 计算 $\delta_i=(g^a)^{w_i}$，并发送 δ_i 给敌手 $\mathcal{A}$。特别地，敌手 $\mathcal{A}$ 对消息 m_i 进行签名询问之前已完成对 m_i 的哈希询问，则哈希列表中存在相应的元组 $(i,m_i,w_i,H(m_i))$。由等式 $\delta_i=(g^a)^{w_i}=(g^{w_i})^a=H(m_i)^a$ 可知，δ_i 是关于消息 m_i 的一个有效签名。

(3) 伪造。

敌手 $\mathcal{A}$ 输出关于消息 $m_{\tilde{i}}$ 的伪造签名 $\delta_{\tilde{i}}$，其中 $\tilde{i}=i^*$，并且消息 $m_{\tilde{i}}$ 未在签名询问中出现。

若 $\mathrm{Verify}(\mathrm{pk},m_{i^*},\delta_{i^*})=1$，则签名 δ_{i^*} 是关于消息 m_{i^*} 的有效签名，那么有

$$\delta_{i^*}=H(m_{i^*})^a=(g^{b+w^*})^a=g^{ab+aw^*}$$

最后，挑战者 $\mathcal{C}$ 输出 $\dfrac{\delta_{i^*}}{(g^a)^{w^*}}=\dfrac{g^{ab+aw^*}}{g^{aw^*}}=g^{ab}$ 并将其作为 CDH 问题的有效解。

根据挑战者 $\mathcal{C}$ 的设置，a、b、w_i 和 w^* 都是 Z_p 中随机选取的，从敌手 $\mathcal{A}$ 的角度而言，相关参数及哈希应答都是随机且独立的，因此模拟与真实攻击是不可区分的。对于挑战者 $\mathcal{C}$ 而言，其成功的概率就是猜测出正确挑战消息的概率，因此，模拟成功的概率是 $1/q_H$。综上所述，在 EUF-CMA 安全模型中，若存在一个敌手 $\mathcal{A}$ 能

以不可忽略的优势 $\varepsilon(\kappa)$ 攻破上述 BLS 签名机制的不可伪造性，则将构造一个挑战者 $\mathcal{C}$ 以显而易见的优势 $\varepsilon(\kappa)/q_H$ 解决 CDH 问题的困难性。

定理 1-1 证毕。

注解 1-1 由于上述 BLS 签名机制从 q_H 次哈希询问中正确猜测出挑战消息的概率相对较低，故挑战者模拟成功的概率仅为 $1/q_H$，那么该如何提升模拟成功的概率？挑战者为了嵌入 CDH 困难问题，需猜测具体的挑战消息，导致模拟成功的概率降低。如果不进行挑战消息的猜测，且要保证敌手的伪造签名中包含 CDH 困难问题的解，那么挑战者对非挑战消息 m_i 的哈希询问的应答也是 g^{b+w_i}，然而此时挑战者将无法应答敌手提出的对非挑战消息 m_i 的签名询问，因为相应的有效签名包含了挑战者未知的 g^{ab}，因此 BLS 签名机制的证明中挑战者必须猜测挑战消息。

1.3 改进的 BLS 数字签名机制

由原始 BLS 签名机制的证明过程可知，挑战消息的猜测影响了挑战者游戏模拟成功的概率。挑战者只有不再进行挑战消息的猜测才能提升模拟成功的概率。然而，一个消息既有可能是挑战消息，也有可能是签名询问消息。从敌手的角度出发，他期望在哈希询问中询问更多的挑战消息，但签名询问中的消息一定是非挑战的消息(在不可伪造性的定义中，签名询问中的消息，不能被用来做挑战消息)，因此通过为消息设置挑战和询问两个状态，使得每个消息既能出现在伪造阶段，也能出现在询问阶段，那么模拟者在安全性证明时只需猜测消息的相应状态，此时模拟成功的概率将升至 1/2，即哈希询问的消息处于挑战状态，签名询问的消息处于询问状态。本节将介绍改进的 BLS 签名机制[2]，称该方案为 BLS^+签名机制。

1.3.1 具体构造

(1)初始化。

$\text{Init}(\kappa)$:

运行$(G_1,G_2,g,p,e)\leftarrow\mathcal{G}(\kappa)$，其中$e:G_1\times G_1\rightarrow G_2$

选取$H:\{0,1\}^*\rightarrow G_1$;

输出系统参数$\text{params}=(G_1,G_2,g,p,e,H)$。

(2)密钥产生。

$\text{KeyGen}(\text{params})$:

$a\leftarrow_R Z_p$; $h=g^a$。

输出$\text{pk}=h$，$\text{sk}=a$。

(3) 签名。

Sign(sk, params, m):

$c \leftarrow_R \{0,1\}$

输出 $\delta = (\delta_1, \delta_2) = (c, H(m,c)^a)$。

其中，$m \in \{0,1\}^*$。

(4) 验证。

Verify(pk, m, δ):

若 $e(\delta_2, g) = e(H(m,\delta_1), h)$，则接收该签名；否则拒绝。

签名的合法性验证是正确的，这是因为

$$e(\delta_2, g) = e(H(m,c)^a, g) = e(H(m,\delta_1), g^a) = e(H(m,\delta_1), h)\text{。}$$

1.3.2　安全性证明

定理 1-2　令哈希函数 $H:\{0,1\}^* \to G_1$ 是一个随机谕言机。若群 G_1 上的 CDH 假设成立，则上述改进的 BLS 签名机制在适应性选择消息攻击下是不可伪造的。

证明　游戏开始之前，挑战者 $\mathcal{C}$ 将收到 CDH 假设的挑战元组 (g, g^a, g^b) 和相应的公开参数 (G_1, G_2, g, p, e)，目标是计算 g^{ab}。挑战者 $\mathcal{C}$ 与敌手 $\mathcal{A}$ 间的游戏交互过程如下所示。

(1) 系统设置。

令 $H:\{0,1\}^* \to G_1$ 是一个随机谕言机。挑战者 $\mathcal{C}$ 首先设置公钥 $\text{pk} = h = g^a$，然后公开参数 $\text{params} = (G_1, G_2, g, p, e, H)$ 和 pk 给敌手 $\mathcal{A}$。隐含地设置私钥 $\text{sk} = a$，但挑战者 $\mathcal{C}$ 并不掌握 sk。

(2) 询问。

该阶段敌手 $\mathcal{A}$ 可适应性地进行多项式有界次的下述询问。此外，挑战者 $\mathcal{C}$ 将维护一个初始为空的哈希列表来记录相应的询问和应答。

① H 谕言机询问。对于敌手 $\mathcal{A}$ 提交的关于消息 (m_i, c_i) 的哈希询问，若列表中存在关于消息 m_i 的记录 $(m_i, x_i, y_i, z_i, H(m_i,0), H(m_i,1))$，则挑战者 $\mathcal{C}$ 返回相应的 $H(m_i, c_i)$ 给敌手 $\mathcal{A}$；否则，挑战者 $\mathcal{C}$ 随机选取 $y_i, z_i \leftarrow_R Z_p$ 和 $x_i \leftarrow_R \{0,1\}$，并设置

$$\begin{cases} H(m_i,0) = g^{b+y_i}, & H(m_i,1) = g^{z_i}, & x_i = 0 \\ H(m_i,0) = g^{y_i}, & H(m_i,1) = g^{b+z_i}, & x_i = 1 \end{cases}$$

最后，挑战者 $\mathcal{C}$ 返回相应的 $H(m_i, c_i)$ 给敌手 $\mathcal{A}$，并添加元组 $(m_i, x_i, y_i, z_i, H(m_i,0), H(m_i,1))$ 到哈希列表中。

注解 1-2　随机比特 $x_i \leftarrow_R \{0,1\}$ 是挑战者 $\mathcal{C}$ 对询问消息 (m_i, c_i) 的状态猜测，当 x_i=c_i 时，相应的询问消息处于挑战状态，哈希询问的相关应答中需嵌入相应的困难

问题参数 g^b；否则相应的询问消息处于询问状态，哈希询问的相关应答中无须嵌入困难问题参数。BLS⁺签名机制中哈希列表的结构示意图如图 1-1 所示。

m_1	
x_1, y_1, z_1	
$x_1 = 0$	$x_1 = 1$
$c_1 = 0$ $H(m_1, c_1) = g^{b+y_1}$	$c_1 = 0$ $H(m_1, c_1) = g^{y_1}$
$c_1 = 1$ $H(m_1, c_1) = g^{z_1}$	$c_1 = 1$ $H(m_1, c_1) = g^{b+z_1}$

…

m_i	
x_i, y_i, z_i	
$x_i = 0$	$x_i = 1$
$c_i = 0$ $H(m_i, c_i) = g^{b+y_i}$	$c_i = 0$ $H(m_i, c_i) = g^{y_i}$
$c_i = 1$ $H(m_i, c_i) = g^{z_i}$	$c_i = 1$ $H(m_i, c_i) = g^{b+z_i}$

…

m_{q_H}	
$x_{q_H}, y_{q_H}, z_{q_H}$	
$x_{q_H} = 0$	$x_{q_H} = 1$
$c_{q_H} = 0$ $H(m_{q_H}, c_{q_H}) = g^{b+y_{q_H}}$	$c_{q_H} = 0$ $H(m_{q_H}, c_{q_H}) = g^{y_{q_H}}$
$c_{q_H} = 1$ $H(m_{q_H}, c_{q_H}) = g^{z_{q_H}}$	$c_{q_H} = 1$ $H(m_{q_H}, c_{q_H}) = g^{b+z_{q_H}}$

图 1-1　BLS⁺签名机制中哈希列表的结构示意图

②签名询问。对于敌手 $\mathcal{A}$ 所提交的关于消息 m_i 的签名询问，令相对应的哈希列表元组为 $(m_i,x_i,y_i,z_i,H(m_i,0),H(m_i,1))$，挑战者 $\mathcal{C}$ 计算

$$\delta_i = (c_i, H(m_i,c_i)^a) = \begin{cases} (1,(g^a)^{z_i}), & x_i = 0 \\ (0,(g^a)^{y_i}), & x_i = 1 \end{cases}$$

最后挑战者 $\mathcal{C}$ 发送 δ_i 给敌手 $\mathcal{A}$。特别地，当 x_i=0 时，使用 c_i=1 对应的哈希值生成签名应答，则有 $H(m_i,c_i)^a = H(m_i,1)^a = (g^{z_i})^a = (g^a)^{z_i}$；否则当 x_i=1 时，使用 c_i=0 对应的哈希值生成签名应答，则有 $H(m_i,c_i)^a = H(m_i,0)^a = (g^{y_i})^a = (g^a)^{y_i}$。由上述分析可知 δ_i 是关于消息 m_i 的一个有效签名。此外，敌手 $\mathcal{A}$ 对消息 m_i 进行签名询问之前已完成相应的哈希询问。

注解 1-3　消息 m_i 在哈希列表中有且只有一条记录，哈希询问根据敌手提交的询问消息 (m_i,c_i) 确定应答值；签名询问根据记录中参数 x_i 和 c_i 间的关系生成应答值。

(3) 伪造。敌手 $\mathcal{A}$ 输出关于消息 m^* 的伪造签名 δ^*，其中消息 m^* 未在签名询问中出现。令 $\delta^* = (\delta_1^*,\delta_2^*) = (c^*,H(m^*,c^*)^a)$，且相应的元组为 $(m^*,x^*,y^*,z^*,H(m^*,0),H(m^*,1))$。若 $c^* \neq x^*$，则挑战者 $\mathcal{C}$ 终止，并输出 ⊥；否则，有 $c^* = x^*$ 和 $\delta_2^* = H(m^*,c^*)^a = (g^{b+w^*})^a = g^{ab+aw^*}$，其中 $w^* = y^*$ 或 $w^* = z^*$。

最后，挑战者 $\mathcal{C}$ 输出 $\dfrac{\delta_2^*}{(g^a)^{w^*}} = \dfrac{g^{ab+aw^*}}{g^{aw^*}} = g^{ab}$ 作为 CDH 问题的有效解。

根据挑战者 $\mathcal{C}$ 的设置，对于敌手 $\mathcal{A}$ 而言，相关参数及哈希应答都是随机且独立的，则模拟与真实攻击是不可区分的。对于挑战者 $\mathcal{C}$ 而言，其成功的条件是正确猜测挑战消息的状态，因此，模拟成功的概率是 1/2。综上所述，在 EUF-CMA 安全模型中，若存在一个敌手 $\mathcal{A}$ 能以不可忽略的优势 $\varepsilon(\kappa)$ 攻破上述 BLS⁺签名机制的不可伪造性，则将构造一个挑战者 $\mathcal{C}$ 以显而易见的优势 $\varepsilon(\kappa)/2$ 解决 CDH 问题的困难性。

定理 1-2 证毕。

1.4　进一步改进的 BLS 数字签名机制

上述两个签名机制的安全性证明中挑战者都有可能终止，导致模拟以一定的概率成功。为了获得最优的安全性证明过程，需要进一步改进 BLS 签名机制，应消除安全性证明过程中挑战者终止的可能性，本节介绍进一步改进的 BLS 签名机制[2]，将该方案称为 $\text{BLS}^{\#}$签名机制。从敌手的角度出发，为了提高对签名不可伪造性的攻击成功性，如果敌手能获得挑战消息的更多信息，那么它成功伪造相应签名的概率将增加，因此敌手希望只对挑战消息进行哈希询问和签名询问。特别地，在强不可伪造性的安全模型中，允许敌手对挑战消息进行相应的签名询问，但限制是挑战签名不能在签名询问中出现。因此，为了区分签名询问的应答与伪造签名，增加一个随机数用于标记不同的签名，在这种情况下，敌手将提交只针对挑战消息的哈希询问和签名询问，以获得关于挑战消息的更多信息，达到提升伪造成功概率的目的。也就是说，敌手为了获得签名伪造成功的最大概率，它只对挑战消息进行哈希询问和签名询问，获得更多关于挑战消息的信息。

1.4.1　具体构造

(1) 初始化。

$\text{Init}(\kappa)$:

运行$(G_1, G_2, g, p, e) \leftarrow \mathcal{G}(\kappa)$，其中$e: G_1 \times G_1 \to G_2$

选取$H: \{0,1\}^* \to G_1$;

输出系统参数$\text{params} = (G_1, G_2, g, p, e, H)$。

(2) 密钥产生。

$\text{KeyGen}(\text{params})$:

$a \leftarrow_R Z_p$；$h = g^a$。

输出$\text{pk} = h$，$\text{sk} = a$。

(3) 签名。

$\text{Sign}(\text{sk}, \text{params}, m)$:

$r \leftarrow_R Z_p$

输出$\delta = (\delta_1, \delta_2) = (r, H(m, r)^a)$。

其中，$m \in \{0,1\}^*$。

(4) 验证。

$\text{Verify}(\text{pk}, m, \delta)$:

若$e(\delta_2, g) = e(H(m, \delta_1), h)$，则接收该签名；否则拒绝。

签名的合法性验证是正确的，这是因为

$$e(\delta_2,g)=e(H(m,r)^a,g)=e(H(m,\delta_1),g^a)=e(H(m,\delta_1),h)$$

1.4.2 安全性证明

定理 1-3 令哈希函数 $H:\{0,1\}^*\to G_1$ 是一个随机谕言机。如果群 G_1 上的 CDH 假设成立，那么 BLS#签名机制在适应性选择消息攻击下是强不可伪造的。

证明 游戏开始之前，挑战者 $\mathcal{C}$ 将收到 CDH 假设的挑战元组 (g,g^a,g^b) 和相应的公开参数 (G_1,G_2,g,p,e)，目标是计算 g^{ab}。挑战者 $\mathcal{C}$ 与敌手 $\mathcal{A}$ 间的游戏交互过程如下所示。

(1) 系统设置。

令 $H:\{0,1\}^*\to G_1$ 是一个随机谕言机。挑战者 $\mathcal{C}$ 首先设置公钥 $\mathrm{pk}=h=g^a$，然后公开参数 $\mathrm{params}=(G_1,G_2,g,p,e,H)$ 和 pk 给敌手 $\mathcal{A}$。隐含地设置私钥 $\mathrm{sk}=a$，但挑战者 $\mathcal{C}$ 并不掌握 sk。

(2) 询问。

该阶段敌手 $\mathcal{A}$ 可适应性地进行多项式有界次的下述询问。此外，挑战者 $\mathcal{C}$ 将维护一个初始为空的哈希列表来记录相应的询问和应答。

① H 谕言机询问。对于敌手 $\mathcal{A}$ 提交的关于消息 (m,r) 的哈希询问，若列表中存在关于 m 的记录 $(m,r,z,H(m,r),*)$，则挑战者 $\mathcal{C}$ 返回相应的 $H(m,r)$ 给敌手 $\mathcal{A}$；否则，挑战者 $\mathcal{C}$ 随机选取 $z\leftarrow_R Z_p$，计算 $H(m,r)=g^b g^z=g^{b+z}$，并返回相应的 $H(m,r)$ 给敌手 $\mathcal{A}$。此外，添加相应的元组 $(m,r,z,H(m,r),\mathcal{A})$ 到哈希列表中。特别地，元组中的 $\mathcal{A}$ 表示该记录中的信息 (m,r) 是由敌手 $\mathcal{A}$ 生成的。BLS#签名机制中哈希列表的结构如图 1-2 所示。

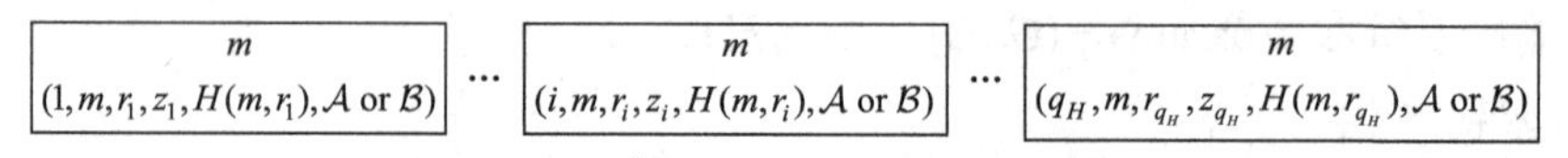

图 1-2 BLS#签名机制中哈希列表的结构

②签名询问。对于敌手 $\mathcal{A}$ 第 i 次提交关于消息 m 的签名询问，若哈希列表中存在相应的元组 $(m,r_i,y_i,H(m,r_i),\mathcal{B})$，则挑战者 $\mathcal{C}$ 使用相应的值 $H(m,r_i)$ 生成对应的签名；否则，挑战者 $\mathcal{C}$ 随机选取 $r_i,y_i\leftarrow_R Z_p$ 且模糊元组 $(m,r_i,*,*,\mathcal{A})$ 在哈希列表中不存在，令 $H(m,r_i)=g^{y_i}$，并添加相应的元组 $(m,r_i,y_i,H(m,r_i),\mathcal{B})$ 到哈希列表中。此外，使用列表 L_{Sign} 记录相应的询问应答信息 (m,δ_i)。

挑战者 $\mathcal{C}$ 返回 $\delta_i=(r_i,H(m,r_i)^a)=(r_i,(g^a)^{y_i})$ 给敌手 $\mathcal{A}$。由 $H(m,r_i)^a=(g^{y_i})^a=(g^a)^{y_i}$ 可知，δ_i 是关于消息 m 的一个有效签名。此外，挑战者 $\mathcal{C}$ 将在初始为空的列表 L_{Sign} 中记录相应的消息签名对 (m,δ_i)。

(3) 伪造。

敌手 $\mathcal{A}$ 输出关于消息 m 的伪造签名 δ^*，其中若消息签名对 (m,δ^*) 未在签名询问中出现，则有$(m,\delta^*)\notin L_{\text{Sign}}$。令$\delta^*=(\delta_1^*,\delta_2^*)=(r^*,H(m,r^*)^a)$，且哈希列表中相应的元组为$(m,r^*,z^*,H(m,r^*),\mathcal{A})$，那么有$H(m,r^*)=g^{b+z^*}$，挑战者$\mathcal{C}$输出$\frac{\delta_2^*}{(g^a)^{z^*}}=\frac{g^{ab+az^*}}{g^{az^*}}=g^{ab}$作为 CDH 问题的有效解。

根据挑战者$\mathcal{C}$的设置，对于敌手$\mathcal{A}$而言，相关参数及哈希应答都是随机且独立的，则模拟与真实攻击是不可区分的。签名询问中所选取的随机数与哈希查询阶段所使用的随机数都不相同的概率是$1-\frac{q_H}{p}$，其中q_H是对H谕言机的询问次数。对于挑战者$\mathcal{C}$而言，其成功的概率等于签名询问中所选择随机数r_i与哈希询问中所有随机数都不同的概率。因此，挑战者$\mathcal{C}$模拟成功的概率是$\left(1-\frac{q_H}{p}\right)^{q_S}\approx 1$，其中$q_S$是签名询问次数。综上所述，在强的 EUF-CMA 安全模型中，若存在一个敌手$\mathcal{A}$能以不可忽略的优势$\varepsilon(\kappa)$攻破上述 BLS 签名机制的不可伪造性，则将构造一个挑战者$\mathcal{C}$能以相同的优势$\varepsilon(\kappa)$解决 CDH 问题的困难性。

定理 1-3 证毕。

注解 1-4　从敌手$\mathcal{A}$的角度出发，为了提升自己成功伪造签名的概率，它对挑战消息m进行H谕言机询问和签名询问。也就是说，在H谕言机询问中，敌手$\mathcal{A}$对挑战消息m与不同随机数r_i的组合(m,r_i)进行询问；同时，敌手$\mathcal{A}$对挑战消息m进行q_S次签名询问，挑战者$\mathcal{C}$选取不同的随机数r_i生成相应的应答，并且挑战者$\mathcal{B}$将询问的消息签名对记录到相应的列表中。由于H谕言机询问的(m,r_i)都可能与伪造签名δ^*相关，因此，在签名询问中挑战者$\mathcal{C}$不能使用H谕言机所使用的随机数为挑战消息m生成签名。此外，该方案中随机数r_i的作用是签名的状态标记。

1.5　BB^{RO}数字签名机制

本节详细介绍随机化签名方案[2]，将该机制简称为BB^{RO}数字签名机制。

1.5.1　具体构造

(1) 初始化。

$\text{Init}(\kappa)$:

　运行$(G_1,G_2,g,p,e)\leftarrow\mathcal{G}(\kappa)$，其中$e:G_1\times G_1\rightarrow G_2$

　选取$H:\{0,1\}^*\rightarrow G_1$;

　输出系统参数$\text{params}=(G_1,G_2,g,p,e,H)$。

(2) 密钥产生。

KeyGen(params)：

$a \leftarrow_R Z_p$，$g_2 \leftarrow_R G_1$。

$g_1 = g^a$。

输出$\text{pk} = (g_1, g_2)$，$\text{sk} = a$。

(3) 签名。

Sign(sk, params, m)：

输出$\delta = (\delta_1, \delta_2) = (g_2^a H(m)^r, g^r)$。

其中，$m \in \{0,1\}^*$。

(4) 验证。

Verify(pk, m, δ)：

若$e(\delta_1, g) = e(g_1, g_2)e(H(m), \delta_2)$，则接受该签名；否则拒绝。

签名的合法性验证是正确的，这是因为

$$\begin{aligned} e(\delta_1, g) &= e(g_2^a H(m)^r, g) = e(g_2^a, g)e(H(m)^r, g) \\ &= e(g_2, g^a)e(H(m), g^r) = e(g_1, g_2)e(H(m), \delta_2) \end{aligned}$$

1.5.2　安全性证明

定理 1-4　令哈希函数$H:\{0,1\}^* \to G_1$是一个随机谕言机。若群G_1上的 CDH 假设成立，则上述BB^{RO}签名机制在适应性选择消息攻击下是不可伪造的。

安全性证明中，挑战者$\mathcal{C}$需要从敌手$\mathcal{A}$的伪造签名中得出 CDH 问题的解，由具体的签名形式$g_2^a H(m)^r$可知，挑战者可以通过参数设置使得$g_2^a = g^{ab}$，因此它需要将已知参数g^a与g^b分别嵌入到公开参数g_1和g_2中，那么在伪造阶段敌手输出的关于挑战消息m^*的合法伪造签名$g_2^a H(m^*)^r$中将包含 CDH 问题的有效解g^{ab}。此时，由于挑战者将不掌握私钥$\text{sk} = a$，故其应答敌手的签名询问时存在困难，因此挑战者需借助被视为随机谕言机的哈希函数H完成签名询问的应答。

证明　游戏开始之前，挑战者$\mathcal{C}$将收到 CDH 假设的挑战元组(g, g^a, g^b)和相应的公开参数(G_1, G_2, g, p, e)，目标是计算g^{ab}。挑战者$\mathcal{C}$与敌手$\mathcal{A}$间的游戏交互过程如下所示。

(1) 系统设置。

令$H:\{0,1\}^* \to G_1$是一个随机谕言机。挑战者$\mathcal{C}$首先设置$g_1 = g^a$和$g_2 = g^b$，然后公开参数$\text{params} = (G_1, G_2, g, p, e, H)$和公钥$\text{pk} = (g_1, g_2)$给敌手$\mathcal{A}$。隐含地设置私钥$\text{sk} = a$，但挑战者$\mathcal{C}$并不掌握 sk。

(2) 询问。

该阶段敌手 $\mathcal{A}$ 可适应性地进行多项式有界次的下述询问。在收到敌手 $\mathcal{A}$ 所提交的相关询问之前，挑战者 $\mathcal{C}$ 适应性地选取一个整数 $i^* \in [1, q_H]$ 作为对挑战消息的猜测，其中 q_H 是敌手 $\mathcal{A}$ 对 H 谕言机的询问总数。此外，挑战者 $\mathcal{C}$ 将维护一个初始为空的哈希列表来记录相应的询问和应答。

① H 谕言机询问。对于敌手 $\mathcal{A}$ 提交的关于消息 m_i 的哈希询问，若哈希列表中存在关于消息 m_i 的相关记录 $(i, m_i, w_i, H(m_i))$，则挑战者 $\mathcal{C}$ 返回相应的值 $H(m_i)$ 给 $\mathcal{A}$；否则，挑战者 $\mathcal{C}$ 随机选取 $w_i \leftarrow_R Z_p$，并设置

$$H(m_i) = \begin{cases} g^{w_i}, & i = i^* \\ g^b g^{w_i} = g^{b+w_i}, & \text{其他} \end{cases}$$

最后，挑战者 $\mathcal{C}$ 返回相应的 $H(m_i)$ 给敌手 $\mathcal{A}$，并添加相应的元组 $(i, m_i, w_i, H(m_i))$ 到哈希列表中。

②签名询问。对于敌手 $\mathcal{A}$ 提交的关于消息 m_i 的签名询问，若 $i = i^*$，则挑战者 $\mathcal{C}$ 终止并输出 $\perp$；否则，有 $H(m_i) = g^{b+w_i}$，挑战者 $\mathcal{C}$ 随机选取 $r_i' \leftarrow_R Z_p$，并计算

$$\delta_i = ((g^a)^{-w_i} \cdot H(m_i)^{r_i'}, (g^a)^{-1} g^{r_i'})$$

令 $r_i = -a + r_i'$，由下述等式可知 δ_i 是消息 m_i 关于随机数 r_i 的有效签名，其中 r_i' 的随机性确保了 r_i 的随机性。

$$\begin{aligned}(g^a)^{-w_i} \cdot H(m_i)^{r_i'} &= (g^a)^{-w_i} \cdot g^{ab} \cdot g^{-ab} \cdot (g^{b+w_i})^{r_i'} = (g^{b+w_i})^{-a} \cdot g^{ab} \cdot (g^{b+w_i})^{r_i'} \\ &= g^{ab} \cdot (g^{b+w_i})^{r_i'-a} = g^{ab} \cdot (g^{b+w_i})^{r_i} = g_2^a H(m_i)^{r_i} \\ (g^a)^{-1} g^{r_i'} &= g^{r_i'-a} = g^{r_i}\end{aligned}$$

(3) 伪造。

敌手 $\mathcal{A}$ 输出关于消息 $m_{\tilde{i}}$ 的伪造签名 $\delta_{\tilde{i}}$，其中 $\tilde{i} = i^*$，并且消息 $m_{\tilde{i}}$ 未在签名询问中出现。

若 $\text{Verify}(\text{pk}, m_{i^*}, \delta_{i^*}) = 1$，则签名 δ_{i^*} 是关于消息 m_{i^*} 的有效签名，那么有

$$\delta_{i^*} = (\delta_1^*, \delta_2^*) = (g_2^a H(m_{i^*})^{r^*}, g^{r^*}) = (g^{ab}(g^{w^*})^{r^*}, g^{r^*})$$

最后，挑战者 $\mathcal{C}$ 输出 $\dfrac{\delta_1^*}{(\delta_2^*)^{w^*}} = \dfrac{g_2^{ab}(g^{w^*})^{r^*}}{(g^{r^*})^{w^*}} = g^{ab}$ 作为 CDH 问题的有效解。

根据挑战者 $\mathcal{C}$ 的设置，对于敌手 $\mathcal{A}$ 而言，相关参数及哈希应答都是随机且独立的，模拟与真实攻击是不可区分的。对于挑战者 $\mathcal{C}$ 而言，其成功的概率是猜对正确的挑战消息，因此，挑战者 $\mathcal{C}$ 模拟成功的概率是 $1/q_H$。综上所述，在 EUF-CMA 安全模型中，若存在一个敌手 $\mathcal{A}$ 能以不可忽略的优势 $\varepsilon(\kappa)$ 攻破上述 BB^{RO} 签名机制的不可伪造性，则将构造一个挑战者 $\mathcal{C}$ 以显而易见的优势 $\varepsilon(\kappa)/q_H$ 解决 CDH 问题的困难性。

定理 1-4 证毕。

1.5.3 改进的 BB^{RO} 数字签名机制

为了进一步提升 BB^{RO} 数字签名机制安全性证明时模拟成功的概率，本节介绍改进的 BB^{RO} 数字签名机制，具体构造如下所示。

(1) 初始化。

Init(κ):

运行$(G_1, G_2, g, p, e) \leftarrow \mathcal{G}(\kappa)$，其中$e: G_1 \times G_1 \rightarrow G_2$

选取$H:\{0,1\}^* \rightarrow G_1$;

输出系统参数$\text{params} = (G_1, G_2, g, p, e, H)$。

(2) 密钥产生。

KeyGen(params):

$a \leftarrow_R Z_p$，$g_2 \leftarrow_R G_1$; $h = g_1^a$。

输出$\text{pk} = (g_1, g_2)$，$\text{sk} = a$。

(3) 签名。

Sign(sk, params, m):

$c \leftarrow_R \{0,1\}$

输出$\delta = (\delta_1, \delta_2, c) = (g_2^a H(m,c)^r, g^r, c)$。

其中，$m \in \{0,1\}^*$。

(4) 验证。

Verify(pk, m, δ):

若$e(\delta_1, g) = e(g_1, g_2) e(H(m,c), \delta_2)$，则接收该签名；否则拒绝。

签名的合法性验证是正确的，这是因为

$$
\begin{aligned}
e(\delta_1, g) &= e(g_2^a H(m,c)^r, g) = e(g_2^a, g) e(H(m,c)^r, g) \\
&= e(g_2, g^a) e(H(m,c), g^r) = e(g_1, g_2) e(H(m,c), \delta_2)
\end{aligned}
$$

下面将基于 CDH 复杂性假设，对上述改进的 BB^{RO} 数字签名机制进行安全性证明。

定理 1-5　令哈希函数 $H:\{0,1\}^* \rightarrow G_1$ 是一个随机谕言机。若群 G_1 上的 CDH 假设成立，则上述改进的 BB^{RO} 签名机制在适应性选择消息攻击下是不可伪造的。

证明　游戏开始之前，挑战者 $\mathcal{C}$ 将收到 CDH 假设的挑战元组 (g, g^a, g^b) 和相应的公开参数 (G_1, G_2, g, p, e)，目标是计算 g^{ab}。挑战者 $\mathcal{C}$ 与敌手 $\mathcal{A}$ 间的游戏交互过程如下所示。

(1) 系统设置。

令 $H:\{0,1\}^* \rightarrow G_1$ 是一个随机谕言机。挑战者 $\mathcal{C}$ 首先设置 $g_1 = g^a$ 和 $g_2 = g^b$，然后公开参数 $\text{params} = (G_1, G_2, g, p, e, H)$ 和公钥 $\text{pk} = (g_1, g_2)$ 给敌手 $\mathcal{A}$。隐含地设置私钥

sk $=a$，但挑战者 $\mathcal{C}$ 并不掌握 sk。

(2) 询问。

该阶段敌手 $\mathcal{A}$ 可适应性地进行多项式有界次的下述询问。此外，挑战者 $\mathcal{C}$ 将维护一个初始为空的哈希列表来记录相应的询问和应答。

① H 谕言机询问。对于敌手 $\mathcal{A}$ 提交的关于消息 (m_i,c_i) 的哈希询问，若哈希列表中存在关于 m_i 的记录 $(i,m_i,x_i,y_i,z_i,H(m_i,0),H(m_i,1))$，则挑战者 $\mathcal{C}$ 返回相应的值 $H(m_i,c_i)$ 给敌手 $\mathcal{A}$；否则，挑战者 $\mathcal{C}$ 随机选取 $y_i,z_i \leftarrow_R Z_p$ 和 $x_i \leftarrow_R \{0,1\}$，并设置

$$\begin{cases} H(m_i,0)=g^{y_i}, & H(m_i,1)=g^{b+z_i}, & x_i=0 \\ H(m_i,0)=g^{b+y_i}, & H(m_i,1)=g^{z_i}, & x_i=1 \end{cases}$$

最后，挑战者 $\mathcal{C}$ 返回相应的 $H(m_i,c_i)$ 给敌手 $\mathcal{A}$，并添加元组 $(i,m_i,x_i,y_i,z_i,$ $H(m_i,0),H(m_i,1))$ 到哈希列表中。

②签名询问。对于敌手 $\mathcal{A}$ 提交的关于消息 m_i 的签名询问，令哈希列表中相应的元组为 $(i,m_i,x_i,y_i,z_i,H(m_i,0),H(m_i,1))$，挑战者 $\mathcal{C}$ 计算

$$\delta_i=(\delta_1,\delta_2,c_i)=(g_2^a H(m_i,c_i)^r,g^r,c_i)=\begin{cases}((g^a)^{-z_i}\cdot H(m_i,1)^{r_i'},(g^a)^{-1}g^{r_i'},1), & x_i=0\\ ((g^a)^{-y_i}\cdot H(m_i,0)^{r_i'},(g^a)^{-1}g^{r_i'},0), & x_i=1\end{cases}$$

最后挑战者 $\mathcal{C}$ 发送 δ_i 给敌手 $\mathcal{A}$。

特别地，对于哈希列表中消息 m_i 所对应的元组 $(i,m_i,x_i,y_i,z_i,H(m_i,0),H(m_i,1))$，当 $x_i=0$ 时，使用 $c_i=1$ 对应的哈希值生成签名应答，则有

$$\begin{aligned}(g^a)^{-z_i}\cdot H(m_i,1)^{r_i'} &= (g^a)^{-z_i}\cdot g^{ab}\cdot g^{-ab}\cdot (g^{b+z_i})^{r_i'}=(g^{b+z_i})^{-a}\cdot g^{ab}\cdot (g^{b+z_i})^{r_i'}\\ &= g^{ab}\cdot (g^{b+z_i})^{r_i'-a}=g^{ab}\cdot (g^{b+z_i})^{r_i}=g_2^a H(m_i,1)^{r_i}\\ (g^a)^{-1}g^{r_i'} &= g^{r_i'-a}=g^{r_i}\end{aligned}$$

否则当 $x_i=1$ 时，使用 $c_i=0$ 对应的哈希值生成签名应答，则有

$$\begin{aligned}(g^a)^{-y_i}\cdot H(m_i,0)^{r_i'} &= (g^a)^{-y_i}\cdot g^{ab}\cdot g^{-ab}\cdot (g^{b+y_i})^{r_i'}=(g^{b+y_i})^{-a}\cdot g^{ab}\cdot (g^{b+y_i})^{r_i'}\\ &= g^{ab}\cdot (g^{b+y_i})^{r_i'-a}=g^{ab}\cdot (g^{b+y_i})^{r_i}=g_2^a H(m_i,0)^{r_i}\\ (g^a)^{-1}g^{r_i'} &= g^{r_i'-a}=g^{r_i}\end{aligned}$$

因此，$\delta_i=(\delta_1,\delta_2,c_i)$ 是一个有效的签名。此外，敌手 $\mathcal{A}$ 对消息 m_i 进行签名询问之前已完成相应的哈希询问。

(3) 伪造。

敌手 $\mathcal{A}$ 输出关于消息 m^* 的伪造签名 δ^*，其中消息 m^* 未在签名询问中出现。令 $\delta^*=(\delta_1^*,\delta_2^*,c^*)=(g_2^a H(m^*,c^*)^{r^*},g^{r^*},c^*)$，且在哈希列表中消息 m^* 所对应的元组为 $(i^*,m^*,x^*,y^*,z^*,H(m^*,0),H(m^*,1))$。若 $c^*\neq x^*$，则挑战者 $\mathcal{C}$ 终止，并输出 $\perp$；否则 $c^*=x^*$，那么有

$$\delta^* = (\delta_1^*, \delta_2^*, c^*) = (g_2^a H(m_{i^*}, c^*)^{r^*}, g^{r^*}, c^*) = (g^{ab}(g^{w^*})^{r^*}, g^{r^*}, c^*)$$

其中，$w^* = y^*$ 或 $w^* = z^*$。

最后，挑战者 $\mathcal{C}$ 输出 $\frac{\delta_1^*}{(\delta_2^*)^{w^*}} = \frac{g^{ab}(g^{w^*})^{r^*}}{(g^{r^*})^{w^*}} = g^{ab}$，并将其作为 CDH 问题的有效解。

根据挑战者 $\mathcal{C}$ 的设置，对于敌手 $\mathcal{A}$ 而言，相关参数及哈希应答都是随机且独立的，那么模拟与真实攻击是不可区分的。对于挑战者 $\mathcal{C}$ 而言，其成功的条件是正确猜测相关的消息状态，因此，挑战者 $\mathcal{C}$ 模拟成功的概率是 1/2。综上所述，在 EUF-CMA 安全模型中，若存在一个敌手 $\mathcal{A}$ 能以不可忽略的优势 $\varepsilon(\kappa)$ 攻破上述改进的 $\mathrm{BB^{RO}}$ 签名机制的不可伪造性，则将构造一个挑战者 $\mathcal{C}$ 以显而易见的优势 $\varepsilon(\kappa)/2$ 解决 CDH 问题的困难性。

定理 1-5 证毕。

1.5.4　进一步优化的 $\mathrm{BB^{RO}}$ 数字签名机制

类似地，为了获得更优的安全性证明，本节介绍进一步优化后的 $\mathrm{BB^{RO}}$ 数字签名机制，具体构造如下所示。

(1) 初始化。

$\mathrm{Init}(\kappa)$:

　运行$(G_1, G_2, g, p, e) \leftarrow \mathcal{G}(\kappa)$，其中$e: G_1 \times G_1 \to G_2$

　选取$H: \{0,1\}^* \to G_1$;

　输出系统参数$\mathrm{params} = (G_1, G_2, g, p, e, H)$。

(2) 密钥产生。

$\mathrm{KeyGen(params)}$:

　$a \leftarrow_R Z_p$，$g_2 \leftarrow_R G_1$；$h = g_1^a$。

　输出$\mathrm{pk} = (g_1, g_2)$，$\mathrm{sk} = a$。

(3) 签名。

$\mathrm{Sign(sk, params}, m)$:

　$\eta \leftarrow_R Z_p$;

　输出$\delta = (\delta_1, \delta_2, \eta) = (g_2^a H(m, \eta)^r, g^r, \eta)$。

其中，$m \in \{0,1\}^*$。

(4) 验证。

$\mathrm{Verify(pk}, m, \delta)$:

　若$e(\delta_1, g) = e(g_1, g_2)e(H(m, \eta), \delta_2)$，则接收该签名；否则拒绝。

签名的合法性验证是正确的，这是因为

$$e(\delta_1,g)=e(g_2^a H(m,\eta)^r,g)=e(g_2^a,g)e(H(m,\eta)^r,g)$$
$$=e(g_2,g^a)e(H(m,\eta),g^r)=e(g_1,g_2)e(H(m,\eta),\delta_2)$$

此处省略上述优化后的 $\mathrm{BB}^{\mathrm{RO}}$ 签名机制的不可伪造性证明过程，建议读者自行给出具体的证明过程。

1.6　ZSS 数字签名机制

本节介绍 ZSS 数字签名机制，其是由 Zhang、Safavi-Naini 和 Susilo 提出的[3]。

1.6.1　具体构造

(1) 初始化。

$\mathrm{Init}(\kappa)$:

运行 $(G_1,G_2,g,p,e)\leftarrow\mathcal{G}(\kappa)$，其中 $e:G_1\times G_1\rightarrow G_2$

选取 $H:\{0,1\}^*\rightarrow Z_p$;

输出系统参数 $\mathrm{params}=(G_1,G_2,g,p,e,H)$。

(2) 密钥产生。

$\mathrm{KeyGen(params)}$:

$a\leftarrow_R Z_p$，$h\leftarrow_R G_1$；$g_1=g^a$。

输出 $\mathrm{pk}=(g_1,h)$，$\mathrm{sk}=a$。

(3) 签名。

$\mathrm{Sign(sk,params},m)$:

输出 $\delta=h^{\frac{1}{a+H(m)}}$。

其中，$m\in\{0,1\}^*$。

(4) 验证。

$\mathrm{Verify(pk},m,\delta)$:

若 $e(\delta,g_1g^{H(m)})=e(h,g)$，则接收该签名；否则拒绝。

签名的合法性验证是正确的，这是因为

$$e(\delta,g_1g^{H(m)})=e\left(h^{\frac{1}{a+H(m)}},g_1g^{H(m)}\right)=e\left(h^{\frac{1}{a+H(m)}},g^{a+H(m)}\right)=e(h,g)$$

1.6.2　安全性证明

假设 1-2（强 Diffie-Hellman（strong Diffie-Hellman，q-SDH，q 为公开元组中参数的数量）假设）　对于已知的参数 $(G_1,G_2,g,p,e)\leftarrow\mathcal{G}(\kappa)$，给定公开元组

$(g,g^a,g^{a^2},g^{a^3},\cdots,g^{a^q})$，其中 $g\leftarrow_R G_1$ 和 $a\leftarrow_R Z_q^*$。q-SDH 问题的目标是计算 $\left(s,g^{\frac{1}{a+s}}\right)$，其中 s 是任意值。

q-SDH 假设意味着对于任意的多项式 q，敌手 $\mathcal{A}$ 成功解决 q-SDH 问题的优势 $\mathrm{Adv}^{q\text{-SDH}}(\kappa)=\Pr\left[\mathcal{A}(g,g^a,g^{a^2},g^{a^3},\cdots,g^{a^q})=\left(s,g^{\frac{1}{a+s}}\right)\right]$ 是可忽略的，其中概率来源于随机值 a 在 Z_q^* 上的选取和敌手 $\mathcal{A}$ 的随机选择。

定理 1-6 令哈希函数 $H:\{0,1\}^*\to G_1$ 是一个随机谕言机。若 q-SDH 假设成立，则上述 ZSS 签名机制在适应性选择消息攻击下是不可伪造的。

证明 游戏开始之前，挑战者 $\mathcal{C}$ 将收到 q-SDH 假设的挑战元组 $(g,g^a,g^{a^2},g^{a^3},\cdots,g^{a^q})$ 和相应的公开参数 (G_1,G_2,g,p,e)，目标是输出 $\left(s,g^{\frac{1}{a+s}}\right)$，其中 s 是任意值。挑战者 $\mathcal{C}$ 与敌手 $\mathcal{A}$ 间的游戏交互过程如下所示。

(1) 系统设置。

令 $H:\{0,1\}^*\to G_1$ 是一个随机谕言机。挑战者 $\mathcal{C}$ 随机选取 $w_1,w_2,\cdots,w_q\leftarrow_R Z_p$，并设置 $g_1=g^a$ 和 $h=g^{(a+w_1)(a+w_2)\cdots(a+w_q)}$，然后公开参数 $\mathrm{params}=(G_1,G_2,g,p,e,H)$ 和公钥 $\mathrm{pk}=(g_1,h)$ 给 $\mathcal{A}$。隐含地设置私钥 $\mathrm{sk}=a$，但挑战者 $\mathcal{C}$ 并不掌握 sk。令 $q=q_H$，q_H 是 $\mathcal{A}$ 对 H 谕言机的询问总数。

注解 1-5 对于挑战者 $\mathcal{C}$ 而言 a 是未知量，那么该如何计算 $h=g^{(a+w_1)(a+w_2)\cdots(a+w_q)}$？具体是挑战者 $\mathcal{C}$ 选取 $w_1,w_2,\cdots,w_q\leftarrow_R Z_p$，构造 q 阶多项式函数 $F(x)=(x+w_1)(x+w_2)\cdots(x+w_q)$，然后将函数 $F(x)$ 展开后可以表示为

$$F(x)=d_0+d_1x+d_2x^2+\cdots+d_qx^q$$

其中，$d_0,d_1,d_2,\cdots,d_q$ 是 $F(x)$ 的相应系数。挑战者 $\mathcal{C}$ 能够基于挑战元组 $(g,g^a,g^{a^2},g^{a^3},\cdots,g^{a^q})$ 完成值 $g^{F(a)}$ 的计算，具体过程如下：

$$g^{F(a)}=g^{d_0+d_1a+d_2a^2+\cdots+d_qa^q}=g^{d_0}(g^a)^{d_1}(g^{a^2})^{d_2}\cdots(g^{a^q})^{d_q}$$

因此有

$$h=g^{F(a)}=g^{(a+w_1)(a+w_2)\cdots(a+w_q)}$$

其中，$F(a)=(a+w_1)(a+w_2)\cdots(a+w_q)$。

(2) 询问。

该阶段敌手 $\mathcal{A}$ 可适应性地进行多项式有界次的下述询问。在收到敌手 $\mathcal{A}$ 所提交的相关询问之前，挑战者 $\mathcal{C}$ 适应性地选取一个整数 $i^*\in[1,q_H]$ 作为对挑战消息的猜测，同时还选取一个整数用于应答挑战消息 m^* 的哈希询问 $w^*\leftarrow_R Z_p$，即

$H(m^*)=w^*$。此外，挑战者 $\mathcal{C}$ 将维护一个初始为空的哈希列表来记录相应的询问和应答。

①H 谕言机询问。对于敌手 $\mathcal{A}$ 提交的关于消息 m_i 的哈希询问，若哈希列表中存在关于 m_i 的相关记录 $(i,m_i,w_i,H(m_i))$，则挑战者 $\mathcal{C}$ 返回相应的值 $H(m_i)$ 给敌手 $\mathcal{A}$；否则，挑战者 $\mathcal{C}$ 设置

$$H(m_i)=\begin{cases}w^*, & i=i^*\\ w_i, & \text{其他}\end{cases}$$

最后，挑战者 $\mathcal{C}$ 返回相应的 $H(m_i)$ 给敌手 $\mathcal{A}$，并添加相应的元组 $(i,m_i,w_i,H(m_i))$ 或 $(i^*,m^*,w^*,H(m^*))$ 到哈希列表中。特别地，$w^*\neq w_{i^*}$。

注解 1-6　这里需要思考一个问题，挑战者为什么要使用 w^* 来回答对挑战消息 m^* 的哈希询问？如果直接使用相应的 w_{i^*}（其中 $w_{i^*}\neq w^*$）应答，那么敌手 $\mathcal{A}$ 就无须进行挑战消息的猜测。这个问题将在后面进行回答。

②签名询问。对于敌手 $\mathcal{A}$ 提交的关于消息 m_i 的签名询问，若 $i=i^*$，则挑战者 $\mathcal{C}$ 终止，并输出 $\perp$；否则，有 $H(m_i)=w_i$，挑战者 $\mathcal{C}$ 使用参数 $g,g^a,g^{a^2},g^{a^3},\cdots,g^{a^q}$ 和 $w_1,w_2,\cdots,w_q$ 计算

$$\delta_i=g^{(a+w_1)\cdots(a+w_{i-1})(a+w_{i+1})\cdots(a+w_q)}$$

消息 m_i 的合法签名形式为 $\delta_i=h^{\frac{1}{a+H(m_i)}}=g^{\frac{F(a)}{a+H(m_i)}}$，其中 $H(m_i)=w_i$。由下述等式可知，δ_i 是消息 m_i 的有效签名。特别地，δ_i 的计算过程与 h 的相类似。

$$\delta_i=h^{\frac{1}{a+H(m_i)}}=g^{\frac{(a+w_1)\cdots(a+w_i)\cdots(a+w_q)}{a+w_i}}=g^{(a+w_1)\cdots(a+w_{i-1})(a+w_{i+1})\cdots(a+w_q)}$$

注解 1-7　对于挑战者 $\mathcal{C}$ 而言 a 是未知量，那么该如何计算 $g^{(a+w_1)\cdots(a+w_{i-1})(a+w_{i+1})\cdots(a+w_q)}$？与前面相类似，挑战者 $\mathcal{C}$ 使用已知的随机数 $w_1,w_2,\cdots,w_{i-1},w_{i+1},\cdots,w_q$，构造 $q-1$ 阶多项式函数 $\tilde{F}(x)=(x+w_1)(x+w_2)\cdots(x+w_{i-1})(x+w_{i+1})\cdots(x+w_q)$，然后将函数 $\tilde{F}(x)$ 展开后可以表示为

$$\tilde{F}(x)=b_0+b_1x+b_2x^2+\cdots+b_{q-1}x^{q-1}$$

其中，$b_0,b_1,b_2,\cdots,b_{q-1}$ 是 $\tilde{F}(x)$ 的相应系数。挑战者 $\mathcal{C}$ 能够基于挑战元组 $(g,g^a,g^{a^2},g^{a^3},\cdots,g^{a^{q-1}},g^{a^q})$ 完成值 $g^{\tilde{F}(a)}$ 的计算，具体过程如下：

$$g^{\tilde{F}(a)}=g^{b_0+b_1a+b_2a^2+\cdots+b_{q-1}a^{q-1}}=g^{b_0}(g^a)^{b_1}(g^{a^2})^{b_2}\cdots(g^{a^{q-1}})^{b_{q-1}}$$

因此有

$$g^{(a+w_1)\cdots(a+w_{i-1})(a+w_{i+1})\cdots(a+w_q)}=g^{\tilde{F}(a)}$$

(3)伪造。

敌手 $\mathcal{A}$ 输出关于消息 $m_{\tilde{i}}$ 的伪造签名 $\delta_{\tilde{i}}$，其中 $\tilde{i}=i^*$，并且消息 $m_{\tilde{i}}$ 未在签名询问中出现。

若 $\text{Verify}(\text{pk},m^*,\delta^*)=1$，则签名 δ^* 是关于消息 m^* 的有效签名，那么有

$$\delta^*=h^{\frac{1}{a+H(m^*)}}=g^{\frac{(a+w_1)(a+w_2)\cdots(a+w_{i^*})\cdots(a+w_q)}{a+w^*}}$$

此时，δ^* 可以被写为 $\delta^*=g^{f(a)+\frac{d}{a+w^*}}$，其中 $f(a)$ 是 $q-1$ 阶多项式函数 $f(\cdot)$ 关于 a 的计算值，d 是非 0 整数。

最后，挑战者 $\mathcal{C}$ 计算 $\left(\dfrac{\delta^*}{g^{f(a)}}\right)^{\frac{1}{d}}=\left(\dfrac{g^{f(a)+\frac{d}{a+w^*}}}{g^{f(a)}}\right)^{\frac{1}{d}}=g^{\frac{1}{a+w^*}}$，并输出 $\left(w^*,g^{\frac{1}{a+w^*}}\right)$ 作为 q-SDH 问题的有效解。特别地，这里回答前面提出的问题，若挑战者使用相应的随机数 w_{i^*} 回答敌手对挑战消息 m^* 的哈希询问，那么由签名询问应答的分析过程可知，伪造阶段挑战消息 m^* 对应的签名 δ^* 为

$$\delta^*=h^{\frac{1}{a+H(m^*)}}=g^{\frac{(a+w_1)(a+w_2)\cdots(a+w_{i^*})\cdots(a+w_q)}{a+w_{i^*}}}=g^{(a+w_1)(a+w_2)\cdots(a+w_{i^*-1})(a+w_{i^*+1})\cdots(a+w_q)}=g^{\tilde{F}_{i^*}(a)}$$

其中，函数 $\tilde{F}_{i^*}(a)$ 的构造过程与上面类似，此时挑战者很难从这种形式的伪造签名结构中得出 q-SDH 问题的有效解。因此挑战者使用 w^* 来回答对挑战消息 m^* 的哈希询问，使得伪造签名中存在 q-SDH 问题有效解的对应形式，方便挑战者求解困难问题。

注解 1-8 挑战者 $\mathcal{C}$ 如何计算 $g^{f(a)}$。由前面的描述可知挑战者 $\mathcal{C}$ 构造了 q 阶多项式函数 $F(x)$，令 $f(x)=\dfrac{F(x)-d}{x-w^*}$，则 $f(\cdot)$ 是 $q-1$ 阶多项式函数，其中 d 是函数 $F(x)$ 的常数项(也就是说 $d=d_0$)。那么有

$$f(a)=\frac{F(a)-d}{a-w^*} \text{ 和 } g^{f(a)}=g^{\frac{F(a)-d}{a-w^*}}=g^{F(a)-d}g^{\frac{1}{a-w^*}}=g^{F(a)}g^{-d}(g^a g^{-w^*})^{-1}$$

根据挑战者 $\mathcal{C}$ 的设置，对于敌手 $\mathcal{A}$ 而言，相关参数及哈希应答都是随机且独立的，则模拟与真实攻击是不可区分的。对于挑战者 $\mathcal{C}$ 而言，其成功的条件是猜对正确的挑战消息，因此，模拟成功的概率是 $1/q_H$。综上所述，在 EUF-CMA 安全模型中，若存在一个敌手 $\mathcal{A}$ 能以不可忽略的优势 $\varepsilon(\kappa)$ 攻破上述 ZSS 签名机制的不可伪造性，则将构造一个挑战者 $\mathcal{C}$ 以显而易见的优势 $\varepsilon(\kappa)/q_H$ 解决 q-SDH 假设的困难性，其中 q_H 是对 H 谕言机的询问次数。

定理 1-6 证毕。

1.7　改进的ZSS数字签名机制

类似地，为了提升安全性证明过程中模拟成功的概率，本节介绍改进的ZSS签名机制。

1.7.1　具体构造

(1) 初始化。

$\text{Init}(\kappa)$:

运行$(G_1,G_2,g,p,e)\leftarrow\mathcal{G}(\kappa)$，其中$e:G_1\times G_1\rightarrow G_2$

选取$H:\{0,1\}^*\rightarrow Z_p$;

输出系统参数$\text{params}=(G_1,G_2,g,p,e,H)$。

(2) 密钥产生。

$\text{KeyGen}(\text{params})$:

$a\leftarrow_R Z_p,h\leftarrow_R G_1$; $g_1=g^a$。

输出$\text{pk}=(g_1,h)$，$\text{sk}=a$。

(3) 签名。

$\text{Sign}(\text{sk},\text{params},m)$:

$c\leftarrow_R\{0,1\}$

输出$\delta=(\delta_1,\delta_2)=\left(c,h^{\frac{1}{a+H(m,c)}}\right)$。

其中，$m\in\{0,1\}^*$。

(4) 验证。

$\text{Verify}(\text{pk},m,\delta)$:

若$e(\delta_2,g_1g^{H(m,\delta_1)})=e(h,g)$，则接收该签名；否则拒绝。

签名的合法性验证是正确的，这是因为

$$e(\delta_2,g_1g^{H(m,\delta_1)})=e\left(h^{\frac{1}{a+H(m,c)}},g_1g^{H(m,c)}\right)=e\left(h^{\frac{1}{a+H(m,c)}},g^{a+H(m,c)}\right)=e(h,g)$$

1.7.2　安全性证明

定理1-7　令哈希函数$H:\{0,1\}^*\rightarrow G_1$是一个随机谕言机。若$q$-SDH假设成立，则上述改进的ZSS签名机制在适应性选择消息攻击下是不可伪造的。

证明　游戏开始之前，挑战者$\mathcal{C}$将收到q-SDH假设的挑战元组$(g,g^a,g^{a^2},$

$g^{a^3},\cdots,g^{a^q}$) 和相应的公开参数 (G_1,G_2,g,p,e)，目标是输出 $\left(s,g^{\frac{1}{a+s}}\right)$，其中 s 是任意值。挑战者 $\mathcal{C}$ 与敌手 $\mathcal{A}$ 间的游戏交互过程如下所示。

(1) 系统设置。

令 $H:\{0,1\}^* \to G_1$ 是一个随机谕言机。挑战者 $\mathcal{C}$ 随机选取 $w_1,w_2,\cdots,w_q,\eta \leftarrow_R Z_p$，并设置 $g_1=g^a$ 和 $h=g^{\eta(a+w_1)(a+w_2)\cdots(a+w_q)}$，然后公开参数 $\text{params}=(G_1,G_2,g,p,e,H)$ 和公钥 $\text{pk}=(g_1,h)$ 给敌手 $\mathcal{A}$。隐含地设置私钥 $\text{sk}=a$，但挑战者 $\mathcal{C}$ 并不掌握 sk。令 $q=q_H$，q_H 是敌手 $\mathcal{A}$ 对 H 谕言机的询问总数。

注解 1-9　对于挑战者 $\mathcal{C}$ 而言 a 是未知量，那么该如何计算 $h=g^{\eta(a+w_1)(a+w_2)\cdots(a+w_q)}$。挑战者 $\mathcal{C}$ 选取 $w_1,w_2,\cdots,w_q,\eta \leftarrow_R Z_p$，构造 q 阶多项式 $F'(x)=\eta(x+w_1)(x+w_2)\cdots(x+w_q)$，然后将 $F'(x)$ 展开后可以表示为

$$F'(x)=d_0'+d_1'x+d_2'x^2+\cdots+d_q'x^q$$

其中，$d_0',d_1',d_2',\cdots,d_q'$ 是多项式 $F'(x)$ 的相应系数。挑战者 $\mathcal{C}$ 能够基于挑战元组 $(g,g^a,g^{a^2},g^{a^3},\cdots,g^{a^q})$ 完成值 $g^{F'(a)}$ 的计算，具体过程如下：

$$g^{F'(a)}=g^{d_0'+d_1'a+d_2'a^2+\cdots+d_q'a^q}=g^{d_0'}(g^a)^{d_1'}(g^{a^2})^{d_2'}\cdots(g^{a^q})^{d_q'}$$

因此有

$$h=g^{F'(a)}=g^{\eta(a+w_1)(a+w_2)\cdots(a+w_q)}$$

其中，$F'(a)=\eta(a+w_1)(a+w_2)\cdots(a+w_q)$。

(2) 询问。

该阶段敌手 $\mathcal{A}$ 可适应性地进行多项式有界次的下述询问。此外，挑战者 $\mathcal{C}$ 将维护一个初始为空的哈希列表来记录相应的询问和应答。

① H 谕言机询问。对于敌手 $\mathcal{A}$ 提交的关于消息 (m_i,c_i) 的哈希询问，若哈希列表中存在关于消息 m_i 的相关记录 $(m_i,x_i,z_i,w_i,H(m_i,1),H(m_i,0))$，则挑战者 $\mathcal{C}$ 返回相应的值 $H(m_i,c_i)$ 给敌手 $\mathcal{A}$；否则，挑战者 $\mathcal{C}$ 随机选取 $z_i \leftarrow_R Z_p$ 且 $z_i \notin \{w_1,w_2,\cdots,w_q\}$，并设置

$$\begin{cases} H(m_i,0)=w_i, & H(m_i,1)=z_i, & x_i=0 \\ H(m_i,0)=z_i, & H(m_i,1)=w_i, & x_i=1 \end{cases}$$

最后，挑战者 $\mathcal{C}$ 返回 $H(m_i,c_i)$ 给敌手 $\mathcal{A}$，并添加相应的元组 $(m_i,x_i,z_i,w_i,H(m_i,1),H(m_i,0))$ 到哈希列表中。特别地，参数 x_i 用于标记消息 m_i 的询问状态，$x_i \neq c_i$ 时相应的消息是挑战状态；否则 $x_i=c_i$，表明相应的消息是询问状态。

②签名询问。对于敌手 $\mathcal{A}$ 提交的关于消息 m_i 的签名询问，令哈希列表中该消息对应的元组为 $(m_i,x_i,z_i,w_i,H(m_i,1),H(m_i,0))$（该询问之前敌手 $\mathcal{A}$ 已完成对消息 m_i 的谕言机询问），挑战者 $\mathcal{C}$ 计算

$$\delta_i = (\delta_1, \delta_2) = \left(x_i, h^{\frac{1}{a+H(m_i,x_i)}} \right) = (x_i, g^{\eta(a+w_1)\cdots(a+w_{i-1})(a+w_{i+1})\cdots(a+w_q)})$$

对于 $c_i = x_i$ 和 $H(m_i, x_i) = w_i$，由下述等式可知 δ_i 是消息 m_i 的有效签名。

$$\delta_2 = h^{\frac{1}{a+H(m_i,x_i)}} = g^{\frac{\eta(a+w_1)\cdots(a+w_i)\cdots(a+w_q)}{(a+w_i)}} = g^{\eta(a+w_1)\cdots(a+w_{i-1})(a+w_{i+1})\cdots(a+w_q)}$$

(3) 伪造。

敌手 $\mathcal{A}$ 输出关于消息 m^* 的伪造签名 δ^*。令 $\delta^* = (\delta_1^*, \delta_2^*) = \left(c^*, h^{\frac{1}{a+H(m^*,c^*)}} \right)$，且哈希列表中相应的元组为 $(m^*, x^*, z^*, w^*, H(m^*,1), H(m^*,0))$。若有 $x^* = c^*$，则挑战者 $\mathcal{C}$ 终止并输出 $\perp$；否则，有 $x^* \neq c^*$。当 $\text{Verify}(\text{pk}, m^*, \delta^*) = 1$ 时签名 δ^* 是关于消息 m^* 的有效签名，那么有

$$\delta_2^* = h^{\frac{1}{a+H(m^*,c^*)}} = g^{\frac{\eta(a+w_1)(a+w_2)\cdots(a+w_q)}{a+z^*}} \text{ 和 } H(m^*, c^*) = H(m^*, 1-x^*) = z^*$$

其中，$z^* \notin \{w_1, w_2, \cdots, w_q\}$。此时，$\delta_2^*$ 可被写为 $\delta_2^* = g^{f'(a)+\frac{d'}{a+z^*}}$，其中 $f'(a)$ 是 $q-1$ 阶多项式函数 $f'(\cdot)$ 关于 a 的计算值，d' 是非 0 整数。

最后，挑战者 $\mathcal{C}$ 计算 $\left(\frac{\delta_2^*}{g^{f'(a)}} \right)^{\frac{1}{d'}} = \left(\frac{g^{f'(a)+\frac{d'}{a+z^*}}}{g^{f'(a)}} \right)^{\frac{1}{d'}} = g^{\frac{1}{a+z^*}}$，并输出 $\left(z^*, g^{\frac{1}{a+z^*}} \right)$ 作为 q-SDH 问题的有效解。

注解 1-10　挑战者 $\mathcal{C}$ 如何计算 $g^{f'(a)}$。由前面的描述可知挑战者 $\mathcal{C}$ 构造了 q 阶多项式 $F'(x)$，令 $f'(x) = \frac{F'(x)}{x - z^*}$，则 $f'(\cdot)$ 是 $q-1$ 阶多项式函数。那么有

$$f'(a) = \frac{F'(a)}{a - z^*} \text{ 和 } g^{f'(a)} = g^{\frac{F'(a)}{a-z^*}}$$

根据挑战者 $\mathcal{C}$ 的设置，对于敌手 $\mathcal{A}$ 而言，相关参数及哈希应答都是随机且独立的，则模拟与真实攻击是不可区分的。对于挑战者 $\mathcal{C}$ 而言，其成功的条件是猜测出正确消息状态，因此，模拟成功的概率是 1/2。综上所述，在 EUF-CMA 安全模型中，若存在一个敌手 $\mathcal{A}$ 能以不可忽略的优势 $\varepsilon(\kappa)$ 攻破上述改进的 ZSS 数字签名机制的不可伪造性，则将构造一个挑战者 $\mathcal{C}$ 以显而易见的优势 $\varepsilon(\kappa)/2$ 解决 q-SDH 问题的困难性。

定理 1-7 证毕。

1.8　进一步优化的 ZSS 数字签名机制

类似地，为了获得更优的安全性证明，本节介绍进一步优化的 ZSS 数字签名机制。

1.8.1　具体构造

(1) 初始化。

Init(κ):

运行$(G_1,G_2,g,p,e)\leftarrow\mathcal{G}(\kappa)$，其中$e:G_1\times G_1\rightarrow G_2$

选取$H:\{0,1\}^*\rightarrow Z_p$;

输出系统参数params $=(G_1,G_2,g,p,e,H)$。

(2) 密钥产生。

KeyGen(params):

$a\leftarrow_R Z_p$，$h\leftarrow_R G_1$；$g_1=g^a$。

输出pk $=(g_1,h)$，sk $=a$。

(3) 签名。

Sign(sk, params, m):

$r\leftarrow_R Z_p$

输出$\delta=(\delta_1,\delta_2)=\left(r,h^{\frac{1}{a+H(m,r)}}\right)$

其中，$m\in\{0,1\}^*$。

(4) 验证。

Verify(pk, m, δ):

若$e(\delta_2,g_1g^{H(m,\delta_1)})=e(h,g)$，则接收该签名；否则拒绝。

签名的合法性验证是正确的，这是因为

$$e(\delta_2,g_1g^{H(m,\delta_1)})=e\left(h^{\frac{1}{a+H(m,r)}},g_1g^{H(m,r)}\right)=e\left(h^{\frac{1}{a+H(m,r)}},g^{a+H(m,r)}\right)=e(h,g)$$

1.8.2　安全性证明

定理 1-8　令哈希函数$H:\{0,1\}^*\rightarrow G_1$是一个随机谕言机。若 q-SDH 假设成立，则上述优化后的 ZSS 签名机制在适应性选择消息攻击下是不可伪造的。

证明　游戏开始之前，挑战者 $\mathcal{C}$ 将收到 q-SDH 假设的挑战元组 $(g,g^a,g^{a^2},$

$g^{a^3},\cdots,g^{a^q}$) 和相应的公开参数 (G_1,G_2,g,p,e)，目标是输出 $\left(s,g^{\frac{1}{a+s}}\right)$，其中 s 是任意值。挑战者 $\mathcal{C}$ 与敌手 $\mathcal{A}$ 间的游戏交互过程如下所示。

(1) 系统设置。

令 $H:\{0,1\}^* \to G_1$ 是随机谕言机。挑战者 $\mathcal{C}$ 首先随机选取 $w_1,w_2,\cdots,w_q,\eta \leftarrow_R Z_p$，并设置 $g_1=g^a$ 和 $h=g^{\eta(a+w_1)(a+w_2)\cdots(a+w_q)}$，然后公开参数 $\text{params}=(G_1,G_2,g,p,e,H)$ 和公钥 $\text{pk}=(g_1,h)$ 给敌手 $\mathcal{A}$。隐含地设置私钥 $\text{sk}=a$，但挑战者 $\mathcal{C}$ 并不掌握 sk。令 $q=q_H$，q_H 是敌手 $\mathcal{A}$ 对 H 谕言机的询问总数。

(2) 询问。

该阶段敌手 $\mathcal{A}$ 可适应性地进行多项式有界次的下述询问。此外，挑战者 $\mathcal{C}$ 将维护一个初始为空的哈希列表来记录相应的询问及应答。

① H 谕言机询问。对于敌手 $\mathcal{A}$ 提交的关于消息 (m,r_i) 的哈希询问，若哈希列表中存在关于 m 的相关记录 $(m,r_i,z,H(m,r_i),\mathcal{A})$，则挑战者 $\mathcal{C}$ 返回相应的值 $H(m,r_i)$ 给敌手 $\mathcal{A}$；否则，挑战者 $\mathcal{C}$ 随机选取 $z \leftarrow_R Z_p$，返回 $H(m,r_i)=z$ 给敌手 $\mathcal{A}$，并添加元组 $(m,r,z,H(m,r_i),\mathcal{A})$ 到相应的哈希列表中。

②签名询问。对于敌手 $\mathcal{A}$ 提交的关于消息 m 的签名询问，挑战者 $\mathcal{C}$ 随机选取 $r_j \leftarrow_R Z_p$ 且元组 $(m,r_j,*,*,*)$ 不在相应的哈希列表中存在，令 $H(m,r_j)=y_j$，并添加元组 $(m,r_j,z,H(m,r_j),\mathcal{B})$ 到相应的哈希列表中。挑战者 $\mathcal{C}$ 计算

$$\delta_j=(\delta_1,\delta_2)=\left(r_j,h^{\frac{1}{a+H(m_i,r_j)}}\right)=(r_j,g^{\eta(a+w_1)\cdots(a+w_{j-1})(a+w_{j+1})\cdots(a+w_q)})$$

对于 $H(m,r_j)=w_j$，由下述等式可知 δ_j 是一个有效签名。

$$\delta_2=h^{\frac{1}{a+H(m,r_j)}}=g^{\frac{\eta(a+w_1)\cdots(a+w_j)\cdots(a+w_q)}{a+w_j}}=g^{\eta(a+w_1)\cdots(a+w_{j-1})(a+w_{j+1})\cdots(a+w_q)}$$

(3) 伪造。

敌手 $\mathcal{A}$ 输出关于消息 m^* 的伪造签名 δ^*。令 $\delta^*=(\delta_1^*,\delta_2^*)=\left(r^*,h^{\frac{1}{a+H(m^*,r^*)}}\right)$，且哈希列表中相应的元组为 $(m,r^*,z^*,H(m,r^*),\mathcal{A})$。若 $\text{Verify}(\text{pk},m,\delta^*)=1$，则签名 δ^* 是关于消息 m 的有效签名，那么有

$$\delta_2^*=h^{\frac{1}{a+H(m^*,c^*)}}=g^{\frac{\eta(a+w_1)(a+w_2)\cdots(a+w_q)}{a+z^*}}$$

式中，$z^* \notin \{w_1,w_2,\cdots,w_q\}$。此时，$\delta_i$ 可以被写为 $\delta_2^*=g^{f'(a)+\frac{d'}{a+z^*}}$，其中 $f'(a)$ 是 $q-1$ 阶多项式函数 $f'(\cdot)$ 关于 a 的计算值，d' 是非 0 整数。

最后，挑战者 $\mathcal{C}$ 计算 $\left(\frac{\delta_2^*}{g^{f'(a)}}\right)^{\frac{1}{d'}}=\left(\frac{g^{f'(a)+\frac{d'}{a+z^*}}}{g^{f'(a)}}\right)^{\frac{1}{d'}}=g^{\frac{1}{a+z^*}}$，并输出 $\left(z^*,g^{\frac{1}{a+z^*}}\right)$ 作为 q-SDH 问题的有效解。

根据挑战者 $\mathcal{C}$ 的设置，对于敌手 $\mathcal{A}$ 而言，相关参数及哈希应答都是随机且独立的，则模拟与真实攻击是不可区分的。签名询问中所选取的随机数与哈希查询阶段所使用的所有随机数都不相同的概率是 $1-\frac{q_H}{p}$，其中 q_H 是对 H 谕言机的询问次数。对于挑战者 $\mathcal{C}$ 而言，其成功的条件是签名询问中所选择随机数 r_j 与哈希询问中的所有随机数都不相同。因此，挑战者 $\mathcal{C}$ 模拟成功的概率是 $\left(1-\frac{q_H}{p}\right)^{q_S}\approx 1$，其中 q_S 是签名询问次数。综上所述，在 EUF-CMA 安全模型中，若存在一个敌手 $\mathcal{A}$ 能以不可忽略的优势 $\varepsilon(\kappa)$ 攻破上述优化后 ZSS 数字签名机制的不可伪造性，则将构造一个挑战者 $\mathcal{C}$ 以显而易见的优势 $\varepsilon(\kappa)$ 解决 q-SDH 问题的困难性。

定理 1-8 证毕。

第 2 章　标准模型下的数字签名机制

本章介绍标准模型下的数字签名机制，主要介绍相应签名机制的算法设计及安全性证明过程。

2.1　BB 数字签名机制

本节将介绍 BB 签名机制，是由 Boneh 和 Boyen[4]提出的一种签名机制。

2.1.1　具体构造

(1) 初始化。

Init(κ):

运行$(G_1, G_2, g, p, e) \leftarrow \mathcal{G}(\kappa)$，其中$e: G_1 \times G_1 \rightarrow G_2$

输出系统参数$\text{params} = (G_1, G_2, g, p, e)$。

(2) 密钥产生。

KeyGen(params):

$\alpha, \beta \leftarrow_R Z_p$，$h \leftarrow_R G_1$;

$g_1 = g^{\alpha}$，$g_2 = g^{\beta}$;

输出$\text{pk} = (g_1, g_2, h)$，$\text{sk} = (\alpha, \beta)$。

(3) 签名。

Sign(sk, params, m):

$r \leftarrow_R Z_p$

输出$\delta = (\delta_1, \delta_2) = \left(r, h^{\frac{1}{\alpha+\beta m+r}}\right)$。

其中，$m \in Z_p$。

(4) 验证。

Verify(pk, m, δ):

若$e(\delta_2, g_1 g_2^m g^{\delta_1}) = e(g, h)$，则接收该签名；否则拒绝。

签名的合法性验证是正确的，这是因为

$$e(\delta_2, g_1 g_2^m g^{\delta_1}) = e\left(h^{\frac{1}{\alpha+\beta m+r}}, g_1 g_2^m g^r\right) = e\left(h^{\frac{1}{\alpha+\beta m+r}}, g^{\alpha} g^{\beta m} g^r\right) = e\left(h^{\frac{1}{\alpha+\beta m+r}}, g^{\alpha+\beta m+r}\right) = e(h, g)$$

2.1.2 安全性证明

定理 2-1 若 q-SDH 假设成立，则上述 BB 签名机制在适应性选择消息攻击下是不可伪造的。

由签名形式 $\delta=(\delta_1,\delta_2)=\left(r,h^{\frac{1}{\alpha+\beta m+r}}\right)$ 可知，挑战者可借助签名元素 $h^{\frac{1}{\alpha+\beta m+r}}$ 解决 q-SDH 问题的困难性。BB 签名机制中私钥 $\mathrm{sk}=(\alpha,\beta)$，那么挑战元组中 a 可以被嵌入 α 或 β。当 $\alpha=a$ 时，伪造签名中的 βm^*+r^* 为所要寻找的随机数，且 βm^*+r^* 的值不能与签名询问中的 βm_i+r_i 相等，其中 $i=1,2,\cdots,q_S$；否则，挑战者自己就能找到 q-SDH 问题的有效解，这与挑战者没有直接解决 q-SDH 问题的能力是相矛盾的。当 $\beta=a$ 时，由于 am^*+r^* 中包含了系数 m^*，无法直接使用签名形式 $h^{\frac{1}{\alpha+\beta m+r}}$ 获得 q-SDH 问题的有效解，因此需要求解出 a 的具体值。此时需要知道伪造签名中相关参数 $\alpha+am^*+r^*$ 所对应的具体值，所以 $\alpha+am^*+r^*$ 需与敌手所提交的某次签名询问中的相关值 $\alpha+am_i+r_i$ 相等，意味着等式 $am^*+r^*=am_i+r_i$，其中 $i\in[1,q_S]$，这样就求解出 $\alpha=\dfrac{r_i-r^*}{m^*-m_i}$，因此挑战者要利用敌手的签名询问和伪造手段将满足上述要求的 $i\in[1,q_S]$ 找出来。

证明 游戏开始之前，挑战者 $\mathcal{C}$ 将收到 q-SDH 假设的挑战元组 $(g,g^a,g^{a^2},g^{a^3},\cdots,g^{a^q})$ 和相应的公开参数 (G_1,G_2,g,p,e)，目标是输出 $\left(s,g^{\frac{1}{a+s}}\right)$，其中 s 是任意的数。挑战者 $\mathcal{C}$ 与敌手 $\mathcal{A}$ 间的游戏交互过程如下所示。

挑战者 $\mathcal{C}$ 选取随机比特 $\mu\leftarrow_R\{0,1\}$，以两种不同的方式进行安全性证明。

1) $\mu=0$ 时的安全性证明过程

(1) 系统设置。

挑战者 $\mathcal{C}$ 首先随机选取 $w_0,w_1,w_2,\cdots,w_q,y\leftarrow_R Z_p$，并设置参数 $g_1=g^a$、$g_2=g^y$ 和 $h=g^{w_0(a+w_1)(a+w_2)\cdots(a+w_q)}$；然后公开系统参数 $\mathrm{params}=(G_1,G_2,g,p,e,H)$ 和公钥 $\mathrm{pk}=(g_1,g_2,h)$ 给敌手 $\mathcal{A}$。隐含地设置私钥 $\mathrm{sk}=(\alpha,\beta)=(a,y)$，但挑战者 $\mathcal{C}$ 并不掌握 sk。令 $q=q_S$，其中 q_S 是敌手 $\mathcal{A}$ 提交的签名询问的总数。

(2) 询问。

该阶段敌手 $\mathcal{A}$ 可适应性地进行多项式有界次的签名询问。对于敌手 $\mathcal{A}$ 提交的关于消息 m_i 的签名询问，挑战者 $\mathcal{C}$ 计算

$$\delta_i=(\delta_1,\delta_2)=(w_i-ym_i,g^{w_0(a+w_1)\cdots(a+w_{i-1})(a+w_{i+1})\cdots(a+w_q)})$$

令 $r_i = w_i - ym_i$，由下述等式可知 δ_i 是关于消息 m_i 的有效签名。

$$h^{\frac{1}{\alpha+\beta m_i+r_i}} = g^{\frac{w_0(a+w_1)\cdots(a+w_i)\cdots(a+w_q)}{a+ym_i+w_i-ym_i}} = g^{\frac{w_0(a+w_1)\cdots(a+w_i)\cdots(a+w_q)}{a+w_i}} = g^{w_0(a+w_1)\cdots(a+w_{i-1})(a+w_{i+1})\cdots(a+w_q)}$$

注解 2-1　从敌手 $\mathcal{A}$ 的角度出发，消息 m_i 的合法签名 $\delta = (\delta_1, \delta_2) = \left(r, h^{\frac{1}{\alpha+\beta m_i+r}}\right)$，其中 $\delta_2 = h^{\frac{1}{a+ym_i+r}} = h^{\frac{w_0(a+w_1)(a+w_2)\cdots(a+w_q)}{a+ym_i+r}}$。对于挑战者 $\mathcal{C}$ 而言，由于 a 是未知的，因此计算 $\delta_2 = h^{\frac{w_0(a+w_1)(a+w_2)\cdots(a+w_q)}{a+ym_i+r}}$ 中指数部分的分母 $a + ym_i + r$ 是困难的。挑战者 $\mathcal{C}$ 为能完成 δ_2 的计算，只能将分母 $a + ym_i + r$ 中无法计算的 a 借助分子中 $a + w_i$ 的形式消除掉，因此挑战者 $\mathcal{C}$ 令 $r = w_i - ym_i$，使得 $a + ym_i + r = a + w_i$。此时，挑战者 $\mathcal{C}$ 就能完成 $\delta_2 = g^{w_0(a+w_1)\cdots(a+w_{i-1})(a+w_{i+1})\cdots(a+w_q)}$ 的计算。

(3) 伪造。

敌手 $\mathcal{A}$ 输出关于消息 m^* 的伪造签名 δ^*，并且消息 m^* 未在签名询问中出现。令 $\delta^* = (\delta_1^*, \delta_2^*) = \left(r^*, h^{\frac{1}{\alpha+\beta m^*+r^*}}\right)$。若对于签名询问中的某些消息 m_i 及相应的随机数 r_i，有等式 $\beta m^* + r^* = \beta m_i + r_i$ 成立，那么挑战者 $\mathcal{C}$ 终止，并输出 $\perp$。否则，令 $c^* = \beta m^* + r^*$，对于所有的 $i \in [1, q_S]$，有 $c^* \neq w_i = \beta m_i + r_i$；若 $\text{Verify}(\text{pk}, m^*, \delta^*) = 1$，则签名 δ^* 是关于消息 m^* 的有效签名，那么有

$$\delta_2^* = h^{\frac{1}{\alpha+\beta m^*+r^*}} = g^{\frac{(a+w_1)(a+w_2)\cdots(a+w_{i^*})\cdots(a+w_q)}{a+c^*}}$$

此时，δ_2^* 可写为 $\delta_2^* = g^{f(a)+\frac{d}{a+c^*}}$，其中 $f(a)$ 是 $q-1$ 阶多项式函数 $f(\cdot)$ 关于 a 的计算值，d 是非 0 整数。

注解 2-2　若 $c^* = w_i = \beta m_i + r_i$，则 $a + c^* = a + w_i$，$\delta_2^* = g^{(a+w_1)\cdots(a+w_{i-1})(a+w_{i+1})\cdots(a+w_q)}$，此时 δ_2^* 中 q-SDH 困难问题有效解的形式就被破坏了。

最后，挑战者 $\mathcal{C}$ 计算 $\left(\dfrac{\delta_2^*}{g^{f(a)}}\right)^{\frac{1}{d}} = \left(\dfrac{g^{f(a)+\frac{d}{a+c^*}}}{g^{f(a)}}\right)^{\frac{1}{d}} = g^{\frac{1}{a+c^*}}$，并输出 $\left(c^*, g^{\frac{1}{a+c^*}}\right)$ 作为 q-SDH 问题的有效解。

2) $\mu = 1$ 时的安全性证明过程

(1) 系统设置。

挑战者 $\mathcal{C}$ 首先随机选取 $w_0, w_1, w_2, \cdots, w_q, x \leftarrow_R Z_p$，并设置 $g_1 = g^x$、$g_2 = g^a$ 和 $h = g^{w_0(a+w_1)(a+w_2)\cdots(a+w_q)}$；然后公开系统参数 $\text{params} = (G_1, G_2, g, p, e, H)$ 和公钥 $\text{pk} = (g_1,$

$g_2,h)$ 给敌手 $\mathcal{A}$ 。隐含地设置私钥 $\text{sk}=(\alpha,\beta)=(x,a)$ ，但挑战者 $\mathcal{C}$ 并不掌握 sk。令 $q=q_S$ ， q_S 是敌手 $\mathcal{A}$ 所提交的签名询问的总数。

(2) 询问。

该阶段敌手 $\mathcal{A}$ 可适应性地进行多项式有界次的签名询问。对于敌手 $\mathcal{A}$ 提交的关于消息 m_i 的签名询问，挑战者 $\mathcal{C}$ 计算

$$\delta_i=(\delta_1,\delta_2)=\left(w_i m_i-x,g^{\frac{w_0}{m_i}(a+w_1)\cdots(a+w_{i-1})(a+w_{i+1})\cdots(a+w_q)}\right)$$

令 $r_i=w_i m_i-x$ ，由下述等式可知 δ_i 是消息 m_i 的有效签名。

$$h^{\frac{1}{\alpha+\beta m_i+r_i}}=g^{\frac{w_0(a+w_1)\cdots(a+w_i)\cdots(a+w_q)}{x+am_i+w_i m_i-x}}=g^{\frac{w_0(a+w_1)\cdots(a+w_i)\cdots(a+w_q)}{m_i(a+w_i)}}=g^{\frac{w_0}{m_i}(a+w_1)\cdots(a+w_{i-1})(a+w_{i+1})\cdots(a+w_q)}$$

特别地，当 $m_i=0$ 时，由 $\alpha+\beta m_i+r_i=x+r_i$ 可知，挑战者 $\mathcal{C}$ 能随机选取 r_i 生成相应的签名，因为对于挑战者 $\mathcal{C}$ 而言， $x+r_i$ 是可计算的。

(3) 伪造。

敌手 $\mathcal{A}$ 输出关于消息 m^* 的伪造签名 δ^*，并且消息 m^* 未在签名询问中出现。令 $\delta^*=(\delta_1^*,\delta_2^*)=\left(r^*,h^{\frac{1}{\alpha+\beta m^*+r^*}}\right)$。对于签名询问中的消息 m_i 及相应的随机数 r_i ，若所有的索引 $i=1,2,\cdots,q_S$ ，有 $\beta m^*+r^*\neq\beta m_i+r_i$ 成立，那么挑战者 $\mathcal{C}$ 终止，并输出 $\perp$ 。否则，对于签名询问中的某些消息 m_i 及相应的随机数 r_i ，有 $\beta m^*+r^*=\beta m_i+r_i$ (则有 $\alpha m^*+r^*=\alpha m_i+r_i$)。若 $\text{Verify}(\text{pk},m^*,\delta^*)=1$ ，则签名 δ^* 是关于消息 m^* 的有效签名，那么有 $\alpha=\dfrac{r_i-r^*}{m^*-m_i}$ 。最后，挑战者 $\mathcal{C}$ 可选取任意随机数 $s\leftarrow_R Z_p$ ，输出 $\left(s,g^{\frac{1}{\alpha+s}}\right)$ 作为 q-SDH 问题的有效解。

根据挑战者 $\mathcal{C}$ 的设置，对于敌手 $\mathcal{A}$ 而言，相关参数及哈希应答都是随机且独立的，则模拟与真实攻击是不可区分的。令签名询问与伪造签名中所使用的随机数分别为 r_i 和 r^* ，那么有：

(1) 当 $\mu=0$ 时，对于所有的 $i\in[1,q_S]$ ，若有 $\beta m^*+r^*\neq\beta m_i+r_i$ ，则挑战者 $\mathcal{C}$ 在伪造阶段不终止；

(2) 当 $\mu=1$ 时，对于一些 $i\in[1,q_S]$ ，若有 $\beta m^*+r^*=\beta m_i+r_i$ ，则挑战者 $\mathcal{C}$ 在伪造阶段不终止。

由于上述两种模拟是不可区分的，并且挑战者 $\mathcal{C}$ 随机选择一种模拟情况，因此伪造签名成功的概率 Pr[Success] 描述如下：

$$
\begin{aligned}
\Pr[\text{Success}] &= \Pr[\text{Success} \mid \mu = 0]\Pr[\mu = 0] + \Pr[\text{Success} \mid \mu = 1]\Pr[\mu = 1] \\
&= \Pr[\beta m^* + r^* \neq \beta m_i + r_i]\Pr[\mu = 0] + \Pr[\beta m^* + r^* = \beta m_i + r_i]\Pr[\mu = 1] \\
&= \frac{1}{2}(\Pr[\beta m^* + r^* \neq \beta m_i + r_i] + \Pr[\beta m^* + r^* = \beta m_i + r_i]) \\
&= \frac{1}{2}
\end{aligned}
$$

综上所述，在 EUF-CMA 安全模型中，若存在一个敌手 $\mathcal{A}$ 能以不可忽略的优势 $\varepsilon(\kappa)$ 攻破上述 BB 签名机制的不可伪造性，则将构造一个挑战者 $\mathcal{C}$ 以显而易见的优势 $\varepsilon(\kappa)/2$ 解决 q-SDH 问题的困难性。

定理 2-1 证毕。

注解 2-3　定理 2-1 的证明中，无论 $\mu=0$，还是 $\mu=1$ 的情况，挑战者都能解决 q-SDH 问题的困难性，那么需要思考一个问题，安全性证明中为何要分两种情况？单独每个情况虽能实现对 q-SDH 问题困难性的解决，但挑战者只能以一定的概率成功，导致归约过程存在相应的损耗，并且难以对上述成功的概率进行定量。

2.2　Waters 数字签名机制

Waters[5]提出了标准模型下身份基加密机制的高效设计方法，本节将介绍基于该方法所提出的签名机制[2]，该方案简称为 Waters 签名机制。特别地，读者可通过对身份基加密机制的学习，进一步了解并掌握随机谕言机模型和标准模型下相关方案的区别与联系。

2.2.1　具体构造

(1) 初始化。

$\text{Init}(\kappa)$:

运行$(G_1, G_2, g, p, e) \leftarrow \mathcal{G}(\kappa)$，其中$e: G_1 \times G_1 \rightarrow G_2$

输出系统参数$\text{params} = (G_1, G_2, g, p, e)$。

(2) 密钥产生。

$\text{KeyGen}(\text{params})$:

$\alpha \leftarrow_R Z_p$;

$g_2, u_0, u_1, \cdots, u_n \leftarrow_R G_1$;

$g_1 = g^{\alpha}$;

输出$\text{pk} = (g_1, g_2, u_0, u_1, \cdots, u_n)$，$\text{sk} = \alpha$。

(3)签名。

令消息 m 为 n 比特长的字符串，$m[i]$ 表示消息 m 中的第 i 位，其中 $m[i]=0$ 或 $m[i]=1$。

$\text{Sign}(\text{sk},\text{params},m)$:

$r \leftarrow_R Z_p$

输出 $\delta=(\delta_1,\delta_2)=\left(g_2^{\alpha}\left(u_0\prod_{i=1}^{n}u_i^{m[i]}\right)^r, g^r\right)$。

其中，$m\in\{0,1\}^n$。

(4)验证。

$\text{Verify}(\text{pk},m,\delta)$:

若$e(\delta_1,g)=e(g_1,g_2)e\left(u_0\prod_{i=1}^{n}u_i^{m[i]},\delta_2\right)$，则接收该签名；否则拒绝。

签名的合法性验证是正确的，这是因为

$$e(\delta_1,g)=e\left(g_2^{\alpha}\left(u_0\prod_{i=1}^{n}u_i^{m[i]}\right)^r,g\right)=e(g_2^{\alpha},g)e\left(\left(u_0\prod_{i=1}^{n}u_i^{m[i]}\right)^r,g\right)$$

$$=e(g_2,g^{\alpha})e\left(u_0\prod_{i=1}^{n}u_i^{m[i]},g^r\right)=e(g_1,g_2)e\left(u_0\prod_{i=1}^{n}u_i^{m[i]},\delta_2\right)$$

2.2.2　安全性证明

定理 2-2　若 CDH 假设成立，则上述 Waters 签名机制在适应性选择消息攻击下是不可伪造的。

证明　游戏开始之前，挑战者 $\mathcal{C}$ 将收到 CDH 问题的挑战元组 (g,g^a,g^b) 和相应的公开参数 (G_1,G_2,g,p,e)，目标是输出 g^{ab}。挑战者 $\mathcal{C}$ 与敌手 $\mathcal{A}$ 间的游戏交互过程如下所示。

(1)系统设置。

挑战者 $\mathcal{C}$ 设置 $q=2q_S$，其中 q_S 是敌手 $\mathcal{A}$ 提交的签名询问的总次数。挑战者 $\mathcal{C}$ 首先随机选取 $k\leftarrow_R[0,n]$，$x_0,x_1,x_2,\cdots,x_n\leftarrow_R[0,q-1]$ 和 $y_0,y_1,y_2,\cdots,y_n\leftarrow_R Z_p$；然后计算 $g_1=g^a$，$g_2=g^b$ 和 $u_0=g^{-kqa+x_0a+y_0}$；接着对于 $i=1,2,\cdots,n$，计算 $u_i=g^{x_ia+y_i}$；最后公开系统参数 $\text{params}=(G_1,G_2,g,p,e,H)$ 和公钥 $\text{pk}=(g_1,g_2,u_0,u_1,\cdots,u_n)$ 给敌手 $\mathcal{A}$。隐含地设置私钥 $\text{sk}=\alpha$，但挑战者 $\mathcal{C}$ 并不掌握 sk。

挑战者 $\mathcal{C}$ 定义下述 3 个关于消息 m 的函数：

$$F(m)=-kq+x_0+\sum_{i=1}^{n}m[i]\cdot x_i$$

$$J(m) = y_0 + \sum_{i=1}^{n} m[i] \cdot y_i$$

$$K(m) = \begin{cases} 0, & x_0 + \sum_{i=1}^{n} m[i] \cdot x_i \equiv 0 (\bmod q) \\ 1, & \text{其他} \end{cases}$$

那么有 $u_0 \prod_{i=1}^{n} u_i^{m[i]} = g^{F(m)a + J(m)}$。

注解 2-4　挑战者 $\mathcal{C}$ 在参数建立阶段将消息空间划分为两个子空间，一个是询问空间，该空间中的任意消息 m_i 满足条件 $K(m_i) = 1$；另一个是挑战空间，该空间中的任意消息 m_i 满足条件 $K(m_i) = 0$，同时挑战者 $\mathcal{C}$ 从挑战空间中选取了一个消息 m^* 作为挑战消息，则该消息 m^* 满足条件 $F(m^*) = 0$。

(2) 询问。

该阶段敌手 $\mathcal{A}$ 可适应性地进行多项式有界次的签名询问。对于敌手 $\mathcal{A}$ 提交的关于消息 m_i 的签名询问，若 $K(m_i) = 0$，则挑战者 $\mathcal{C}$ 终止，并输出 $\perp$；否则，挑战者 $\mathcal{C}$ 随机选取 $r' \leftarrow_R Z_p$，并计算

$$\delta_i = (\delta_1, \delta_2) = \left(g_2^{-\frac{J(m_i)}{F(m_i)}} \left(u_0 \prod_{j=1}^{n} u_j^{m_i[j]} \right)^{r'}, g_2^{-\frac{1}{F(m_i)}} g^{r'} \right)$$

令 $r = -\frac{1}{F(m_i)} b + r'$，由下述等式可知 δ_i 是关于消息 m_i 的有效签名。

$$\begin{aligned} g_2^{-\frac{J(m_i)}{F(m_i)}} \left(u_0 \prod_{j=1}^{n} u_j^{m_i[j]} \right)^{r'} &= g^{-\frac{J(m_i)}{F(m_i)} b} (g^{F(m_i)a + J(m_i)})^{r'} = g^{ab} g^{-ab + r'F(m_i)a - \frac{J(m_i)}{F(m_i)} b + J(m_i) r'} \\ &= g^{ab} (g^{F(m_i)a + J(m_i)})^{-\frac{1}{F(m_i)} b + r'} = g_2^{\alpha} \left(u_0 \prod_{j=1}^{n} u_j^{m_i[j]} \right)^{r} \end{aligned}$$

$$g_2^{-\frac{1}{F(m_i)}} g^{r'} = g^{-\frac{1}{F(m_i)} b} g^{r'} = g^{-\frac{1}{F(m_i)} b + r'} = g^{r}$$

(3) 伪造。

敌手 $\mathcal{A}$ 输出关于消息 m^* 的伪造签名 δ^*，并且消息 m^* 未在签名询问中出现。令 $\delta^* = (\delta_1^*, \delta_2^*) = \left(g_2^{\alpha} \left(u_0 \prod_{j=1}^{n} u_j^{m^*[j]} \right)^{r^*}, g^{r^*} \right)$。若有 $F(m^*) \neq 0$ 成立，则挑战者 $\mathcal{C}$ 终止，并输

出⊥。若 $F(m^*)=0$ ，且 $\text{Verify}(\text{pk},m^*,\delta^*)=1$ ，则签名 δ^* 是关于消息 m^* 的有效签名，那么有

$$\delta_1^* = g_2^{\alpha}\left(u_0\prod_{j=1}^{n}u_j^{m^*[j]}\right)^{r^*} = g^{ab}(g^{F(m^*)a+J(m^*)})^{r^*} = g^{ab}(g^{r^*})^{J(m^*)}$$

最后，挑战者 $\mathcal{C}$ 计算 $\frac{\delta_1^*}{(\delta_2^*)^{J(m^*)}}=\frac{g^{ab}(g^{r^*})^{J(m^*)}}{(g^{r^*})^{J(m^*)}}=g^{ab}$ ，并输出 $\frac{\delta_1^*}{(\delta_2^*)^{J(m^*)}}$ 作为 CDH 问题的有效解。

根据挑战者 $\mathcal{C}$ 的设置，对于敌手 $\mathcal{A}$ 而言，相关参数都是随机且独立的，则模拟与真实攻击是不可区分的。挑战者 $\mathcal{C}$ 的成功模拟中，询问消息 $m_1,m_2,\cdots,m_{q_s}$ 和挑战消息 m^* 满足下述条件：

$$K(m_1)=1,K(m_2)=1,\cdots,K(m_{q_s})=1,F(m^*)=0$$

那么有

$$0\leqslant x_0+\sum_{i=1}^{n}m[i]\cdot x_i\leqslant(n+1)(q-1)$$

由于 $x_0,x_1,x_2,\cdots,x_n\leftarrow_R[0,q-1]$ ，因此 $x_0+\sum_{i=1}^{n}m[i]\cdot x_i$ 的上界是 $(n+1)(q-1)$ 。令 $X=x_0+\sum_{i=1}^{n}m[i]\cdot x_i$ ，由于 x_i 和 k 都是均匀随机选取的，所以有

$$\Pr[F(m^*)=0]=\Pr[X=0\bmod q]\cdot\Pr[X=kq|X=0\bmod q]=\frac{1}{(n+1)q}$$

对于任意 i ，询问消息 m_i 和挑战消息 m^* 至少有一个位是不相等的， $K(m_i)$ 和 $F(m^*)$ 至少 x_j 的系数是不相等的，那么有 $\Pr[K(m_i)=0\,|\,F(m^*)=0]=\frac{1}{q}$ 。

由上述结论可知

$$\begin{aligned}
&\Pr[K(m_1)=1\wedge K(m_2)=1\wedge\cdots\wedge K(m_{q_s})=1\wedge F(m^*)=0]\\
&=\Pr[K(m_1)=1\wedge K(m_2)=1\wedge\cdots\wedge K(m_{q_s})=1\,|\,F(m^*)=0]\Pr[F(m^*)=0]\\
&=(1-\Pr[K(m_1)=0\vee K(m_2)=0\vee\cdots\vee K(m_{q_s})=0\,|\,F(m^*)=0])\Pr[F(m^*)=0]\\
&\geqslant\left(1-\sum_{i=1}^{q_s}\Pr[K(m_i)=0\,|\,F(m^*)=0]\right)\Pr[F(m^*)=0]
\end{aligned}$$

$$=\frac{1}{(n+1)q}\left(1-\frac{q_S}{q}\right)$$
$$=\frac{1}{4(n+1)q_S}$$

挑战者 $\mathcal{C}$ 模拟游戏中不终止的概率至少是 $\frac{1}{4(n+1)q_S}$。综上所述，在 EUF-CMA 安全模型中，若存在一个敌手 $\mathcal{A}$ 能以不可忽略的优势 $\varepsilon(\kappa)$ 攻破上述 Waters 数字签名机制的不可伪造性，则将构造一个挑战者 $\mathcal{C}$ 以显而易见的优势 $\frac{\varepsilon(\kappa)}{4(n+1)q_S}$ 解决 CDH 问题的困难性。

定理 2-2 证毕。

2.3　Gentry 数字签名机制

Gentry[6]提出了标准模型下身份基加密机制的新型设计方法，该方法具有更优的安全性证明过程。本节将介绍基于该方法所提出的数字签名机制[2]，该方案简称为 Gentry 数字签名机制。

2.3.1　具体构造

(1) 初始化。

Init(κ):

　运行 $(G_1,G_2,g,p,e)\leftarrow\mathcal{G}(\kappa)$，其中 $e:G_1\times G_1\rightarrow G_2$

　输出系统参数 $\text{params}=(G_1,G_2,g,p,e)$。

(2) 密钥产生。

KeyGen(params):

　$\alpha,\beta\leftarrow_R Z_p$;

　$g_1=g^{\alpha},g_2=g^{\beta}$;

　输出 $\text{pk}=(g_1,g_2)$，$\text{sk}=(\alpha,\beta)$。

(3) 签名。

Sign(sk, params, m):

　$r\leftarrow_R Z_p$

　输出 $\delta=(\delta_1,\delta_2)=\left(r,g^{\frac{\beta-r}{\alpha-m}}\right)$。

其中，$m \in \{0,1\}^n$。

(4) 验证。

Verify(pk, m, δ)：

若$e(\delta_2, g_1 g^{-m}) = e(g_2 g^{-\delta_1}, g)$，则接收该签名；否则拒绝。

签名的合法性验证是正确的，这是因为

$$e(\delta_2, g_1 g^{-m}) = e\left(g^{\frac{\beta - r}{\alpha - m}}, g_1 g^{-m}\right) = e\left(g^{\frac{\beta - r}{\alpha - m}}, g^{\alpha} g^{-m}\right)$$
$$= e(g^{\beta - r}, g) = e(g_2 g^{-\delta_1}, g)$$

2.3.2 安全性证明

定理 2-3 若 q-SDH 假设成立，则上述 Gentry 数字签名机制在适应性选择消息攻击下是不可伪造的。

证明 游戏开始之前，挑战者 $\mathcal{C}$ 将收到 q-SDH 假设的挑战元组 $(g, g^a, g^{a^2}, g^{a^3}, \cdots, g^{a^q})$ 和相应的公开参数 (G_1, G_2, g, p, e)，目标是输出 $\left(s, g^{\frac{1}{a+s}}\right)$，其中 s 是任意数。挑战者 $\mathcal{C}$ 与敌手 $\mathcal{A}$ 间的游戏交互过程如下所示。

(1) 系统设置。

挑战者 $\mathcal{C}$ 首先随机选取 $w_0, w_1, w_2, \cdots, w_q \leftarrow_R Z_p$，并设置 $g_1 = g^a$ 和 $g_2 = g^{w_q a^q + w_{q-1} a^{q-1} + \cdots + w_1 a + w_0}$；然后公开参数 params $= (G_1, G_2, g, p, e, H)$ 和公钥 pk $= (g_1, g_2)$ 给敌手 $\mathcal{A}$。隐含地设置私钥 sk $= (\alpha, \beta) = (a, w_q a^q + w_{q-1} a^{q-1} + \cdots + w_1 a + w_0)$，但挑战者 $\mathcal{C}$ 并不掌握 sk。令 $q = q_S + 1$，q_S 是敌手 $\mathcal{A}$ 所提交的签名询问的总数。特别地，令 $f(a) = w_q a^q + w_{q-1} a^{q-1} + \cdots + w_1 a + w_0$，其中 $f(x) = w_q x^q + w_{q-1} x^{q-1} + \cdots + w_1 x + w_0$ 是 q 阶的多项式函数，$w_0, w_1, w_2, \cdots, w_q$ 是相应的系数。

(2) 询问。

该阶段敌手 $\mathcal{A}$ 可适应性地进行多项式有界次的签名询问。对于敌手 $\mathcal{A}$ 提交的关于消息 m_i 的签名询问，挑战者 $\mathcal{C}$ 计算

$$\delta_i = (\delta_1, \delta_2) = (f(m_i), g^{f_i(a)})$$

其中，$f_i(x) = \dfrac{f(x) - f(m_i)}{x - m_i}$ 是一个 $q-1$ 阶的多项式函数。令 $r_i = f(m_i)$，由等式 $g^{f_i(a)} = g^{\frac{f(a) - f(m_i)}{a - m_i}} = g^{\frac{\beta - r_i}{\alpha - m_i}}$ 可知 δ_i 是关于消息 m_i 的有效签名。

(3) 伪造。

敌手 $\mathcal{A}$ 输出关于消息 m^* 的伪造签名 δ^*，并且消息 m^* 未在签名询问中出现。令

$\delta^* = (\delta_1^*, \delta_2^*) = \left(r^*, g^{\frac{\beta - r^*}{\alpha - m^*}} \right)$。若有 $f(m^*) = r^*$ 成立，则挑战者 $\mathcal{C}$ 终止，并输出 $\perp$。否则，$f(m^*) \neq r^*$，当 $\text{Verify}(\text{pk}, m^*, \delta^*) = 1$ 时，签名 δ^* 是关于消息 m^* 的有效签名，那么有

$$\delta_2^* = g^{\frac{\beta - r^*}{\alpha - m^*}} = g^{\frac{f(a) - f(m^*)}{a - m^*}}$$

此时，δ_2^* 可以被写为 $\delta_2^* = g^{f^*(a) + \frac{d}{a - m^*}}$，其中 $f^*(a)$ 是 $q-1$ 阶多项式函数 $f^*(x)$ 关于 a 的计算值，d 是非 0 整数。

最后，挑战者 $\mathcal{C}$ 计算 $\left(\frac{\delta_2^*}{g^{f^*(a)}} \right)^{\frac{1}{d}} = \left(\frac{g^{f^*(a) + \frac{d}{a - m^*}}}{g^{f^*(a)}} \right)^{\frac{1}{d}} = g^{\frac{1}{a + m^*}}$，并输出 $\left(-m^*, g^{\frac{1}{a - m^*}} \right)$ 作为 q-SDH 问题的有效解。

根据挑战者 $\mathcal{C}$ 的设置，对于敌手 $\mathcal{A}$ 而言，相关参数及哈希应答都是随机且独立的，则模拟与真实攻击是不可区分的。模拟游戏在伪造阶段不终止的条件是 $f(m^*) \neq r^*$，为了证明敌手 $\mathcal{A}$ 没有能力计算 $f(m^*)$，那么只需要证明下述参数是随机且相互独立的。

$$(\alpha, \beta, r_1, \cdots, r_{q_s}, f(m^*)) = (a, f(a), f(m_1), \cdots, f(m_{q_s}), f(m^*))$$

可被写为

$$\begin{cases} f(a) = w_q a^q + w_{q-1} a^{q-1} + \cdots + w_1 a + w_0 \\ f(m_1) = w_q (m_1)^q + w_{q-1} (m_1)^{q-1} + \cdots + w_1 m_1 + w_0 \\ \qquad \vdots \\ f(m_{q_s}) = w_q (m_{q_s})^q + w_{q-1} (m_{q_s})^{q-1} + \cdots + w_1 m_{q_s} + w_0 \\ f(m^*) = w_q (m^*)^q + w_{q-1} (m^*)^{q-1} + \cdots + w_1 m^* + w_0 \end{cases}$$

由于 $w_0, w_1, w_2, \cdots, w_q$ 都是随机和相互独立的且系数矩阵的行列式是非零的，所以 $a, f(a), f(m_1), \cdots, f(m_{q_s}), f(m^*)$ 同样是随机且相互独立的。

$$\begin{vmatrix} a^q & a^{q-1} & \cdots & a & 1 \\ (m_1)^q & (m_1)^{q-1} & \cdots & m_1 & 1 \\ \vdots & \vdots & & \vdots & \vdots \\ (m_{q_s})^q & (m_{q_s})^{q-1} & \cdots & m_{q_s} & 1 \\ (m^*)^q & (m^*)^{q-1} & \cdots & m^* & 1 \end{vmatrix} = \prod_{1 \leqslant i < j \leqslant q+1} (x_i - x_j) : x_i, x_j \in \{a, m_1, \cdots, m_{q_s}, m^*\} \neq 0$$

敌手 $\mathcal{A}$ 任意自适应选择的 r^* 满足条件 $r^* = f(m^*)$ 的概率是 $\frac{1}{p}$。因此，挑战者 $\mathcal{C}$ 成功模拟的概率为 $1-\frac{1}{p}\approx 1$。综上所述，在 EUF-CMA 安全模型中，若存在一个敌手 $\mathcal{A}$ 能以不可忽略的优势 $\varepsilon(\kappa)$ 攻破上述 Gentry 数字签名机制的不可伪造性，则将构造一个挑战者 $\mathcal{C}$ 以相同的优势 $\varepsilon(\kappa)$ 解决 q-SDH 问题。

定理 2-3 证毕。

第 3 章　公钥加密机制

本章主要介绍公钥加密(public-key encryption，PKE)机制，包括 PKE 机制的算法定义和安全性，还有经典 PKE 机制的算法设计及安全性证明过程。

3.1　定义及安全模型

本节介绍 PKE 机制的形式化定义及相应的安全模型，如选择明文攻击(chosen-plaintext attacks，CPA)安全性和选择密文攻击(chosen-ciphertext attacks，CCA)安全性等。

3.1.1　PKE 机制的形式化定义

一个消息空间为 $\mathcal{M}$ 的 PKE 机制由 KeyGen 、 Enc 和 Dec 等三个算法组成。

(1)密钥生成。

密钥生成算法 KeyGen 的输入是安全参数 κ，输出公私钥对 (pk,sk)，其中 pk 是公钥，sk 是私钥。该算法可表示为 $(\mathrm{pk},\mathrm{sk}) \leftarrow \mathrm{KeyGen}(1^{\kappa})$ 。

(2)加密。

加密算法 Enc 的输入是明文 $M \in \mathcal{M}$ 和公钥 pk，输出相应的加密密文 C 。该算法可表示为 $C \leftarrow \mathrm{Enc}(\mathrm{pk}, M)$ 。

(3)解密。

解密算法 Dec 的输入是密文 C 和私钥 sk，输出相应的明文消息 M 或无效符号 $\perp$ 。该算法可表示为 $M/\perp \leftarrow \mathrm{Dec}(\mathrm{sk}, C)$ 。

一般情况下，算法 KeyGen 和 Enc 是概率性算法，即随机数参与上述算法的运行，如随机性加密算法 Enc 保证相同的明文消息 $M \in \mathcal{M}$，多次运行 Enc 可以产生不同的加密密文 $C = \mathrm{Enc}(\mathrm{pk}, M)$ 。

PKE 机制的正确性要求对于任意的 $M \in \mathcal{M}$ 和 $(\mathrm{pk},\mathrm{sk}) \leftarrow \mathrm{KeyGen}(1^{\kappa})$，有关系 $M = \mathrm{Dec}(\mathrm{sk}, \mathrm{Enc}(\mathrm{pk}, M))$ 成立。

3.1.2　PKE 机制的 CPA 安全性

PKE 机制应确保在没有私钥的情况下，任意敌手都无法从加密结果中恢复出原始明文消息的任何信息。通常根据敌手能力的不同将 PKE 机制的安全性划分为 CPA 安全性和 CCA 安全性，其中敌手在 CCA 安全性游戏中能够进行解密询问，而在 CPA

安全性游戏中不具备该能力[7]。

设 $\Pi=(\text{KeyGen},\text{Enc},\text{Dec})$ 是一个消息空间为 $\mathcal{M}$ 的 PKE 机制。CPA 安全性游戏中挑战者 $\mathcal{C}$ 和敌手 $\mathcal{A}$ 间的消息交互过程如下所示。

(1) 初始化。

挑战者 $\mathcal{C}$ 输入安全参数 κ，运行密钥生成算法 $\text{KeyGen}(1^{\kappa})$，产生公钥 pk 和私钥 sk，秘密保存 sk 的同时将 pk 发送给敌手 $\mathcal{A}$。

(2) 挑战。

挑战阶段，敌手 $\mathcal{A}$ 输出两个等长的明文消息 $M_0,M_1\in\mathcal{M}$。挑战者 $\mathcal{C}$ 选取随机值 $\beta\leftarrow_R\{0,1\}$，计算挑战密文 $C_{\beta}^{*}=\text{Enc}(\text{pk},M_{\beta})$，并将 C_{β}^{*} 发送给敌手 $\mathcal{A}$。

(3) 猜测。

敌手 $\mathcal{A}$ 输出对挑战者 $\mathcal{C}$ 选取随机数 β 的猜测值 $\beta'\in\{0,1\}$，如果 $\beta'=\beta$，那么敌手 $\mathcal{A}$ 攻击成功，即敌手 $\mathcal{A}$ 在该游戏中获胜。

敌手 $\mathcal{A}$ 在上述游戏中获胜的优势定义为 $\text{Adv}_{\text{PKE},\mathcal{A}}^{\text{CPA}}(\kappa)=\left|\Pr[\beta'=\beta]-\frac{1}{2}\right|$。因为任何不作为的敌手 $\mathcal{A}$，都能通过对 β 做随机猜测，以 1/2 的概率赢得上述 CPA 安全性游戏。而 $\text{Adv}_{\text{PKE},\mathcal{A}}^{\text{CPA}}(\kappa,\lambda)=\left|\Pr[\beta'=\beta]-\frac{1}{2}\right|$ 是敌手通过努力得到的，故称为敌手的优势。此外，上述游戏中敌手获得的优势也可定义为 $\text{Adv}_{\text{PKE},\mathcal{A}}^{\text{CPA}}(\kappa,\lambda)=|\Pr[\beta'=1\mid\beta=1]-\Pr[\beta'=1\mid\beta=0]|$，由下述等式可知这种定义的优势是前一种定义的 2 倍[7]。

$$\begin{aligned}
\left|\Pr[\beta'=\beta]-\frac{1}{2}\right|&=\left|\Pr[\beta=0]\Pr[\beta'=\beta\mid\beta=0]+\Pr[\beta=1]\Pr[\beta'=\beta\mid\beta=1]-\frac{1}{2}\right|\\
&=\left|\Pr[\beta=0]\Pr[\beta'=0\mid\beta=0]+\Pr[\beta=1]\Pr[\beta'=1\mid\beta=1]-\frac{1}{2}\right|\\
&=\left|\frac{1}{2}[1-\Pr[\beta'=1\mid\beta=0]]+\frac{1}{2}\Pr[\beta'=1\mid\beta=1]-\frac{1}{2}\right|\\
&=\frac{1}{2}\left|\Pr[\beta'=1\mid\beta=1]-\Pr[\beta'=1\mid\beta=0]\right|
\end{aligned}$$

定义 3-1（PKE 机制的 CPA 安全性） 对于任意的概率多项式时间敌手 $\mathcal{A}$，若其在上述游戏中获胜的优势 $\text{Adv}_{\text{PKE},\mathcal{A}}^{\text{CPA}}(\kappa)$ 是可忽略的，则相应的 PKE 机制具有 CPA 安全性。

上述安全性游戏的形式化描述如下。

$\text{Exp}_{\text{PKE},\mathcal{A}}^{\text{CPA}}(\kappa)$:

$(\text{sk},\text{pk})\leftarrow\text{KeyGen}(1^{\kappa})$;

$(M_0,M_1,\text{state})\leftarrow\mathcal{A}(\text{pk})$，其中 $|M_0|=|M_1|$;

$C_\beta^* = \text{Enc}(\text{pk}, M_\beta)$，$\beta \leftarrow_R \{0,1\}$；

$\beta' \leftarrow \mathcal{A}(C_\beta^*, \text{pk}, \text{state})$；

若$\beta' = \beta$，则输出1；否则，输出0。

其中，state 表示相应的状态信息，包括敌手 $\mathcal{A}$ 掌握的所有信息及产生的所有随机数，state 实现敌手 $\mathcal{A}$ 在获得挑战密文 C_β^* 前后的信息共享。

在交互式实验 $\text{Exp}_{\text{PKE},\mathcal{A}}^{\text{CPA}}(\kappa)$ 中，敌手 $\mathcal{A}$ 获胜的优势定义为

$$\text{Adv}_{\text{PKE},\mathcal{A}}^{\text{CPA}}(\kappa,\lambda) = \left|\Pr[\text{Exp}_{\text{PKE},\mathcal{A}}^{\text{CPA}}(\kappa)=1] - \Pr[\text{Exp}_{\text{PKE},\mathcal{A}}^{\text{CPA}}(\kappa)=0]\right|$$

3.1.3　PKE 机制的 CCA 安全性

在 CCA 安全性游戏中，敌手拥有解密询问的能力，并根据敌手在获得挑战密文之后能否进行解密询问，将选择密文攻击划分为非适应性选择密文攻击(简称为 CCA1)和适应性选择密文攻击(简称为 CCA2)。特别地，后面无特殊说明时 CCA 安全性指 CCA2 安全性。

1) CCA1 安全性游戏

非适应性选择密文攻击下的安全性游戏包括挑战者 $\mathcal{C}$ 和敌手 $\mathcal{A}$ 两个参与者，在该游戏中敌手仅在获得挑战密文之前具有执行解密询问的能力。挑战者 $\mathcal{C}$ 与敌手 $\mathcal{A}$ 间的消息交互过程如下所示。

(1) 初始化。

挑战者 $\mathcal{C}$ 输入安全参数 κ，运行密钥生成算法 $\text{KeyGen}(1^\kappa)$，产生公钥 pk 和私钥 sk，秘密保存 sk 的同时将 pk 发送给敌手 $\mathcal{A}$。

(2) 阶段 1(训练)。

该阶段敌手 $\mathcal{A}$ 可适应性地进行多项式有界次关于任意密文的解密询问。

解密询问：敌手 $\mathcal{A}$ 发送关于密文 C 的解密询问，挑战者 $\mathcal{C}$ 运行解密算法 Dec，使用私钥 sk 解密密文 C，并将相应的解密结果 $M/\perp$ 返回给敌手 $\mathcal{A}$。

(3) 挑战。

在挑战阶段，敌手 $\mathcal{A}$ 输出两个等长的明文消息 $M_0, M_1 \in \mathcal{M}$。挑战者 $\mathcal{C}$ 选取随机值 $\beta \leftarrow_R \{0,1\}$，计算挑战密文 $C_\beta^* = \text{Enc}(\text{pk}, M_\beta)$，并将 C_β^* 发送给敌手 $\mathcal{A}$。

(4) 猜测。

敌手 $\mathcal{A}$ 输出对挑战者 $\mathcal{C}$ 所选取随机数 β 的猜测值 $\beta' \in \{0,1\}$，若 $\beta' = \beta$，则敌手 $\mathcal{A}$ 攻击成功，即敌手 $\mathcal{A}$ 在该游戏中获胜。

敌手 $\mathcal{A}$ 在上述游戏中获胜的优势定义为关于安全参数 κ 的函数：

$$\text{Adv}_{\text{PKE},\mathcal{A}}^{\text{CCA1}}(\kappa) = \left|\Pr[\beta' = \beta] - \frac{1}{2}\right|$$

定义 3-2（PKE 机制的 CCA1 安全性）　若任意的概率多项式时间敌手 $\mathcal{A}$，在上述游戏中获胜的优势 $\mathrm{Adv}_{\mathrm{PKE},\mathcal{A}}^{\mathrm{CCA1}}(\kappa)$ 是可忽略的，则相应的 PKE 机制具有 CCA1 安全性。

2）CCA2 安全性游戏

适应性选择密文攻击下的安全性游戏同样包括挑战者 $\mathcal{C}$ 和敌手 $\mathcal{A}$ 两个参与者，在该游戏中敌手在获得挑战密文前和后都能执行解密询问，但获得挑战密文之后仅能对除挑战密文之外的其他任意密文执行解密询问。挑战者 $\mathcal{C}$ 与敌手 $\mathcal{A}$ 间的消息交互过程如下所示。

（1）初始化。

挑战者 $\mathcal{C}$ 输入安全参数 κ，运行密钥生成算法 $\mathrm{KeyGen}(1^{\kappa})$，产生公钥 pk 和私钥 sk，秘密保存 sk 的同时将 pk 发送给敌手 $\mathcal{A}$。

（2）阶段 1（训练）。

该阶段 $\mathcal{A}$ 可适应性地进行多项式有界次针对任意密文的解密询问。

解密询问：敌手发送关于密文 C 的解密询问，挑战者 $\mathcal{C}$ 运行解密算法 Dec，并将相应的解密结果 $M/\perp$ 发送给敌手 $\mathcal{A}$。

（3）挑战。

在挑战阶段，敌手 $\mathcal{A}$ 输出两个等长的明文消息 $M_0, M_1 \in \mathcal{M}$。挑战者 $\mathcal{C}$ 选取随机值 $\beta \leftarrow_R \{0,1\}$，计算挑战密文 $C_\beta^* = \mathrm{Enc}(\mathrm{pk}, M_\beta)$，并将 C_β^* 发送给敌手 $\mathcal{A}$。

（4）阶段 2（训练）。

该阶段 $\mathcal{A}$ 可对除挑战密文 C_β^* 之外的其他任意密文进行解密询问。

解密询问：敌手 $\mathcal{A}$ 发送关于密文 $C(C \neq C_\beta^*)$ 的解密询问，挑战者 $\mathcal{C}$ 运行解密算法 Dec，并将相应的解密结果 $M/\perp$ 返回给敌手 $\mathcal{A}$。

（5）猜测。

敌手 $\mathcal{A}$ 输出对挑战者 $\mathcal{C}$ 所选取随机数 β' 的猜测值 $\beta' \in \{0,1\}$，若 $\beta' = \beta$，则敌手 $\mathcal{A}$ 攻击成功，即敌手 $\mathcal{A}$ 在该游戏中获胜。

敌手 $\mathcal{A}$ 在上述游戏中获胜的优势定义为关于安全参数 κ 的函数：

$$\mathrm{Adv}_{\mathrm{PKE},\mathcal{A}}^{\mathrm{CCA2}}(\kappa) = \left|\Pr[\beta' = \beta] - \frac{1}{2}\right|$$

定义 3-3（PKE 机制的 CCA2 安全性）　若任意的概率多项式时间敌手 $\mathcal{A}$，在上述游戏中获胜的优势 $\mathrm{Adv}_{\mathrm{PKE},\mathcal{A}}^{\mathrm{CCA2}}(\kappa)$ 是可忽略的，则相应的 PKE 机制具有 CCA2 安全性。

上述游戏的形式化描述如下所示。

$\mathrm{Exp}_{\mathrm{PKE},\mathcal{A}}^{\mathrm{CCA2}}(\kappa)$:

　$(\mathrm{sk}, \mathrm{pk}) \leftarrow \mathrm{KeyGen}(1^{\kappa})$;

　$(M_0, M_1, \mathrm{state}) \leftarrow \mathcal{A}^{\mathcal{O}^{\mathrm{Dec}}(\cdot)}(\mathrm{pk})$，其中 $|M_0| = |M_1|$;

$C_\beta^* \leftarrow \text{Enc}(\text{pk}, M_\beta)$，$\beta \leftarrow_R \{0,1\}$；

$\beta' \leftarrow \mathcal{A}^{\mathcal{O}^{\text{Dec}}_{\neq C_\beta^*}(\cdot)}(\text{pk}, C_\beta^*, \text{state})$；

若$\beta' = \beta$，则输出1；否则，输出0。

其中，敌手 $\mathcal{A}$ 可以适应性地询问解密谕言机 $\mathcal{O}^{\text{Dec}}(\cdot)$，它向解密谕言机输入密文，$\mathcal{O}^{\text{Dec}}(\cdot)$ 输出相应的解密结果；此外，用 $\mathcal{O}^{\text{Dec}}_{\neq C_\beta^*}(\cdot)$ 表示除特定密文 C_β^* 外解密谕言机可对其他任意密文进行解密，即在解密询问中敌手 $\mathcal{A}$ 不能向 $\mathcal{O}^{\text{Dec}}_{\neq C_\beta^*}(\cdot)$ 提出对密文 C_β^* 的解密询问。

在交互式实验 $\text{Exp}^{\text{CCA2}}_{\text{PKE},\mathcal{A}}(\kappa)$ 中，敌手 $\mathcal{A}$ 获胜的优势为

$$\text{Adv}^{\text{CCA2}}_{\text{PKE},\mathcal{A}}(\kappa) = \left|\Pr[\text{Exp}^{\text{CCA2}}_{\text{PKE},\mathcal{A}}(\kappa,\lambda) = 1] - \Pr[\text{Exp}^{\text{CCA2}}_{\text{PKE},\mathcal{A}}(\kappa) = 0]\right|$$

3.2　CPA 安全的公钥加密机制

本节主要介绍 ElGamal 公钥加密机制[8]的算法构造及安全性证明过程。

3.2.1　具体构造

令 GroupGen 是一个多项式时间算法，其输入为安全参数 κ，输出一个阶为 q 的乘法循环群 G 及一个生成元 $g \in G$。

(1) 密钥产生过程。

KeyGen(κ):

$(G,g) \leftarrow \text{GroupGen}(\kappa)$;

$x \leftarrow_R Z_q$；　$y = g^x$；

$\text{pk} = (g, y)$；　$\text{sk} = x$。

(2) 加密过程。

Enc(M):

$r \leftarrow_R Z_q$;

输出$C = (A,B) = (g^r, y^r M)$。

其中，$M \in G$。

(3) 解密过程。

Dec(sk, C):

输出$\dfrac{B}{A^x}$。

解密的正确性可由等式 $\dfrac{B}{A^x} = \dfrac{y^r M}{(g^r)^x} = \dfrac{y^r M}{(g^x)^r} = \dfrac{y^r M}{y^r} = M$ 得到。

3.2.2 安全性证明

假设 3-1（判定性 Diffie-Hellman（decisional Diffie-Hellman，DDH）假设） 对于 (q,G,g)，给定任意的元组 (g,g^a,g^b,g^{ab}) 和 (g,g^a,g^b,g^c)，对于未知的指数 $a,b,c\in Z_q^*$，DDH 问题的目标是判断等式 $g^{ab}=g^c$ 是否成立。DDH 假设意味着任意的多项式时间算法 $\mathcal{A}$ 成功解决 DDH 问题的优势 $\mathrm{Adv}_{\mathcal{A}}^{\mathrm{DDH}}(\kappa)=\Pr[\mathcal{A}(g,g^a,g^b,g^{ab})=1]-\Pr[\mathcal{A}(g,g^a,g^b,g^c)=1]$ 是可忽略的，其中概率来源于 a、b 和 c 在 Z_q^* 上的随机选取和敌手 $\mathcal{A}$ 的随机选择。

特别地，在安全性证明中 DDH 假设的元组也可写为 (g_1,g_2,U_1,U_2)，当该元组满足条件 $\log_{g_1}U_1=\log_{g_2}U_2$ 时称其是 DH 元组，即 (g,g^a,g^b,g^{ab}) 是 DH 元组；否则称其为随机元组，即 (g,g^a,g^b,g^c) 是非 DH 元组。

定理 3-1 若 DDH 假设成立，则 ElGamal 加密方案是 CPA 安全的。

证明 在 CPA 安全性游戏中，敌手 $\mathcal{A}$ 输出两个等长的挑战消息 M_0 和 M_1，得到消息 $M_\beta(\beta\leftarrow_R\{0,1\})$ 的挑战密文 C_β 后，输出猜测 β'。若 $\beta'=\beta$，则敌手 $\mathcal{A}$ 攻击成功（用 Succ 来表示该事件）。假设存在概率多项式时间敌手 $\mathcal{A}$ 能以不可忽略的优势成功攻击 ElGamal 加密方案的 CPA 安全性，那么相应的优势 $\left|\Pr[\mathrm{Succ}]-\frac{1}{2}\right|$ 是不可忽略的。

下面构造一个挑战者 $\mathcal{C}$，以敌手 $\mathcal{A}$ 为子程序，并利用敌手 $\mathcal{A}$ 来解决 DDH 问题的困难性。设挑战者 $\mathcal{C}$ 获得 DDH 问题的挑战者发送的公开参数 (q,G,g) 和挑战元组 $T=(g_1,g_2,U_1,U_2)$。挑战者 $\mathcal{C}$ 通过下述操作为敌手 $\mathcal{A}$ 构建了 ElGamal 加密机制的运行环境，具体过程如下。

$\mathcal{C}(T)$:

$\mathrm{pk}=(g_1,g_2)$;

$(M_0,M_1)\leftarrow\mathcal{A}(\mathrm{pk})$;

$\beta\leftarrow_R\{0,1\}$;

$C^*=(U_1,U_2M_\beta)$;

$\beta'\leftarrow\mathcal{A}(\mathrm{pk},C^*)$;

若 $\beta'=\beta$，则输出1；否则，输出0。

当输出为 1 时，挑战者 $\mathcal{C}$ 猜测输入的四元组 $T=(g_1,g_2,U_1,U_2)$ 是 DH 元组；当输出为 0 时，挑战者 $\mathcal{C}$ 猜测输入的四元组 $T=(g_1,g_2,U_1,U_2)$ 是随机元组。

令 $\mathcal{E}_1$ 表示 $T=(g_1,g_2,U_1,U_2)$ 是随机元组；$\mathcal{E}_2$ 表示 $T=(g_1,g_2,U_1,U_2)$ 是 DH 元组。事件 $\mathcal{E}_1$ 发生时，已知 U_2 在 G 中均匀分布，独立于 g_1、g_2 和 U_1，所以密文 $C^*=(U_1,U_2M_\beta)$ 的第二部分 U_2M_β 在群 G 中均匀分布，独立于被加密的消息 M_β（即独立于随机数 β）。因此，敌手 $\mathcal{A}$ 没有得到 β 的任何信息，即不能以超过 1/2 的概

率来猜测 β，所以说敌手 $\mathcal{A}$ 攻击 ElGamal 加密机制成功的概率是 1/2。当且仅当敌手 $\mathcal{A}$ 攻击 ElGamal 加密机制成功时挑战者 $\mathcal{C}$ 才输出 1，所以有 $\Pr[\mathcal{C}(T)=1|\mathcal{E}_1]=\frac{1}{2}$。

事件 $\mathcal{E}_2$ 发生时，有 $g_2=g^a$、$U_1=g^b$ 和 $U_2=g^{ab}=g_2^b$（其中 a 和 b 是随机选取的，隐含地有 $x=a$ 和 $r=b$），此时公钥和密文的分布与 ElGamal 加密机制在真实环境执行时是一样的。当事件 $\mathcal{E}_2$ 发生时，敌手 $\mathcal{A}$ 收到了合法密文，此时敌手 $\mathcal{A}$ 成功的概率是 $\Pr[\mathrm{Succ}]$。因此有 $\Pr[\mathcal{C}(T)=1|\mathcal{E}_2]=\Pr[\mathrm{Succ}]$。

下面分析在上述游戏中挑战者 $\mathcal{C}$ 分别输出 1 和 0 的概率：

$$\begin{aligned}\Pr[\mathcal{C}(T)=1]&=\Pr[\mathcal{C}(T)=1|\mathcal{E}_1]\Pr[\mathcal{E}_1]+\Pr[\mathcal{C}(T)=1|\mathcal{E}_2]\Pr[\mathcal{E}_2]\\&=\frac{1}{2}\Pr[\mathrm{Succ}]+\frac{1}{2}\cdot\frac{1}{2}\end{aligned}$$

$$\begin{aligned}\Pr[\mathcal{C}(T)=0]&=\Pr[\mathcal{C}(T)=0|\mathcal{E}_1]\Pr[\mathcal{E}_1]+\Pr[\mathcal{C}(T)=0|\mathcal{E}_2]\Pr[\mathcal{E}_2]\\&=\frac{1}{2}(1-\Pr[\mathrm{Succ}])+\frac{1}{2}\cdot\frac{1}{2}\end{aligned}$$

所以 $\left|\Pr[\mathcal{C}(T)=1]-\Pr[\mathcal{C}(T)=0]\right|=\left|\Pr[\mathrm{Succ}]-\frac{1}{2}\right|$。即如果敌手 $\mathcal{A}$ 能以不可忽略的优势成功攻击 ElGamal 加密机制，那么挑战者 $\mathcal{C}$ 能以相同的优势解决 DDH 问题的困难性。

定理 3-1 证毕。

注解 3-1　如图 3-1 所示，由于 ElGamal 加密机制的密文可被扩张，因此它仅实现了 CPA 安全性。密文扩张是指任意的合法密文经过相应的计算后生成一个新的合法密文，并且新密文虽不是由加密算法所产生的，但与加密算法所生成密文是同分布的。

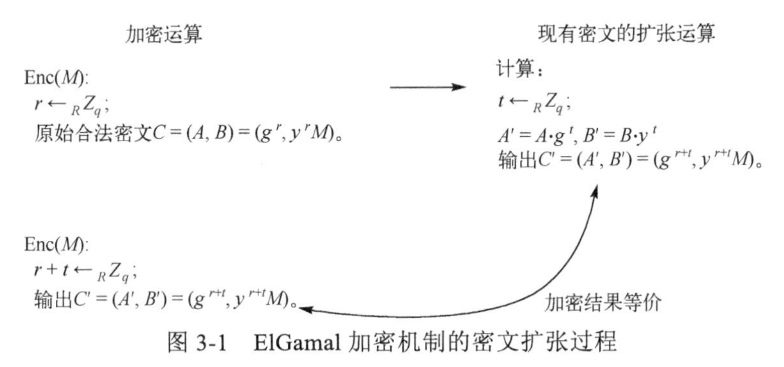

图 3-1　ElGamal 加密机制的密文扩张过程

3.3　CCA1 安全的公钥加密机制

本节介绍 CCA1 安全的公钥加密机制的一个通用构造，该方案采用 CPA 安全的公钥加密机制对同一消息加密两次，并基于非交互式零知识(non-interactive zero-knowledge，NIZK）系统证明两次加密操作是对同一消息进行的。

3.3.1　非交互式零知识论证

Dodis 等[9]详细介绍了 NIZK 系统的形式化定义和安全模型，本节将对 NIZK 的基本知识进行介绍。

令 R 是语言 $\mathcal{L}_R$ 上关于二元组 (x,y) 的 NP 关系，其中 $\mathcal{L}_R=\{y\mid \exists x, \text{s.t.}\,(x,y)\in R\}$。关系 R 上的 NIZK 系统包含三个算法 Setup、Prove 和 Verify，具体语法如下所示。

(1) $(\text{CRS},\text{tk})\leftarrow \text{Setup}(1^\kappa)$。

初始化算法 Setup 以系统安全参数 κ 为输入，输出公共参考串 CRS 和相应的陷门密钥 tk。

(2) $\pi\leftarrow \text{Prove}_{\text{CRS}}(x,y)$。

对满足 $R(x,y)=1$ 的二元组 (x,y) 生成相应的论证 π。

(3) $1/0\leftarrow \text{Verify}_{\text{CRS}}(\pi,y)$。

若 π 是相对应于 y 的论证，则输出 1，否则输出 0。

特别地，当 CRS 能从上下文中获知时，为了简便，可将算法 $\text{Prove}_{\text{CRS}}$ 和 $\text{Verify}_{\text{CRS}}$ 中的下标 CRS 省略，直接写成 Prove 和 Verify。

NIZK 系统需满足下述三个安全性质。

(1) 正确性。

对于任意的 $(x,y)\in R$，可知 $\pi\leftarrow \text{Prove}(x,y)$ 和 $\text{Verify}(x,y)=1$，其中 $(\text{CRS},\text{tk})\leftarrow \text{Setup}(1^\kappa)$。

(2) 可靠性。

对于 $(\text{CRS},\text{tk})\leftarrow \text{Setup}(1^\kappa)$ 和 $(y,\pi')\leftarrow \mathcal{A}(\text{CRS})$，有

$$\Pr[y\notin \mathcal{L}_R \wedge \text{Verify}(\pi',y)=1]\leqslant \text{negl}(\kappa)$$

成立，其中敌手 $\mathcal{A}$ 是一个概率多项式时间敌手。换句话讲，对于不属于语言 $\mathcal{L}_R$ 上的元素 y，任意敌手 $\mathcal{A}$ 输出有效论据的概率是可忽略的。

(3) 零知识性。

存在一个概率多项式时间的模拟器 Sim，使得任意多项式时间敌手 $\mathcal{A}$ 在下述游戏 $\text{Game}_{\text{Sim}}^{\text{ZK}}(\kappa)$ 中获胜的优势是可忽略的，即 $\left|\Pr[\mathcal{A}\text{ wins}]-\dfrac{1}{2}\right|\leqslant \text{negl}(\kappa)$。

游戏 $\text{Game}_{\text{Sim}}^{\text{ZK}}(\kappa)$ 中挑战者 $\mathcal{C}$ 与敌手 $\mathcal{A}$ 间的消息交互过程如下所示。

①挑战者 $\mathcal{C}$ 输入安全参数 κ 运行初始化算法 $(\text{CRS},\text{tk})\leftarrow \text{Setup}(1^\kappa)$；并发送系统公开参数 (CRS,tk) 给敌手 $\mathcal{A}$。

②敌手 $\mathcal{A}$ 选择 $(x,y)\in R$，并将其发送给挑战者 $\mathcal{C}$。

③挑战者 $\mathcal{C}$ 首先计算 $\pi_1\leftarrow \text{Prove}(x,y)$ 和 $\pi_0\leftarrow \text{Sim}(y,\text{tk})$；然后发送挑战论证 π_ν

给敌手 $\mathcal{A}$，其中 $v \leftarrow_R \{0,1\}$。

④敌手 $\mathcal{A}$ 输出对 v 的猜测 v'。若 $v'=v$，则称敌手 $\mathcal{A}$ 在该游戏中获胜。

在上述游戏中，对于任意的 $y \in \mathcal{L}_R$，模拟器Sim 可在陷门密钥 tk 的作用下输出一个模拟论证，即使敌手获知二元组 (x,y)（其中 x 是私有的证据，y 是公开的状态信息），零知识性保证了模拟器Sim 生成的模拟论证与算法Prove 生成的真实论证是不可区分的。

3.3.2　具体构造

设 $\Pi=(\text{KeyGen},\text{Enc},\text{Dec})$ 是一个 CPA 安全的公钥加密机制，$\Sigma=(\mathcal{P},\mathcal{V})$ 是 NP 语言 $\mathcal{L}$ 上的NIZK 系统（$\mathcal{P}$ 表示证明算法，$\mathcal{V}$ 表示验证算法），$\mathcal{L}=\{(C_0,C_1) \mid \exists (r_0,r_1,M);$ $\text{s.t.} C_0=\text{Enc}(\text{pk}_0,M,r_0), C_1=\text{Enc}(\text{pk}_1,M,r_1)\}$，方案 $\Pi^*=(\text{KeyGen}^*,\text{Enc}^*,\text{Dec}^*)$ 是 CCA1 安全的公钥加密方案。特别地，在 Π^* 的构造中，为了方便描述，底层加密算法 Enc 所需的内部随机数由算法输入提供，即 $C \leftarrow \text{Enc}(\text{pk},M,r)$，其中 r 是随机数。

(1) 密钥生成。

$\text{KeyGen}^*(\kappa)$:

　$(\text{pk}_0,\text{sk}_0) \leftarrow \text{KeyGen}(\kappa)$;

　$(\text{pk}_1,\text{sk}_1) \leftarrow \text{KeyGen}(\kappa)$;

　$\omega \leftarrow_R \{0,1\}^{\text{poly}(\kappa)}$;

　$\text{pk}^*=(\text{pk}_0,\text{pk}_1,\omega)$;

　$\text{sk}^*=\text{sk}_0$。

其中，ω 是 NIZK 系统的公共参考串，$\text{poly}(\kappa)$ 表示安全参数 κ 上的多项式。

(2) 加密过程。

$\text{Enc}^*(\text{pk}^*,M)$:

　$r_0,r_1 \leftarrow_R \{0,1\}^*$;

　$C_0=\text{Enc}(\text{pk}_0,M,r_0)$;

　$C_1=\text{Enc}(\text{pk}_1,M,r_1)$;

　$\pi \leftarrow \mathcal{P}(\omega,(C_0,C_1),(r_0,r_1,M))$;

　输出 $C=(C_0,C_1,\pi)$。

其中，$M \in G$。

(3) 解密过程。

$\text{Dec}^*(\text{sk}_0,C)$:

　若 $\mathcal{V}(\omega,(C_0,C_1,\pi))=0$

　　输出 $\perp$;

　否则，输出 $\text{Dec}(\text{sk}_0,C)$。

由底层公钥加密机制 $\Pi=(\text{KeyGen},\text{Enc},\text{Dec})$ 和 NIZK 系统的正确性可知，方案 Π^* 是正确的。

3.3.3 安全性证明

在安全性证明之前，首先介绍证明过程中所需的一个重要引理。

引理 3-1（区别引理） 令 $\mathcal{E}_1$、$\mathcal{E}_2$ 和 $\mathcal{F}$ 是定义在相关概率分布上的三个事件，且满足 $\Pr[\mathcal{E}_1 \mid \bar{\mathcal{F}}]=\Pr[\mathcal{E}_2 \mid \bar{\mathcal{F}}]$，那么有 $|\Pr[\mathcal{E}_1]-\Pr[\mathcal{E}_2]| \leqslant \Pr[\mathcal{F}]$ 成立。

证明 由概率公式可知

$$
\begin{aligned}
|\Pr[\mathcal{E}_1]-\Pr[\mathcal{E}_2]| &= |\Pr[\mathcal{E}_1 \mid \mathcal{F}]+\Pr[\mathcal{E}_1 \mid \bar{\mathcal{F}}]-\Pr[\mathcal{E}_2 \mid \mathcal{F}]-\Pr[\mathcal{E}_2 \mid \bar{\mathcal{F}}]| \\
&= |\Pr[\mathcal{E}_1 \mid \mathcal{F}]-\Pr[\mathcal{E}_2 \mid \mathcal{F}]| \\
&\leqslant \Pr[\mathcal{F}]
\end{aligned}
$$

其中，事件 $\mathcal{E}_1 \mid \mathcal{F}$ 发生的概率 $\Pr[\mathcal{E}_1 \mid \mathcal{F}]$ 满足条件 $\Pr[\mathcal{E}_1 \mid \mathcal{F}] \in [0,\Pr[\mathcal{F}]]$；类似地，有 $\Pr[\mathcal{E}_2 \mid \mathcal{F}] \in [0,\Pr[\mathcal{F}]]$。因此有 $|\Pr[\mathcal{E}_1 \mid \mathcal{F}]-\Pr[\mathcal{E}_2 \mid \mathcal{F}]| \leqslant \Pr[\mathcal{F}]$。

引理 3-1 证毕。

定理 3-2 设 $\Pi=(\text{KeyGen},\text{Enc},\text{Dec})$ 是 CPA 安全的公钥加密方案，$\Sigma=(\mathcal{P},\mathcal{V})$ 是 NP 语言 $\mathcal{L}$ 上的 NIZK 系统，那么方案 $\Pi^*=(\text{KeyGen}^*,\text{Enc}^*,\text{Dec}^*)$ 是 CCA1 安全的公钥加密方案。

证明 设敌手 $\mathcal{A}$ 是概率多项式时间敌手，将敌手 $\mathcal{A}$ 分为两个阶段，第一阶段可以访问解密谕言机，第二阶段不允许访问解密谕言机。从 CCA1 的安全性游戏出发，敌手 $\mathcal{A}$ 的目标是区分挑战密文 $C^*=(C_0,C_1,\pi)$ 是对消息 M_0 的加密，还是对消息 M_1 的加密，可以将上述区分挑战密文对应明文消息的过程延续到对两个游戏的区分，其中一个游戏中是对消息 M_0 进行加密，另一个游戏则是对消息 M_1 进行加密。令 $\mathcal{D}_{\text{sk}^*}(\cdot)$ 表示解密谕言机，能够为敌手返回任意密文所对应的明文。考虑以下两个游戏（第二个游戏与第一个游戏的区别用方框表示）。

$\text{Exp}_0(\kappa)$:

$(\text{pk}_0,\text{sk}_0),(\text{pk}_1,\text{sk}_1) \leftarrow \text{KeyGen}(\kappa)$;

$\omega \leftarrow_R \{0,1\}^{\text{poly}(\kappa)}$;

$\text{pk}^*=(\text{pk}_0,\text{pk}_1,\omega),\text{sk}^*=\text{sk}_0$;

$(M_0,M_1) \leftarrow \mathcal{A}^{\mathcal{D}_{\text{sk}^*}(\cdot)}(\text{pk}^*)$;

$r_0,r_1 \leftarrow_R \{0,1\}^*$;

$C_0=\text{Enc}(\text{pk}_0,M_0,r_0),C_1=\text{Enc}(\text{pk}_1,M_0,r_1)$;

$\pi \leftarrow \mathcal{P}(\omega,(C_0,C_1),(r_0,r_1,M_0))$;

$\beta \leftarrow \mathcal{A}(\text{pk}^*,C_0,C_1,\pi)$;

若 $\beta=0$，则返回1；否则，返回0。

$\mathrm{Exp}_{\mathrm{Final}}(\kappa)$:

$(\mathrm{pk}_0,\mathrm{sk}_0),(\mathrm{pk}_1,\mathrm{sk}_1) \leftarrow \mathrm{KeyGen}(\kappa)$;

$\omega \leftarrow_R \{0,1\}^{\mathrm{poly}(\kappa)}$;

$\mathrm{pk}^* = (\mathrm{pk}_0,\mathrm{pk}_1,\omega)$, $\mathrm{sk}^* = \mathrm{sk}_0$;

$(M_0,M_1) \leftarrow \mathcal{A}^{\mathcal{D}_{\mathrm{sk}^*}(\cdot)}(\mathrm{pk}^*)$;

$r_0,r_1 \leftarrow_R \{0,1\}^*$;

$\boxed{C_0 = \mathrm{Enc}(\mathrm{pk}_0,M_1,r_0),\ C_1 = \mathrm{Enc}(\mathrm{pk}_1,M_1,r_1)}$;

$\boxed{\pi \leftarrow \mathcal{P}(\omega,(C_0,C_1),(r_0,r_1,M_1))}$;

$\beta \leftarrow \mathcal{A}(\mathrm{pk}^*,C_0,C_1,\pi)$;

若$\beta=1$，则返回1；否则，返回0。

其中，$\mathrm{Exp}_0(\kappa)=1$表示敌手$\mathcal{A}$在游戏Exp_0中猜测正确，即$C^*=(C_0,C_1,\pi)$是对同一明文M_0的加密密文。$\mathrm{Exp}_{\mathrm{Final}}(\kappa)=1$表示敌手$\mathcal{A}$在游戏$\mathrm{Exp}_{\mathrm{Final}}$中猜测正确，即$C^*=(C_0,C_1,\pi)$是对同一明文$M_1$的加密密文。

要证明上述方案是 CCA1 安全的，则需证明敌手$\mathcal{A}$不能区分上面两个游戏Exp_0和$\mathrm{Exp}_{\mathrm{Final}}$，即$|\Pr[\mathrm{Exp}_0(\kappa)=1]-\Pr[\mathrm{Exp}_{\mathrm{Final}}(\kappa)=1]| \leqslant \mathrm{negl}(\kappa)$。由于上述两个游戏间的区别较大，无法直接证明它们的不可区分性，因此为了达到目标，需要构造一系列中间游戏来过渡(游戏Exp_0与$\mathrm{Exp}_{\mathrm{Final}}$分别是第一个和最后一个)，其中每两个相邻的游戏之间区别很小，使得多项式时间敌手区分相邻两个游戏间变化的优势是可忽略的。通过传递性就可以推出第一个游戏和最后一个游戏是不可区分的。由于第一个游戏对应于M_0被加密时的情景，最后一个游戏对应于M_1被加密时的情景，这样就得到了M_0的加密密文与M_1的加密密文不可区分的结论。

为了证明通用构造的 CCA1 安全性，一共有 7 个不同的游戏，描述如下所示。

(1) Exp_0：这是 PKE 机制的真实游戏，敌手在挑战时得到消息M_0的密文。

(2) Exp_1：将Exp_0中的 NIZK 系统Σ改为模拟器$\mathrm{Sim}=\{\mathrm{Sim}_1,\mathrm{Sim}_2\}$，以产生模拟证明$\pi$，其余部分与$\mathrm{Exp}_0$相同。

(3) Exp_2：将Exp_1中的密文元素C_1换成消息M_1的加密密文，其余部分与Exp_1相同。

(4) Exp_3：将Exp_2中的解密谕言机使用私钥sk_0改为使用sk_1，其余部分与Exp_2相同。

(5) Exp_4：将Exp_3中的密文元素C_0换成消息M_1的加密密文，其余部分与Exp_3相同。

(6) Exp_5：将Exp_4中的解密谕言机由使用私钥sk_1改为使用sk_0，其余部分与Exp_4相同。

(7) Exp_6：将 Exp_5 中的模拟证明改为使用 NIZK 系统 Σ 产生真实证明 π，其余部分与 Exp_5 相同。特别地，Exp_6 就是 $\mathrm{Exp}_{\mathrm{Final}}$。

设 $\mathrm{Sim}=\{\mathrm{Sim}_1,\mathrm{Sim}_2\}$ 是 NIZK 系统 Σ 所使用的模拟器。将 Exp_0 中的公共参考串和证明者 $\mathcal{P}$ 产生的证明都换成模拟的，得到如下游戏(它与上一游戏 Exp_0 的区别仍用方框表示，后面采用相同的方法表示两个游戏间的区别)。

$\underline{\mathrm{Exp}_1(\kappa)}$:

$(\mathrm{pk}_0,\mathrm{sk}_0),(\mathrm{pk}_1,\mathrm{sk}_1)\leftarrow \mathrm{KeyGen}(\kappa)$;

$\boxed{\omega\leftarrow \mathrm{Sim}_1(\kappa)}$;

$\mathrm{pk}^*=(\mathrm{pk}_0,\mathrm{pk}_1,\omega),\mathrm{sk}^*=\mathrm{sk}_0$;

$(M_0,M_1)\leftarrow \mathcal{A}^{\mathcal{D}_{\mathrm{sk}^*}(\cdot)}(\mathrm{pk}^*)$;

$r_0,r_1\leftarrow_R\{0,1\}^*$;

$C_0=\mathrm{Enc}(\mathrm{pk}_0,M_0,r_0),C_1=\mathrm{Enc}(\mathrm{pk}_1,M_0,r_1)$;

$\boxed{\pi\leftarrow \mathrm{Sim}_2(C_0,C_1)}$;

$\beta\leftarrow \mathcal{A}(\mathrm{pk}^*,C_0,C_1,\pi)$;

若 $\beta=0$，则返回1；否则，返回0。

注解 3-2　这里需要思考一个问题，为什么要将游戏 Exp_0 中 NIZK 系统的真实证明转换为游戏 Exp_1 中的模拟证明？主要原因是后续游戏变换过程中挑战密文的密文元素不再是对相同消息的加密密文，或者生成挑战密文的对应随机数是挑战者无法获知的，而这些情况下 NIZK 系统的真实证明无法生成相应的证据，但模拟证明却能够生成相应的证据。为确保安全证明的顺利进行，将游戏 Exp_0 的真实证明转换为游戏 Exp_1 的模拟证明。

断言 3-1　对任意多项式时间敌手有 $|\Pr[\mathrm{Exp}_1(\kappa)=1]-\Pr[\mathrm{Exp}_0(\kappa)=1]|\leqslant \mathrm{negl}(\kappa)$。

证明　将以上结论归约到 NIZK 系统 Σ 的零知识性上。用敌手 $\mathcal{A}$ 构造一个敌手 $\mathcal{B}$ 来区分真实证明和模拟证明(敌手 $\mathcal{B}$ 的目标是攻击 NIZK 的零知识性)。

$\mathcal{B}(\mathrm{ZK})$:

收到 ω，并将其作为第一阶段的输入；

$(\mathrm{pk}_0,\mathrm{sk}_0),(\mathrm{pk}_1,\mathrm{sk}_1)\leftarrow \mathrm{KeyGen}(\kappa)$;

$\mathrm{pk}^*=(\mathrm{pk}_0,\mathrm{pk}_1,\omega)$;

$\mathrm{sk}^*=\mathrm{sk}_0$;

$(M_0,M_1)\leftarrow \mathcal{A}^{\mathcal{D}_{\mathrm{sk}^*}(\cdot)}(\mathrm{pk}^*)$;//注意敌手 $\mathcal{B}$ 可以为 敌手 $\mathcal{A}$ 模拟解密谕言机

$r_0,r_1\leftarrow_R\{0,1\}^*$;

$C_0=\mathrm{Enc}(\mathrm{pk}_0,M_0,r_0),C_1=\mathrm{Enc}(\mathrm{pk}_1,M_0,r_1)$;

将$((C_0, C_1), (r_0, r_1, M_0))$作为第一阶段的输出；

将 π 作为第二阶段的输入；

$\beta \leftarrow \mathcal{A}(\mathrm{pk}^*, C_0, C_1, \pi)$;

若$\beta = 0$，则返回1；否则，返回0。

分别用$\mathrm{ZK}_{\mathrm{real}}$和$\mathrm{ZK}_{\mathrm{sim}}$表示事件：敌手$\mathcal{B}$的输入是真实证明或模拟证明。若$\mathrm{ZK}_{\mathrm{real}}$发生，则敌手$\mathcal{B}$的输入是真实证明，那么敌手$\mathcal{A}$的视图与$\mathrm{Exp}_0$中的视图相同，所以$\Pr[\mathrm{Exp}_0(\kappa) = 1] = \Pr[\mathcal{B}(\omega, \pi) = 1 \mid \mathrm{ZK}_{\mathrm{real}}]$。若$\mathrm{ZK}_{\mathrm{sim}}$发生，则敌手$\mathcal{B}$的输入是模拟证明，那么敌手$\mathcal{A}$的视图与$\mathrm{Exp}_1$中的视图相同，所以$\Pr[\mathrm{Exp}_1(\kappa) = 1] = \Pr[\mathcal{B}(\omega, \pi) = 1 \mid \mathrm{ZK}_{\mathrm{sim}}]$。由 NIZK 的零知识性可知$\left|\Pr[\mathcal{B}(\omega, \pi) = 1 \mid \mathrm{ZK}_{\mathrm{real}}] - \Pr[\mathcal{B}(\omega, \pi) = 1 \mid \mathrm{ZK}_{\mathrm{sim}}]\right| \leqslant \mathrm{negl}(\kappa)$，所以$\left|\Pr[\mathrm{Exp}_0(\kappa) = 1] - \Pr[\mathrm{Exp}_1(\kappa) = 1]\right| \leqslant \mathrm{negl}(\kappa)$。

断言 3-1 证毕。

NIZK 的挑战者$\mathcal{C}$与敌手$\mathcal{B}$和敌手$\mathcal{A}$间消息交互过程如图 3-2 所示，敌手$\mathcal{B}$借助挑战者$\mathcal{C}$完成 NIZK 论据的生成，其中当挑战者$\mathcal{C}$输出真实证明(ω, π)时，敌手$\mathcal{B}$为敌手$\mathcal{A}$模拟了游戏Exp_0；当挑战者$\mathcal{C}$输出模拟证明(ω, π)时，敌手$\mathcal{B}$为敌手$\mathcal{A}$模拟了游戏Exp_1，因此敌手$\mathcal{A}$区分游戏Exp_0和Exp_1的优势与敌手$\mathcal{B}$区分(ω, π)是真实证明还是模拟证明的优势相等，也就是说，若存在敌手$\mathcal{A}$能以不可忽略的优势区分游戏Exp_0和Exp_1，那么敌手$\mathcal{B}$将以相同的优势攻破 NIZK 系统Σ的零知识性。

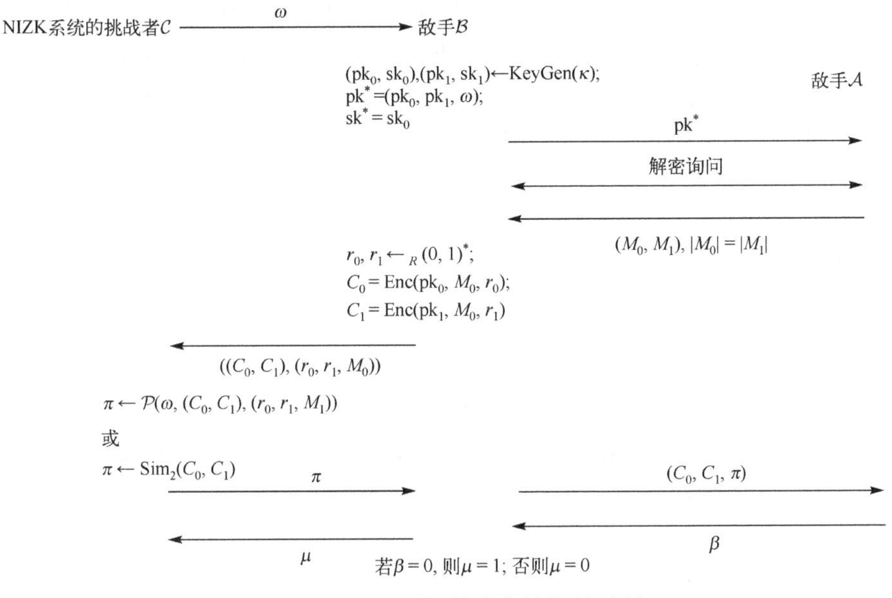

图 3-2　NIZK 系统的安全性归约过程

第二个游戏Exp_2与第一个游戏Exp_1不同之处在于它不是把消息M_0加密两次，而是对消息M_0和消息M_1各加密一次。

$\underline{\mathrm{Exp}_2(\kappa)}$:

$(\mathrm{pk}_0,\mathrm{sk}_0),(\mathrm{pk}_1,\mathrm{sk}_1) \leftarrow \mathrm{KeyGen}(\kappa)$;

$\omega \leftarrow \mathrm{Sim}_1(\kappa)$;

$\mathrm{pk}^* = (\mathrm{pk}_0,\mathrm{pk}_1,\omega), \mathrm{sk}^* = \mathrm{sk}_0$;

$(M_0,M_1) \leftarrow \mathcal{A}^{\mathcal{D}_{\mathrm{sk}^*}(\cdot)}(\mathrm{pk}^*)$;

$r_0,r_1 \leftarrow_R \{0,1\}^*$;

$C_0 = \mathrm{Enc}(\mathrm{pk}_0,M_0,r_0)$, $\boxed{C_1 = \mathrm{Enc}(\mathrm{pk}_1,M_1,r_1)}$；

$\pi \leftarrow \mathrm{Sim}_2(C_0,C_1)$;

$\beta \leftarrow \mathcal{A}(\mathrm{pk}^*,C_0,C_1,\pi)$;

若$\beta = 0$，则返回1；否则，返回0。

注意到在上面的游戏中，模拟器Sim_2的输入是两个不同明文的对应密文。这样的输入不在语言$\mathcal{L}$中，对于模拟器Sim_2而言，模拟是平凡的，即π可随机产生。然而，在这种情况下这两个游戏依然是不可区分的，因为使用的底层公钥加密机制$\Pi = (\mathrm{KeyGen},\mathrm{Enc},\mathrm{Dec})$是CPA安全的，所以对$M_0$的加密和对$M_1$的加密不可区分。

断言 3-2　对任意多项式时间敌手有$|\Pr[\mathrm{Exp}_2(\kappa)=1] - \Pr[\mathrm{Exp}_1(\kappa)=1]| \leqslant \mathrm{negl}(\kappa)$。

证明　使用敌手$\mathcal{A}$来构造挑战者$\mathcal{C}$，以攻击底层公钥加密方案的CPA安全性。在CPA安全性游戏中，挑战者$\mathcal{C}$获得一个公钥pk，输出两个消息(M_0,M_1)，得到消息$M_\beta(\beta \leftarrow_R \{0,1\})$的加密密文$C_\beta^*$，然后通过敌手$\mathcal{A}$猜测$C_\beta^*$是$M_0$的加密密文还是$M_1$的。特别地，挑战者$\mathcal{C}$不能访问解密谕言机，敌手$\mathcal{A}$拥有区分实验$\mathrm{Exp}_1$和$\mathrm{Exp}_2$的能力。敌手$\mathcal{A}$与挑战者$\mathcal{C}$间的消息交互过程如图3-3所示。

$\mathcal{C}(\mathrm{pk})$:

设$\mathrm{pk}_1 = \mathrm{pk}$;

$(\mathrm{pk}_0,\mathrm{sk}_0) \leftarrow \mathrm{KeyGen}(\kappa)$;

$\omega \leftarrow \mathrm{Sim}_1(\kappa)$;

$\mathrm{pk}^* = (\mathrm{pk}_0,\mathrm{pk}_1,\omega), \mathrm{sk}^* = \mathrm{sk}_0$;

$(M_0,M_1) \leftarrow \mathcal{A}^{\mathcal{D}_{\mathrm{sk}^*}(\cdot)}(\mathrm{pk}^*)$；//注意挑战者$\mathcal{C}$知道$\mathrm{sk}^*$，可以为敌手$\mathcal{A}$模拟解密谕言机

输出(M_0,M_1)；//挑战者$\mathcal{C}$将收到的M_0,M_1转发给底层加密机制的挑战者

收到C_1；//挑战者生成的应答

$r_0 \leftarrow_R \{0,1\}^*$;

$C_0 = \mathrm{Enc}(\mathrm{pk}_0,M_0,r_0)$;

$\pi = \mathrm{Sim}_2(C_0,C_1)$;

$\beta \leftarrow \mathcal{A}(\mathrm{pk}^*,C_0,C_1,\pi)$;

输出β。

其中，当 $\mathcal{C}(\mathrm{pk})=1$ 时，敌手 $\mathcal{A}$ 的视图就是游戏 Exp_2 中的视图，当 $\mathcal{C}(\mathrm{pk})=0$ 时，敌手 $\mathcal{A}$ 的视图就是游戏 Exp_1 中的视图。也就是说，$\mathcal{C}(\mathrm{pk})=1$ 表示 C_1 是明文 M_1 的加密密文，$\mathcal{C}(\mathrm{pk})=0$ 表示 C_1 是明文 M_0 的加密密文。因此敌手 $\mathcal{A}$ 区分 Exp_1 和 Exp_2 的概率与挑战者 $\mathcal{C}$ 区分 C_1 是消息 M_0 的加密密文还是消息 M_1 的加密密文的概率相等，即

$$\left|\Pr[\mathrm{Exp}_2(\kappa)=1]-\Pr[\mathrm{Exp}_1(\kappa)=1]\right|=\left|\Pr[\mathcal{C}(\mathrm{pk})=1]-\Pr[\mathcal{C}(\mathrm{pk})=0]\right|$$

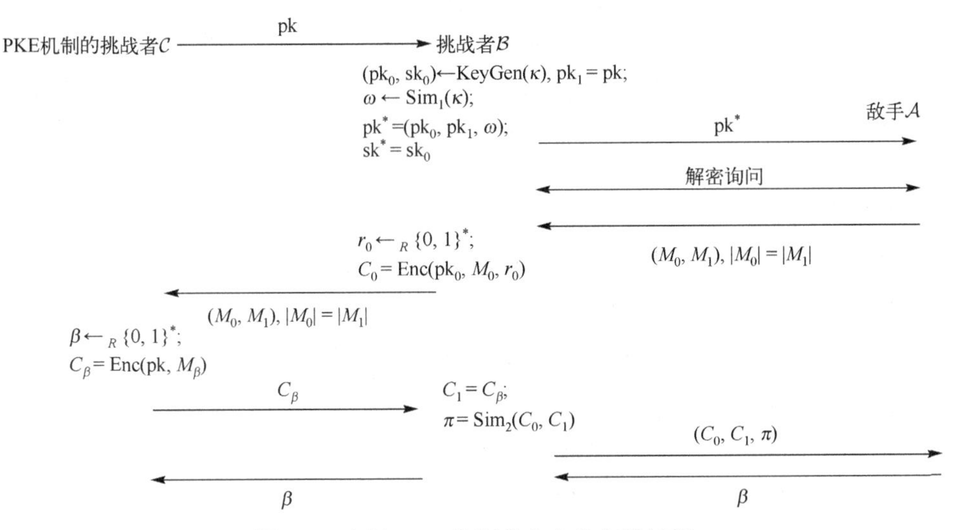

图 3-3　底层 PKE 机制的安全性归约过程

由底层加密机制 Π 的 CPA 安全性可知 $\left|\Pr[\mathcal{C}(\mathrm{pk})=1]-\Pr[\mathcal{C}(\mathrm{pk})=0]\right|\leqslant\mathrm{negl}(\kappa)$，所以有 $\left|\Pr[\mathrm{Exp}_2(\kappa)=1]-\Pr[\mathrm{Exp}_1(\kappa)=1]\right|\leqslant\mathrm{negl}(\kappa)$。

断言 3-2 证毕。

注解 3-3　在构造第三个游戏 Exp_3 时，用同样的方式，把 C_0 也从 M_0 的加密密文换成 M_1 的加密密文。然而这里有个潜在的问题。为了得到与断言 3-2 类似的结论，需要构造一个敌手 $\mathcal{B}$ 来区分密文，但要求敌手 $\mathcal{B}$ 能为敌手 $\mathcal{A}$ 模拟解密谕言机，为此敌手 $\mathcal{B}$ 需要掌握 sk_0，但此时敌手 $\mathcal{B}$ 并没有 sk_0。所以在继续之前还需要多做一些事情。由下面断言 3-3 可知，敌手 $\mathcal{A}$ 在解密询问中所提交密文元素是不同消息加密密文的概率是可忽略的，也就是说，解密询问所涉及的所有密文是对相同消息的加密密文，那么敌手 $\mathcal{B}$ 将使用其掌握的 sk_1 完成对解密谕言机的模拟，由解密结果的有效性保证敌手 $\mathcal{A}$ 无法发觉该变化。

设 Fake 表示事件：敌手 $\mathcal{A}$ 向解密谕言机提交了关于密文 $C=(C_0,C_1,\pi)$ 的解密询问，其中 $\mathrm{Dec}(\mathrm{sk}_0,C_0)\neq\mathrm{Dec}(\mathrm{sk}_1,C_1)$，但是 $\mathcal{V}(\omega,(C_0,C_1),\pi)=1$。用 $\Pr_{\mathrm{Exp}}[\mathrm{Fake}]$ 表示在游戏 Exp 中事件 Fake 发生的概率。

断言 3-3　对任意多项式时间敌手，$\Pr_{\mathrm{Exp}_2}[\mathrm{Fake}]$ 是可忽略的。

证明　首先注意到 $\Pr_{\text{Exp}_2}[\text{Fake}]=\Pr_{\text{Exp}_1}[\text{Fake}]$，这是因为在 Exp_1 和 Exp_2 中，由于敌手 $\mathcal{A}$ 仅能在第一阶段向解密谕言机提交解密询问，两个游戏在第一阶段的询问过程是完全相同的，它们的区别仅在于挑战密文 $C^*=(C_0,C_1,\pi)$ 中元素 C_1 的生成方式不同，因此在 Exp_1 和 Exp_2 中，敌手 $\mathcal{A}$ 获得的相关信息是一致的，那么事件 Fake 发生的概率是相等的。

在 Exp_0 中 ω 是随机的，而在 Exp_1 中 ω 是模拟的。下面利用 $\mathcal{A}$ 来构造一个算法 $\mathcal{B}$ 来区分 ω 是真实的还是模拟的，在 Exp_0 和 Exp_1 中，游戏中产生密钥对 $(\text{pk}_0,\text{sk}_0)$ 和 $(\text{pk}_1,\text{sk}_1)$ 后，以 sk_0 作为私钥，sk_1 不再需要，可丢弃。而在下面构造敌手 $\mathcal{B}$ 时，敌手 $\mathcal{B}$ 作为游戏的主体需要判断 Fake 是否发生，因此需要保留 sk_1。构造如下。

$\mathcal{B}(\text{ZK})$:

　$(\text{pk}_0,\text{sk}_0),(\text{pk}_1,\text{sk}_1)\leftarrow\text{KeyGen}(\kappa)$;

　$\text{pk}^*=(\text{pk}_0,\text{pk}_1,\omega)$，其中 $\omega\leftarrow\text{ZK}$；

　$\text{sk}^*=\text{sk}_0$；//敌手 $\mathcal{B}$ 保存 sk_1

　$(M_0,M_1)\leftarrow\mathcal{A}^{\mathcal{D}_{\text{sk}^*}(\cdot)}(\text{pk}^*)$；//敌手 $\mathcal{B}$ 为敌手 $\mathcal{A}$ 模拟 $\mathcal{D}_{\text{sk}^*}(\cdot)$

　$r_0,r_1\leftarrow_R\{0,1\}^*$；

　$C_0=\text{Enc}(\text{pk}_0,M_0,r_0),C_1=\text{Enc}(\text{pk}_1,M_0,r_1)$;

　$C^*=(C_0,C_1,\pi)$，其中 $\pi\leftarrow\text{ZK}$;

　若 $\mathcal{A}$ 的解密询问使Fake发生，则返回1；否则，返回0。

其中，$\mathcal{B}(\text{ZK})=1$ 意味着事件 Fake 发生，$\mathcal{B}(\text{ZK})=0$ 意味着事件 Fake 不发生。得到 $\Pr[\mathcal{B}(\text{ZK})=1\mid\text{ZK}=\text{ZK}_{\text{sim}}]=\Pr_{\text{Exp}_1}[\text{Fake}]$（也就是说在实验 Exp_1 中事件 Fake 发生），同理可得 $\Pr[\mathcal{B}(\text{ZK})=1\mid\text{ZK}=\text{ZK}_{\text{real}}]=\Pr_{\text{Exp}_0}[\text{Fake}]$（也就是说在实验 Exp_0 中事件 Fake 发生），由于 Σ 是安全的 NIZK 系统，由 NIZK 系统中模拟证明和真实证明的不可区分性可知，$\left|\Pr[\mathcal{B}(\text{ZK})=1\mid\text{ZK}=\text{ZK}_{\text{sim}}]-\Pr[\mathcal{B}(\text{ZK})=1\mid\text{ZK}=\text{ZK}_{\text{real}}]\right|\leqslant\text{negl}(\kappa)$，所以

$$\left|\Pr_{\text{Exp}_1}[\text{Fake}]-\Pr_{\text{Exp}_0}[\text{Fake}]\right|\leqslant\text{negl}(\kappa)$$

最后，在实验 Exp_0 中事件 Fake 发生，仅当敌手 $\mathcal{A}$ 能对 $(C_0,C_1)\notin\mathcal{L}$ 产生一个证明，使得 $\mathcal{V}(\omega,(C_0,C_1),\pi)=1$，由 NIZK 系统的可靠性可知 $\Pr_{\text{Exp}_0}[\text{Fake}]\leqslant\text{negl}(\kappa)$。

断言 3-3 证毕。

下面构造 Exp_3：将 Exp_2 中的解密谕言机由使用 sk_0 改为使用 sk_1，其余部分与 Exp_2 相同。

$\text{Exp}_3(\kappa)$:

　$(\text{pk}_0,\text{sk}_0),(\text{pk}_1,\text{sk}_1)\leftarrow\text{KeyGen}(\kappa)$;

　$\omega\leftarrow\text{Sim}_1(\kappa)$;

　$\text{pk}^*=(\text{pk}_0,\text{pk}_1,\omega),\boxed{\text{sk}^*=\text{sk}_1}$;

$(M_0, M_1) \leftarrow \mathcal{A}^{\mathcal{D}_{\mathrm{sk}^*}(\cdot)}(\mathrm{pk}^*)$;

$r_0, r_1 \leftarrow_R \{0,1\}^*$;

$C_0 = \mathrm{Enc}(\mathrm{pk}_0, M_0, r_0), C_1 = \mathrm{Enc}(\mathrm{pk}_1, M_1, r_1)$;

$\pi \leftarrow \mathrm{Sim}_2(C_0, C_1)$;

$\beta \leftarrow \mathcal{A}(\mathrm{pk}^*, C_0, C_1, \pi)$;

若$\beta = 0$，则返回1；否则，返回0。

断言 3-4　对任意多项式时间敌手有$|\Pr[\mathrm{Exp}_3(\kappa)=1] - \Pr[\mathrm{Exp}_2(\kappa)=1]| \leqslant \mathrm{negl}(\kappa)$。

证明　在敌手看来，仅当事件 Fake 发生时，Exp_3 与 Exp_2 产生差异，这是因为当 C_0 和 C_1 对应的明文消息一样时，用 sk_0 或者 sk_1 解密没有差别。因此，由区别引理可知$|\Pr[\mathrm{Exp}_3(\kappa)=1] - \Pr[\mathrm{Exp}_2(\kappa)=1]| \leqslant \Pr_{\mathrm{Exp}_3}[\mathrm{Fake}]$。

在 Exp_3 和 Exp_2 中，敌手 $\mathcal{A}$ 仅在第一阶段向解密谕言机提交了解密询问，两个游戏在第一阶段的询问过程是完全相同的，它们的区别仅在于私钥 sk^* 的生成方式不同(在 Exp_3 中有 $\mathrm{sk}^* = \mathrm{sk}_1$，而在 Exp_2 中有 $\mathrm{sk}^* = \mathrm{sk}_0$)，因此在 Exp_3 和 Exp_2 中，事件 Fake 发生的概率是相等的(私钥 sk^* 的设置并不影响敌手所提交的解密询问)，即 $\Pr_{\mathrm{Exp}_2}[\mathrm{Fake}] = \Pr_{\mathrm{Exp}_3}[\mathrm{Fake}]$。

已知 Fake 在 Exp_2 中发生的概率是可忽略的，那么有 $\Pr_{\mathrm{Exp}_3}[\mathrm{Fake}] \leqslant \mathrm{negl}(\kappa)$，所以$|\Pr[\mathrm{Exp}_3(\kappa)=1] - \Pr[\mathrm{Exp}_2(\kappa)=1]| \leqslant \mathrm{negl}(\kappa)$。

断言 3-4 证毕。

下面构造 Exp_4：将 Exp_3 中的密文元素 C_0 换成消息 M_1 的加密密文。其余部分与 Exp_3 相同。

$\mathrm{Exp}_4(\kappa)$:

$(\mathrm{pk}_0, \mathrm{sk}_0), (\mathrm{pk}_1, \mathrm{sk}_1) \leftarrow \mathrm{KeyGen}(\kappa)$;

$\omega \leftarrow \mathrm{Sim}_1(\kappa)$;

$\mathrm{pk}^* = (\mathrm{pk}_0, \mathrm{pk}_1, \omega), \mathrm{sk}^* = \mathrm{sk}_1$;

$(M_0, M_1) \leftarrow \mathcal{A}^{\mathcal{D}_{\mathrm{sk}^*}(\cdot)}(\mathrm{pk}^*)$;

$r_0, r_1 \leftarrow_R \{0,1\}^{\mathrm{poly}(\kappa)}$;

$\boxed{C_0 = \mathrm{Enc}(\mathrm{pk}_0, M_1, r_0)}, C_1 = \mathrm{Enc}(\mathrm{pk}_1, M_1, r_1)$;

$\pi \leftarrow \mathrm{Sim}_2(C_0, C_1)$;

$\beta \leftarrow \mathcal{A}(\mathrm{pk}^*, C_0, C_1, \pi)$;

若$\beta = 1$，则返回1；否则，返回0。

断言 3-5　对任意多项式时间敌手有$|\Pr[\mathrm{Exp}_4(\kappa)=1] - \Pr[\mathrm{Exp}_3(\kappa)=1]| \leqslant \mathrm{negl}(\kappa)$。

证明　证明方法与断言 3-2 类似。若存在一个多项式时间敌手 $\mathcal{A}$，有$|\Pr[\mathrm{Exp}_4(\kappa)=1] - \Pr[\mathrm{Exp}_3(\kappa)=1]| \leqslant \mathrm{negl}(\kappa)$成立，则可以构造一个敌手 $\mathcal{B}(\mathrm{pk}_0)$ 攻破底

层加密方案 Π 的 CPA 安全性。

$\mathcal{B}(\mathrm{pk}_0)$:

$(\mathrm{pk}_1,\mathrm{sk}_1) \leftarrow \mathrm{KeyGen}(\kappa)$;

$\omega \leftarrow \mathrm{Sim}_1(\kappa)$;

$\mathrm{pk}^* = (\mathrm{pk}_0,\mathrm{pk}_1,\omega)$, $\mathrm{sk}^* = \mathrm{sk}_1$;

$(M_0,M_1) \leftarrow \mathcal{A}^{\mathcal{D}_{\mathrm{sk}^*}(\cdot)}(\mathrm{pk}^*)$;

$r_1 \leftarrow_R \{0,1\}^{\mathrm{poly}(\kappa)}$;

$\beta \leftarrow_R \{0,1\}$; $\boxed{C_0 = \mathrm{Enc}(\mathrm{pk}_0,M_\beta,r_0)}$，其中$r_0 \leftarrow_R \{0,1\}^{\mathrm{poly}(\kappa)}$;

$C_1 = \mathrm{Enc}(\mathrm{pk}_1,M_1,r_1)$;

$\pi \leftarrow \mathrm{Sim}_2(C_0,C_1)$;

$\beta' \leftarrow \mathcal{A}(C_0,C_1,\pi)$;

若$\beta' = \beta$，则返回1；否则，返回0。

其中，$(\mathrm{pk}_1,\mathrm{sk}_1)$ 是敌手 $\mathcal{B}$ 自己产生的且 $\mathrm{sk}^* = \mathrm{sk}_1$，所以敌手 $\mathcal{B}$ 可以模拟 $\mathcal{A}$ 的解密谕言机 $\mathcal{D}_{\mathrm{sk}^*}(\cdot)$。特别地，$C_0 = \mathrm{Enc}(\mathrm{pk}_0,M_\beta,r_0)$ 是敌手 $\mathcal{B}$ 获得的底层加密机制 Π 的挑战密文(敌手 $\mathcal{B}$ 将挑战消息 M_0 和 M_1 发送给相应的挑战者)。若 $C_0 = \mathrm{Enc}(\mathrm{pk}_0,M_0,r_0)$，则上述加密过程就与实验 Exp_3 一样；若 $C_0 = \mathrm{Enc}(\mathrm{pk}_0,M_1,r_0)$，则上述加密过程就与实验 Exp_4 一样。所以 $|\Pr[\mathrm{Exp}_4(\kappa)=1] - \Pr[\mathrm{Exp}_3(\kappa)=1]|$ 就是敌手 $\mathcal{B}$ 区分 $C_0 = \mathrm{Enc}(\mathrm{pk}_0,M_0,r_0)$ 和 $C_0 = \mathrm{Enc}(\mathrm{pk}_0,M_1,r_0)$ 的优势。由底层加密机制 Π 的 CPA 安全性可知 $|\Pr[\mathrm{Exp}_4(\kappa)=1] - \Pr[\mathrm{Exp}_3(\kappa)=1]| \leqslant \mathrm{negl}(\kappa)$。

断言 3-5 证毕。

在构造 Exp_5 时，将 Exp_4 中的解密谕言机由使用 sk_1 改为使用 sk_0，其余部分与 Exp_4 相同。

断言 3-6　对任意多项式时间敌手有 $|\Pr[\mathrm{Exp}_5(\kappa)=1] - \Pr[\mathrm{Exp}_4(\kappa)=1]| \leqslant \mathrm{negl}(\kappa)$。

证明方法与断言 3-4 相同。

然后再构造 Exp_6，把模拟的证明换回真实的证明。这样 Exp_6 就是敌手获得 M_1 的密文的真实游戏。

$\mathrm{Exp}_6(\kappa)$:

$(\mathrm{pk}_0,\mathrm{sk}_0),(\mathrm{pk}_1,\mathrm{sk}_1) \leftarrow \mathrm{KeyGen}(\kappa)$;

$\boxed{\omega \leftarrow_R \{0,1\}^{\mathrm{poly}(\kappa)}}$;

$\mathrm{pk}^* = (\mathrm{pk}_0,\mathrm{pk}_1,\sigma)$，$\mathrm{sk}^* = \mathrm{sk}_0$;

$(M_0,M_1) \leftarrow \mathcal{A}^{\mathcal{D}_{\mathrm{sk}^*}(\cdot)}(\mathrm{pk}^*)$;

$r_0,r_1 \leftarrow_R \{0,1\}^{\mathrm{poly}(\kappa)}$;

$C_0 = \text{Enc}(\text{pk}_0, M_1, r_0)$，$C_1 = \text{Enc}(\text{pk}_1, M_1, r_1)$；

$\boxed{\pi \leftarrow \mathcal{P}(\omega, (C_0, C_1), (r_0, r_1))}$；

$\beta \leftarrow \mathcal{A}(\text{pk}^*, C_0, C_1, \pi)$;

若$\beta = 1$，则返回1；否则，返回0。

断言 3-7　对任意多项式时间敌手有$|\Pr[\text{Exp}_6(\kappa)=1] - \Pr[\text{Exp}_5(\kappa)=1]| \leq \text{negl}(\kappa)$。

证明　与断言 3-1 的证明类似，如果存在一个敌手能够区分这两个游戏，那么就能构造另一个敌手区分真实证明和模拟证明，与 NIZK 系统的零知识性相矛盾。

断言 3-7 证毕。

由上述一系列断言可知$|\Pr[\text{Exp}_6(\kappa)=1] - \Pr[\text{Exp}_0(\kappa)=1]| \leq \text{negl}(\kappa)$，其中 Exp_0 是对消息 M_0 进行加密，而 Exp_6 是对消息 M_1 进行加密，因此相应的加密机制 $\Pi^* = (\text{KeyGen}^*, \text{Enc}^*, \text{Dec}^*)$ 是 CCA1 安全的。

定理 3-2 证毕。

注解 3-4　现在需要思考一个问题：上述构造为什么仅能达到 CCA1 安全性？上述构造虽然使用 NIZK 对密文元素 C_0 和 C_1 是对相同明文消息的密文这一事实生成了证明 π，但就密文 $C = (C_0, C_1, \pi)$ 而言，上述三个元素 C_0、C_1 和 π 间并未形成整体性（π 仅仅能证明 C_0 和 C_1 是对相同消息的加密密文，但不能避免 C_0 和 C_1 被扩张），因此达不到 CCA2 安全性。例如，当 ElGamal 加密机制被上述通用构造作为底层 CPA 安全的加密机制时，敌手获得挑战密文之后可以将其扩张后生成一个新的合法密文，然后在解密询问的帮助下能够轻松地在 CCA2 安全性游戏中获胜。具体过程如下所示。

首先敌手获得上述通用加密机制的一个合法挑战密文 $C = (C_0, C_1, \pi)$，其中 $C_0 = (A_0, B_0) = (g^{r_0}, y^{r_0} M_\beta)$，$C_1 = (A_1, B_1) = (g^{r_1}, y^{r_1} M_\beta)$；然后随机选取 $r_0', r_1' \leftarrow_R Z_q$，并计算

$$C_0' = (A_0', B_0') = (g^{r_0} g^{r_0'}, y^{r_0} M_\beta y^{r_0'}) = (g^{r_0 + r_0'}, y^{r_0 + r_0'} M_\beta)$$

$$C_1' = (A_1', B_1') = (g^{r_1} g^{r_1'}, y^{r_1} M_\beta y^{r_1'}) = (g^{r_1 + r_1'}, y^{r_1 + r_1'} M_\beta)$$

最后敌手输出伪造密文 $C' = (C_0', C_1', \pi)$，其中 C_0' 和 C_1' 是 ElGamal 加密机制对相同消息的加密密文（π 能够通过合法性验证）。此时若敌手具有挑战后的解密询问能力，则它就能够将挑战密文扩张后通过执行解密询问获得对应的明文信息 M_β，达到赢得 CCA2 安全性游戏的目的。因此上述通用构造只能实现 CCA1 的安全性。

3.4　CCA2 安全的公钥加密机制

本节介绍基于 CPA 安全的公钥加密、强一次性签名和 NIZK 系统等密码工具如何设计 CCA2 安全的 PKE 机制[7]。

3.4.1 具体构造

设 $\Pi=(\text{KeyGen},\text{Enc},\text{Dec})$ 是一个 CPA 安全的公钥加密机制，$\Sigma=(\mathcal{P},\mathcal{V})$ 是一个安全的 NIZK 证明系统， $\text{Sig}=(\text{SigGen},\text{Sign},\text{Verify})$ 是强一次性签名方案。那么下述构造 $\Pi'=(\text{KeyGen}',\text{Enc}',\text{Dec}')$ 是 CCA2 安全的公钥加密机制，具体过程如下所示。

(1) 密钥生成。

$\text{KeyGen}'(\kappa)$:

for $i=1$ to κ do

$(\text{pk}_{i,0},\text{sk}_{i,0})\leftarrow\text{KeyGen}(\kappa)$,

$(\text{pk}_{i,1},\text{sk}_{i,1})\leftarrow\text{KeyGen}(\kappa)$;

$\omega\leftarrow_R(0,1)^{\text{poly}(\kappa)}$;

输出$\text{pk}^*=\left(\begin{bmatrix}\text{pk}_{1,0} & \text{pk}_{2,0} & \cdots & \text{pk}_{\kappa,0}\\ \text{pk}_{1,1} & \text{pk}_{2,1} & \cdots & \text{pk}_{\kappa,1}\end{bmatrix}_{2\times\kappa},\omega\right)$,

$\text{sk}^*=\begin{bmatrix}\text{sk}_{1,0} & \text{sk}_{2,0} & \cdots & \text{sk}_{\kappa,0}\\ \text{sk}_{1,1} & \text{sk}_{2,1} & \cdots & \text{sk}_{\kappa,1}\end{bmatrix}_{2\times\kappa}$。

(2) 加密过程。

$\text{Enc}'(\text{pk}^*,M)$:

$(\text{vk},\text{sk})\leftarrow\text{SigGen}(\kappa)$;

将vk视为κ比特长的串，即 $\text{vk}=\text{vk}_1|\text{vk}_2|\cdots|\text{vk}_\kappa$;

for $i=1$ to κ do

$r_i\leftarrow_R\{0,1\}^{\text{poly}(\kappa)},C_i\leftarrow\text{Enc}(\text{pk}_{i,\text{vk}_i},M,r_i)$;

$\pi\leftarrow\mathcal{P}(\omega,\boldsymbol{C},(M,\boldsymbol{r}))$;

$\sigma=\text{Sign}(\text{sk},\boldsymbol{C}|\pi)$;

输出$(\text{vk},\boldsymbol{C},\pi,\sigma)$。

其中，$\boldsymbol{C}$ 是所有密文 $C_i(i=1,2,\cdots,\kappa)$ 构成的向量；$\boldsymbol{r}$ 是所有随机数 $r_i(i=1,2,\cdots,\kappa)$ 构成的向量；π 是所有密文元素 $C_i(i=1,2,\cdots,\kappa)$ 对同一明文加密的证据。

(3) 解密过程。

$\text{Dec}'(\text{vk},\boldsymbol{C},\pi,\sigma)$:

若 $\text{Verify}(\text{vk},(\boldsymbol{C}|\pi),\sigma)=0$

则输出 $\perp$;

若$\mathcal{V}(\omega,(\boldsymbol{C},\pi))=0$

则输出 $\perp$;

否则

输出 $\text{Dec}(\text{sk}_{1,\text{vk}_1},C_1)$。

由底层各密码工具的正确性可知，上述构造是正确的。特别地，该方案中 NIZK 系统仅证明所有密文元素是对相同消息的加密密文，而强一次性签名确保密文不具有扩张性。

3.4.2　安全性证明

定理 3-3　设 $\Pi=(\text{KeyGen},\text{Enc},\text{Dec})$ 是 CPA 安全的公钥加密方案，$\Sigma=(\mathcal{P},\mathcal{V})$ 是安全的 NIZK 证明系统，$\text{Sig}=(\text{SigGen},\text{Sign},\text{Verify})$ 是强一次性签名方案，则上述通用构造 $\Pi'=(\text{KeyGen}',\text{Enc}',\text{Dec}')$ 是 CCA2 安全的公钥加密机制。

证明　设敌手 $\mathcal{A}$ 是任意多项式时间敌手，可适应性地访问解密谕言机。与定理 3-2 的证明类似，需构造一系列游戏，第一个游戏对 M_0 加密，最后一个游戏对 M_1 加密，敌手区分相邻两个游戏的优势是可忽略的，最后由传递性可知敌手不能区分第一个游戏和最后一个游戏。

Exp_0 是在真实情况下对 M_0 的加密。

$\text{Exp}_0(\kappa)$:

$\{(\text{pk}_{i,b},\text{sk}_{i,b})\}\leftarrow\text{KeyGen}(\kappa)(i=1,2,\cdots,\kappa;\ b=0,1)$;

$\omega\leftarrow_R\{0,1\}^{\text{poly}(\kappa)}$;

$\text{pk}^*=(\{\text{pk}_{i,b}\},\omega),\text{sk}^*=\{\text{sk}_{i,b}\}$;

$(M_0,M_1)\leftarrow\mathcal{A}^{\mathcal{D}_{\text{sk}^*}(\cdot)}(\text{pk}^*)$。

$(\text{vk},\text{sk})\leftarrow\text{SigGen}(\kappa)$,其中$|\text{vk}|=\kappa$;

$r_i\leftarrow_R\{0,1\}^{\text{poly}(\kappa)}(i=1,2,\cdots,\kappa)$;

$C_i=\text{Enc}(\text{pk}_{i,\text{vk}_i},M_0,r_i)(i=1,2,\cdots,\kappa)$;

$\pi\leftarrow\mathcal{P}(\omega,\boldsymbol{C},(M_0,\boldsymbol{r}))$；其中，$\boldsymbol{C}=(C_1,C_2,\cdots,C_k)$;

$\sigma=\text{Sign}(\text{sk},\boldsymbol{C}\mid\pi)$;

$\beta^*\leftarrow\mathcal{A}^{\mathcal{D}_{\text{sk}^*}(\cdot)}(\text{pk}^*,(\text{vk},\boldsymbol{C},\pi,\sigma))$;

若$\beta^*=0$，则返回1；否则，返回0。

然后，把 Exp_0 中的 ω 换成由模拟器 Sim_1 产生，π 换成由模拟器 Sim_2 产生，得到 Exp_1。

$\text{Exp}_1(\kappa)$:

$\{(\text{pk}_{i,b},\text{sk}_{i,b})\}\leftarrow\text{KeyGen}(\kappa)(i=1,2,\cdots,\kappa;\ b=0,1)$;

$\boxed{\omega\leftarrow_R\text{Sim}_1(\kappa)}$;

$\text{pk}^*=(\{\text{pk}_{i,b}\},\omega),\text{sk}^*=\{\text{sk}_{i,b}\}$;

$(M_0,M_1)\leftarrow\mathcal{A}^{\mathcal{D}_{\text{sk}^*}(\cdot)}(\text{pk}^*)$。

$(\mathrm{vk},\mathrm{sk}) \leftarrow \mathrm{SigGen}(\kappa)$，其中$|\mathrm{vk}| = \kappa$；

$r_i \leftarrow_R \{0,1\}^{\mathrm{poly}(\kappa)} (i=1,2,\cdots,\kappa)$；

$C_i = \mathrm{Enc}(\mathrm{pk}_{i,\mathrm{vk}_i}, M_0, r_i)(i=1,2,\cdots,\kappa)$；

$\boxed{\pi \leftarrow_R \mathrm{Sim}_2(\omega, \boldsymbol{C})}$；

$\sigma = \mathrm{Sign}(\mathrm{sk}, \boldsymbol{C} \mid \pi)$；

$\beta^* \leftarrow \mathcal{A}^{\mathcal{D}_{\mathrm{sk}^*}(\cdot)}(\mathrm{pk}^*, \mathrm{vk}, \boldsymbol{C}, \pi, \sigma)$；

若$\beta^* = 0$，则返回1；否则，返回0。

断言 3-8　对任意多项式时间敌手有$|\Pr[\mathrm{Exp}_1(\kappa)=1] - \Pr[\mathrm{Exp}_0(\kappa)=1]| \leqslant \mathrm{negl}(\kappa)$。

证明　如果敌手$\mathcal{A}$区分游戏Exp_0和Exp_1的概率是不可忽略的，就可以用敌手$\mathcal{A}$构造另一个敌手$\mathcal{B}$以显而易见的优势区分 NIZK 的真实证明和模拟证明。敌手$\mathcal{B}$的构造如下，其中输入的 ZK 要么是真实证明要么是模拟证明。

$\mathcal{B}(\mathrm{ZK})$:

$\{(\mathrm{pk}_{i,b}, \mathrm{sk}_{i,b})\} \leftarrow \mathrm{KeyGen}(\kappa)\ (i=1,2,\cdots,\kappa;\ b=0,1)$；

$\mathrm{pk}^* = (\{\mathrm{pk}_{i,b}\}, \omega)$，其中$\omega \leftarrow \mathrm{ZK}$；

$\mathrm{sk}^* = \{\mathrm{sk}_{i,b}\}$；

$(M_0, M_1) \leftarrow \mathcal{A}(\mathrm{pk}^*)$；

$(\mathrm{vk},\mathrm{sk}) \leftarrow \mathrm{SigGen}(\kappa)$；

$C_i = \mathrm{Enc}(\mathrm{pk}_{i,\mathrm{vk}_i}, M_0, r_i)(i=1,2,\cdots,\kappa)$；

$\pi \leftarrow \mathrm{ZK}(\omega, \boldsymbol{C}, \boldsymbol{r})$；

$\sigma = \mathrm{Sign}(\mathrm{sk}, \boldsymbol{C} \mid \pi)$；

$\beta^* \leftarrow \mathcal{A}^{\mathcal{D}_{\mathrm{sk}^*}(\cdot)}(\mathrm{pk}^*, \mathrm{vk}, \boldsymbol{C}, \pi, \sigma)$；

若$\beta^* = 0$，则返回1；否则，返回0。

注意，敌手$\mathcal{B}$能够模拟解密谕言机，因为它有所需要的私钥sk^*。若输入$(\omega,\pi) \leftarrow \mathrm{ZK}$是真实证明，则敌手$\mathcal{A}$所处的环境是游戏$\mathrm{Exp}_0$，所以$\Pr[\mathcal{B}(\mathrm{ZK})=1] = \Pr[\mathrm{Exp}_0(\kappa)=1]$。若输入$(\omega,\pi) \leftarrow \mathrm{ZK}$是模拟证明，则敌手$\mathcal{A}$所处的环境是游戏$\mathrm{Exp}_1$，那么有$\Pr[\mathcal{B}(\mathrm{ZK})=1] = \Pr[\mathrm{Exp}_1(\kappa)=1]$。由 NIZK 系统$\Sigma$的零知识性可知，敌手$\mathcal{B}$区分真实证明和模拟证明的优势是可忽略的，所以有$|\Pr[\mathrm{Exp}_1(\kappa)=1] - \Pr[\mathrm{Exp}_0(\kappa)=1]| \leqslant \mathrm{negl}(\kappa)$。

断言 3-8 证毕。

游戏Exp_1'与Exp_1相类似，唯一的区别是在解密询问的应答中增加了特殊的拒绝规则，即当敌手$\mathcal{A}$在解密询问中使用了挑战密文$C^* = (\mathrm{vk}, \boldsymbol{C}, \pi, \sigma)$中的验证公钥 vk，则返回特殊的符号$\perp$，并终止游戏。

令事件 $\mathcal{E}_1$ 表示在解密询问中敌手 $\mathcal{A}$ 询问了包含挑战密文 $C^*=(\mathrm{vk},\boldsymbol{C},\pi,\sigma)$ 验证公钥 vk 的新密文 $C'=(\mathrm{vk},\boldsymbol{C}',\pi',\sigma')$，并且该密文能通过解密算法的合法性验证(也就是说，事件 $\mathcal{E}_1$ 发生意味着敌手伪造了一个 vk 对应私钥 sk 的签名 σ')。当事件 $\mathcal{E}_1$ 发生时，游戏 Exp_1' 和 Exp_1 出现区别，其中在游戏 Exp_1 中该解密询问将得到相应的应答，而在游戏 Exp_1' 中该询问将被拒绝。由区别引理可知，当事件 $\mathcal{E}_1$ 不发生时，游戏 Exp_1' 和 Exp_1 是不可区分的，即 $|\Pr[\mathrm{Exp}_1'(\kappa)=1]-\Pr[\mathrm{Exp}_1(\kappa)=1]|\leqslant\Pr(\mathcal{E}_1)$。由底层签名方案的不可伪造性可知，事件 $\mathcal{E}_1$ 发生的概率是可忽略的，有 $|\Pr[\mathrm{Exp}_1'(\kappa)=1]-\Pr[\mathrm{Exp}_1(\kappa)=1]|\leqslant\mathrm{negl}(\kappa)$。该证明表明敌手无法通过已知密文中的验证公钥 vk 生成加密机制的新合法密文。

游戏 Exp_1'' 与 Exp_1' 相类似，唯一的区别是更改挑战后解密询问的应答方式，即在获得挑战密文 $C^*=(\mathrm{vk},\boldsymbol{C},\pi,\sigma)$ 之后，当收到敌手关于密文 $C'=(\mathrm{vk}',\boldsymbol{C}',\pi',\sigma')$ 的解密询问时，不再使用 $\mathrm{sk}_{1,\mathrm{vk}_1'}$ 去解密密文 C'，而是使用 vk 和 vk′ 第一个不同的比特位(设为第 i 位)所对应的私钥 $\mathrm{sk}_{i,\mathrm{vk}_i'}$ 来解密。也就是说，对于敌手关于密文 $C'=(\mathrm{vk}',\boldsymbol{C}',\pi',\sigma')$ 的解密询问，解密谕言机按如下策略进行应答：

$$\mathcal{D}_{\mathrm{sk}^*}(\mathrm{vk}',\boldsymbol{C}',\pi',\sigma')=\begin{cases}\perp, & \mathrm{vk}'=\mathrm{vk}\\ \perp, & \mathrm{Verify}(\mathrm{vk}',(\boldsymbol{C}'|\pi'),\sigma')=0\text{或}\mathcal{V}(\omega,(\boldsymbol{C}',\pi'))=0\\ \mathcal{D}_{\mathrm{sk}_{i,\mathrm{vk}_i'}}(\mathrm{vk}',\boldsymbol{C}',\pi',\sigma'), & \text{其他情况}\end{cases}$$

注解 3-5　此处需要考虑为什么要更改解密谕言机的应答方式，将原有方式更改为使用 vk 和 vk′ 第一个不同的比特位所对应的私钥 $\mathrm{sk}_{1,\mathrm{vk}_i'}$ 来解密？这是为后面游戏 Exp_2 的证明做准备。因为在游戏 Exp_2 的证明中，敌手 $\mathcal{B}$ 无法获知挑战验证密钥 vk 所对应的私钥，由于密文向量中的元素对应的明文是一样的，因此上述应答方式的更改并不影响模拟，但上述更改使得敌手 $\mathcal{B}$ 能够掌握相应私钥，确保解密谕言机的正确应答。此外，下面将证明敌手在解密询问中提交密文 $C'=(\mathrm{vk}',\boldsymbol{C}',\pi',\sigma')$ (其中密文向量中存在元素 C_i' 和 C_j' 对应的明文不同且证明 π' 是有效的)的概率是可忽略的，保证了上述应答方式的更改不会引起敌手的察觉，确保游戏模拟的完备性。

断言 3-9　对任意多项式时间敌手 $|\Pr[\mathrm{Exp}_1''(\kappa)=1]-\Pr[\mathrm{Exp}_1'(\kappa)=1]|\leqslant\mathrm{negl}(\kappa)$。

证明　如果在解密询问的密文向量中密文对应的明文是一样的，那么使用哪个私钥去解密并不影响模拟。若敌手进行解密询问的密文 $\boldsymbol{C}'$ 中不同的密文解密得到不同的明文消息，则 Exp_1'' 与 Exp_1' 就会产生区别。所以区分 Exp_1'' 与 Exp_1' 的方式，就是看是否有一个解密询问的密文 $\boldsymbol{C}'$ 中存在元素 C_i' 和 C_j' 所对应的明文不同，但是相应的证明 π' 是有效的(即 $\mathcal{V}(\omega,\boldsymbol{C}',\pi')=1$)。由下面可知该事件发生的概率是可忽略的，表明敌手无法对不同明文的密文向量进行解密询问，换句话讲，敌手无法为不同明文的密文所组成的密文向量生成相应的合法证据。

设事件 Fake 表示敌手 $\mathcal{A}$ 发起关于密文 $(\mathrm{vk}',\boldsymbol{C}',\pi',\sigma')$ 的解密询问，其中 π' 是一个有效的证据且存在索引 i,j 使得 $\mathcal{D}_{\mathrm{sk}_{i,\mathrm{vk}'_i}}(C'_i)\neq\mathcal{D}_{\mathrm{sk}_{j,\mathrm{vk}'_j}}(C'_j)$。在游戏 Exp''_1、Exp'_1、Exp_1 和 Exp_0 中事件 Fake 发生的概率是相同的，因为在每个游戏中敌手 $\mathcal{A}$ 所掌握的已知信息并未发生变化(敌手在上述四个游戏中的能力是相同的)。令 $\mathrm{Pr}_{\mathrm{Exp}}[\mathrm{Fake}]$ 表示事件 Fake 在相应游戏 Exp 中发生的概率，那么有 $\mathrm{Pr}''_1[\mathrm{Fake}]=\mathrm{Pr}'_1[\mathrm{Fake}]=\mathrm{Pr}_1[\mathrm{Fake}]=\mathrm{Pr}_0[\mathrm{Fake}]$。

由 NIZK 系统的可靠性可知 $\mathrm{Pr}_0[\mathrm{Fake}]$ 是可忽略的，即 $\mathrm{Pr}_0[\mathrm{Fake}]\leqslant\mathrm{negl}(\kappa)$。因此 $\mathrm{Pr}''[\mathrm{Fake}]$ 是可忽略的。换句话讲，游戏过程中敌手在解密询问中无法提供满足下述条件的密文 $C=(\mathrm{vk}',\boldsymbol{C}',\pi',\sigma')$：①密文向量 $\boldsymbol{C}'$ 包含不同明文消息的密文元素，即存在索引 i,j 使得 $\mathcal{D}_{\mathrm{sk}_{i,\mathrm{vk}'_i}}(C'_i)\neq\mathcal{D}_{\mathrm{sk}_{j,\mathrm{vk}'_j}}(C'_j)$；②相应的证据 π' 是合法的。

由区别引理可知，当事件 Fake 不发生时，游戏 Exp''_1 和 Exp'_1 是不可区分的，因此有 $|\Pr[\mathrm{Exp}''_1(\kappa)=1]-\Pr[\mathrm{Exp}'_1(\kappa)=1]|\leqslant\mathrm{Pr}''[\mathrm{Fake}]\leqslant\mathrm{negl}(\kappa)$。

断言 3-9 证毕。

下面构造 Exp_2，它与 Exp''_1 的不同在于挑战密文换成对 M_1 的加密，即 $C_i=\mathrm{Enc}(\mathrm{pk}_{i,\mathrm{vk}_i},M_1,r_i)(i=1,2,\cdots,\kappa)$。

$\mathrm{Exp}_2(\kappa)$:

$\{(\mathrm{pk}_{i,b},\mathrm{sk}_{i,b})\}\leftarrow\mathrm{KeyGen}(\kappa)(i=1,2,\cdots,\kappa;\ b=0,1)$;

$\omega\leftarrow_R\mathrm{Sim}_1(\kappa)$;

$\mathrm{pk}^*=(\{\mathrm{pk}_{i,b}\},\omega),\mathrm{sk}^*=\{\mathrm{sk}_{i,b}\}$;

$(M_0,M_1)\leftarrow\mathcal{A}^{\mathcal{D}_{\mathrm{sk}^*}(\cdot)}(\mathrm{pk}^*)$。

$(\mathrm{vk},\mathrm{sk})\leftarrow\mathrm{SigGen}(\kappa)$，其中 $|\mathrm{vk}|=\kappa$;

$r_i\leftarrow_R\{0,1\}^{\mathrm{poly}(\kappa)}(i=1,2,\cdots,\kappa)$;

$\boxed{C_i=\mathrm{Enc}(\mathrm{pk}_{i,\mathrm{vk}_i},M_1,r_i)(i=1,2,\cdots,\kappa)}$;

$\pi\leftarrow_R\mathrm{Sim}_2(\omega,\boldsymbol{C})$;

$\sigma=\mathrm{Sign}(\mathrm{sk},\boldsymbol{C}\,|\,\pi)$;

$\beta^*\leftarrow\mathcal{A}^{\mathcal{D}_{\mathrm{sk}^*}(\cdot)}(\mathrm{pk}^*,\mathrm{vk},\boldsymbol{C},\pi,\sigma)$;

若 $\beta^*=0$，则返回1；否则，返回0。

断言 3-10　对任意多项式时间敌手有 $|\Pr[\mathrm{Exp}_2(\kappa)=1]-\Pr[\mathrm{Exp}''_1(\kappa)=1]|\leqslant\mathrm{negl}(\kappa)$。

证明　如果敌手 $\mathcal{A}$ 可以区分游戏 Exp_2 和游戏 Exp''_1，那么就可以构造一个敌手 $\mathcal{B}$ 来攻破底层加密方案 $\Pi=(\mathrm{KeyGen},\mathrm{Enc},\mathrm{Dec})$ 的 CPA 安全性。实际上，敌手 $\mathcal{B}$ 是同时攻击 Π 的 κ 个实例。由计算上不可区分的混合论证可知，若 Π 的一个实例是 CPA 安全的，则 κ 个实例也是 CPA 安全的。敌手 $\mathcal{B}$ 构造如下。

$\mathcal{B}(\mathrm{pk}_1,\cdots,\mathrm{pk}_\kappa)$:

$(\mathrm{vk},\mathrm{sk}) \leftarrow \mathrm{SigGen}(\kappa)$，其中$\mathrm{vk}=\mathrm{vk}_1\mathrm{vk}_2\cdots\mathrm{vk}_{\kappa-1}\mathrm{vk}_\kappa$;

$(\mathrm{pk}_i',\mathrm{sk}_i') \leftarrow \mathrm{KeyGen}(\kappa)\ (i=1,2,\cdots,\kappa)$;

$\omega \leftarrow \mathrm{Sim}_1(\kappa)$;

对于i从$0\sim\kappa$

对于β从$0\sim1$

$$\mathrm{pk}^*=(\{\mathrm{pk}_{i,\beta}\},\omega),\ 其中\mathrm{pk}_{i,\beta}=\begin{cases}\mathrm{pk}_i, & \beta=\mathrm{vk}_i\\ \mathrm{pk}_i', & \beta\neq\mathrm{vk}_i\end{cases}$$

$(M_0,M_1) \leftarrow \mathcal{A}^{\mathcal{D}_{\mathrm{sk}^*}(\cdot)}(\mathrm{pk}^*)$;

输出(M_0,M_1)，得到$\boldsymbol{C}$;

$\pi \leftarrow \mathrm{Sim}_2(\omega,\boldsymbol{C})$;

$\sigma=\mathrm{Sign}(\mathrm{sk},\boldsymbol{C}\mid\pi)$;

$\beta^* \leftarrow \mathcal{A}^{\mathcal{D}_{\mathrm{sk}^*}(\cdot)}(\mathrm{pk}^*,\mathrm{vk},\boldsymbol{C},\pi,\sigma)$;

返回β^*。

特别地，敌手$\mathcal{B}$可以模拟解密谕言机$\mathcal{D}^*$：敌手$\mathcal{A}$发起关于密文$(\mathrm{vk}',\boldsymbol{C}',\pi',\sigma')$的解密询问，如果$\mathrm{vk}'=\mathrm{vk}$，那么敌手$\mathcal{B}$就回复$\perp$(上面已说明)；如果$\mathrm{vk}'\neq\mathrm{vk}$，那么就存在第一个比特位 i，使得$\mathrm{vk}_i'\neq\mathrm{vk}_i$，敌手$\mathcal{B}$就可以使用$\mathrm{sk}_{i,\mathrm{vk}_i'}$解密。事实上，敌手$\mathcal{B}$知道一半的私钥，即构造$\mathrm{pk}_{i,\beta}$时，当$\beta\neq\mathrm{vk}_i$时，$\mathrm{pk}_{i,\beta}=\mathrm{pk}_i'$对应的私钥$\mathrm{sk}_i'$是敌手$\mathcal{B}$已知的(使用已知的一半私钥回答敌手的解密询问)。注意，虽然敌手$\mathcal{B}$未知密文向量$\boldsymbol{C}$中各密文元素所对应的随机数向量$\boldsymbol{r}$，但基于模拟证明Sim_2依然可以生成合法的证明π。

如果密文向量$\boldsymbol{C}$是明文M_1的加密密文，敌手$\mathcal{A}$所处的环境就是游戏Exp_2。如果密文向量$\boldsymbol{C}$是明文M_0的加密密文，敌手$\mathcal{A}$所处的环境就是游戏Exp_1''。所以，如果敌手$\mathcal{A}$可以区分Exp_2和Exp_1''，敌手$\mathcal{B}$就可以攻破底层加密机制Π的 CPA 安全性。

断言 3-10 证毕。

设Exp_3是在真实情况下对M_1的加密，与以上断言顺序反向推理，略过中间步骤，可以得到以下断言。

$\mathrm{Exp}_3(\kappa)$:

$\{(\mathrm{pk}_{i,b},\mathrm{sk}_{i,b})\} \leftarrow \mathrm{KeyGen}(\kappa)(i=1,2,\cdots,\kappa;\ b=0,1)$;

$\boxed{\omega \leftarrow_R \{0,1\}^{\mathrm{poly}(\kappa)}}$;

$(\mathrm{pk}^*,\mathrm{sk}^*)=((\{\mathrm{pk}_{i,b}\},\omega),\{\mathrm{sk}_{i,b}\})$;

$(M_0,M_1) \leftarrow \mathcal{A}^{\mathcal{D}_{\mathrm{sk}^*}(\cdot)}(\mathrm{pk}^*)$。

$(\mathrm{vk},\mathrm{sk}) \leftarrow \mathrm{SigGen}(\kappa)$,其中$|\mathrm{vk}|=\kappa$;

$r_i \leftarrow_R \{0,1\}^{\mathrm{poly}(\kappa)}(i=1,2,\cdots,\kappa)$;

$C_i = \mathrm{Enc}(\mathrm{pk}_{i,\mathrm{vk}_i}, M_1, r_i)(i=1,2,\cdots,\kappa)$;

$\boxed{\pi \leftarrow \mathcal{P}(\omega, \boldsymbol{C}, (M_1, \boldsymbol{r}))}$;

$\sigma = \mathrm{Sign}(\mathrm{sk}, \boldsymbol{C} | \pi)$;

$\beta^* \leftarrow \mathcal{A}^{\mathcal{D}_{\mathrm{sk}^*}(\cdot)}(\mathrm{pk}^*, \mathrm{vk}, \boldsymbol{C}, \pi, \sigma)$;

若$\beta^*=0$，则返回1；否则，返回0。

断言 3-11　对任意多项式时间敌手，有$|\Pr[\mathrm{Exp}_3(\kappa)=1]-\Pr[\mathrm{Exp}_2(\kappa)=1]| \leqslant \mathrm{negl}(\kappa)$。

证明　证明过程类似于 Exp_1、Exp_1' 及 Exp_1''。具体地说，首先返回到使用 $\mathrm{sk}_{1,0}$ 或者 $\mathrm{sk}_{1,1}$ 进行解密，然后返回到使用 $\mathrm{vk}'=\mathrm{vk}$ 解密，再把证明从模拟的换回真实的，因为这些游戏相邻的两个都不可区分，可得断言 3-11。

断言 3-11 证毕。

综上所述，由不可区分的传递性可知

$$|\Pr[\mathrm{Exp}_3(\kappa)=1]-\Pr[\mathrm{Exp}_2(\kappa)=1]| \leqslant \mathrm{negl}(\kappa)$$

定理 3-3 证毕。

3.5　Cramer-Shoup 公钥加密机制

本节将介绍 Cramer 和 Shoup[10]提出的 CCA 安全的公钥加密机制。

3.5.1　具体构造

令群 G 的阶是大素数 q，g_1 和 g_2 为 G 的生成元，明文消息是群 G 的元素，使用单向哈希函数将任意长度的字符映射到 Z_q 中的元素。

(1) 密钥生成。

$\mathrm{KeyGen}(\kappa)$:

$g_1, g_2 \leftarrow_R G$;

$x_1, x_2, y_1, y_2, z_1, z_2 \leftarrow_R Z_q$;

$c = g_1^{x_1} g_2^{x_2}$，$d = g_1^{y_1} g_2^{y_2}$，$h = g_1^{z_1} g_2^{z_2}$;

$H \leftarrow_R \mathcal{H}$;

$\mathrm{sk} = (x_1, x_2, y_1, y_2, z_1, z_2)$，$\mathrm{pk} = (g_1, g_2, c, d, h, H)$。

其中，$\mathcal{H}$ 是哈希函数集合。

(2) 加密过程。

$\mathrm{Enc}(\mathrm{pk}, M)$:

$r \leftarrow_R Z_q$;

$u_1 = g_1^r$，$u_2 = g_2^r$，$e = h^r M$，$\alpha = H(u_1, u_2, e)$，$v = c^r d^{r\alpha}$；

输出$C = (u_1, u_2, e, v)$。

其中，$M \in G$。

(3) 解密过程。

Dec(sk, C)：

$\alpha = H(u_1, u_2, e)$;

若$u_1^{x_1+y_1\alpha} u_2^{x_2+y_2\alpha} \neq v$，则返回⊥；否则，返回$\dfrac{e}{u_1^{z_1} u_2^{z_2}}$。

其中，$\mathrm{sk} = (x_1, x_2, y_1, y_2, z_1, z_2)$ 和 $C = (u_1, u_2, e, v)$。

由 $u_1 = g_1^r$ 和 $u_2 = g_2^r$ 可知 $u_1^{x_1} u_2^{x_2} = g_1^{rx_1} g_2^{rx_2} = c^r, u_1^{y_1} u_2^{y_2} = d^r$。所以验证等式成立。

$$u_1^{x_1+y_1\alpha} u_2^{x_2+y_2\alpha} = u_1^{x_1} u_2^{x_2} (u_1^{y_1} u_2^{y_2})^{\alpha} = c^r d^{r\alpha} = v$$

又因为 $u_1^{z_1} u_2^{z_2} = h^r$，所以 $\dfrac{e}{u_1^{z_1} u_2^{z_2}} = \dfrac{e}{h^r} = M$。

方案中，明文是群 G 中的元素，限制了方案的应用范围。可通过相应的哈希函数 $H: G \to \{0,1\}^*$ 将明文转换为任意长的比特串，使得方案的应用范围更广。改进后的加密过程如下。

Enc(pk, M)($M \in \{0,1\}^*$)：

$r \leftarrow_R Z_q$;

$u_1 = g_1^r$，$u_2 = g_2^r$，$e = H(h^r) \oplus M$，$\alpha = H(u_1, u_2, e)$，$v = c^r d^{r\alpha}$；

输出$C = (u_1, u_2, e, v)$。

3.5.2　安全性证明

设 $g_2 = g_1^w$，则 $h = g_1^{z_1+wz_2} = g_1^{z'}$。解密时 $u_1^{z_1} u_2^{z_2} = g_1^{rz_1} g_2^{rz_2} = g_1^{r(z_1+wz_2)} = h^r$。所以加密过程中的 (u_1, e) 是以私钥 $z' = z_1 + wz_2$，公钥 $h = g_1^{z'}$ 的 ElGamal 加密算法对消息 m 的加密。密文中的 (u_2, v) 则用于数据的完整性检验，以防止敌手不通过加密算法伪造出新的有效密文，因而获得了 CCA 的安全性。

定理 3-4　设 H 是抗碰撞的哈希函数，群 G 上的 DDH 假设成立，则 Cramer-Shoup 公钥加密机制是 CCA2 安全的。

具体来说，若存在敌手 $\mathcal{A}$ 能以不可忽略的优势 $\epsilon(\kappa)$ 攻破 Cramer-Shoup 公钥加密机制的 CCA2 安全性，则存在一个敌手 $\mathcal{B}$ 以显而易见的优势 $\mathrm{Adv}_{\mathcal{B}}^{\mathrm{DDH}}(\kappa) \approx \dfrac{1}{2}\epsilon(\kappa)$ 解决 DDH 假设。

证明　下面证明 Cramer-Shoup 公钥加密机制的安全性可归约到 DDH 假设。

设敌手 $\mathcal{B}$ 已知元组 $T = (g_1, g_2, u_1, u_2) \in G^4$，以敌手 $\mathcal{A}$ 作为子程序，目标是判断 T

是 DH 元组还是非 DH 元组。具体过程如下。

$\mathrm{Exp}_{\Pi,\mathcal{A}}^{\mathrm{CCA2}}(T)$:

$x_1, x_2, y_1, y_2, z_1, z_2 \leftarrow_R Z_q, H \leftarrow_R H$;

$c = g_1^{x_1} g_2^{x_2}$，$d = g_1^{y_1} g_2^{y_2}$，$h = g_1^{z_1} g_2^{z_2}$;

$\mathrm{sk} = (x_1, x_2, y_1, y_2, z_1, z_2), \mathrm{pk} = (g_1, g_2, c, d, h, H)$。

$(M_0, M_1) \leftarrow \mathcal{A}^{\mathcal{D}_{\mathrm{sk}}(\cdot)}(\mathrm{pk})$，其中$|M_0| = |M_1|$;

$\beta \leftarrow_R \{0,1\}$，$e = u_1^{z_1} u_2^{z_2} M_\beta$，$\alpha = H(u_1, u_2, e)$，$v = u_1^{x_1 + y_1\alpha} u_2^{x_2 + y_2\alpha}$;

$C^* = (u_1, u_2, e, v)$;

$\beta' \leftarrow \mathcal{A}^{\mathcal{D}_{\mathrm{sk},\neq C^*}(\cdot)}(\mathrm{pk}, C^*)$;

若$\beta' = \beta$，则返回1；否则，返回0。

其中，$\mathcal{D}_{\mathrm{sk},\neq C^*}(\cdot)$表示敌手不能对$C^*$访问解密谕言机$\mathcal{D}_{\mathrm{sk}}(\cdot)$。如果$\mathrm{Exp}_{\Pi,\mathcal{A}}^{\mathrm{CCA2}}(T) = 1$，那么敌手$\mathcal{B}$认为$T$是 DH 元组；如果$\mathrm{Exp}_{\Pi,\mathcal{A}}^{\mathrm{CCA2}}(T) = 0$，那么敌手$\mathcal{B}$认为$T$是非 DH 元组。

敌手$\mathcal{A}$的优势定义为

$$\mathrm{Adv}_{\Pi,\mathcal{A}}^{\mathrm{CCA2}}(\kappa) = \left|\Pr[\beta' = \beta] - \frac{1}{2}\right|$$

敌手$\mathcal{B}$的优势定义为

$$\mathrm{Adv}_{\mathcal{B}}^{\mathrm{DDH}}(\kappa) = \left|\Pr[\mathrm{Exp}_{\Pi,\mathcal{A}}^{\mathrm{CCA2}}(T) = 1] - \frac{1}{2}\right|$$

显然$\mathrm{Adv}_{\mathcal{B}}^{\mathrm{DDH}}(\kappa) = \mathrm{Adv}_{\Pi,\mathcal{A}}^{\mathrm{CCA2}}(\kappa)$。

引理 3-2　如果$T = (g_1, g_2, u_1, u_2)$是 DH 元组，那么敌手$\mathcal{B}$的模拟是完备的。

证明　若$T = (g_1, g_2, u_1, u_2)$是 DH 元组，则有$u_1 = g_1^r$和$u_2 = g_2^r$，那么有$u_1^{x_1} u_2^{x_2} = c^r$，$u_1^{y_1} u_2^{y_2} = d^r$和$u_1^{z_1} u_2^{z_2} = h^r$，所以敌手$\mathcal{B}$对任意消息$M_\beta$以$(g_1, g_2, c, d, h, H)$为公钥加密得到相应的加密密文元素$e = M_\beta h^r$和$v = c^r d^{r\alpha}$，那么以$(x_1, x_2, y_1, y_2, z_1, z_2)$为私钥能够正确解密上述加密密文，因此敌手$\mathcal{B}$的模拟是完备的。

引理 3-2 证毕。

引理 3-3　如果$T = (g_1, g_2, u_1, u_2)$是非 DH 元组，那么敌手$\mathcal{A}$在上述模拟中的优势是可忽略的。

证明　引理 3-3 由以下两个断言得到。

断言 3-12　当$T = (g_1, g_2, u_1, u_2)$是非 DH 元组时，敌手$\mathcal{B}$以不可忽略的概率拒绝所有的无效密文。

证明　考虑私钥$(x_1, x_2, y_1, y_2) \in Z_q^4$，假设敌手$\mathcal{A}$此时有无限的计算能力，可以求解$\log_{g_1}(c)$、$\log_{g_1}(d)$及$\log_{g_1}(v)$（特别地，此处赋予了敌手$\mathcal{A}$解决离散对数问题的能力，提升了敌手$\mathcal{A}$的攻击能力），那么敌手$\mathcal{A}$可从公钥$(g_1, g_2, c, d, h, H)$和挑战密文

(u_1,u_2,e,v) 建立如下方程组：

$$\begin{cases}\log_{g_1}(c)=x_1+wx_2\\ \log_{g_1}(d)=y_1+wy_2\\ \log_{g_1}(v)=r_1x_1+wr_2x_2+\alpha r_1y_1+\alpha wr_2y_2\end{cases}$$

其中，$w=\log_{g_1}(g_2)$。

对于密文 (u_1',u_2',e',v')，若 $\log_{g_1}(u_1')\neq\log_{g_2}(u_2')$ 成立且其能通过解密算法的有效性检测，则称该密文是无效密文。换句话讲，无效密文的验证元素 v' 能通过合法性验证，说明 v' 具有正确的分布。假设敌手 $\mathcal{A}$ 提交了一个无效密文 $(u_1',u_2',e',v')\neq(u_1,u_2,e,v)$，这里 $u_1'=g_1^{r_1'}$、$u_2'=g_2^{r_2'}$、$r_1'\neq r_2'$ 和 $\alpha'=H(u_1',u_2',e')$。

下面分三种情况来讨论。

(1) $(u_1',u_2',e')=(u_1,u_2,e)$。此时 $\alpha'=\alpha$，但 $v'\neq v$，因此敌手 $\mathcal{B}$ 将拒绝回答敌手 $\mathcal{A}$ 的询问。

(2) $(u_1',u_2',e')\neq(u_1,u_2,e)$，$\alpha'=\alpha$。这与哈希函数 H 的抗碰撞性矛盾。

(3) $(u_1',u_2',e')\neq(u_1,u_2,e)$，$\alpha'\neq\alpha$。此时敌手 $\mathcal{B}$ 将拒绝，否则敌手 $\mathcal{A}$ 可以建立另一个方程式：

$$\log_{g_1}(v')=r_1'x_1+wr_2'x_2+\alpha'r_1'y_1+\alpha'wr_2'y_2$$

此时，敌手 $\mathcal{A}$ 面临的方程组可以表示为

$$\begin{pmatrix}1 & w & 0 & 0\\ 0 & 0 & 1 & w\\ r_1 & wr_2 & \alpha r_1 & \alpha wr_2\\ r_1' & wr_2' & \alpha'r_1' & \alpha'wr_2'\end{pmatrix}\begin{pmatrix}x_1\\ x_2\\ y_1\\ y_2\end{pmatrix}=\begin{pmatrix}\log_{g_1}(c)\\ \log_{g_1}(d)\\ \log_{g_1}(v)\\ \log_{g_1}(v')\end{pmatrix}$$

因为

$$\det\begin{pmatrix}1 & w & 0 & 0\\ 0 & 0 & 1 & w\\ r_1 & wr_2 & \alpha r_1 & \alpha wr_2\\ r_1' & wr_2' & \alpha'r_1' & \alpha'wr_2'\end{pmatrix}=w^2(r_2-r_1)(r_2'-r_1')(\alpha-\alpha')\neq 0$$

由于上述方程组系数矩阵的行列式不等于 0，所以敌手 $\mathcal{A}$ 无法通过上述方程式求解出相应私钥的元素 (x_1,x_2,y_1,y_2)。所以即使敌手 $\mathcal{A}$ 有无限的计算能力，所提交无效的密文使得敌手 $\mathcal{B}$ 接受的概率是可忽略的。

断言 3-12 证毕。

注解 3-6　即使敌手 $\mathcal{A}$ 拥有解决相关困难问题的能力，并且在解密询问中能生成可通过合法性验证的无效密文，其依然无法从已知信息中恢复出私钥的元素

(x_1,x_2,y_1,y_2)，那么对于正常敌手而言，更无法获知(x_1,x_2,y_1,y_2)。

断言 3-13　若在模拟过程中敌手$\mathcal{B}$拒绝所有的无效密文，则敌手$\mathcal{A}$的优势是可忽略的。

证明　考虑私钥$(z_1,z_2)\in Z_q^2$，敌手$\mathcal{A}$基于公钥(g_1,g_2,c,d,h,H)建立关于(z_1,z_2)的方程(仍然假定敌手$\mathcal{A}$有无限的计算能力)：

$$\log_{g_1}(h)=z_1+wz_2$$

如果敌手$\mathcal{B}$仅解密有效密文(u_1',u_2',e',v')，那么由于$(u_1')^{z_1}(u_2')^{z_2}=g_1^{r'z_1}g_2^{r'z_2}=h^{r'}$，所以敌手$\mathcal{A}$通过$(u_1',u_2',e',v')$得到的方程依然是$r'\log_{g_1}(h)=r'z_1+r'wz_2$。因此没有得到关于$(z_1,z_2)$的更多信息。

在敌手$\mathcal{B}$输出的挑战密文(u_1,u_2,e,v)中，有$e=\gamma M_\beta$，其中$\gamma=u_1^{z_1}u_2^{z_2}$，由此建立的方程为

$$\log_{g_1}(\gamma)=r(z_1+wz_2)$$

显然上述两个方程是线性无关的，对敌手$\mathcal{A}$来说γ是均匀分布的。换句话讲，$e=\gamma M_\beta$是用γ对M_β所做的一次一密操作，敌手$\mathcal{A}$猜测β是完全随机的。

断言 3-13 证毕。

引理 3-3 证毕。

令事件$\mathcal{E}$与事件$\mathcal{F}$分别表示“$T=(g_1,g_2,u_1,u_2)$是 DH 元组”和“$T=(g_1,g_2,u_1,u_2)$是非 DH 元组”，则有

$$\left|\Pr[\beta'=\beta|\mathcal{E}]-\frac{1}{2}\right|=\epsilon(\kappa) \text{ 和 } \left|\Pr[\beta'=\beta|\mathcal{F}]-\frac{1}{2}\right|=\mathrm{negl}(\kappa)$$

其中，$\mathrm{negl}(\kappa)$是可忽略的。

所以

$$\begin{aligned}\Pr[\beta'=\beta]&=\Pr[\mathcal{E}]\Pr[\beta'=\beta|\mathcal{E}]+\Pr[\mathcal{F}]\Pr[\beta'=\beta|\mathcal{F}]\\&=\frac{1}{2}\left(\frac{1}{2}\pm\epsilon(\kappa)\right)+\frac{1}{2}\left(\frac{1}{2}\pm\mathrm{negl}(\kappa)\right)\\&=\frac{1}{2}\pm\frac{1}{2}\epsilon(\kappa)\pm\frac{1}{2}\mathrm{negl}(\kappa)\end{aligned}$$

综上所述，有

$$\mathrm{Adv}_{\Pi,\mathcal{A}}^{\mathrm{CCA2}}(\kappa)=\left|\Pr[\beta'=\beta]-\frac{1}{2}\right|=\frac{1}{2}\left|\epsilon(\kappa)\pm\mathrm{negl}(\kappa)\right|\approx\frac{1}{2}\epsilon(\kappa)$$

那么敌手$\mathcal{B}$的优势为$\mathrm{Adv}_{\mathcal{B}}^{\mathrm{DDH}}(\kappa)\approx\dfrac{1}{2}\epsilon(\kappa)$。

定理 3-4 证毕。

3.5.3　改进的 Cramer-Shoup 公钥加密机制

Cramer-Shoup 公钥加密机制的原始构造中，其私钥包含 6 个元素，其中 2 个用于加密运算，其余 4 个用于密文的完整性验证。由于原始构造的私钥长度较长，本节在保证安全性的前提下对原始机制进行改进，减少私钥的长度。

(1) 密钥生成。

KeyGen(κ):

$g_1, g_2 \leftarrow_R G$;

$x_1, x_2, y_1, y_2 \leftarrow_R Z_q$;

$c = g_1^{x_1} g_2^{x_2}$，$d = g_1^{y_1} g_2^{y_2}$;

$H \leftarrow_R H$;

$\mathrm{sk} = (x_1, x_2, y_1, y_2), \mathrm{pk} = (g_1, g_2, c, d, H)$。

其中，H 是哈希函数集合。

(2) 加密过程。

Enc(pk, M):

$r, t \leftarrow_R Z_q$;

$u_1 = g_1^r, u_2 = g_2^r, e = c^{rt} d^r M, \alpha = H(u_1, u_2, e, t), v = c^r d^{r\alpha}$;

输出 $C = (u_1, u_2, e, t, v)$。

其中， $M \in G$ 。

(3) 解密过程。

Dec(sk, CT):

$\alpha = H(u_1, u_2, e)$;

若 $u_1^{x_1 + y_1\alpha} u_2^{x_2 + y_2\alpha} \neq v$，则返回⊥；否则，返回 $\dfrac{e}{u_1^{tx_1 + y_1} u_2^{tx_2 + y_2}}$。

其中， $\mathrm{sk} = (x_1, x_2, y_1, y_2)$ 和 $C = (u_1, u_2, e, t, v)$ 。

由 $u_1 = g_1^r$ 和 $u_2 = g_2^r$ 可知 $u_1^{x_1} u_2^{x_2} = g_1^{rx_1} g_2^{rx_2} = c^r, u_1^{y_1} u_2^{y_2} = d^r$ 。由下述等式可知方案正确性的验证等式成立。

$$u_1^{x_1 + y_1\alpha} u_2^{x_2 + y_2\alpha} = u_1^{x_1} u_2^{x_2} (u_1^{y_1} u_2^{y_2})^{\alpha} = c^r d^{r\alpha}$$

$$u_1^{tx_1 + y_1} u_2^{tx_2 + y_2} = (u_1^{x_1} u_2^{x_2})^t u_1^{y_1} u_2^{y_2} = c^{rt} d^r$$

所以 $\dfrac{e}{u_1^{tx_1 + y_1} u_2^{tx_2 + y_2}} = \dfrac{e}{c^{rt} d^r} = M$ 。

为了避免重复，此处不再对改进方案进行安全性证明，读者可参考上面的相关证明。

如图 3-4 所示，在原始的 Cramer-Shoup 公钥加密机制中，将私钥 $\mathrm{sk}=(x_1,x_2,y_1,y_2,z_1,z_2)$ 分为两部分，其中 (x_1,x_2,y_1,y_2) 用于完成密文的合法性验证操作，(z_1,z_2) 实现对明文隐藏；而在改进的 Cramer-Shoup 公钥加密机制中，降低了私钥的长度，并且私钥 $\mathrm{sk}=(x_1,x_2,y_1,y_2)$ 的所有元素被用来实现密文合法性验证的同时，又被用于明文隐藏。

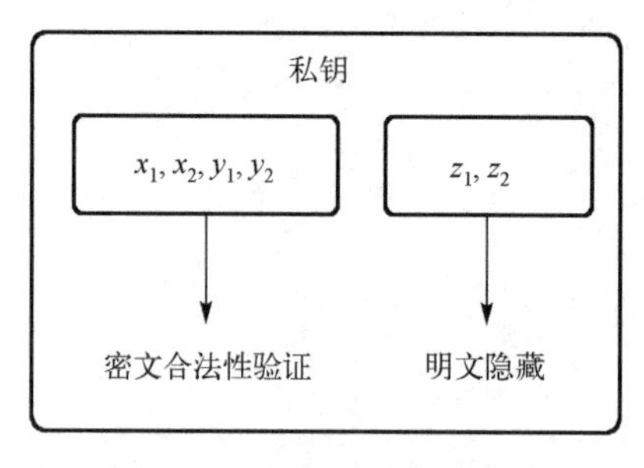

(a) 原始的Cramer-Shoup公钥加密机制

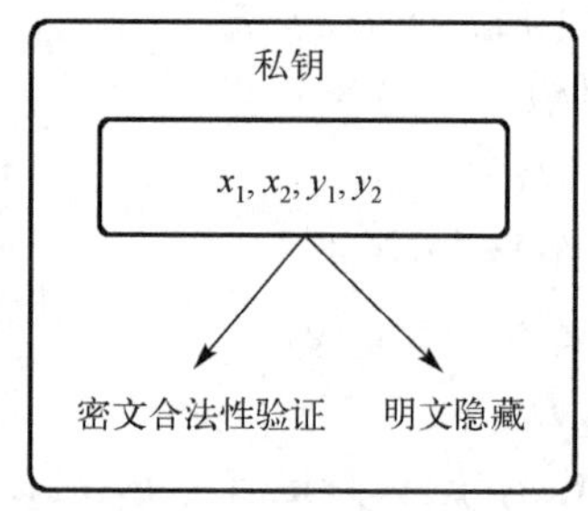

(b) 改进的Cramer-Shoup公钥加密机制

图 3-4　Cramer-Shoup 公钥加密机制的工作原理

3.6　RSA 加密机制

RSA 算法是由 Rivest、Shamir 和 Adleman 提出的基于数论构造的公钥密码体制[11]。本节主要介绍 RSA 加密机制的算法构造及安全性证明过程。

3.6.1　RSA 的基本算法

令 GenPrime 为大素数生成算法。

(1) 密钥产生过程。

GenRSA(κ):

$p,q \leftarrow \mathrm{GenPrime}(\kappa)$;

$n = pq$，$\varphi(n) = (p-1)(q-1)$;

选e，满足$1 < e < \varphi(n)$且$(\varphi(n), e) = 1$;

计算d，满足$d \cdot e \equiv 1 \bmod \varphi(n)$

$\mathrm{pk} = (n,e)$，$\mathrm{sk} = (n,d)$。

其中，$\varphi(n)$ 是欧拉函数。

(2) 加密。

Enc(pk, M):

$C = M^e \bmod n$。

其中，$|M| < \log_2 n$。

(3) 解密。

Dec(sk, C):

$M = C^d \bmod n$。

下面证明 RSA 算法中解密过程的正确性。

证明　由加密过程可知 $C = M^e \bmod n$，所以

$$C^d = M^{ed} \bmod n = M^{k\varphi(n)+1} \bmod n$$

下面分两种情况进行介绍。

(1) M 与 n 互素，即 $(m,n)=1$，由欧拉定理可知

$$M^{\varphi(n)} \equiv 1 \bmod n, \quad M^{k\varphi(n)} \equiv 1 \bmod n, \quad M^{k\varphi(n)+1} \equiv M \bmod n$$

即

$$C^d \bmod n = M$$

(2) $(m,n) \neq 1$，首先看 $(m,n)=1$ 的含义，由于 $n = pq$，所以 $(m,n)=1$ 意味着 M 既不是 p 的倍数也不是 q 的倍数。因此 $(m,n) \neq 1$ 意味着 M 是 p 的倍数或是 q 的倍数，不妨设 $M = tp$，其中 t 为正整数。此时必有 $(m,q)=1$，否则 M 是 q 的倍数，同时也是 pq 的倍数，与 $M < n = pq$ 矛盾。由 $(m,q)=1$ 及欧拉定理可知 $M^{\varphi(q)} \equiv 1 \bmod n$，所以有

$$M^{k\varphi(q)} \equiv 1 \bmod q \Rightarrow [M^{k\varphi(q)}]^{\varphi(p)} \equiv 1 \bmod q \Rightarrow M^{k\varphi(n)} \equiv 1 \bmod q$$

因此存在整数 r，使得 $M^{k\varphi(n)} \equiv 1 + rq$ 成立，两边同乘以 $M = tp$ 得 $M^{k\varphi(n)+1} = M + rtpq = M + rtn$，即 $M^{k\varphi(n)+1} \equiv M \bmod n$，所以 $C^d \bmod n = M$。

如果消息 M 在 Z_n^* 中是均匀随机的，用公钥 (n,e) 对 M 进行加密，那么敌手不能恢复 M。然而如果敌手发起选择密文攻击，以上性质不再成立。如敌手截获密文 $C \equiv M^e \bmod n$ 后，选择随机数 $r \leftarrow_R Z_n^*$，计算密文 $C' \equiv r^e \cdot C \bmod n \equiv (r \cdot M)^e \bmod n$，将 C' 给挑战者，获得 C' 的明文 M' 后，可由 $M \equiv M' \cdot r^{-1} \bmod n$ 恢复 M，这是因为

$$M' \cdot r^{-1} \equiv (C')^d r^{-1} \equiv (r^e M^e)^d r^{-1} \equiv r^{ed} M^{ed} r^{-1} \equiv rMr^{-1} \equiv M \bmod n$$

为了使 RSA 加密方案可抵抗敌手的选择明文攻击和选择密文攻击，需对其加以修改。

证毕。

3.6.2　RSA 问题和 RSA 假设

RSA 问题：已知大整数 $n, e, y \leftarrow_R Z_n^*$，满足 $1 < e < \varphi(n)$ 且 $(\varphi(n), e) = 1$，计算 $y^{\frac{1}{e}} \bmod n$。

RSA 假定：对于任意的概率多项式时间算法，其解决 RSA 问题的优势是可忽略的。

3.6.3 CPA 安全的 RSA 加密机制

设 GenRSA 是 RSA 参数生成算法，它的输入为κ，输出为模数n（n为 2 个κ比特素数p和q的乘积）、整数e,d满足$ed \equiv 1 \bmod \varphi(n)$，其中，$\varphi(n)=(p-1)(q-1)$。又设$H:\{0,1\}^{2\kappa} \to \{0,1\}^{\ell(\kappa)}$是一个哈希函数，其中，$\ell(\kappa)$是一个任意的多项式。

CPA 安全的 RSA 加密机制$\Pi=(\text{KeyGen},\text{Enc},\text{Dec})$的具体构造如下所示。

(1)密钥产生过程。

$\text{KeyGen}(\kappa)$:

　$(n,e,d) \leftarrow \text{GenRSA}(\kappa)$；

　$\text{pk}=(n,e),\text{sk}=(n,d)$。

(2)加密过程。

$\text{Enc}(\text{pk},M)$:

　$r \leftarrow_R Z_n^*$；

　输出$(r^e \bmod n, H(r) \oplus M)$。

其中，$M \in \{0,1\}^{\ell(\kappa)}$。

(3)解密过程。

$\text{Dec}(\text{sk},(C_1,C_2))$:

　$r = C_1^d \bmod n$；

　输出$H(r) \oplus C_2$。

定理 3-5　设H是一个随机谕言机，如果算法 GenRSA 生成的 RSA 问题是困难的，那么上述构造是 CPA 安全的 RSA 加密机制。

具体来说，假设存在概率多项式时间敌手$\mathcal{A}$能以$\epsilon(\kappa)$的优势攻破上述 RSA 加密机制的 CPA 安全性，那么存在敌手$\mathcal{B}$能以$\text{Adv}_{\mathcal{B}}^{\text{RSA}}(\kappa) \geqslant 2\epsilon(\kappa)$的优势解决 RSA 问题的困难性。

证明　RSA 的 CPA 安全性游戏如下。

$\text{Exp}_{\Pi,\mathcal{A}}^{\text{RSA-CPA}}(\kappa)$:

　$(n,e,d) \leftarrow \text{GenRSA}(\kappa)$;

　$\text{pk}=(n,e)$，$\text{sk}=(n,d)$;

　$H \leftarrow_R \{H:\{0,1\}^{2\kappa} \to \{0,1\}^{\ell(\kappa)}\}$;

　$(M_0,M_1) \leftarrow \mathcal{A}(\text{pk})$，其中，$|M_0|=|M_1|=\ell(\kappa)$;

　$\beta \leftarrow_R \{0,1\}, r \leftarrow_R Z_n^*$，$C^*=(r^e \bmod n, H(r) \oplus M_\beta)$;

　$\beta' \leftarrow \mathcal{A}(\text{pk},C^*)$;

　若$\beta'=\beta$，则返回1；否则，返回0。

其中，$\{H:\{0,1\}^{2\kappa}\to\{0,1\}^{\ell(\kappa)}\}$ 表示从 $\{0,1\}^{2\kappa}$ 到 $\{0,1\}^{\ell(\kappa)}$ 的哈希函数族。敌手的优势定义为安全参数 κ 的函数：

$$\mathrm{Adv}_{\Pi,\mathcal{A}}^{\text{RSA-CPA}}(\kappa)=\left|\Pr[\mathrm{Exp}_{\Pi,\mathcal{A}}^{\text{RSA-CPA}}(\kappa)=1]-\frac{1}{2}\right|$$

敌手 $\mathcal{B}$ 首先获得 RSA 问题的挑战元素 (n,e,y)，其目标是计算 $\hat{r}\equiv(y)^{\frac{1}{e}}\bmod n$（意味着 $y\equiv\hat{r}^e\bmod n$）；然后敌手 $\mathcal{B}$ 以敌手 $\mathcal{A}$ 作为子程序为其模拟 RSA 加密机制，并输出最终的计算结果 $\hat{r}\equiv(y)^{\frac{1}{e}}\bmod n$。

(1) 初始化。

选取一个随机串 $\hat{h}\leftarrow_R\{0,1\}^{\ell(\kappa)}$，作为目标值 $\hat{r}$ 对应哈希函数值 $H(\hat{r})$ 的猜测值(但是实际上敌手 $\mathcal{B}$ 并不知道 $\hat{r}$)。将公钥 (n,e) 给敌手 $\mathcal{A}$。

(2) H 询问。

敌手 $\mathcal{B}$ 建立一个初始为空的哈希列表 L_H 用于记录敌手 $\mathcal{A}$ 对谕言机 H 的询问，数据类型是 (x_i,h_i)，敌手 $\mathcal{A}$ 在任何时候都能发出关于 x 的 H 谕言机询问，敌手 $\mathcal{B}$ 做如下应答。

若 $(x,h)\in L_H$，则以 (x,h) 中的 h 应答相应的询问；否则，判断 $x^e\equiv y\bmod n$（隐含地有 $x\equiv(y)^{\frac{1}{e}}\bmod n$）是否成立。若成立，则以 $\hat{h}$ 应答，并将 $(x,\hat{h})$ 存入表 L_H 中，同时令 $\hat{r}=x$；若不成立，则随机选取 $h\leftarrow_R\{0,1\}^{\ell(\kappa)}$，以 h 应答，并将 (x,h) 存入表 L_H 中。

(3) 挑战。

敌手 $\mathcal{A}$ 输出两个等长的挑战消息 M_0 和 M_1，敌手 $\mathcal{B}$ 随机选取 $\beta\leftarrow_R\{0,1\}$，令 $C_1=y$ 和 $C_2=\hat{h}\oplus M_\beta$，最后将 $C=(C_1,C_2)$ 作为挑战密文发送给敌手 $\mathcal{A}$。

(4) 猜测。

收到敌手 $\mathcal{A}$ 输出的猜测值 β' 之后，敌手 $\mathcal{B}$ 输出相应的记录信息 $\hat{r}=x$。

设 $\mathcal{H}$ 表示事件：在上述游戏中敌手 $\mathcal{A}$ 发出 $H(\hat{r})$ 询问，即 $H(\hat{r})$ 出现在列表 L_H 中。

断言 3-14　在以上述游戏中，敌手 $\mathcal{B}$ 的模拟是完备的。

证明　在以上模拟中，敌手 $\mathcal{A}$ 的视图与其在真实攻击中的视图是同分布的。原因如下所示。

(1) 在模拟游戏中，由于假定 H 是随机谕言机，所以敌手 $\mathcal{A}$ 对 H 谕言机的询问都是用随机值来应答的。而在敌手 $\mathcal{A}$ 对 Π 的真实攻击中，敌手 $\mathcal{A}$ 得到的是函数 H 作用后的哈希值，所以敌手 $\mathcal{A}$ 得到的 H 的函数值是均匀的随机值。

(2) $\hat{h}\oplus M_\beta$ 对敌手 $\mathcal{A}$ 来说，是用 $\hat{h}$ 对 M_β 做一次一密加密。由 $\hat{h}$ 的随机性可知，$\hat{h}\oplus M_\beta$ 对敌手 $\mathcal{A}$ 来说是随机的。所以两种视图是不可区分的。

断言 3-14 证毕。

断言 3-15　在上述模拟攻击中 $\Pr[\mathcal{H}]\geqslant 2\epsilon$。

证明　显然有 $\Pr[\mathrm{Exp}_{\Pi,\mathcal{A}}^{\text{RSA-CPA}}(\kappa)=1|\neg\mathcal{H}]=\frac{1}{2}$。又由敌手 $\mathcal{A}$ 在真实攻击中的定义可知，敌手 $\mathcal{A}$ 的优势大于等于 ϵ，那么敌手 $\mathcal{A}$ 在模拟攻击中的优势 $\left|\Pr[\mathrm{Exp}_{\Pi,\mathcal{A}}^{\text{RSA-CPA}}(\kappa)=1]-\frac{1}{2}\right|\geqslant\epsilon$。

$$\begin{aligned}\Pr[\mathrm{Exp}_{\Pi,\mathcal{A}}^{\text{RSA-CPA}}(\kappa)=1]&=\Pr[\mathrm{Exp}_{\Pi,\mathcal{A}}^{\text{RSA-CPA}}(\kappa)=1|\neg\mathcal{H}]\Pr[\neg\mathcal{H}]+\Pr[\mathrm{Exp}_{\Pi,\mathcal{A}}^{\text{RSA-CPA}}(\kappa)=1|\mathcal{H}]\Pr[\mathcal{H}]\\&\leqslant\Pr[\mathrm{Exp}_{\Pi,\mathcal{A}}^{\text{RSA-CPA}}(\kappa)=1|\neg\mathcal{H}]\Pr[\neg\mathcal{H}]+\Pr[\mathcal{H}]\\&=\frac{1}{2}\Pr[\neg\mathcal{H}]+\Pr[\mathcal{H}]=\frac{1}{2}(1-\Pr[\mathcal{H}])+\Pr[\mathcal{H}]\\&=\frac{1}{2}+\frac{1}{2}\Pr[\mathcal{H}]\end{aligned}$$

又可知：

$$\begin{aligned}\Pr[\mathrm{Exp}_{\Pi,\mathcal{A}}^{\text{RSA-CPA}}(\kappa)=1]&\geqslant\Pr[\mathrm{Exp}_{\Pi,\mathcal{A}}^{\text{RSA-CPA}}(\kappa)=1|\neg\mathcal{H}]\Pr[\neg\mathcal{H}]\\&=\frac{1}{2}(1-\Pr[\mathcal{H}])=\frac{1}{2}-\frac{1}{2}\Pr[\mathcal{H}]\end{aligned}$$

所以 $\epsilon\leqslant\left|\Pr[\mathrm{Exp}_{\Pi,\mathcal{A}}^{\text{RSA-CPA}}(\kappa)=1]-\frac{1}{2}\right|\leqslant\frac{1}{2}\Pr[\mathcal{H}]$，即模拟攻击中 $\Pr[\mathcal{H}]\geqslant 2\epsilon$。

断言 3-15 证毕。

由上述两个断言可知，在上述模拟过程中 $\hat{r}$ 以至少 2ϵ 的概率出现在 L_H。若事件 $\mathcal{H}$ 发生，则敌手 $\mathcal{B}$ 找到了满足条件 $x^e=y\bmod n$ 的 x，即 $x\equiv\hat{r}\equiv(y)^{\frac{1}{e}}\bmod n$。所以敌手 $\mathcal{B}$ 成功的概率与 $\mathcal{H}$ 发生的概率相同。

定理 3-5 证毕。

定理 3-5 已证明上述 RSA 加密机制是 CPA 安全的，然而它不是 CCA 安全的。敌手已知密文 $C=(C_1,C_2)$，构造 $C'=(C_1,C_2\oplus M')$，通过对扩张后的密文 C' 进行解密谕言机询问，收到解密结果为 $M''=M\oplus M'$，再由 $M''\oplus M'$ 即可获得原始密文 C 所对应的明文 M。

3.6.4　CCA 安全的 RSA 加密机制

本节利用 CCA 安全的单钥加密方案构造 CCA 安全的 RSA 加密机制，其中单钥加密方案 $\Pi=(\mathrm{PrivGen},\mathrm{Enc},\mathrm{Dec})$ 的 CCA 安全性由下述游戏刻画。

$\mathrm{Exp}_{\Pi,\mathcal{A}}^{\text{Priv-CCA}}(\kappa)$:

　$k_{\text{priv}}\leftarrow\mathrm{PrivGen}(\kappa)$;

　$(M_0,M_1)\leftarrow\mathcal{A}^{\mathrm{Enc}_{k_{\text{priv}}}(\cdot),\mathrm{Dec}_{k_{\text{priv}}}(\cdot)}$，其中 $|M_0|=|M_1|=\ell(\kappa)$;

　$\beta\leftarrow_R\{0,1\}$，$C^*=\mathrm{Enc}(k_{\text{priv}},M_\beta)$;

$\beta' \leftarrow \mathcal{A}^{\mathrm{Enc}_{k_{\mathrm{priv}}}(\cdot),\mathrm{Dec}_{k_{\mathrm{priv}},\neq C^*}(\cdot)}(C^*)$;

若$\beta' = \beta$，则返回1；否则，返回0。

其中，$\mathrm{Dec}_{k_{\mathrm{priv}}}(\cdot)$表示解密谕言机，敌手$\mathcal{A}$能够向其进行任意密文的解密询问；$\mathrm{Dec}_{k_{\mathrm{priv}},\neq C^*}(\cdot)$表示敌手$\mathcal{A}$不能对特定密文$C^*$访问解密谕言机$\mathrm{Dec}_{k_{\mathrm{priv}}}(\cdot)$。敌手的优势可以定义为安全参数$\kappa$的函数：

$$\mathrm{Adv}_{\Pi,\mathcal{A}}^{\mathrm{Priv\text{-}CCA}}(\kappa) = \left|\Pr[\mathrm{Exp}_{\Pi,\mathcal{A}}^{\mathrm{Priv\text{-}CCA}}(\kappa)=1] - \frac{1}{2}\right|$$

设 GenRSA 及H的定义如前所示，$\Pi = (\mathrm{Enc},\mathrm{Dec})$是一个密钥长度为$\kappa$，消息长度为$\ell(\kappa)$的 CCA 安全的单钥加密方案。CCA 安全的 RSA 加密方案$\Pi' = (\mathrm{KeyGen}', \mathrm{Enc}',\mathrm{Dec}')$的具体构造如下所示。

(1) 密钥产生过程。

$\mathrm{KeyGen}'(\kappa)$:

$(n,e,d) \leftarrow \mathrm{GenRSA}(\kappa)$;

$\mathrm{pk} = (n,e), \mathrm{sk} = (n,d)$。

(2) 加密过程。

$\mathrm{Enc}'(\mathrm{pk}, M)$:

$r \leftarrow_R Z_n^*$;

$h = H(r)$;

输出$(r^e \bmod n, \mathrm{Enc}(h, M))$。

其中，$M \in \{0,1\}^{\ell(\kappa)}$。

(3) 解密过程。

$\mathrm{Dec}(\mathrm{sk},(C_1,C_2))$:

$r = C_1^d \bmod n$;

$h = H(r)$;

输出$\mathrm{Dec}(h,C_2)$。

定理 3-6　设H是随机谕言机，若算法 GenRSA 生成的 RSA 问题是困难的且底层的单钥加密机制$\Pi = (\mathrm{Enc},\mathrm{Dec})$是 CCA 安全的，则 RSA 机制$\Pi' = (\mathrm{KeyGen}', \mathrm{Enc}',\mathrm{Dec}')$是 CCA 安全的。

具体来说，假设存在一个概率多项式时间敌手$\mathcal{A}$以$\epsilon(\kappa)$的优势攻破 RSA 加密机制Π'的 CCA 安全性，那么一定存在一个敌手$\mathcal{B}$至少以$\mathrm{Adv}_{\mathcal{B}}^{\mathrm{RSA}}(\kappa) \geq 2\epsilon(\kappa)$的优势解决 RSA 问题。

证明　RSA 加密机制Π'的 CCA 游戏如下。

$\mathrm{Exp}_{\Pi',\mathcal{A}}^{\text{RSA-CCA}}(\kappa)$:

$(n,e,d) \leftarrow \mathrm{GenRSA}(\kappa)$;

$\mathrm{pk}=(n,e)$，$\mathrm{sk}=(n,d)$;

$H \leftarrow_R \{H:\{0,1\}^{2\kappa} \to \{0,1\}^{\ell(\kappa)}\}$;

$(M_0,M_1) \leftarrow \mathcal{A}^{\mathcal{D}_{\mathrm{sk}}(\cdot),H(\cdot)}(\mathrm{pk})$，其中，$|M_0|=|M_1|=\ell(\kappa)$;

$\beta \leftarrow_R \{0,1\}$，$r \leftarrow_R Z_n^*$，$C^*=(r^e \bmod n, \mathrm{Enc}(H(r),M_\beta))$;

$\beta' \leftarrow \mathcal{A}^{\mathcal{D}_{\mathrm{sk},\neq C^*}(\cdot),H(\cdot)}(\mathrm{pk},C^*)$;

若$\beta'=\beta$，则返回1；否则，返回0。

其中，$\mathcal{D}_{\mathrm{sk}}(\cdot)$表示解密谕言机，敌手$\mathcal{A}$能够向其提出对于任意密文的解密询问；$\mathcal{D}_{\mathrm{sk},\neq C^*}(\cdot)$表示$\mathcal{A}$不能对特定密文$C^*$访问解密谕言机$\mathcal{D}_{\mathrm{sk}}(\cdot)$。敌手的优势定义为安全参数$\kappa$的函数：

$$\mathrm{Adv}_{\Pi',\mathcal{A}}^{\text{RSA-CCA}}(\kappa)=\left|\Pr[\mathrm{Exp}_{\Pi',\mathcal{A}}^{\text{RSA-CCA}}(\kappa)=1]-\frac{1}{2}\right|$$

敌手$\mathcal{B}$首先获得RSA问题的挑战元素(n,e,y)，其目标是计算$\hat{r} \equiv y^{\frac{1}{e}} \bmod n$；然后敌手$\mathcal{B}$以敌手$\mathcal{A}$作为子程序为其模拟RSA加密机制，并输出最终的计算结果$\hat{r} \equiv y^{\frac{1}{e}} \bmod n$。

(1) 初始化。

敌手$\mathcal{B}$选取一个随机串$h' \leftarrow_R \{0,1\}^{\ell(\kappa)}$，作为目标值$\hat{r}$对应哈希函数值$H(\hat{r})$的猜测。将公钥$\mathrm{pk}=(n,e)$给敌手$\mathcal{A}$。

(2) H询问。

敌手$\mathcal{B}$建立一个列表L_H，元组格式(r,C_1,h)，初始值为$(*,C_1'=y,h')$，其中$*$表示该分量的值目前未知。敌手$\mathcal{A}$在任何时候都能对H谕言机发出询问。设敌手$\mathcal{A}$的询问是r，敌手$\mathcal{B}$计算$C_1 \equiv r^e \bmod n$并做如下应答。

若$(r,C_1,h) \in L_H$，则以h应答。若$(*,C_1,h) \in L_H$，则以相应的h应答，并将L_H中的记录元组(r,C_1,h)替换$(*,C_1,h)$；否则，选取随机数$h \leftarrow_R \{0,1\}^n$，以h应答并在表L_H中存储(r,C_1,h)。

(3) 解密询问。

敌手$\mathcal{A}$向敌手$\mathcal{B}$发起询问$C=(\tilde{C}_1,\tilde{C}_2)$时，敌手$\mathcal{B}$做如下应答。

如果L_H存在第二个元素为$\tilde{C}_1$的相应元组（即该项为$(\tilde{r},\tilde{C}_1,\tilde{h})$，其中$\tilde{r}^e \equiv \tilde{C}_1 \bmod n$，或者为$(*,\tilde{C}_1,\tilde{h})$），那么以$\mathrm{Dec}(\tilde{h},\tilde{C}_2)$应答。否则，选取一个随机数$\tilde{h} \leftarrow_R \{0,1\}^n$，以$\mathrm{Dec}(\tilde{h},\tilde{C}_2)$应答，并在$L_H$中存储$(*,\tilde{C}_1,\tilde{h})$。

(4) 挑战。

敌手 $\mathcal{A}$ 输出两个等长的挑战消息 $M_0, M_1 \in \{0,1\}^{\ell(\kappa)}$。敌手 $\mathcal{B}$ 随机选取 $\beta \leftarrow_R \{0,1\}$，计算 $C_2' = \text{Enc}(h', M_\beta)$。发送挑战密文 $C_\beta^* = (C_1', C_2')$ 给敌手 $\mathcal{A}$，其中 $(*, C_1' = y, h')$ 是 H 谕言机询问应答列表 L_H 的初始信息，C_1' 为 H 谕言机询问的输入，且相应的应答为 h'。

(5) 挑战后询问。

敌手 $\mathcal{B}$ 继续回答敌手 $\mathcal{A}$ 的 H 谕言机询问和解密询问，但敌手 $\mathcal{A}$ 不能对挑战密文 $C_\beta^* = (C_1', C_2')$ 进行解密询问。

(6) 猜测。

敌手 $\mathcal{A}$ 输出猜测 β'。敌手 $\mathcal{B}$ 检查列表 L_H，如果有 $(\hat{r}, C_1', h')$ 项，那么输出 $\hat{r}$。

设 $\mathcal{H}$ 表示事件：在模拟中敌手 $\mathcal{A}$ 发出 $H(\hat{r})$ 询问，即 $H(\hat{r})$ 出现在列表 L_H 中。

断言 3-16　在以上模拟过程中，敌手 $\mathcal{B}$ 的模拟是完备的。

证明　在以上模拟中，敌手 $\mathcal{A}$ 的视图与其在真实攻击中的视图是同分布的。原因如下。

(1) 敌手 $\mathcal{A}$ 的 H 询问中的每一个都是用随机值来回答的。

(2) 敌手 $\mathcal{B}$ 对敌手 $\mathcal{A}$ 的解密询问的应答是有效的：敌手 $\mathcal{B}$ 对 $C = (\tilde{C}_1, \tilde{C}_2)$ 的应答为 $\text{Dec}(\tilde{h}, \tilde{C}_2)$，根据 L_H 的构造，$\tilde{h}$ 对应的 $\tilde{r}$ 满足 $\tilde{r}^e \equiv \tilde{C}_1 \bmod n$ 及 $\tilde{h} = H(\tilde{r})$，因而 $\text{Dec}(\tilde{h}, \tilde{C}_2)$ 是有效的。

所以两种视图是不可区分的。

断言 3-16 证毕。

断言 3-17　在上述攻击中 $\Pr[\mathcal{H}] \geqslant 2\epsilon$。

证明　在上述攻击中，如果 $H(\hat{r})$ 不出现在相应列表 L_H 中，那么敌手 $\mathcal{A}$ 未能得到 h'，由 $C_2' = \text{Enc}(h', M_\beta)$ 及 Enc 的 CCA 安全性可知 $\Pr[\beta' = \beta \mid \neg\mathcal{H}] = 1/2$。其余部分与断言 3-15 的证明相同。

断言 3-17 证毕。

由以上两个断言，在上述模拟过程中 $\hat{r}$ 以至少 2ϵ 的概率出现在 L_H，所以敌手 $\mathcal{B}$ 成功的概率等于 $\mathcal{H}$ 的概率。

定理 3-6 证毕。

第4章　随机谕言机模型下基于身份的加密机制①

1984年，Shamir[12]提出了一种基于身份加密方案的思想，并征询具体的实现方案，方案中不使用任何证书，直接将用户的唯一公开信息作为公钥，以此来简化公钥基础设施(public key infrastructure，PKI)对证书的复杂管理方式，也就是说，在基于身份的加密机制中，可以将用户的电话号码、身份证号、邮箱地址等用户的唯一信息作为公钥使用。

由于基于身份的密码体制避免了PKI中公钥证书从生成、签发、存储、维护、更新、撤销这一系列复杂的管理过程，具有更强的实用性。自Shamir[12]提出基于身份密码体制的新思想以后，由于没有找到有效的实现工具，其实例化一直是密码学领域的公开问题。直到2001年，Boneh和Franklin[13]获得了数学上的突破，以双线性映射为基础工具提出了第一个实用的基于身份的加密(identity-based encryption，IBE)机制，并在随机谕言机模型中对该机制的安全性进行了形式化证明。在随机谕言机模型中通过控制哈希函数的输出实现对相应IBE机制的安全性证明，上述假设相对较强导致随机谕言机模型下的IBE机制拥有较弱的安全性。

鉴于标准模型下可证明安全的密码机制具有更优的性能，因此多个标准模型下的IBE机制[14-20]相继被提出；随后针对IBE机制不同的性能需求，研究者设计了多个IBE机制的具体实例[21-28]。分析现有标准模型下IBE机制的构造方法，其安全性证明模型通常分为选择身份安全性和适应性安全性两种，详细介绍如下所示。

1)选择身份安全性

在选择身份的安全模型中，敌手在挑战者建立系统之前需将自己选定的挑战身份发送给挑战者，此时，挑战身份对挑战者而言是一个已知的参数，那么挑战者将根据挑战身份有针对性地建立相应的IBE机制。特别地，选择身份的安全性是一种较弱的安全性定义。然而，在该模型中，由于挑战者提前掌握了挑战身份，因此能对身份空间中的所有身份生成相应的秘密钥。Boneh和Boyen[14]提出了选择身份安全的高效IBE和分层的基于身份加密(hierarchical identity-based encryption，HIBE)机制，并在标准模型下基于判定的双线性Diffie-Hellman(decisional bilinear Diffie-Hellman，DBDH)假设给出了相应构造选择明文安全性的形式化证明。

在选择身份模型中，由于在系统建立之前要求敌手提交相应的挑战身份，一定

① 第4章和第5章均对基于身份的加密机制进行介绍，第4章已对IBE机制的发展历史、形式化定义和安全模型进行详细介绍，第5章不再重复介绍该部分内容。

程度上限制了敌手适应性选择挑战身份的能力(换句话讲，在获知 IBE 机制的公开参数之前，敌手将确定挑战身份，导致安全性模型中挑战前敌手的训练过程对其选择挑战身份没有任何帮助)，因此该模型是一个相对较弱的安全模型。

2) 适应性安全性

在适应性安全模型中，敌手在结束训练后，根据训练结果在挑战阶段才提交挑战身份给挑战者，挑战身份的选取是由之前的训练结果决定的，并且训练阶段的结束时间是由敌手决定的，也就是说，挑战身份的选择具有一定的自适应性(自适应性是指敌手后续询问的输入是根据前期询问的应答结果产生的)。对于挑战者而言，敌手选择的挑战身份是不可控的，具有一定的随机性。因此挑战者建立 IBE 系统环境的困难程度要远高于选择身份的安全模型。现有在适应性安全模型下设计 IBE 机制的相关技术通常可以划分为以下两类。

(1) 身份空间划分策略。初始化时，挑战者将基于对应困难问题的公开元组和挑战元组建立相应 IBE 机制的系统环境。由于挑战者无法掌握挑战元组中的相关信息，相应的困难问题嵌入模拟游戏后，其无法为身份空间中的所有用户生成相应的私钥，挑战者为了规避这一缺陷，利用 IBE 机制安全性游戏中限制敌手对挑战身份进行私钥生成询问的事实，通过参数的初始化过程巧妙地将身份空间划分为询问子空间和挑战子空间两部分，其中能够生成完整私钥的身份属于询问子空间，挑战者无法生成对应私钥的所有身份均归属于挑战子空间，在安全性游戏中挑战者将拒绝回答敌手针对挑战子空间中身份所提出的私钥生成询问。此外，在挑战阶段敌手提交的挑战身份必须属于挑战子空间，否则安全性游戏将结束。身份空间划分技术优劣性的衡量标准是划分结果中挑战子空间的大小，即挑战子空间越小，相应 IBE 机制的安全性证明过程效果越佳。因为挑战子空间越小，询问身份以大概率来自询问子空间，那么在询问阶段模拟器终止的可能性就越小。此外，由身份空间划分技术的特点可知，身份空间的划分过程实质上是挑战者对挑战身份的猜测，因此证明中需要分析和评价挑战者对挑战身份猜测成功的概率。

Boneh 和 Boyen[15]通过矩阵标注的方法对身份空间进行了划分，将用户的身份信息转换成一个矩阵，根据矩阵元素特征将身份空间划分为两个子空间，该方法虽然实现了身份空间的有效划分，但是划分的效率较低。为了进一步提高身份划分的效率，Waters[5]首先将身份与数值建立联系，然后通过高效的模运算实现了身份空间的划分，该技术通过将身份空间映射到数值空间(该映射是一对一的)，根据模运算后的结果将数值空间分为两个集合，分别对应身份空间的挑战子空间和询问子空间。由于 Waters 的身份划分方法效率高，因此被广泛地应用到各种 IBE 机制的设计中。

(2) 全身份空间策略。身份分离技术中限制敌手不能对挑战子空间中的身份进行私钥生成询问，一旦挑战身份被询问则安全游戏将终止，因此该技术对 IBE 机制归约证明的成功性是以概率的形式表述的，导致归约过程不具备“紧”的要求。为了实现紧归约的证明过程，整个身份空间既是询问集合又是挑战集合，这就要求挑战者对身份空间中的任意身份都具备生成相应私钥的能力。Gentry[6]基于非静态的困难性假设实现了全身份空间技术，达到安全性证明过程的紧归约性质。由于文献[6]的方法是基于非静态安全性假设的，Waters[21]提出了对偶系统加密(dual system encryption，DSE)技术，实现了在简单安全性假设下构造全安全的 IBE 机制和 HIBE 机制。文献[22]提出了 DSE 技术简洁且高效的实现方法。然而，基于 DSE 设计的 IBE 机制是基于合数阶双线性群的，导致相应方案的计算效率较低，并且仅具有 CPA 安全性。文献[29]通过为密文设置特征哈希值，提出了基于 DSE 技术构造 CCA 安全的 IBE 机制的方法。

对 IBE 机制已有的安全性证明方法进行总结，结果如图 4-1 所示。此外，对于 IBE 机制而言，其安全性证明是需考虑选择明文攻击和选择密文攻击等两种类型的攻击方式。

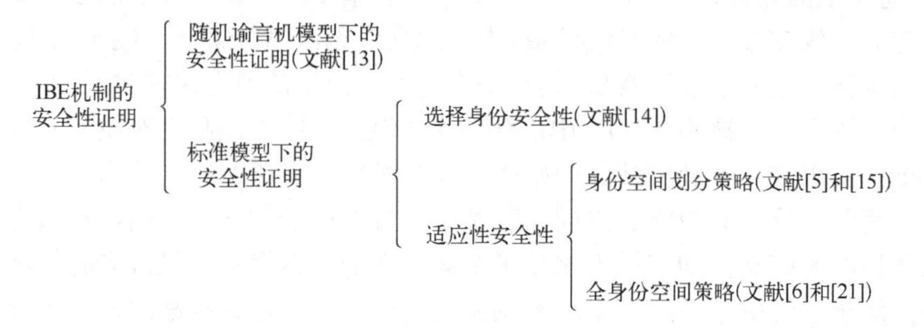

图 4-1　IBE 机制安全性证明方法总结

4.1　基于身份加密机制

在现有 IBE 机制[13-17]的基础上，本节首先介绍 IBE 机制的形式化定义，然后详细介绍 IBE 机制的 CPA 安全性、CCA 安全性和选择身份的 CCA 安全性等安全模型。

4.1.1　IBE 机制的定义

一个 IBE 机制由 Setup、KeyGen、Enc 和 Dec 等算法组成。

(1)初始化。

随机化的初始化算法 Setup，其输入是安全参数 κ，输出是相应的系统公开参数 Params 和主密钥 msk，该算法可以表示为 $(\text{Params}, \text{msk}) \leftarrow \text{Setup}(1^{\kappa})$。

系统参数 Params 中定义了相应 IBE 机制的身份空间 $\mathcal{ID}$，私钥空间 $\mathcal{SK}$，消息空间 $\mathcal{M}$ 等。此外，Params 是下述算法的公共输入，为了方便起见在下述算法描述时将其省略。

(2) 密钥产生。

随机化的密钥生成算法 KeyGen，输入是用户身份 $\text{id} \in \mathcal{ID}$ 及主密钥 msk，输出身份 id 所对应的私钥 sk_{id}，该算法可以表示为 $\text{sk}_{\text{id}} \leftarrow \text{KeyGen}(\text{id}, \text{msk})$。

(3) 加密。

随机化的加密算法 Enc，输入是明文消息 $M \in \mathcal{M}$ 及接收者身份 $\text{id} \in \mathcal{ID}$，输出相应的加密密文 C，该算法可以表示为 $C \leftarrow \text{Enc}(\text{id}, M)$。

(4) 解密。

确定性的解密算法 Dec，输入私钥 sk_{id} 及密文 C，输出相应的解密结果 $M/\perp$，该算法可以表示为 $M/\perp \leftarrow \text{Dec}(\text{sk}_{\text{id}}, C)$。

IBE 机制的正确性要求对于任意的消息 $M \in \mathcal{M}$ 和用户身份 $\text{id} \in \mathcal{ID}$，有等式

$$M = \text{Dec}(\text{sk}_{\text{id}}, \text{Enc}(\text{id}, M))$$

成立，其中 $(\text{Params}, \text{msk}) \leftarrow \text{Setup}(1^\kappa)$ 和 $\text{sk}_{\text{id}} \leftarrow \text{KeyGen}(\text{id}, \text{msk})$。

4.1.2 IBE 机制的 CPA 安全性

在 IBE 机制中需加强标准 CPA 安全性的概念，因为在该机制中，敌手攻击挑战身份 id^* (即获取与之对应的私钥) 时，它可能已有所选用户 id 的私钥(多项式有界个)，因此 CPA 安全性的定义就应允许敌手获取与其所选身份 id (除了挑战身份 id^*) 相对应的私钥 sk_{id}，把这一要求看作对密钥产生算法的询问。

IBE 机制的 CPA 安全性游戏包含挑战者 $\mathcal{C}$ 和敌手 $\mathcal{A}$ 两个参与者，具体的消息交互过程如下所示。

(1) 初始化。

挑战者 $\mathcal{C}$ 输入安全参数 κ，运行 $(\text{Params}, \text{msk}) \leftarrow \text{Setup}(1^\kappa)$，产生公开的系统参数 Params 和保密的主密钥 msk，并将 Params 发送给敌手 $\mathcal{A}$。

(2) 阶段 1 (训练)。

该阶段，敌手 $\mathcal{A}$ 可适应性地进行多项式有界次的密钥生成询问。

密钥生成询问：敌手 $\mathcal{A}$ 发出对身份 $\text{id} \in \mathcal{ID}$ 的私钥生成询问，挑战者 $\mathcal{C}$ 运行密钥生成算法 $\text{sk}_{\text{id}} \leftarrow \text{KeyGen}(\text{id}, \text{msk})$，产生与身份 id 相对应的私钥 sk_{id}，并把它发送给敌手 $\mathcal{A}$。

(3) 挑战。

敌手 $\mathcal{A}$ 输出两个等长的明文 $M_0, M_1 \in \mathcal{M}$ 和一个挑战身份 $\text{id}^* \in \mathcal{ID}$，其中 id^* 不能在阶段 1 的任何私钥生成询问中出现。挑战者 $\mathcal{C}$ 选取随机值 $\beta \leftarrow_R \{0,1\}$，计算挑战密文 $C_\beta^* = \text{Enc}(\text{id}^*, M_\beta)$，并将 C_β^* 发送给敌手 $\mathcal{A}$。

(4) 阶段 2 (训练)。

该阶段，敌手 $\mathcal{A}$ 能对除挑战身份 id^* 之外的任意身份 $\text{id} \in \mathcal{ID}$ (其中 $\text{id} \neq \text{id}^*$) 进

行私钥生成询问，挑战者$\mathcal{C}$以阶段 1 中的方式进行回应，这一过程可重复多项式有界次。

(5)猜测。

敌手$\mathcal{A}$输出对挑战者$\mathcal{C}$选取随机数β的猜测$\beta' \in \{0,1\}$，如果$\beta' = \beta$，那么敌手$\mathcal{A}$攻击成功，即敌手$\mathcal{A}$在该游戏中获胜。

敌手$\mathcal{A}$在上述游戏中获胜的优势定义为关于安全参数κ的函数：

$$\mathrm{Adv}_{\mathrm{IBE},\mathcal{A}}^{\mathrm{CPA}}(\kappa) = \left|\Pr[\beta' = \beta] - \frac{1}{2}\right|$$

图 4-2 为 IBE 机制 CPA 安全性游戏中挑战者$\mathcal{C}$与敌手$\mathcal{A}$间的消息交互过程。

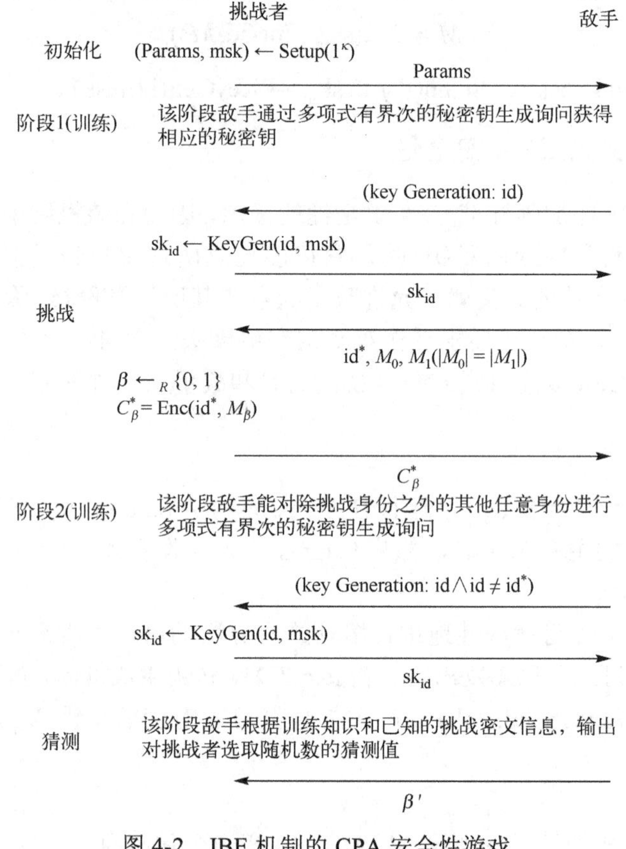

图 4-2　IBE 机制的 CPA 安全性游戏

定义 4-1（IBE 机制的 CPA 安全性） 对任意的多项式时间敌手$\mathcal{A}$，若其在上述游戏中获胜的优势$\mathrm{Adv}_{\mathrm{IBE},\mathcal{A}}^{\mathrm{CPA}}(\kappa)$是可忽略的，则相应的 IBE 机制具有 CPA 安全性。

上述安全性游戏的形式化描述如下。

$\mathrm{Exp}_{\mathrm{IBE},\mathcal{A}}^{\mathrm{CPA}}(\kappa)$:

　$(\mathrm{Params},\mathrm{msk}) \leftarrow \mathrm{Setup}(1^{\kappa})$;

　$(M_0, M_1, \mathrm{id}^*, \mathrm{state}) \leftarrow \mathcal{A}_1^{\mathcal{O}^{\mathrm{KeyGen}}(\cdot)}(\mathrm{Params})$，其中$|M_0| = |M_1|$；

　$C_\beta^* = \mathrm{Enc}(\mathrm{id}^*, M_\beta)$，$\beta \leftarrow_R (0,1)$;

　$\beta' \leftarrow \mathcal{A}_2^{\mathcal{O}_{\neq \mathrm{id}^*}^{\mathrm{KeyGen}}(\cdot)}(\mathrm{Params}, \mathrm{id}^*, C_\beta^*, \mathrm{state})$;

　若$\beta' = \beta$，则输出1；否则，输出0。

其中，$\mathcal{O}^{\mathrm{KeyGen}}(\cdot)$表示敌手$\mathcal{A}$向挑战者$\mathcal{C}$提交任意身份的私钥生成询问；$\mathcal{O}_{\neq \mathrm{id}^*}^{\mathrm{KeyGen}}(\cdot)$表示敌手$\mathcal{A}$向挑战者$\mathcal{C}$提交除挑战身份$\mathrm{id}^*$之外的任意身份的私钥生成询问。

在交互式实验$\mathrm{Exp}_{\mathrm{IBE},\mathcal{A}}^{\mathrm{CPA}}(\kappa)$中，敌手$\mathcal{A}$的优势定义为

$$\mathrm{Adv}_{\mathrm{IBE},\mathcal{A}}^{\mathrm{CPA}}(\kappa) = \left|\Pr[\mathrm{Exp}_{\mathrm{IBE},\mathcal{A}}^{\mathrm{CPA}}(\kappa) = 1] - \Pr[\mathrm{Exp}_{\mathrm{IBE},\mathcal{A}}^{\mathrm{CPA}}(\kappa) = 0]\right|$$

特别地，在 IBE 机制安全性的具体证明中，有时挑战者所使用的随机参数β是由外部传递的，此时 CPA 安全性游戏的描述如下。

$\mathrm{Exp}_{\mathrm{IBE},\mathcal{A}}^{\mathrm{CPA}}(\kappa, \beta)$:

　$(\mathrm{Params},\mathrm{msk}) \leftarrow \mathrm{Setup}(1^{\kappa})$;

　$(M_0, M_1, \mathrm{id}^*, \mathrm{state}) \leftarrow \mathcal{A}_1^{\mathcal{O}^{\mathrm{KeyGen}}(\cdot)}(\mathrm{Params})$，其中$|M_0| = |M_1|$；

　$C_\beta^* = \mathrm{Enc}(\mathrm{id}^*, M_\beta)$;

　$\beta' \leftarrow \mathcal{A}_2^{\mathcal{O}_{\neq \mathrm{id}^*}^{\mathrm{KeyGen}}(\cdot)}(\mathrm{Params}, \mathrm{id}^*, C_\beta^*, \mathrm{state})$;

　若$\beta' = \beta$，则输出1；否则，输出0。

4.1.3 IBE 机制的 CCA 安全性

IBE 机制的 CCA 安全性游戏包含挑战者$\mathcal{C}$和敌手$\mathcal{A}$两个参与者，具体的消息交互过程如下所示。

(1) 初始化。

挑战者$\mathcal{C}$输入安全参数κ，运行算法$(\mathrm{Params},\mathrm{msk}) \leftarrow \mathrm{Setup}(1^{\kappa})$，产生公开的系统参数 Params 和保密的主密钥 msk，并将 Params 发送给敌手$\mathcal{A}$。

(2) 阶段 1（训练）。

该阶段，敌手$\mathcal{A}$可适应性地进行多项式有界次的密钥生成询问和解密询问。

①密钥生成询问。敌手$\mathcal{A}$发出对任意身份$\mathrm{id} \in \mathcal{ID}$的密钥生成询问。挑战者$\mathcal{C}$运行密钥生成算法$\mathrm{sk}_{\mathrm{id}} \leftarrow \mathrm{KeyGen}(\mathrm{id},\mathrm{msk})$，产生与身份 id 相对应的私钥$\mathrm{sk}_{\mathrm{id}}$，并把它发送给敌手$\mathcal{A}$。

②解密询问。对于任意身份密文对(id, C)的解密询问，挑战者$\mathcal{C}$运行私钥生成算法$\mathrm{sk}_{\mathrm{id}} \leftarrow \mathrm{KeyGen}(\mathrm{id},\mathrm{msk})$，产生与该身份 id 相对应的私钥$\mathrm{sk}_{\mathrm{id}}$，再运行解密算法

$M/\perp \leftarrow \mathrm{Dec}(\mathrm{sk}_{\mathrm{id}},C)$，将相应的解密结果 $M/\perp$ 发送给敌手 $\mathcal{A}$。

(3)挑战。

敌手 $\mathcal{A}$ 输出两个等长的明文消息 $M_0,M_1\in\mathcal{M}$ 和一个挑战身份 $\mathrm{id}^*\in\mathcal{ID}$，其中 id^* 不能在阶段 1 的任何私钥生成询问中出现。挑战者 $\mathcal{C}$ 选取随机值 $\beta\leftarrow_R\{0,1\}$，计算挑战密文 $C_\beta^*=\mathrm{Enc}(\mathrm{id}^*,M_\beta)$，并将 C_β^* 发送给敌手 $\mathcal{A}$。

(4)阶段 2(训练)。

该阶段敌手 $\mathcal{A}$ 可适应性地进行多项式有界次的密钥生成询问和解密询问。

①密钥生成询问。敌手 $\mathcal{A}$ 能够对除了挑战身份 id^* 之外的任何身份 $\mathrm{id}(\mathrm{id}\neq\mathrm{id}^*)$ 进行私钥生成询问。挑战者 $\mathcal{C}$ 按阶段 1 中的方式进行回应。

②解密询问。敌手 $\mathcal{A}$ 能够对除了挑战身份和挑战密文对 (id^*,C^*) 之外的其他任意身份密文对 (id,C) 进行解密询问，其中 $(\mathrm{id},C)\neq(\mathrm{id}^*,C^*)$。挑战者 $\mathcal{C}$ 以阶段 1 中的方式进行回应，返回相应的解密结果给 $\mathcal{A}$。

(5)猜测。

敌手 $\mathcal{A}$ 输出对挑战者 $\mathcal{C}$ 选取随机数 β 的猜测值 $\beta'\in\{0,1\}$，如果 $\beta'=\beta$，那么敌手 $\mathcal{A}$ 攻击成功，即敌手 $\mathcal{A}$ 在该游戏中获胜。

敌手 $\mathcal{A}$ 获胜的优势定义为安全参数 κ 的函数：

$$\mathrm{Adv}_{\mathrm{IBE},\mathcal{A}}^{\mathrm{CCA}}(\kappa)=\left|\Pr[\beta'=\beta]-\frac{1}{2}\right|$$

图 4-3 为 IBE 机制的 CCA 安全性游戏中挑战者 $\mathcal{C}$ 与敌手 $\mathcal{A}$ 间的消息交互过程。对于 IBE 机制而言，CPA 安全性和 CCA 安全性的最大区别是在 CCA 安全性游戏中敌手能够适应性地对除挑战身份和挑战密文对之外的任意身份密文对进行解密询问。敌手能够通过解密询问获得更多的信息，对随机数 β 的最终猜测提供帮助。

定义 4-2(IBE 机制的 CCA 安全性) 对任意的多项式时间敌手 $\mathcal{A}$，若其在上述游戏中获胜的优势 $\mathrm{Adv}_{\mathrm{IBE},\mathcal{A}}^{\mathrm{CCA}}(\kappa)$ 是可忽略的，那么相应的 IBE 机制具有 CCA 安全性。

上述安全性游戏的形式化描述如下所述。

$\mathrm{Exp}_{\mathrm{IBE},\mathcal{A}}^{\mathrm{CCA}}(\kappa)$:

$(\mathrm{Params},\mathrm{msk})\leftarrow\mathrm{Setup}(1^\kappa)$;

$(M_0,M_1,\mathrm{id}^*,\mathrm{state})\leftarrow\mathcal{A}^{\mathcal{O}^{\mathrm{KeyGen}}(\cdot),\mathcal{O}^{\mathrm{Dec}}(\cdot)}(\mathrm{Params})$，其中 $|M_0|=|M_1|$;

$C_\beta^*=\mathrm{Enc}(\mathrm{id}^*,M_\beta)$，$\beta\leftarrow_R\{0,1\}$;

$\beta'\leftarrow\mathcal{A}^{\mathcal{O}_{\neq\mathrm{id}^*}^{\mathrm{KeyGen}}(\cdot),\mathcal{O}_{\neq(\mathrm{id}^*,C_\beta^*)}^{\mathrm{Dec}}(\cdot)}(\mathrm{Params},\mathrm{id}^*,C_\beta^*,\mathrm{state})$;

若 $\beta'=\beta$，则输出 1；否则，输出 0。

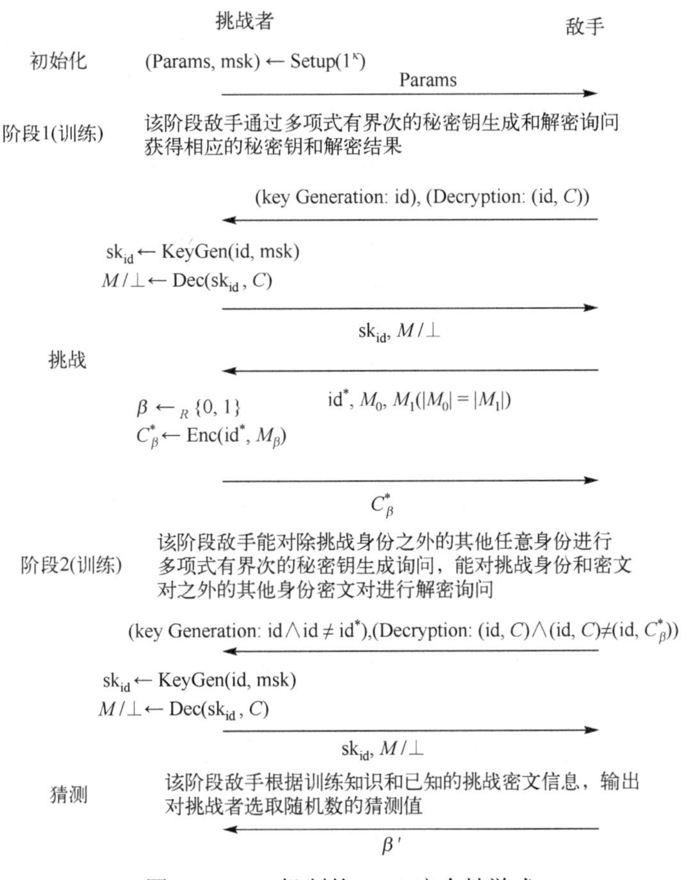

图 4-3　IBE 机制的 CCA 安全性游戏

其中，$\mathcal{O}^{\mathrm{Dec}}(\cdot)$ 表示敌手 $\mathcal{A}$ 向挑战者 $\mathcal{C}$ 提交关于任意身份密文对 (id, C) 的解密询问，挑战者执行相应身份 id 的密钥生成算法 $\mathrm{sk_{id}} \leftarrow \mathrm{KeyGen(id,msk)}$ 获得相应的私钥 $\mathrm{sk_{id}}$，再运行解密算法 $M/\perp \leftarrow \mathrm{Dec}(\mathrm{sk_{id}}, C)$ 对询问密文 C 进行解密，并返回相应的解密结果 $M/\perp$ 给敌手 $\mathcal{A}$；$\mathcal{O}^{\mathrm{Dec}}_{\neq(\mathrm{id}^*, C^*_\beta)}(\cdot)$ 表示敌手 $\mathcal{A}$ 向挑战者 $\mathcal{C}$ 提交除 $(\mathrm{id}^*, C^*_\beta)$ 以外的关于其他任意身份密文对 $(\mathrm{id}, C) \neq (\mathrm{id}^*, C^*_\beta)$ 的解密询问，并获得相应的解密结果 $M/\perp$。

在交互式实验 $\mathrm{Exp}^{\mathrm{CCA}}_{\mathrm{IBE},\mathcal{A}}(\kappa)$ 中，敌手 $\mathcal{A}$ 的优势定义为

$$\mathrm{Adv}^{\mathrm{CCA}}_{\mathrm{IBE},\mathcal{A}}(\kappa) = \left|\Pr[\mathrm{Exp}^{\mathrm{CCA}}_{\mathrm{IBE},\mathcal{A}}(\kappa) = 1] - \Pr[\mathrm{Exp}^{\mathrm{CCA}}_{\mathrm{IBE},\mathcal{A}}(\kappa) = 0]\right|$$

4.1.4　IBE 机制选择身份的 CCA 安全性

IBE 机制的上述安全模型中，敌手能发起适应性选择密文询问和适应性选择身份询问，询问结束后，敌手适应性地选择一个希望攻击的身份，并以这个身份挑战方案的语义安全性。IBE 机制的选择身份安全性是一种较弱的安全模型，其中敌手

必须事先选取(非适应性地)一个意欲攻击的身份作为挑战身份，然后再发起适应性选择密文询问和适应性选择身份询问。下面以 CCA 安全为例，详细描述 IBE 机制选定身份的 CCA 安全性游戏。

IBE 机制选择身份的 CCA 安全性游戏包含挑战者 $\mathcal{C}$ 和敌手 $\mathcal{A}$ 两个参与者，具体的消息交互过程如下所示。

在进行 IBE 机制的系统初始化之前，敌手 $\mathcal{A}$ 将其选定的挑战身份 $\text{id}^* \in \mathcal{ID}$ 发送给挑战者 $\mathcal{C}$，则其可将 id^* 作为已知参数用于对 IBE 机制的初始化。

(1)初始化。

挑战者 $\mathcal{C}$ 输入安全参数 κ，运行算法 $(\text{Params}, \text{msk}) \leftarrow \text{Setup}(1^\kappa)$，产生公开的系统参数 Params 和保密的主密钥 msk，并将 Params 发送给敌手 $\mathcal{A}$。

(2)阶段 1(训练)。

该阶段敌手 $\mathcal{A}$ 可适应性地进行多项式有界次的下述询问。

①密钥生成询问。敌手 $\mathcal{A}$ 发出对除挑战身份 id^* 之外的其他任意身份 $\text{id} \in \mathcal{ID}$ $(\text{Id} \neq \text{Id}^*)$ 的密钥生成询问。挑战者 $\mathcal{C}$ 运行密钥生成算法 $\text{sk}_{\text{id}} \leftarrow \text{KeyGen}(\text{id}, \text{msk})$，产生与身份 id 相对应的私钥 sk_{id}，并把它发送给敌手 $\mathcal{A}$。

②解密询问。对任意身份和密文对 (id, C) 的解密询问。挑战者 $\mathcal{C}$ 运行私钥生成算法 $\text{sk}_{\text{id}} \leftarrow \text{KeyGen}(\text{id}, \text{msk})$，输出与身份 id 相对应的私钥 sk_{id}，再运行解密算法 $M / \perp \leftarrow \text{Dec}(\text{sk}_{\text{id}}, C)$，并将相应的解密结果 $M / \perp$ 发送给敌手 $\mathcal{A}$。

(3)挑战。

敌手 $\mathcal{A}$ 输出两个等长的明文 $M_0, M_1 \in \mathcal{M}$。挑战者 $\mathcal{C}$ 选取随机值 $\beta \leftarrow_R \{0,1\}$，计算挑战密文 $C_\beta^* = \text{Enc}(\text{id}^*, M_\beta)$，并将 C_β^* 发送给敌手 $\mathcal{A}$。

(4)阶段 2(训练)。

该阶段敌手 $\mathcal{A}$ 可进行多项式有界次的密钥生成询问和解密询问。

①密钥生成询问。敌手 $\mathcal{A}$ 能够对除了挑战身份 id^* 的任何身份 $\text{id}(\text{id} \neq \text{id}^*)$ 进行私钥生成询问。挑战者 $\mathcal{C}$ 按阶段 1 中的方式进行回应。

②解密询问。敌手 $\mathcal{A}$ 能够对除了挑战身份和挑战密文之外的任意身份密文对 (id, C) 进行解密询问，其中 $(\text{id}, C) \neq (\text{id}^*, C^*)$，挑战者 $\mathcal{C}$ 以阶段 1 中的方式进行应答。

(5)猜测。

敌手 $\mathcal{A}$ 输出对挑战者 $\mathcal{C}$ 选取随机数 β 的猜测值 $\beta' \in \{0,1\}$，如果 $\beta'=\beta$，那么敌手 $\mathcal{A}$ 攻击成功，即敌手 $\mathcal{A}$ 在该游戏中获胜。

敌手 $\mathcal{A}$ 获胜的优势定义为

$$\text{Adv}_{\text{IBE},\mathcal{A}}^{\text{SID-CCA}}(\kappa) = \left| \Pr[\beta' = \beta] - \frac{1}{2} \right|$$

图 4-4 为 IBE 机制选择身份的 CCA 安全性游戏。

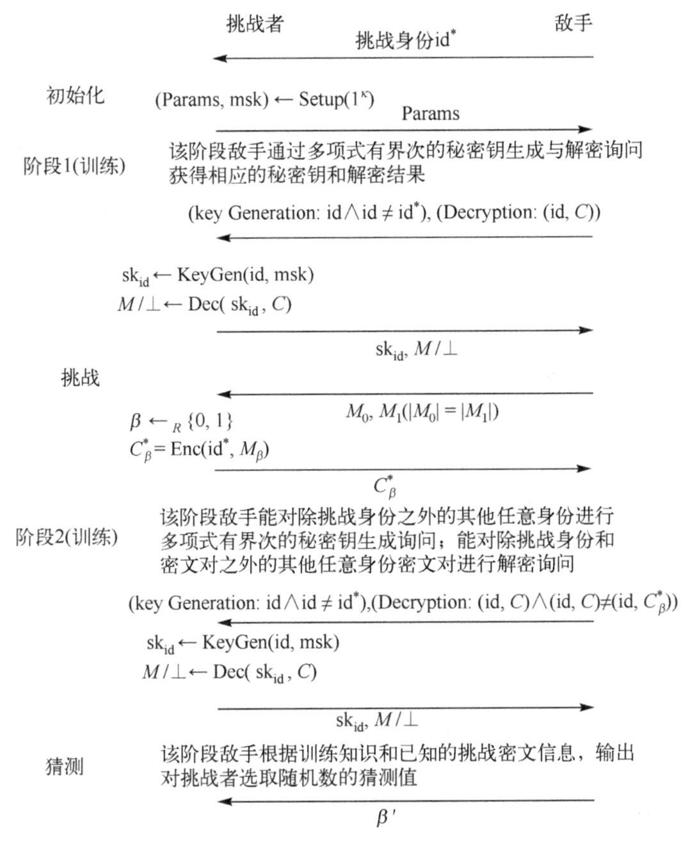

图 4-4　IBE 机制选择身份的 CCA 安全性游戏

定义 4-3(IBE 机制选择身份的 CCA 安全性)　对任意的多项式时间敌手 $\mathcal{A}$，若其在上述游戏中获胜的优势 $\mathrm{Adv}_{\mathrm{IBE},\mathcal{A}}^{\mathrm{SID\text{-}CCA}}(\kappa)$ 是可忽略的，那么相应的 IBE 机制具有选择身份的 CCA 安全性。

4.2　基于双线性映射的身份基加密机制

本节主要介绍 Boneh 和 Franklin[13]提出的随机谕言机模型下的 IBE 机制(简称 BF 方案)。令群生成算法 $\mathcal{G}(1^\kappa)$ 的输入为安全参数 κ，输出是元组 $\mathbb{G}=(p,g,G_1,G_2,e(\cdot))$，其中 G_1 和 G_2 为阶是大素数 p 的乘法循环群，g 为群 G 的一个生成元，$e: G_1\times G_1\to G_2$ 是满足下述性质的双线性映射，即 $\mathbb{G}=(p,g,G_1,G_2,e(\cdot))\leftarrow\tilde{\mathcal{G}}(1^\kappa)$。

(1) 双线性：对于任意的 $a,b\leftarrow_R Z_p^*$，有 $e(g^a,g^b)=e(g,g)^{ab}$ 成立。

(2) 非退化性：有 $e(g,g)\neq 1_{G_2}$ 成立，其中 1_{G_2} 是群 G_2 的单位元。

(3) 可计算性：对于任意的 $U,V\in G_1$，$e(U,V)$ 可在多项式时间内完成计算。

4.2.1 具体构造

下面叙述 BF 方案的基本构造，将该构造称为 BasicIdent。

令κ是安全参数，$\mathcal{G}$是参数生成算法，其输出包括大素数 q、两个阶为 q 的加法循环群 G_1 和 G_2、一个双线性映射 $e: G_1 \times G_1 \to G_2$ 的描述。安全参数κ用来确定 q 的大小，如可以取 q 为κ比特长。

(1) 初始化。

Init(κ):

$(q, G_1, G_2, e) \leftarrow \mathcal{G}(\kappa)$;

$P \leftarrow_R G_1$;

$s \leftarrow_R Z_q^*$, $P_{\text{pub}} = sP$;

选$H_1: \{0,1\}^* \to G_1^*$，H_2: $G_2 \to \{0,1\}^n$;

$\text{Params} = (q, G_1, G_2, e, n, P, P_{\text{pub}}, H_1, H_2)$，$\text{msk} = s$。

其中，P 是加法循环群 G_1 的一个生成元；s是主密钥；H_1 和 H_2 是两个安全的哈希函数；n是待加密消息的长度；消息空间 $\mathcal{M} = \{0,1\}^n$，密文空间 $\mathcal{C} = G_1^* \times \{0,1\}^n$，系统参数 $\text{Params} = (q, G_1, G_2, e, n, P, P_{\text{pub}}, H_1, H_2)$ 是公开的，主密钥 s 是秘密保存的。特别地，Params 是下述算法的公共输入，为了方便起见，下述算法的描述中将其省略。

(2) 密钥产生。

KeyGen(s, id):

$Q_{\text{id}} = H_1(\text{id}) \in G_1^*$;

$d_{\text{id}} = sQ_{\text{id}}$。

(3) 加密。

Enc(id, M):

$Q_{\text{id}} = H_1(\text{id}) \in G_1^*$;

$r \leftarrow_R Z_q^*$;

$C = (rP, M \oplus H_2(g_{\text{id}}^r))$。

其中，$M \in \mathcal{M}$；$g_{\text{id}} = e(Q_{\text{id}}, P_{\text{pub}}) \in G_2^*$；$\oplus$ 是异或运算。

(4) 解密。

Dec(d_{id}, C):

返回$V \oplus H_2(e(d_{\text{id}}, U))$。

其中，$C = (U, V)$。这是因为

$$e(d_{\text{id}}, U) = e(sQ_{\text{id}}, rP) = e(Q_{\text{id}}, P)^{sr} = e(Q_{\text{id}}, P_{\text{pub}})^r = g_{\text{id}}^r$$

4.2.2 安全性证明

假设 4-1（判定的双线性 Diffie-Hellman(DBDH)假设）　对于已知的元组 $\mathbb{G}=(q,g,G_1,G_2,e(\cdot))\leftarrow\mathcal{G}(1^\kappa)$，给定任意两个元组 $(g,g^a,g^b,g^c,e(g,g)^{abc})$ 和 $(g,g^a,g^b,g^c,e(g,g)^d)$，对于未知的指数 $a,b,c,d\in Z_q^*$，判定的双线性 Diffie-Hellman 问题的目标是判断等式 $e(g,g)^{abc}=e(g,g)^d$ 是否成立。DBDH 假设意味着任意的概率多项式时间算法 $\mathcal{A}$ 成功解决 DBDH 问题的优势：

$$\mathrm{Adv}_{\mathcal{A}}^{\mathrm{DBDH}}(\kappa)=\Pr[\mathcal{A}(g,g^a,g^b,g^c,e(g,g)^{abc})=1]-\Pr[\mathcal{A}(g,g^a,g^b,g^c,e(g,g)^d)=1]$$

是可忽略的，其中概率来源于 a、b、c 和 d 在 Z_q^* 上的随机选取和算法 $\mathcal{A}$ 的随机选择。

特别地，当元组 $\mathcal{T}_v=(g,g^a,g^b,g^c,e(g,g)^d)$ 满足条件 $d=abc$ 时称其是 DBDH 元组；否则称其为非 DBDH 元组。

定理 4-1　在 BasicIdent 中，设哈希函数 H_2 是随机谕言机（H_1 是正常的单向哈希函数），如果 DBDH 问题在算法 $\mathcal{G}$ 生成的群上是困难的，那么 BasicIdent 是 CPA 安全的。

具体讲，若存在一个敌手 $\mathcal{A}$ 能以不可忽略的优势 $\epsilon(\kappa)$ 攻破 BasicIdent 方案的 CPA 安全性，其中敌手 $\mathcal{A}$ 最多进行 $q_E>0$ 次密钥提取询问、$q_{H_2}>0$ 次随机谕言机 H_2 询问，那么能够构造一个敌手 $\mathcal{B}$ 以显而易见的优势

$$\mathrm{Adv}_{\mathcal{G},\mathcal{B}}^{\mathrm{DBDH}}(\kappa)\geqslant\frac{2\epsilon(\kappa)}{\mathrm{e}(1+q_E)q_{H_2}}$$

解决算法 $\mathcal{G}$ 生成群中的 DBDH 问题，其中 e 是自然对数的底。

特别地，根据 BF 方案的构造特点，需使用 DBDH 困难性假设对方案的安全性进行证明，对于给出的公开元组 $(P,aP,bP,cP,e(P,P)^d)$，需判断等式 $e(P,P)^d=e(P,P)^{abc}$ 是否成立。由安全性证明理论可知，在 CPA 安全性游戏中，挑战者需借助公开元组中的相关信息为敌手建立 BF 方案，其中挑战者分别令 $P_{\mathrm{pub}}=aP$（隐含设置主密钥为 $\mathrm{msk}=a$，对于敌手 $\mathcal{B}$ 而言 a 是未知的），$Q_{\mathrm{id}}=bP$ 和 $rP=cP$，并使用 $e(P,P)^d$ 对消息 $M_\beta(\beta\leftarrow_R\{0,1\})$ 进行加密生成相应的挑战密文 C^*，即计算 $e(P,P)^d\oplus M_\beta$。通过上述运算，挑战者将判定等式 $e(P,P)^d=e(P,P)^{abc}$ 是否成立的困难问题与敌手区分挑战密文 C_β^* 的原始明文间建立了联系，即当 $e(P,P)^d=e(P,P)^{abc}$ 成立时，挑战密文 C_β^* 是特定明文 M_0 或 M_1 的加密密文；否则（即 $e(P,P)^d\neq e(P,P)^{abc}$），挑战密文 C_β^* 将是消息空间 $\mathcal{M}$ 中任意消息的加密密文。上述安全性证明过程，由于相应的主私钥 $\mathrm{msk}=a$ 无法获知，那么敌手 $\mathcal{B}$ 将面临一个困难，那就是无法应答敌手提出的所有的密钥生成询问。为了实现 IBE 机制 CPA 安全性的证明，需要构建一个新的机制实现证明的过渡。事实上，构建的过渡机制并不是 IBE 机制，而是一个 PKE 机制。

由上面的分析可知定理 4-1 需将 BasicIdent 归约到 DBDH 问题。为了证明这个

归约，先将 BasicIdent 归约到一个非身份基加密方案 BasicPub(这是一个公钥加密机制)，再将 BasicPub 归约到 DBDH 问题，归约的传递性是显然的。

BasicPub 加密方案的具体过程如下所示。

(1)密钥产生：生成该机制相应的公私钥(pk,sk)。

KeyGen(κ)：

$(q,G_1,G_2,e)\leftarrow\mathcal{G}$;

$P\leftarrow_R G_1$;

$s\leftarrow_R Z_q^*$，$P_{\text{pub}}=sP$;

$Q_{\text{id}}\leftarrow_R G_1^*$，$d_{\text{id}}=sQ_{\text{id}}$;

选H_2: $G_2\to\{0,1\}^n$;

$\text{pk}=(q,G_1,G_2,e,n,P,P_{\text{pub}},Q_{\text{id}},H_2)$，$\text{sk}=d_{\text{id}}$。

其中，P 是加法循环群 G_1 的一个生成元；s 为主密钥；d_{id} 为私钥；H_2 是哈希函数；n 是待加密消息的长度。公钥 $\text{pk}=(q,G_1,G_2,e,n,P,P_{\text{pub}},Q_{\text{id}},H_2)$，其对应的私钥为 $\text{sk}=d_{\text{id}}$。

注解 4-1 方案 BasicPub 实际上是一个公钥加密机制，由 $d_{\text{id}}=sQ_{\text{id}}$ 的计算方式可知，BasicPub 的私钥对应与 BasicIdent 方案中满足条件 $Q_{\text{id}}=H_1(\text{id})$ 的身份 id 所对应的私钥 d_{id}。此外上述两个方案中对应的参数 P_{pub} 取值相同。

(2)加密。

Enc(Params, M)：

$r\leftarrow_R Z_q^*$;

$C=(rP,M\oplus H_2(g_{\text{id}}^r))$

其中，$M\in\{0,1\}^n$；$g_{\text{id}}=e(Q_{\text{id}},P_{\text{pub}})\in G_2^*$；$\oplus$ 是异或运算。

(3)解密。

Dec(d_{id}, C)：

返回$V\oplus H_2(e(d_{\text{id}},U))$

其中，$C=(U,V)$。

注解 4-2 在 BasicIdent 中，Q_{id} 是根据用户的身份产生的。而在 BasicPub 中 Q_{id} 是随机选取的一个固定值，它与用户的身份无关，因此安全性证明时需将借助随机谕言机实现 BasicPub 中 Q_{id} 与 BasicIdent 中相关身份 id 间的关联性。

首先证明 BasicIdent 到 BasicPub 的归约。

引理 4-1 设 H_1 是从 $\{0,1\}^*$ 到 G_1^* 的随机谕言机，假设敌手 $\mathcal{A}$ 能以不可忽略的优势 $\epsilon(\kappa)$ 攻破 BasicIdent 的 CPA 安全性，其中 $\mathcal{A}$ 最多进行 $q_E>0$ 次密钥提取询问，那

么存在一个敌手$\mathcal{B}$能以显而易见的优势$\dfrac{\epsilon(\kappa)}{e(1+q_E)}$攻破 BasicPub 机制的 CPA 安全性。

证明　挑战者$\mathcal{C}$首先建立 BasicPub 方案，敌手$\mathcal{B}$攻击 BasicPub 方案时，以敌手$\mathcal{A}$为子程序。

具体过程如下。

(1) 初始化。

挑战者$\mathcal{C}$运行 BasicPub 的密钥生成算法生成$\text{pk}=(q,G_1,G_2,e,n,P,P_{\text{pub}},Q_{\text{id}},H_2)$，保留私钥$\text{sk}=d_{\text{id}}=sQ_{\text{id}}$，敌手$\mathcal{B}$获得公钥 pk。

下面(2)～(6)步，敌手$\mathcal{B}$将被模拟为敌手$\mathcal{A}$的挑战者，并与敌手$\mathcal{A}$进行 IBE 机制的 CPA 安全性游戏。

(2) 敌手$\mathcal{B}$的初始化。

在 BasicPub 公钥$\text{pk}=(q,G_1,G_2,e,n,P,P_{\text{pub}},Q_{\text{id}},H_2)$的基础上，敌手$\mathcal{B}$生成 BasicIdent 方案的公开参数$\text{params}=(q,G_1,G_2,e,n,P,P_{\text{pub}},H_1,H_2)$，并将其发送给敌手$\mathcal{A}$，因 BasicPub 的公钥 pk 中无$H_1$，所以敌手$\mathcal{B}$为了扮演敌手$\mathcal{A}$的挑战者，需构造一个随机谕言机$H_1$，并维护列表$L_1$，它的元素结构是四元组$(\text{id}_i,Q_i,b_i,\text{coin})$。

(3) 询问。

对于敌手$\mathcal{A}$询问id_i的H_1值，敌手$\mathcal{B}$进行如下应答。

①若$(\text{id}_i,Q_i,b_i,\text{coin})\in L_1$，则敌手$\mathcal{B}$以$Q_i\in G_1^*$作为$H_1$的值应答敌手$\mathcal{A}$。

②否则，敌手$\mathcal{B}$随机选择一个$\text{coin}\leftarrow_R\{0,1\}$并设$\Pr[\text{coin}=0]=\delta$（$\delta$的值待定）。敌手$\mathcal{B}$再选择随机数$b_i\leftarrow_R Z_q^*$，若$\text{coin}=0$，则计算$Q_i=b_iQ_{\text{id}}\in G_1^*$；否则，计算$Q_i=b_iP\in G_1^*$，敌手$\mathcal{B}$将元组$(\text{id}_i,Q_i,b_i,\text{coin})$加入$L_1$中，并以相应的$Q_i$回应敌手$\mathcal{A}$。

注解 4-3　这里的 coin 作为敌手$\mathcal{B}$的猜测：$\text{coin}=0$表示敌手$\mathcal{A}$将对这次询问的身份id_i发起攻击，因此敌手$\mathcal{B}$通过谕言机H_1将收到的参数Q_{id}映射为该身份id_i的哈希值$Q_i=bQ_{\text{id}}$。通过该操作，敌手$\mathcal{B}$将其所猜测的敌手$\mathcal{A}$欲挑战的身份与 BasicPub 机制的私钥建立了联系，实现了敌手$\mathcal{B}$和敌手$\mathcal{A}$攻击目标的统一。

(4) 阶段 1。

该阶段敌手$\mathcal{A}$最多进行q_E次密钥提取询问，设id_i是敌手$\mathcal{A}$向敌手$\mathcal{B}$发出密钥提取询问时提交的身份信息。

如果$\text{coin}=0$，则敌手$\mathcal{B}$报错并退出（$\text{coin}=0$所对应的身份id_i是敌手$\mathcal{B}$猜测的敌手$\mathcal{A}$欲挑战的身份，在 IBE 的 CPA 游戏中敌手$\mathcal{A}$不能对挑战身份进行密钥提取询问）；否则敌手$\mathcal{B}$从L_1中取出相应的元组$(\text{id}_i,Q_i,b_i,\text{coin})$，计算$d_i=b_iP_{\text{pub}}$，并将$d_i$作为$\text{id}_i$对应的 BasicIdent 机制的私钥给敌手$\mathcal{A}$。由于$d_i=sQ_i=s(b_iP)=b_i(sP)=b_iP_{\text{pub}}$，因此$d_i=b_iP_{\text{pub}}$是身份$\text{id}_i$在 BasicIdent 机制下的合法私钥。特别地，$d_{\text{id}}=sQ_{\text{id}}$是 BasicPub 机制的私钥；$d_i=sQ_i=b_iP_{\text{pub}}$是 BasicIdent 中的私钥。

(5) 敌手 $\mathcal{A}$ 发出挑战。

敌手 $\mathcal{A}$ 向敌手 $\mathcal{B}$ 发送挑战信息 $(\mathrm{id}^*, M_0, M_1)$，敌手 $\mathcal{B}$ 在 L_1 查找项 $(\mathrm{id}_i, Q_i, b_i, \mathrm{coin})$，使得 $\mathrm{id}_i = \mathrm{id}^*$。若 $\mathrm{coin}=1$，则敌手 $\mathcal{B}$ 终止并退出；若 $\mathrm{coin}=0$，则敌手 $\mathcal{B}$ 将消息 (M_0, M_1) 转发给自己的挑战者 $\mathcal{C}$（挑战者 $\mathcal{C}$ 为敌手 $\mathcal{B}$ 构建了 BasicPub 方案），挑战者 $\mathcal{C}$ 随机选 $\beta \leftarrow_R \{0,1\}$，对消息 M_β 加密后得到相应的挑战密文 $C^*=(U,V)$（BasicPub 机制的密文），并将 C^* 作为应答发送给敌手 $\mathcal{B}$。敌手 $\mathcal{B}$ 则以 $\tilde{C}^*=(b_i^{-1}U, V)$（BasicIdent 机制的密文）作为对敌手 $\mathcal{A}$ 的应答。这是因为 id^* 对应的私钥 $d^* = sQ_i = sb_iQ_{\mathrm{id}} = b_isQ_{\mathrm{id}} = b_id_{\mathrm{id}}$，即 BasicIdent 私钥 d^* 是 BasicPub 私钥 d_{id} 的 b_i 倍。

$$e(d^*, b_i^{-1}U) = e(b_id_{\mathrm{id}}, b_i^{-1}U) = e(d_{\mathrm{id}}, U)$$

(6) 阶段 2。

该阶段与阶段 1 相同，敌手 $\mathcal{A}$ 进行多项式次的密钥生成询问，用与阶段 1 相类似的方式进行回应。

(7) 猜测。

敌手 $\mathcal{A}$ 输出猜测 β'，敌手 $\mathcal{B}$ 也以 β' 作为自己的猜测。

断言 4-1　上述交互过程中，如果敌手 $\mathcal{B}$ 不中断，那么敌手 $\mathcal{B}$ 的模拟是完备的。

证明　在以上模拟中，当敌手 $\mathcal{B}$ 猜测正确时，敌手 $\mathcal{B}$ 的视图与其在真实攻击中的视图是同分布的，原因如下所示。

(1) 敌手 $\mathcal{A}$ 的 H_1 询问中的每一个都是用随机值来应答的，当 $\mathrm{coin}=0$ 时，用 $Q_i = b_iQ_{\mathrm{id}}$ 来应答；当 $\mathrm{coin}=1$ 时，用 $Q_i = b_iP$ 来应答，其中，b_i 的随机性确保 Q_i 是随机均匀的。而在敌手 $\mathcal{A}$ 对 BasicIdent 的真实攻击中，敌手 $\mathcal{A}$ 得到的是 H_1 的函数值，由于假定 H_1 是随机谕言机，所以敌手 $\mathcal{A}$ 得到的 H_1 的函数值是均匀随机的。

(2) 敌手 $\mathcal{B}$ 对敌手 $\mathcal{A}$ 的密钥提取询问的应答 $d_i = b_iP_{\mathrm{pub}}$ 等于 sQ_i，因而是有效的。

所以两种视图不可区分。

断言 4-1 证毕。

继续引理 4-1 的证明：由断言 4-1 知，敌手 $\mathcal{A}$ 在模拟攻击中的优势 $\mathrm{Adv}_{\mathrm{Sim},\mathcal{A}}^{\mathrm{CPA}}(\kappa) = \left|\Pr[\mathrm{Exp}_{\Pi,\mathcal{A}}^{\mathrm{CPA}}(\kappa)=1]-\frac{1}{2}\right|$ 与真实攻击中的优势 $\mathrm{Adv}_{\Pi,\mathcal{A}}^{\mathrm{CPA}}(\kappa)$ 是相等的，获胜的优势至少是 $\epsilon(\kappa)$。

若敌手 $\mathcal{B}$ 的猜测是正确的，且敌手 $\mathcal{A}$ 在步骤 (7) 成功攻击了 BasicIdent 的不可区分性，则敌手 $\mathcal{B}$ 成功攻击了 BasicPub 的不可区分性。因为敌手 $\mathcal{B}$ 在步骤 (4) 和步骤 (6) 不中断的概率为 $(1-\delta)^{q_E}$，在步骤 (5) 不中断的概率为 δ，因此敌手 $\mathcal{B}$ 不中断的概率为 $(1-\delta)^{q_E}\delta$，敌手 $\mathcal{B}$ 的优势为

$$(1-\delta)^{q_E} \cdot \delta \cdot \mathrm{Adv}_{\mathrm{Sim},\mathcal{A}}^{\mathrm{CPA}}(\kappa) = (1-\delta)^{q_E} \cdot \delta \cdot \epsilon(\kappa)$$

将 $(1-\delta)^{q_E}\cdot\delta\cdot\epsilon(\kappa)$ 看作关于 δ 的函数，可求出当 $\delta=\frac{1}{q_E+1}$ 时，$(1-\delta)^{q_E}\cdot\delta\cdot\epsilon(\kappa)$ 达到最小，最小值为 $\frac{\epsilon(\kappa)}{\mathrm{e}(q_E+1)}$。

注解 4-4　可以从另一个角度去理解上述游戏中猜测挑战身份成功的概率，敌手 $\mathcal{B}$ 从敌手 $\mathcal{A}$ 提交身份(密钥生成询问共提交了 q_E 个身份，挑战阶段提交了 1 个身份)中猜测具体的挑战身份，因此敌手 $\mathcal{B}$ 猜测挑战身份正确的概率是 $\frac{1}{q_E+1}$，有 $\delta=\frac{1}{q_E+1}$。

引理 4-1 证毕。

下面证明 BasicPub 到 DBDH 问题的归约。

引理 4-2　设 H_2 是从 G_2 到 $\{0,1\}^n$ 的随机谕言机，敌手 $\mathcal{B}$ 能以不可忽略的优势 $\epsilon(\kappa)$ 攻击 BasicPub 方案的 CPA 安全性，其中敌手 $\mathcal{B}$ 最多对 H_2 询问 $q_{H_2}>0$ 次，那么存在一个敌手 $\mathcal{C}$ 能以至少 $\frac{2\epsilon(\kappa)}{q_{H_2}}$ 的优势解决 $\mathcal{G}$ 上的 DBDH 问题。

证明　为了证明 BasicPub 到 DBDH 问题的归约，敌手 $\mathcal{C}$ 从 DBDH 的挑战者处获知相应的挑战元组 $(P,aP,bP,cP)=(P,P_1,P_2,P_3)$，想通过敌手 $\mathcal{B}$ 对 BasicPub 的攻击，完成求解 $D=e(P,P)^{abc}\in G_2$。敌手 $\mathcal{C}$ 在以下思维实验中作为敌手 $\mathcal{B}$ 的挑战者建立 BasicPub 方案，设法把 DBDH 问题嵌入到 BasicPub 方案，具体过程如下所示。

(1) 敌手 $\mathcal{C}$ 生成 BasicPub 的公钥 $\mathrm{pk}=(q,G_1,G_2,e,n,P,P_{\mathrm{pub}},Q_{\mathrm{id}},H_2)$，其中 $P_{\mathrm{pub}}=P_1$，$Q_{\mathrm{id}}=P_2$。由于 $P_{\mathrm{pub}}=sP=P_1=aP$，所以 $s=a$，$d_{\mathrm{id}}=sQ_{\mathrm{id}}=aQ_{\mathrm{id}}=abP$。$H_2$ 建立在步骤(2)。

(2) H_2 询问。敌手 $\mathcal{C}$ 建立一个初始为空的列表 L_2，元素类型为 (X_i,H_i)，敌手 $\mathcal{B}$ 在任何时候都能发出对 L_2 的询问(最多 q_{H_2} 次)，敌手 $\mathcal{C}$ 做如下应答：若 $(X_i,H_i)\in L_2$，则返回相应的应答 $H_2(X_i)=H_i$；否则，随机选择 $H_i\leftarrow_R\{0,1\}^n$，返回相应的应答 $H_2(X_i)=H_i$，并将 (X_i,H_i) 加入 L_2。

(3) 挑战。敌手 $\mathcal{B}$ 输出两个要挑战的消息 M_0 和 M_1，敌手 $\mathcal{C}$ 随机选择 $\Phi\leftarrow_R\{0,1\}^n$，定义 $C^*=(P_3,\Phi)$，C^* 的解密应为 $\Phi\oplus H_2(e(d_{\mathrm{id}},P_3))=\Phi\oplus H_2(D)$，即敌手 $\mathcal{C}$ 已将 DBDH 问题的解 D 埋入 L_2。

(4) 猜测。敌手 $\mathcal{B}$ 输出猜测 $\beta'\leftarrow_R\{0,1\}$。同时，敌手 $\mathcal{C}$ 从 L_2 中随机取 (X_j,H_j)，把 X_j 作为 DBDH 的解。

下面证明敌手 $\mathcal{C}$ 能以至少 $\frac{2\epsilon(\kappa)}{q_{H_2}}$ 的优势输出 D。

设 $\mathcal{H}$ 表示事件：在模拟中敌手 $\mathcal{B}$ 发出 $H_2(D)$ 询问，即 $H_2(D)$ 出现在列表 L_2 中。

由敌手$\mathcal{C}$建立列表L_2的过程可知，其中的值是敌手$\mathcal{C}$随机选取的。下面的证明显示，如果L_2没有$H_2(D)$，即敌手$\mathcal{B}$得不到$H_2(D)$，敌手$\mathcal{B}$就不能以ϵ的优势赢得上述步骤(4)的猜测。

断言 4-2　上述交互过程中，如果敌手$\mathcal{C}$不中断，那么敌手$\mathcal{C}$的模拟是完备的。

证明　在以上模拟中，敌手$\mathcal{A}$的视图与其在真实攻击中的视图是同分布的，原因如下所示。

(1) 敌手$\mathcal{B}$的q_{H_2}次H_2询问中的每一个都是用随机值来应答的，而在敌手$\mathcal{B}$对BasicPub机制的真实攻击中，敌手$\mathcal{B}$得到的是H_2的函数值，由于假定H_2是随机谕言机，所以敌手$\mathcal{B}$得到的H_2的函数值是均匀的。

(2) 由Φ的随机性可知，不论敌手$\mathcal{B}$是否询问到$H_2(D)$，敌手$\mathcal{B}$得到的密文$\Phi \oplus H_2(D)$对敌手$\mathcal{B}$来说是完全随机的。

所以两种视图不可区分。

断言 4-2 证毕。

断言 4-3　在上述模拟攻击中$\Pr[\mathcal{H}] \geqslant 2\epsilon$。

证明　显然$\Pr[\mathrm{Exp}_{\mathrm{BasicPub},\mathcal{A}}^{\mathrm{CPA}}(\kappa)=1|\neg\mathcal{H}]=\dfrac{1}{2}$。又由敌手$\mathcal{B}$在真实攻击中的定义可知敌手$\mathcal{B}$的优势大于等于$\epsilon$，敌手$\mathcal{B}$在模拟攻击中的优势也为$\left|\Pr[\mathrm{Exp}_{\mathrm{BasicPub},\mathcal{A}}^{\mathrm{CPA}}(\kappa)=1]-\dfrac{1}{2}\right| \geqslant \epsilon$。

$$\begin{aligned}
\Pr[\mathrm{Exp}_{\mathrm{BasicPub},\mathcal{A}}^{\mathrm{CPA}}(\kappa)=1] &= \Pr[\mathrm{Exp}_{\mathrm{BasicPub},\mathcal{A}}^{\mathrm{CPA}}(\kappa)=1\,|\,\neg\mathcal{H}]\Pr[\neg\mathcal{H}] \\
&\quad + \Pr[\mathrm{Exp}_{\mathrm{BasicPub},\mathcal{A}}^{\mathrm{CPA}}(\kappa)=1\,|\,\mathcal{H}]\Pr[\mathcal{H}] \\
&\leqslant \Pr[\mathrm{Exp}_{\mathrm{BasicPub},\mathcal{A}}^{\mathrm{CPA}}(\kappa)=1\,|\,\neg\mathcal{H}]\Pr[\neg\mathcal{H}]+\Pr[\mathcal{H}] \\
&= \frac{1}{2}\Pr[\neg\mathcal{H}]+\Pr[\mathcal{H}]=\frac{1}{2}(1-\Pr[\mathcal{H}])+\Pr[\mathcal{H}] \\
&= \frac{1}{2}+\frac{1}{2}\Pr[\mathcal{H}]
\end{aligned}$$

又知：

$$\begin{aligned}
&\Pr[\mathrm{Exp}_{\mathrm{BasicPub},\mathcal{A}}^{\mathrm{CPA}}(\kappa)=1] \\
&\geqslant \Pr[\mathrm{Exp}_{\mathrm{BasicPub},\mathcal{A}}^{\mathrm{CPA}}(\kappa)=1|\neg\mathcal{H}]\Pr[\neg\mathcal{H}]=\frac{1}{2}\left(1-\Pr[\mathcal{H}]\right)=\frac{1}{2}-\frac{1}{2}\Pr[\mathcal{H}]
\end{aligned}$$

所以$\epsilon \leqslant \left|\Pr[\mathrm{Exp}_{\mathrm{BasicPub},\mathcal{A}}^{\mathrm{CPA}}(\kappa)=1]-\dfrac{1}{2}\right| \leqslant \dfrac{1}{2}\Pr[\mathcal{H}]$，即模拟攻击中$\Pr[\mathcal{H}] \geqslant 2\epsilon$。

断言 4-3 证毕。

在上述攻击中，如果$H_2(D)$不出现在L_2中，那么由 BasicPub 方案的 CPA 安全性可知$\Pr[\beta'=\beta\,|\,\neg\mathcal{H}]=1/2$。

由断言 4-3 可知，在模拟结束后，D 以至少 2ϵ 的概率出现在 L_2。又由引理 4-2 的假定，敌手 $\mathcal{B}$ 对 H_2 的询问至少有 $q_{H_2}>0$ 次，敌手 $\mathcal{C}$ 建立的 L_2 至少有 q_{H_2} 项，所以敌手 $\mathcal{C}$ 在 L_2 随机选取一项作为 D，概率至少为 $\dfrac{2\epsilon(\kappa)}{q_{H_2}}$。

引理 4-2 证毕。

设存在一个 CPA 敌手 $\mathcal{A}$ 以 $\epsilon(\kappa)$ 的优势攻破 BasicIdent 机制，敌手 $\mathcal{A}$ 最多进行了 $q_E>0$ 次密钥提取询问，对随机谕言机 H_2 进行至多 $q_{H_2}>0$ 次询问，那么存在一个敌手 $\mathcal{B}$ 能以显而易见的优势 $\dfrac{\epsilon(\kappa)}{\mathrm{e}(1+q_E)}$ 攻破 BasicPub 机制的 CPA 安全性。

由引理 4-2 可知，存在敌手 $\mathcal{B}$ 能以不可忽略的优势 $\epsilon_1=\dfrac{\epsilon(\kappa)}{\mathrm{e}(1+q_E)}$ 成功攻击 BasicPub 的 CPA 安全性，那么存在敌手 $\mathcal{C}$ 能以显而易见的优势 $\dfrac{2\epsilon_1}{q_{H_2}}=\dfrac{2\epsilon(\kappa)}{\mathrm{e}(1+q_E)q_{H_2}}$ 解决算法 $\mathcal{G}$ 生成群中的 DBDH 问题。

综上所述，图 4-5 表示了 BF 方案的整体证明过程，其中由于无法利用 DBDH 假设对 BF 方案直接进行证明，构造了过渡的公钥加密机制 BasicPub。特别地，图 4-5 详细描述了初始化、挑战和猜测三个阶段的具体过程，各询问阶段的详细应答方式见上述相关定理的具体证明过程。

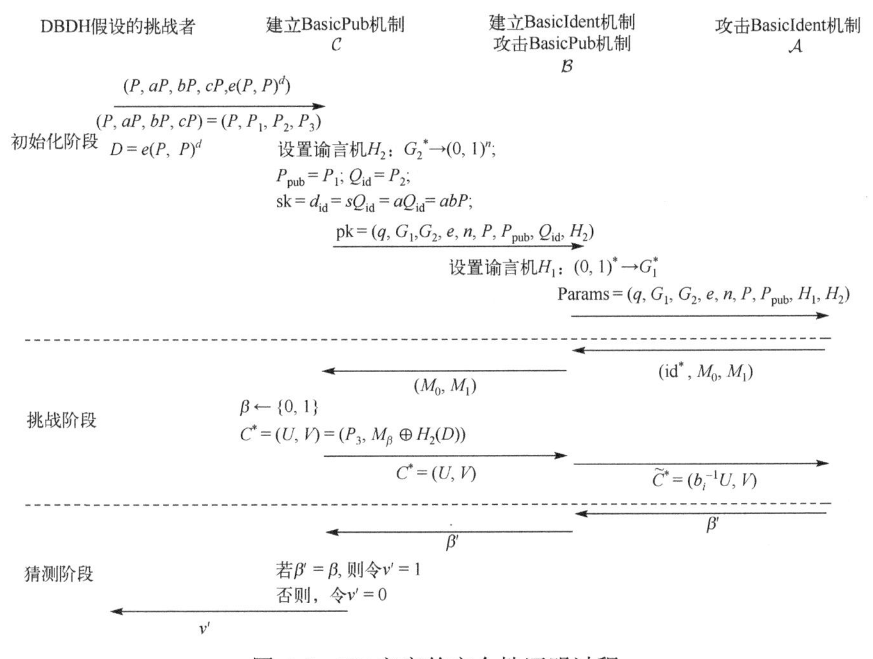

图 4-5　BF 方案的安全性证明过程

特别地，上述证明中敌手$\mathcal{A}$、敌手$\mathcal{B}$和敌手$\mathcal{C}$的目标与职责分别是：敌手$\mathcal{A}$的目标是攻击 BasicIdent 机制；敌手$\mathcal{B}$的职责是为敌手$\mathcal{A}$建立 BasicIdent 机制，而它的目标是攻击 BasicPub 机制；敌手$\mathcal{C}$的职责是为敌手$\mathcal{B}$建立 BasicPub 机制，而它的目标是解决 DBDH 假设的困难性。

4.3 随机谕言机模型下紧归约安全性的身份基加密机制

由于Boneh和Franklin所提出IBE机制的安全性证明过程较复杂，本节介绍Park和 Lee[18]提出的随机谕言机模型下具有紧归约安全性的 IBE 机制。

4.3.1 具体构造

(1)初始化。

Init(κ):

$(q,G_1,G_2,g,e)\leftarrow\mathcal{G}$;

$g_2\leftarrow_R G_1$;

$\alpha\leftarrow_R Z_q^*$，$g_1=g^{\alpha}$;

选取$H:\{0,1\}^*\rightarrow G_1$;

Params $=(q,G_1,G_2,e,g,g_1,g_2,H)$，msk $=\alpha$。

(2)密钥产生。

KeyGen(s,id):

$r,t_k\leftarrow_R Z_q^*$;

$d_{\mathrm{id}}=(d_1,d_2,d_3,d_4)=(g_2^{\alpha+r},g^r,(H(\mathrm{id})g_2^{t_k})^r,t_k)$。

(3)加密。

Enc(id,M):

$s,t_c\leftarrow_R Z_q^*$;

$c_1=(H(\mathrm{id})g_2^{t_c})^s$，$c_2=g^s$，$c_3=t_c$，$c_4=e(g_1,g_2)^s M$;

$C=(c_1,c_2,c_3,c_4)$。

其中，$M\in G_2$。

(4)解密。

Dec(d_{id},C):

若$c_3=d_4$，则输出$\perp$;

否则返回$c_4\left(\dfrac{e(d_2,c_1)}{e(d_3,c_2)}\right)^{\frac{1}{c_3-d_4}}\dfrac{1}{e(d_1,c_2)}$。

其中，$C=(c_1,c_2,c_3,c_4)$。这是因为

$$
\begin{aligned}
c_4\left(\frac{e(d_2,c_1)}{e(d_3,c_2)}\right)^{\frac{1}{c_3-d_4}}\frac{1}{e(d_1,c_2)}&=e(g_1,g_2)^s M\left(\frac{e(g^r,(H(\mathrm{id})g_2^{t_c})^s)}{e((H(\mathrm{id})g_2^{t_k})^r,g^s)}\right)^{\frac{1}{t_c-t_k}}\frac{1}{e(g_2^{\alpha+r},g^s)}\\
&=e(g_1,g_2)^s Me(g,g_2)^{rs}\frac{1}{e(g_2^{\alpha},g^s)e(g_2^r,g^s)}\\
&=e(g_1,g_2)^s Me(g,g_2)^{rs}\frac{1}{e(g_1,g_2)^s e(g,g_2)^{rs}}=M
\end{aligned}
$$

4.3.2 安全性证明

定理4-2 设哈希函数H是随机谕言机，如果DBDH问题在算法$\mathcal{G}$生成的群上是困难的，那么上述IBE机制是CPA安全的。

证明 若存在敌手$\mathcal{A}$能以不可忽略的优势攻破上述IBE机制的CPA安全性，那么就能构造一个挑战者$\mathcal{C}$以显而易见的优势解决DBDH问题的困难性。设敌手$\mathcal{B}$已知DBDH问题的公开元组(q,G_1,G_2,g,e)和相应的挑战元组(g,g^a,g^b,g^c,T)，其中$T=e(g,g)^{abc}$或T是从G_2中随机选取的。敌手$\mathcal{B}$的目标是区分哪种情况发生，如果$T=e(g,g)^{abc}$，那么敌手$\mathcal{B}$输出1，否则输出0。

(1)系统设置。

挑战者$\mathcal{C}$设置$g_1=g^a$（隐含地设置$\alpha=a$）和$g_2=g^b$，公开系统参数Params$=(q,G_1,G_2,e,g,g_1,g_2,H)$中除哈希函数$H$外其他参数均能从DBDH困难性问题的挑战者处获得，其中H是一个由挑战者控制的随机谕言机。

(2) H谕言机询问。

挑战者$\mathcal{C}$维护一个初始为空的列表，用于记录敌手$\mathcal{A}$提交的H谕言机询问。具体过程如下所示。

对于提交的关于身份ID的H谕言机询问，敌手$\mathcal{B}$随机选取$x_{\mathrm{id}},y_{\mathrm{id}}\leftarrow_R Z_q^*$，并返回$H(\mathrm{id})=g^{y_{\mathrm{id}}}g_2^{-x_{\mathrm{id}}}$给敌手$\mathcal{A}$。此外，在哈希列表中增加相应的元组$(\mathrm{id},x_{\mathrm{id}},y_{\mathrm{id}},H(\mathrm{id}))$。

(3)阶段1。

假设敌手$\mathcal{A}$向敌手$\mathcal{B}$进行关于身份id的私钥生成询问之前，已完成对id的H谕言机询问，即哈希列表中存在相应的元组$(\mathrm{id},x_{\mathrm{id}},y_{\mathrm{id}},H(\mathrm{id}))$。

对于身份id的私钥生成询问，敌手$\mathcal{B}$选取随机数$r'\leftarrow_R Z_q^*$，计算

$$
d_{\mathrm{id}}=(d_1,d_2,d_3,d_4)=((g^b)^{r'},g^{r'}(g^a)^{-1},g^{r'y_{\mathrm{id}}}(g^a)^{-y_{\mathrm{id}}},x_{\mathrm{id}})
$$

如此构造的$d_{\mathrm{id}}=(d_1,d_2,d_3,d_4)$是关于身份id的有效私钥，为了证明这个结论，令$r=r'-a\in Z_q^*$（$r'$的随机性确保了$r$的随机性）和$t_k=x_{\mathrm{id}}$，那么有

$$g_2^{\alpha+r} = g^{b(a+r'-a)} = (g^b)^{r'}$$
$$g^r = g^{r'-a} = g^{r'}(g^a)^{-1}$$
$$(H(\text{id})g_2^{t_k})^r = (g^{y_{\text{id}}} g_2^{-x_{\text{id}}} g_2^{x_{\text{id}}})^r = (g^{y_{\text{id}}} g_2^{-x_{\text{id}}} g_2^{x_{\text{id}}})^{r'-a} = g^{r'y_{\text{id}}}(g^a)^{-y_{\text{id}}}$$
$$t_k = x_{\text{id}}$$

(4) 挑战。

当敌手 $\mathcal{A}$ 决定结束阶段 1 时，它输出一个挑战身份 id^*（已完成对 id^* 的 H 谕言机询问）和两个希望挑战的等长明文消息 $M_0, M_1 \in G_2$，其中 id^* 未在阶段 1 的密钥生成询问中出现。敌手 $\mathcal{B}$ 选取随机 $\beta \leftarrow_R \{0,1\}$，计算挑战密文 $C^* = (g^{cy_{\text{id}^*}}, g^c, x_{\text{id}^*}, TM_\beta)$，并返回相应的挑战密文 C^* 给敌手 $\mathcal{A}$。

如果 $T = e(g,g)^{abc} = e(g_1, g_2)^c$，那么有

$$C^* = (g^{cy_{\text{id}^*}}, g^c, x_{\text{id}^*}, TM_\beta) = ((H(\text{id}^*)g_2^{x_{\text{id}^*}})^c, g^c, x_{\text{id}^*}, e(g_1,g_2)^c M_\beta)$$

其中，$g^{cy_{\text{id}^*}} = (g^{y_{\text{id}^*}} g_2^{-x_{\text{id}^*}} g_2^{x_{\text{id}^*}})^c = (H(\text{id}^*)g_2^{x_{\text{id}^*}})^c$。令 $s = c$ 和 $t_c = x_{\text{id}^*}$，则 C^* 是挑战身份 id^* 对明文消息 M_β 加密后的有效密文。反之，当 T 是从 G_2 中独立随机选取时，那么 C^* 是对消息空间上随机消息的加密密文，在敌手 $\mathcal{B}$ 看来 C^* 独立于随机数 β。

(5) 阶段 2。

敌手 $\mathcal{A}$ 继续提出阶段 1 中的相关询问，敌手 $\mathcal{B}$ 使用与阶段 1 中相同的方式进行回应，但不能对挑战身份 id^* 进行密钥生成询问。

(6) 猜测。

敌手 $\mathcal{A}$ 输出猜测 $\beta' \in \{0,1\}$。敌手 $\mathcal{B}$ 按照如下规则判断自己游戏的输出：如果 $\beta' = \beta$，那么 $\mathcal{B}$ 输出 1，表示 $T = e(g,g)^{abc}$，否则 $\mathcal{B}$ 输出 0，表示 $T \neq e(g,g)^{abc}$。

当 $T = e(g,g)^{abc}$ 时，模拟过程中敌手 $\mathcal{A}$ 的视图与其在真实攻击中的视图相同，有 $\left|\Pr[\beta' = \beta] - \dfrac{1}{2}\right| > \epsilon$。反之，当 T 是 G_2 中的随机元素时，有 $\Pr[\beta' = \beta] = \dfrac{1}{2}$ 成立。因此，对于随机的 $a, b, c \in Z_q^*$，有

$$\begin{aligned}
&\left|\Pr[\mathcal{B}(g, g^a, g^b, g^c, e(g,g)^{abc}) = 1] - \Pr[\mathcal{B}(g, g^a, g^b, g^c, T) = 1]\right| \\
=& \left|\Pr[\beta' = \beta \mid T = e(g,g)^{abc}] - \Pr[\beta' = \beta \middle| T \leftarrow_R G_2]\right| \\
\geqslant& \left|\left(\frac{1}{2} \pm \epsilon\right) - \frac{1}{2}\right| = \epsilon
\end{aligned}$$

定理 4-2 证毕。

4.4　随机谕言机模型下密钥长度较短的身份基加密机制

为了进一步获得较短的用户密钥长度，本节介绍 Sakai 和 Kasahara[19]中所提出的随机谕言机模型下具有短密钥长度的 IBE 机制。

4.4.1 具体构造

(1) 初始化。

$\mathrm{Init}(\kappa)$:

$(q, G_1, G_2, g, e) \leftarrow \mathcal{G}$;

$h \leftarrow_R G_1$;

$\alpha \leftarrow_R Z_q^*, g_1 = g^{\alpha}$;

选取$H_1 : \{0,1\}^* \to Z_q^*$，$H_2 : \{0,1\}^* \to \{0,1\}^n$;

$\mathrm{Params} = (q, G_1, G_2, e, g, g_1, h, H_1, H_2), \mathrm{msk} = \alpha$。

(2) 密钥产生。

$\mathrm{KeyGen}(s, \mathrm{id})$:

$d_{\mathrm{id}} = h^{\frac{1}{\alpha + H_1(\mathrm{id})}}$。

(3) 加密。

$\mathrm{Enc}(\mathrm{id}, M)$:

$r \leftarrow_R Z_q^*$;

$c_1 = (g_1 g^{H_1(\mathrm{id})})^r$，$c_2 = H_2(e(g,h)^r) \oplus M$

$C = (c_1, c_2)$。

其中，$M \in \{0,1\}^n$。

(4) 解密。

$\mathrm{Dec}(d_{\mathrm{id}}, C)$:

返回$c_2 \oplus H_2(e(c_1, d_{\mathrm{id}}))$。

其中，$C = (c_1, c_2)$。

这是因为

$$e(c_1, d_{\mathrm{id}}) = e\left((g_1 g^{H_1(\mathrm{id})})^r, h^{\frac{1}{\alpha + H_1(\mathrm{id})}} \right) = e\left(g^{r(\alpha + H_1(\mathrm{id}))}, h^{\frac{1}{\alpha + H_1(\mathrm{id})}} \right) = e(g,h)^r$$

4.4.2 安全性证明

假设 4-2 (双线性 Diffie-Hellman 求逆 (bilinear Diffie-Hellman inversion，BDHI) 假设)　对于已知的元组 $G = (q, g, G_1, G_2, e(\cdot)) \leftarrow \mathcal{G}(1^{\kappa})$，给定任意的随机元素 $g, g^a, g^{a^2}, \cdots, g^{a^p} \in G_1$，对于任意未知的指数 $a \in Z_q^*$，双线性 Diffie-Hellman 求逆问题的目标是计算 $e(g,g)^{\frac{1}{a}}$。BDHI 假设意味着任意的多项式时间敌手 $\mathcal{A}$ 成功解决 BDHI

问题的优势 $\mathrm{Adv}_{\mathcal{A}}^{\mathrm{BDHI}}(\kappa)=\Pr\left[\mathcal{A}(g,g^{a},g^{a^2},\cdots,g^{a^p})=e(g,g)^{\frac{1}{a}}\right]$ 是可忽略的，其中概率来源于 a 在 Z_q^* 上的随机选取和算法 $\mathcal{A}$ 的随机选择。

定理 4-3 设哈希函数 H_1 和 H_2 是两个随机谕言机，如果 BDHI 问题是困难的，那么上述 IBE 机制是 CPA 安全的。

证明 若存在敌手 $\mathcal{A}$ 能以不可忽略的优势 ϵ 攻破上述 IBE 机制的 CPA 安全性，那么就能构造一个敌手 $\mathcal{B}$ 以显而易见的优势 $\frac{\epsilon}{p_{H_2}}$ 解决 p-BDHI 问题的困难性，其中 q_{H_2} 为哈希谕言机 H_2 的询问次数。设敌手 $\mathcal{B}$ 已知公开元组 $(g,g^{a},g^{a^2},\cdots,g^{a^p})$。敌手 $\mathcal{B}$ 控制谕言机 H_1 和 H_2 与敌手 $\mathcal{A}$ 间进行下述交互。

(1) 系统设置。

敌手 $\mathcal{B}$ 随机选取 $w^*,w_1,w_2,\cdots,w_p \leftarrow_R Z_q^*$。令 $f(x)=\prod_{i=1}^{p}(x-w^*+w_i)$ 是 Z_q 上的多项式，且 $f(x)$ 不包含零根。

敌手 $\mathcal{B}$ 设置 $g_1=g^{a-w^*}$（隐含地设置 $\alpha=a-w^*$）和 $h=g^{f(a)}$，公开参数 $\mathrm{Params}=(q,G_1,G_2,e,g,g_1,h,H_1,H_2)$ 中除两个哈希函数外的其他参数均可以从问题实例和选择的参数中计算，其中两个哈希函数 H_1 和 H_2 被设置为由模拟器控制的随机谕言机。此外，我们要求 $p=p_{H_1}$，其中 p_{H_1} 为哈希谕言机 H_1 的询问次数。

(2) H 谕言机询问。

敌手在这个阶段进行哈希询问。首先，在进行任何哈希询问之前，敌手 $\mathcal{B}$ 随机选择 $i^*\in[1,p_{H_1}]$；然后，敌手 $\mathcal{B}$ 准备了两个哈希列表来记录所有查询和响应，且各列表初始为空。具体描述如下所示。

设 H_1 的第 i 个哈希询问值为 id_i。如果 id_i 已在相应的哈希列表中，敌手 $\mathcal{B}$ 将根据列表中记录返回相应的应答。否则，敌手 $\mathcal{B}$ 将 $H_1(\mathrm{id}_i)$ 设为

$$H_1(\mathrm{id}_i)=\begin{cases} w_i, & i\neq i^* \\ w^*, & \text{其他} \end{cases}$$

其中，w^* 和 w_i 是在初始化阶段选择的随机数。在模拟中，w_{i^*} 不会在哈希询问的响应中使用，且 $w^*\neq w_{i^*}$。敌手 $\mathcal{B}$ 使用 $H_1(\mathrm{id}_i)$ 响应该询问，并添加元组 $(i,\mathrm{id}_i,w_i,H_1(\mathrm{id}_i))$ 或元组 $(i^*,\mathrm{id}_{i^*},w^*,H_1(\mathrm{id}_{i^*}))$ 到相应的哈希列表中。

设 H_2 的第 i 个哈希询问值为 y_i。如果 y_i 已在相应的哈希列表中，那么敌手 $\mathcal{B}$ 将根据列表中记录返回相应的应答。否则，敌手 $\mathcal{B}$ 随机选择 $Y_i\in\{0,1\}^n$，以 $H_2(y_i)=Y_i$ 回答该询问，并将元组 $(y_i,H_2(y_i))$ 添加到相应的哈希列表中。

(3) 阶段 1。

假设敌手 $\mathcal{A}$ 向敌手 $\mathcal{B}$ 进行关于身份 id 的私钥产生询问之前，已完成对 id_i 的哈希谕言机询问，相应的列表中存在元组 $(i,\mathrm{id}_i,w_i,H_1(\mathrm{id}_i))$。定义函数 $f_{\mathrm{id}_i}(x)=\dfrac{f(x)}{x-w^*+w_i}$，根据 $f(x)$ 的定义可知 $f_{\mathrm{id}_i}(x)$ 是关于 x 的多项式。

若 $i=i^*$，则敌手 $\mathcal{B}$ 将终止；否则对于 $i\neq i^*$，身份 id_i 的私钥生成询问，敌手 $\mathcal{B}$ 计算

$$d_{\mathrm{id}_i}=g^{f_{\mathrm{id}_i}(a)}=g^{\frac{f(a)}{a-w^*+w_i}}=g^{f(a)\frac{1}{a-w^*+w_i}}=h^{\frac{1}{\alpha+H_1(\mathrm{id}_i)}}。$$

式中，$\alpha=a-w^*$、$w_i=H_1(\mathrm{id}_i)$ 和 $h=g^{f(a)}$。因此 $d_{\mathrm{id}_i}=g^{f_{\mathrm{id}_i}(a)}$ 是关于身份 id 的有效随机私钥。

(4) 挑战。

当敌手 $\mathcal{A}$ 决定结束阶段 1 时，它输出一个挑战身份 id_i^*（已完成对 id^* 的 H 谕言机询问）和两个希望挑战的等长明文 $m_0,m_1\in\{0,1\}^n$。若 $i\neq i^*$，则敌手 $\mathcal{B}$ 将终止；否则对于 $i=i^*$，敌手 $\mathcal{B}$ 选取随机比特 $r'\leftarrow_R Z_q^*$ 和 $R\leftarrow_R\{0,1\}^n$，计算密文 $C^*=(g^{r'},R)$。挑战密文可以看作使用满足条件 $H_2(e(g,h)^{r^*})=R\oplus m_\beta$ 的随机数 $r^*=\dfrac{r'}{a}$ 对消息 $m_\beta\in\{m_0,m_1\}$ 进行的加密，其中

$$C^*=(g^{r'},R)=((g_1g^{H_1(\mathrm{id}^*)})^{r^*},H_2(e(g,h)^{r^*})\oplus m_\beta)$$

因此，如果没有对 $e(g,h)^{r^*}$ 进行随机谕言机 H_2 询问，那么从敌手的角度来看，挑战密文 $C^*=(g^{r'},R)$ 就是正确的密文；否则，敌手将通过询问获知的应答值即可非常容易地计算出挑战密文所对应的明文。

因此，当 $H_2(e(g,h)^{r^*})=R\oplus m_0$ 时，挑战密文是对消息 m_0 的加密；否则当 $H_2(e(g,h)^{r^*})=R\oplus m_1$ 时，挑战密文是对消息 m_1 的加密。如果不对 $e(g,h)^{r^*}$ 进行随机谕言机询问，那么敌手在破译挑战密文方面没有任何优势。

(5) 阶段 2。

敌手 $\mathcal{A}$ 继续发出如阶段 1 中的询问，敌手 $\mathcal{B}$ 以阶段 1 中的方式进行回应，但是不允许提交关于挑战身份 id^* 的密钥生成询问。

(6) 猜测。

敌手 $\mathcal{A}$ 输出对随机数 β 的猜测 $\beta'\in\{0,1\}$。

注解 4-5　对于敌手 $\mathcal{A}$ 而言，当对 $e(g,h)^{r^*}$ 进行了 H_2 谕言机询问时，其能以绝对优势输出随机数 β 的正确猜测值 β'，因此在该游戏中敌手 $\mathcal{A}$ 猜测正确的优势等于对 $e(g,h)^{r^*}$ 进行了 H_2 谕言机询问的概率，因此 $e(g,h)^{r^*}$ 出现在哈希列表记录中的概率为 ϵ。

挑战哈希的定义为

$$Q^* = e(g,h)^{r^*} = e(g,g)^{r'\frac{f(a)}{a}}$$

这是对哈希谕言机 H_2 的询问。模拟器从哈希列表的相应记录 (y_1,Y_1) , (y_2,Y_2) , $\cdots$, (y,Y) , $\cdots$, $(y_{p_{H_2}},Y_{p_{H_2}})$ 中选择一个值 y 作为挑战哈希询问的应答。定义 $\frac{r'f(x)}{x} = F(x) + \frac{d}{x}$，其中由 $f(x)$ 是 q 阶多项式可知，$F(x)$ 为 $q-1$ 阶多项式，d 是非零整数。模拟者 $\mathcal{B}$ 可以使用这个哈希查询进行计算，将

$$\left(\frac{Q^*}{e(g,g)^{F(a)}}\right)^{\frac{1}{d}} = \left(\frac{e(g,g)^{r'\frac{f(a)}{a}}}{e(g,g)^{F(a)}}\right)^{\frac{1}{d}} = \left(e(g,g)^{\frac{d}{a}}\right)^{\frac{1}{d}} = e(g,g)^{\frac{1}{a}}$$

作为 p-BDHI 问题实例的解。

如果要挑战身份 id^* 是向随机谕言机查询的第 i^* 个身份，那么敌手无法查询 id^* 所对应的私钥，因此模拟器在询问和挑战阶段的模拟是成功的。因此，id^* 在 H_1 询问中被查询到的概率为 $\frac{1}{p_{H_1}}$。根据定义和模拟，如果攻击者没有向随机谕言机 H_2 查询 $e(g,h)^{r^*}$，那么敌手在猜测加密消息方面没有任何优势。根据假设敌手在猜测所选消息方面具有的优势为 ϵ，因此敌手对 $e(g,h)^{r^*}$ 进行 H_2 谕言机询问的概率同为 ϵ。因此，从哈希列表中为 H_2 随机选择的应答 y 将等于 $e(g,h)^{r^*}$ 的概率，为 $\frac{\epsilon}{p_{H_2}}$。

定理 4-3 证毕。

第 5 章　标准模型下基于身份的加密机制

第 4 章已详细介绍了 IBE 机制的算法定义及安全模型，同时对随机谕言机模型下的 IBE 机制进行了详细介绍。由于随机谕言机模型下密码机制的安全性证明过程依赖于谕言机完成，相较于标准模型下可证明安全的密码方案而言实用性较弱，因此本章进一步介绍标准模型下的 IBE 机制。

5.1　选择身份安全的身份基加密机制

本节介绍 Boneh 和 Boyen[14]提出的标准模型下选择身份安全的 IBE 机制，将该机制简称为 BB04-1 方案。

5.1.1　具体构造

(1) 初始化。

Init(κ):

$(q, G_1, G_2, e) \leftarrow \mathcal{G}(\kappa)$

生成元 $g \leftarrow_R G_1^*$，$\alpha \leftarrow_R Z_q$；

$g_1 = g^{\alpha}$；

$h \leftarrow_R G_1$，$g_2 \leftarrow_R G_1$；

$\text{params} = (g, g_1, g_2, h)$，$\text{msk} = g_2^{\alpha}$。

(2) 密钥产生。

KeyGen(msk,id):

$r \leftarrow_R Z_q$；

$d_{\text{id}} = (g_2^{\alpha}(g_1^{\text{id}} h)^r, g^r)$。

(3) 加密(用接收方的身份 id 作为公钥)。

Enc(id, M):

$s \leftarrow_R Z_p$；

$C = (e(g_1, g_2)^s M, g^s, (g_1^{\text{id}} h)^s)$。

其中，$M \in G_2$。

注解 5-1　$e(g_1, g_2)$ 可预先计算好，以后反复使用，且 $e(g_1, g_2)$ 还能被放在公开参数中，使得公开参数中不再需要有 g_2。

(4)解密。

Dec$(d_{\text{id}},\text{CT})$:

返回$A\dfrac{e(C,d_1)}{e(B,d_0)}$。

其中，$d_{\text{id}}=(d_0,d_1)$，$\text{CT}=(A,B,C)$。解密过程是正确的，这是因为

$$\frac{e(C,d_1)}{e(B,d_0)}=\frac{e((g_1^{\text{id}}h)^s,g^r)}{e(g^s,g_2^{\alpha}(g_1^{\text{id}}h)^r)}=\frac{1}{e(g^s,g_2^{\alpha})}=\frac{1}{e(g_1,g_2)^s}$$

5.1.2　安全性证明

定理 5-1　假设在(G_1,G_2,e)上的 DBDH 假设成立，那么上述 IBE 机制是 CPA 安全的。

具体地，如果存在多项式时间敌手$\mathcal{A}$以不可忽略的优势$\epsilon(\kappa)$攻击上述 IBE 机制的 CPA 安全性，那么就存在一个敌手$\mathcal{B}$能以相同的优势$\epsilon(\kappa)$攻击 DBDH 假设的困难性。

证明　设敌手$\mathcal{B}$已知相应的公开参数(q,G_1,G_2,e)和挑战元组(g,g^a,g^b,g^c,T)，其中$T=e(g,g)^{abc}$或T是从G_2中随机独立选取的。敌手$\mathcal{B}$的目标是区分哪种情况发生，如果$T=e(g,g)^{abc}$，那么敌手$\mathcal{B}$输出 1，否则输出 0。敌手$\mathcal{B}$设置$g_1=g^a,g_2=g^b$，$g_3=g^c$，在下面的选定身份游戏中与敌手$\mathcal{A}$进行交互。

(1)初始化。

敌手$\mathcal{A}$向敌手$\mathcal{B}$输出挑战身份id^*。特别地，敌手$\mathcal{B}$是敌手$\mathcal{A}$的挑战者。

(2)系统设置。

敌手$\mathcal{B}$为了生成系统参数，首先随机选取$\eta\leftarrow_R Z_q^*$，并计算$h=g_1^{-\text{id}^*}g^{\eta}$。敌手$\mathcal{B}$把公开参数$\text{params}=(g,g_1,g_2,h)$发送给敌手$\mathcal{A}$。隐含地设置主密钥为$g_2^a=g^{ab}\in G_1$(隐含地设置$\alpha=ab$)，但敌手$\mathcal{B}$并不知道主密钥的值。

(3)阶段 1。

敌手$\mathcal{A}$向敌手$\mathcal{B}$发出关于身份id_i的密钥生成询问，令敌手提交的密钥生成询问总计有q_s次。若$\text{id}_i=\text{id}^*$，则终止；否则敌手$\mathcal{B}$选取随机数$r\leftarrow_R Z_q^*$，并且令

$$d_{\text{id}}=(d_0,d_1)=\left(g_2^{\frac{-\eta}{\text{id}_i-\text{id}^*}}(g_1^{\text{id}_i}h)^r,g^r\right)$$

如此构造的$d_{\text{id}}=(d_0,d_1)$是关于身份id_i的有效随机私钥，为了证明这个结论，令$\tilde{r}=r-\dfrac{b}{\text{id}_i-\text{id}^*}\in Z_q^*$(其中$r$的随机性确保了$\tilde{r}$的随机性)，那么有

$$g_2^{\frac{-\eta}{\mathrm{id}_i-\mathrm{id}^*}}(g_1^{\mathrm{id}_i}h)^r = g_2^{\frac{-\eta}{\mathrm{id}_i-\mathrm{id}^*}}(g_1^{\mathrm{id}_i}h)^{\tilde{r}+\frac{b}{\mathrm{id}_i-\mathrm{id}^*}} = g_2^{\frac{-\eta}{\mathrm{id}_i-\mathrm{id}^*}}(g_1^{\mathrm{id}_i}h)^{\tilde{r}}(g_1^{\mathrm{id}_i}h)^{\frac{b}{\mathrm{id}_i-\mathrm{id}^*}}$$

$$= (g_1^{\mathrm{id}_i}h)^{\tilde{r}} g_2^{\frac{-\eta}{\mathrm{id}_i-\mathrm{id}^*}}(g_1^{\mathrm{id}_i}g_1^{-\mathrm{id}^*}g^{\eta})^{\frac{b}{\mathrm{id}_i-\mathrm{id}^*}} = (g_1^{\mathrm{id}_i}h)^{\tilde{r}}(g_1^{\mathrm{id}_i}g_1^{-\mathrm{id}^*})^{\frac{b}{\mathrm{id}_i-\mathrm{id}^*}} = g_2^{a}(g_1^{\mathrm{id}_i}h)^{\tilde{r}}$$

因此 $d_{\mathrm{id}}=(d_0,d_1)$ 是关于 id_i 在随机数 $\tilde{r}$ 作用下的一个有效私钥。

(4) 挑战。当敌手 $\mathcal{A}$ 决定结束阶段 1 时，它输出两个希望挑战的等长明文消息 $M_0,M_1\in G_2$。敌手 $\mathcal{B}$ 选取随机 $\beta\leftarrow_R\{0,1\}$，计算挑战密文 $C^*=(M_\beta T,g^c,g_3^{\alpha})$。对于挑战身份 id^*，有 $(g_1^{\mathrm{id}^*}h)=(g_1^{\mathrm{id}^*}g_1^{-\mathrm{id}^*}g^{\eta})=g^{\eta}$。

如果 $T=e(g,g)^{abc}=e(g_1,g_2)^c$，那么 C^* 是挑战身份 id^* 下明文 M_β 对应的有效密文。反之，当 T 从 G_2 中独立随机选取时，C^* 是对消息空间上随机消息的加密密文，在敌手 $\mathcal{B}$ 看来 C^* 独立于 β。

(5) 阶段 2。敌手 $\mathcal{A}$ 继续发出阶段 1 中的询问，敌手 $\mathcal{B}$ 以阶段 1 中的方式进行回应。

(6) 猜测。敌手 $\mathcal{A}$ 输出猜测 $\beta'\in\{0,1\}$。敌手 $\mathcal{B}$ 按照如下规则判断自己的游戏输出：如果 $\beta'=\beta$，那么敌手 $\mathcal{B}$ 输出 1，表示 $T=e(g,g)^{abc}$；否则敌手 $\mathcal{B}$ 输出 0，表示 $T\neq e(g,g)^{abc}$。

当 $T=e(g,g)^{abc}$ 时，模拟过程中敌手 $\mathcal{A}$ 的视图与其在真实攻击的视图相同，有 $\left|\Pr[\beta'=\beta]-\frac{1}{2}\right|>\epsilon$。反之，当 T 是 G_2 中的随机元素时，有 $\Pr[\beta'=\beta]=\frac{1}{2}$ 成立。因此，对于随机的 $a,b,c\in Z_q^*$，有

$$\left|\Pr[\mathcal{B}(g,g^a,g^b,g^c,e(g,g)^{abc})=1]-\Pr[\mathcal{B}(g,g^a,g^b,g^c,T)=1]\right|\geqslant\left|\left(\frac{1}{2}\pm\epsilon\right)-\frac{1}{2}\right|=\epsilon$$

成立。

定理 5-1 证毕。

5.2　适应性安全的身份基加密机制

本节将介绍 Boneh 和 Boyen[15]提出的无随机谕言机的 IBE 机制，将该机制简称为 BB04-2 方案。该方案通过矩阵实现身份空间中挑战子空间和询问子空间的有效划分，实现在不使用随机谕言机的前提下设计具有适应性安全的 IBE 机制。

5.2.1　特殊偏置二进制的伪随机数函数

首先回顾具有偏差 δ 的伪随机函数(pseudo random function，PRF)的具体定义。对于定义域 $\{0,1\}^{\omega}$ 中的所有值，相应函数 $F:\{0,1\}^{\omega}\to\{0,1\}$ 的期望均为 $\delta\in[0,1]$，即 $\frac{1}{2^{\omega}}\sum_{x\in\{0,1\}^{\omega}}F(x)=\delta$ (偏差 δ 实为函数 $F(x)$ 所有输出的平均值)，换句话讲，函数 $F(x)$ 具

有偏差 $\delta \in [0,1]$。

令 Ω_δ 表示所有偏差为 δ 的函数 $F:\{0,1\}^\omega \to \{0,1\}$ 的集合，K_1 表示密钥集合。对于算法 $\mathcal{A}$，定义下述值：

$$\mathrm{Exp}_{\mathcal{A}}^{\Omega_\delta} = \Pr[\mathcal{A}^F(k_1)=1 : F \leftarrow_R \Omega_\delta, k_1 \leftarrow_R K_1]$$

式中，$\mathcal{A}^F(k_1)=1$ 表示算法 $\mathcal{A}$ 的输出，其中输入为 k_1，并且能够以谕言机的形式访问偏差为 δ 的函数 $F(x)$。

有偏差 δ 的伪随机函数由 $k_0 \in K_0$ 和 $k_1 \in K_1$ 两个随机值参数建立，其中 $k_0 \in K_0$ 是秘密的，$k_1 \in K_0$ 是公开的。对于函数簇 $\mathcal{F} = \{F_{k_0,k_1}:\{0,1\}^\omega \to \{0,1\}\}_{k_0\in K_0, k_1 \in K_1}$ 和算法 $\mathcal{A}$，定义下述值：

$$\mathrm{Exp}_{\mathcal{A}}^{\mathcal{F}} = \Pr[\mathcal{A}^{F_{k_0,k_1}}(k_1)=1 : k_0 \leftarrow_R K_0, k_1 \leftarrow_R K_1]$$

注意，敌手 $\mathcal{A}$ 的输入是 k_1 不是 k_0。

定义 5-1　设 $\mathcal{F} = \{F_{k_0,k_1}:\{0,1\}^\omega \to \{0,1\}\}_{k_0\in K_0, k_1 \in K_1}$ 是一组函数。对于任意的概率多项式时间算法 $\mathcal{A}$ 而言，若有 $\left|\mathrm{Exp}_{\mathcal{A}}^{\Omega_\delta} - \mathrm{Exp}_{\mathcal{A}}^{\mathcal{F}}\right| < \varepsilon_{\mathrm{PRF}}$，其中敌手 $\mathcal{A}$ 最多进行 q 次查询，并且参数 k_0 是保密的，而 k_1 是公开的，那么函数 $\mathcal{F}$ 是一个 $(\delta, t, \varepsilon_{\mathrm{PRF}}, q)$ 的有偏伪随机函数（t 为算法执行时间）。

设 $\Sigma = \{1,2,\cdots,s\}$ 是一个尺寸大小为 s 的字母表，令 $\Sigma_\perp = \Sigma \cup \{\perp\}$。对于 $0 \leqslant m \leqslant n$，用 $\Sigma^{(n,m)}$ 表示 $(\Sigma_\perp)^n$ 中恰好有 m 个分量在字母表 $\Sigma = \{1,2,\cdots,s\}$ 中，其余 $n-m$ 个分量为 $\perp$。对于 $0 \leqslant m \leqslant n$ 和任意的向量 $\boldsymbol{K} \in \Sigma^{(n,m)}$，以及 $\omega > 0$ 的函数 $H:\{0,1\}^\omega \to \Sigma^n$，定义下述偏差映射 $F_{\boldsymbol{K},H}:\{0,1\}^\omega \to \{0,1\}$。

$$F_{\boldsymbol{K},H}(x) = \begin{cases} 0, & \exists i \in \{1,\cdots,n\}: H(x)|_i = \boldsymbol{K}|_i \\ 1, & \forall i \in \{1,\cdots,n\}: H(x)|_i \neq \boldsymbol{K}|_i \end{cases}$$

$F_{\boldsymbol{K},H}(x)=1$ 表示函数 $H:\{0,1\}^\omega \to \Sigma^n$ 的输出与任意向量 $\boldsymbol{K} \in \Sigma^{(n,m)}$ 不存在取值相同的位，否则，两者间存在取值相同的位，有 $F_{\boldsymbol{K},H}(x)=0$。当 H 是随机函数时，映射 $F_{\boldsymbol{K},H}(x)$ 对输入 $x \in \{0,1\}^\omega$ 有偏差 $\left(1-\dfrac{1}{s}\right)^m$。

定义 5-2　设 n、m、$\omega(m \leqslant n)$ 为正整数，设 Σ 为尺寸大小为 s 的字母表，设 $\delta = \left(1-\dfrac{1}{s}\right)^m$。如果函数簇 $\{F_{\boldsymbol{K},H_k}\}_{\boldsymbol{K}\in\Sigma^{(n,m)}, k\in\mathcal{K}}$ 是 $(\delta, t, \varepsilon_{\mathrm{PRF}}, q)$ 的偏置伪随机数函数，那么 $\{H_k:\{0,1\}^\omega \to \Sigma^n\}_{k\in\mathcal{K}}$ 是 $(t, \varepsilon_{\mathrm{PRF}}, q, m)$ 的可允许哈希函数（admissible hash function）簇，其中，k 是公开的，K 是私有的。

5.2.2　具体构造

本节令 $\Sigma = \{1,\cdots,s\}$ 是一个尺寸大小为 s 的字母表，$\{H_k:\{0,1\}^\omega \to \Sigma^n\}_{k\in\mathcal{K}}$ 是可允

许哈希函数集合。假设身份 id 是 $\{0,1\}^{\omega}$ 中的元素。此外，可使用抗碰撞哈希函数 $\tilde{H}:\{0,1\}^{*}\to\{0,1\}^{\omega}$ 将身份 id 的空间扩展到 $\{0,1\}^{*}$（$\{0,1\}^{*}$ 表示任意长度的字符串）上。

通过可允许哈希函数 $\{H_k:\{0,1\}^{\omega}\to\Sigma^{n}\}_{k\in\mathcal{K}}$ 将用户身份 id 映射到字母表 Σ 中，输出空间的长度为 n，每一位都属于字母表 Σ，但该函数的输出有一定的概率是存在偏差的，即输出与任意向量 $\boldsymbol{K}\in\Sigma^{(n,m)}$ 不存在取值相同的位。

下面将介绍基于可允许哈希函数在标准模型下构造安全 IBE 机制的具体过程。

(1) 初始化。

Init(κ):

$(p,G_1,G_2,e)\leftarrow\mathcal{G}(\kappa)$

随机选取 $g\leftarrow_R G_1^{*}$，$\alpha\leftarrow_R Z_p$;

$g_1=g^{\alpha}$

$g_2\leftarrow_R G_1$

$\boldsymbol{U}=(u_{i,j})_{1\leqslant i\leqslant n,1\leqslant j\leqslant s}\leftarrow_R (G_1)^{n\times s}$;

params $=(g,g_1,g_2,\boldsymbol{U})$，msk $=g_2^{\alpha}$。

注解 5-2　系统初始化算法建立了一个规格为 $n\times s$ 的矩阵 $\boldsymbol{U}=(u_{i,j})_{n\times s}$，通过可允许哈希函数 $\boldsymbol{a}=(a_1,\cdots,a_n)=H_k(\mathrm{id})$ 将用户 id 身份映射到字母表 $\Sigma=\{1,\cdots,s\}$ 中，实现身份 id 与参数 u_{i,a_i} 间的对应，用 $a_1,\cdots,a_n$ 标记每一行的取值，例如，对于 $a_i(i=1,\cdots,n)$ 行，该行的取值为 u_{i,a_i}。

$$\boldsymbol{U}=(u_{i,j})_{n\times s}=\begin{matrix}a_1\\a_2\\\vdots\\a_n\end{matrix}\begin{bmatrix}u_{1,1}&u_{1,2}&\cdots&u_{1,s}\\u_{2,1}&u_{2,2}&\cdots&u_{2,s}\\\vdots&\vdots&&\vdots\\u_{n,1}&u_{n,2}&\cdots&u_{n,s}\end{bmatrix}$$

(2) 密钥产生。

KeyGen(msk, id):

$\boldsymbol{a}=(a_1,\cdots,a_n)=H_k(\mathrm{id})$，其中 $(a_1,\cdots,a_n)\in\Sigma^{n}$;

$r_1,\cdots,r_n\leftarrow_R Z_p$;

$$d_{\mathrm{id}}=\left(g_2^{\alpha}\prod_{i=1}^{n}u_{i,a_i}^{r_i},g^{r_1},\cdots,g^{r_n}\right)。$$

(3) 加密（将接收方的身份 id 作为公钥）。

Enc(id, M):

$\boldsymbol{a}=(a_1,\cdots,a_n)=H_k(\mathrm{id})$，其中 $(a_1,\cdots,a_n)\in\Sigma^{n}$;

$t\leftarrow_R Z_p$;

$C=(e(g_1,g_2)^{t}M,g^{t},u_{1,a_1}^{t},\cdots,u_{1,a_n}^{t})$。

其中，$M \in G_2$。

(4)解密。

$\mathrm{Dec}(d_{\mathrm{id}}, C)$:

返回$A\dfrac{\prod_{j=1}^{n} e(C_j, d_j)}{e(B, d_0)}$。

其中，$d_{\mathrm{id}} = (d_0, d_1, \cdots, d_n)$，$C = (A, B, C_1, \cdots, C_n)$。解密过程是正确的，这是因为

$$\frac{\prod_{j=1}^{n} e(C_j, d_j)}{e(B, d_0)} = \frac{\prod_{j=1}^{n} e(u_{1,a_j}^{t}, g^{r_j})}{e\left(g^t, g_2^{\alpha} \prod_{j=1}^{n} u_{i,a_i}^{r_i}\right)} = \frac{\prod_{j=1}^{n} e(u_{j,a_j}, g)^{tr_j}}{e(g, g_2)^{t\alpha} \prod_{j=1}^{n} e(g, u_{j,a_j})^{tr_j}} = \frac{1}{e(g_1, g_2)^t}$$

5.2.3　安全性证明

下面将基于 DBDH 困难性假设，在标准模型下对上述方案的安全性进行形式化证明。

定理 5-2　令$|\Sigma| = s$，对于$(t, \varepsilon_{\mathrm{PRF}}, q, m)$可允许哈希函数的集合$\{H_k : \{0,1\}^{\omega} \to \Sigma^n\}_{k \in K}$，其中$\delta = \left(1 - \dfrac{1}{s}\right)^m$和$\Delta = \delta(1-\delta)^q$且$\Delta > \varepsilon_{\mathrm{PRF}}$。如果$(G_1, G_2, e)$上的 DBDH 困难性假设成立，那么对于任意的$\varepsilon_{\mathrm{IBE}} \geqslant \dfrac{2\varepsilon_{\mathrm{DBDH}}}{\Delta - \varepsilon_{\mathrm{PRF}}}$，上述 IBE 机制是$(t, q, \varepsilon_{\mathrm{IBE}})$选择明文安全的，即上述 IBE 机制是 CPA 安全的。

证明　注意到$m = \Theta(s \log^q)$导致$\Delta = \Theta\left(\dfrac{1}{q}\right)$。那么忽视$\varepsilon_{\mathrm{PRF}}$，则有$\varepsilon_{\mathrm{IBE}} = \Theta(\varepsilon_{\mathrm{DBDH}})$。因此，若$(t, \varepsilon_{\mathrm{DBDH}})$-DBDH 困难性假设成立，即可得到安全的无随机谕言机的$(t, q, \Theta(\varepsilon_{\mathrm{DBDH}}))$ IBE 机制。

为了证明这个定理，需要证明对于任意多项式时间算法$\mathcal{A}$，它最多对q个不同的身份进行密钥生成询问。

$$\left|\Pr[\mathrm{Exp}_{\mathrm{IBE},\mathcal{A}}^{\mathrm{CPA}}(0) = 1] - \Pr[\mathrm{Exp}_{\mathrm{IBE},\mathcal{A}}^{\mathrm{CPA}}(1) = 1]\right| \leqslant \varepsilon_{\mathrm{IBE}}$$

为此，首先定义两个附加的实验。

实验 5-1　$\mathrm{BDH\text{-}Exp}_{\mathcal{A}}(b, (g, g_1, g_2, g_3, T))$。设敌手$\mathcal{A}$是一个算法，$b$是从集合$\{0,1\}$中随机选取的，$(g, g_1, g_2, g_3, T)$是一个 5 元组，其中$g \in G_1^*$、$g_1, g_2, g_3 \in G_1$和$T \in G_2$。在模拟器和敌手$\mathcal{A}$之间定义以下游戏。

(1)初始化。

首先，模拟器选取一个随机向量 $\boldsymbol{v}=(v_1,\cdots,v_n)\in\Sigma^{(n,m)}$（$\boldsymbol{v}=(v_1,\cdots,v_n)$ 中有 m 个分量是在字母表 Σ 中，其他的分量均为 $\perp$）；然后通过下述方法生成一个规格为 $n\times s$ 的矩阵 $\boldsymbol{U}=(u_{i,j})_{1\leqslant i\leqslant n,1\leqslant j\leqslant s}\leftarrow_R (G_1)^{n\times s}$。

对于每个 $i=1,\cdots,n$ 和 $j=1,\cdots,s$，随机选取 $\alpha_{i,j}\leftarrow_R Z_p$，并计算

$$u_{i,j}=\begin{cases} g_2 g^{\alpha_{i,j}}, & v_i=j \\ g^{\alpha_{i,j}}, & \text{其他} \end{cases}$$

注解 5-3　使用向量 $\boldsymbol{v}=(v_1,\cdots,v_n)$ 对矩阵 $\boldsymbol{U}=(u_{i,j})_{n\times s}=\begin{matrix} v_1 \\ v_2 \\ \vdots \\ v_n \end{matrix}\begin{bmatrix} u_{1,1} & u_{1,2} & \cdots & u_{1,s} \\ u_{2,1} & u_{2,2} & \cdots & u_{2,s} \\ \vdots & \vdots & & \vdots \\ u_{n,1} & u_{n,2} & \cdots & u_{n,s} \end{bmatrix}$ 的行进行标注，其中向量 $\boldsymbol{v}=(v_1,\cdots,v_n)$ 中有 m 个分量在字母表 Σ 中；通过上述设置后，使得矩阵 $\boldsymbol{U}=(u_{i,j})_{n\times s}$ 中共有 m 行的每一行有且只有一个值是 $u_{i,j}=g_2 g^{\alpha_{i,j}}$，其余均是 $u_{i,j}=g^{\alpha_{i,j}}$；剩余的 $n-m$ 行的值都为 $u_{i,j}=g^{\alpha_{i,j}}$。向量 $\boldsymbol{v}=(v_1,\cdots,v_n)$ 在该实验中是被用来标记挑战身份的，与挑战身份的映射向量 $\boldsymbol{a}=(a_1,\cdots,a_n)=H_k(\text{id}^*)$ 间不存在相等的分量，即对于所有的 $i=1,\cdots,n$，有 $a_i\neq v_i$。

接下来，模拟器随机选取 $k\in\mathcal{K}$ 作为哈希函数 H 的密钥，并发送相应的系统公开参数 $\text{Params}=(g,g_1,g_2,\boldsymbol{U},k)$ 给敌手 $\mathcal{A}$。特别地，对应的未知主密钥 $\text{msk}=g_2^{\alpha}$，其中 $\alpha=\log_g g_1$。

(2)阶段 1。

对于身份 $\text{id}\in\{0,1\}^{\omega}$ 的私钥生成询问，设 $\boldsymbol{a}=(a_1,\cdots,a_n)=H_k(\text{id})$，其中 $(a_1,\cdots,a_n)\in\Sigma^n$。如果对于所有的 $i=1,\cdots,n$，有 $a_i\neq v_i$，那么模拟器终止实验，并输出 abort。

否则，存在一个 i，使得 $a_i=v_i\in\Sigma$，那么模拟器选取随机值 $r_1,\cdots,r_n\in Z_p$，并计算 $d_0=g_1^{-\alpha_{i,v_i}}\prod_{j=1}^{n}u_{j,a_j}^{r_j}$，$d_1=g^{r_1}$，$\cdots$，$d_{i-1}=g^{r_{i-1}}$，$d_i=\dfrac{g^{r_i}}{g_1}$，$d_{i+1}=g^{r_{i+1}}$，$\cdots$，$d_n=g^{r_n}$。

由下述等式可知 $d_{\text{id}}=(d_0,d_1,\cdots,d_n)\in(G_1)^{n+1}$ 是身份 id 所对应的一个有效私钥，且随机数 $r_1,\cdots,r_{n-1}$ 和 r_n 的使用保证了私钥 d_{id} 的随机性。

$$\begin{aligned} d_0 &= g_1^{-\alpha_{i,v_i}}\prod_{j=1}^{n}u_{j,a_j}^{r_j}=g_2^{\alpha}(g_2 g^{\alpha_{i,v_i}})^{-\alpha}\prod_{j=1}^{n}u_{j,a_j}^{r_j} \\ &= g_2^{\alpha}(u_{i,v_i})^{-\alpha}u_{j,a_i}^{r_i}\prod_{j=1,j\neq i}^{n}u_{j,a_j}^{r_j}=g_2^{\alpha}(u_{i,a_i})^{r_i-\alpha}\prod_{j=1,j\neq i}^{n}u_{j,a_j}^{r_j}=g_2^{\alpha}u_{i,a_i}^{\tilde{r}_i}\prod_{j=1,j\neq i}^{n}u_{j,a_j}^{r_j} \end{aligned}$$

其中，$\tilde{r}_i = r_i - \alpha$ 和 $u_{i,a_i} = g_2 g^{\alpha_{i,a_i}}$。

因此，有

$$d_0 = g_2^{\alpha} u_{i,a_i}^{\tilde{r}_i} \prod_{j=1, j\neq i}^{n} u_{j,a_j}^{r_j}, \quad d_1 = g^{r_1}, \quad \cdots, \quad d_i = g^{\tilde{r}_i}, \quad \cdots, \quad d_n = g^{r_n}$$

其中，$r_1,\cdots,\tilde{r}_i,\cdots,r_n$ 在 Z_p 中是均匀随机的。这与 id 的私钥定义相匹配，因此 $d_{\text{id}} = (d_0, d_1, \cdots, d_n)$ 是 id 的有效私钥。

注解 5-4　基于矩阵标注的方法实现了身份空间的划分，模拟器无法生成挑战身份空间对应身份的私钥，因为私钥 d_{id} 中元素 d_0 的 g_2^{α} 部分没办法生成。

(3) 挑战。

敌手 $\mathcal{A}$ 输出一个挑战身份 id^* 和两个挑战明文消息 $M_0, M_1 \in G_2$。设 $\boldsymbol{a} = (a_1,\cdots,a_n) = H_k(\text{id}^*)$。如果存在这样的 $a_i = v_i$，那么模拟器终止并输出 abort；否则(对于 $i=1,\cdots,n$，有 $a_i \neq v_i$)，模拟器令 $g_3 = g^c$，并返回挑战密文 C^* 给敌手 $\mathcal{A}$。

$$C^* = (M_b T, g_3, g_3^{\alpha_{1,a_1}}, \cdots, g_3^{\alpha_{n,a_n}})$$

因为对于所有 i 有 $u_{i,a_i} = g^{\alpha_{i,a_i}}$，所以有 $C^* = (M_b T, g^c, u_{1,a_1}^c, \cdots, u_{n,a_n}^c)$。

注解 5-5　如果对于挑战身份存在一个 i 使得 $u_{i,a_i} = g_2 g^{\alpha_{i,a_i}}$，那么对应的 u_{i,a_i}^c 中存在计算 g_2^c，而对于挑战者而言 c 是未知的，这导致 g_2^c 是无法计算的。

当 $T = e(g,g)^{abc}$ 时，即 $T = e(g,g)^{abc} = e(g_1,g_2)^c$，$C^*$ 是 id^* 对明文 M_b 的有效加密密文；否则 T 是群 G_2 中的随机值，C^* 是对明文空间 $\mathcal{M}$ 中任意消息的加密密文，此时在敌手 $\mathcal{A}$ 看来 C^* 是与随机值 b 无关的。

(4) 阶段 2。

敌手 $\mathcal{A}$ 发出更多的有关身份 $\text{id}_i \neq \text{id}^*$ 的私钥生成询问，模拟器使用与阶段 1 中相类似的方法进行应答，阶段 1 和阶段 2 敌手 $\mathcal{A}$ 共对 q 个不同的身份 id_i 进行私钥生成询问，并获得模拟器的应答。

(5) 猜想。

敌手 $\mathcal{A}$ 输出一个猜测 $b' \in \{0,1\}$，模拟器返回 b' 作为实验的结果。

定义 $\text{BDH-Exp}_{\mathcal{A}}(b,(g,g_1,g_2,g_3,T))$ 作为在上述实验中模拟器的输出，有 3 种可能的输出，则输出集合为 $\{0,1,\text{abort}\}$。

实验 5-2　$\text{PRF-Exp}_{\mathcal{A}}(b,F,k)$。设敌手 $\mathcal{A}$ 是一个概率多项式时间敌手，b 是从集合 $\{0,1\}$ 中随机选取的，F 是一个带偏差的伪随机函数 $F:\{0,1\}^{\omega} \to \{0,1\}$，且 $k \in \mathcal{K}$。模拟器和敌手 $\mathcal{A}$ 间的游戏交互过程如下所示。

(1) 初始化。

模拟器首先选取一个随机的生成元 $g \in G_1$；然后选取一个随机数 $\alpha \leftarrow_R Z_p$，计算 $g_1 = g^{\alpha}$；接着随机选取 $g_2 \in G_1$ 和一个规格为 $n \times s$ 的随机矩阵 $\boldsymbol{U} = (u_{i,j})_{1\leqslant i\leqslant n, 1\leqslant j\leqslant s} \leftarrow_R (G_1)^{n\times s}$；输出相应的系统公开参数 $\text{Params} = (g, g_1, g_2, \boldsymbol{U}, k)$ 给敌手 $\mathcal{A}$，且保留自

己的主秘钥 $\mathrm{msk}=g_2^{\alpha}$。

(2)阶段1。

对于任意身份 $\mathrm{id}\in\{0,1\}^{\omega}$ 的私钥生成询问，若 $F(\mathrm{id})=1$，则模拟器终止并输出 abort；否则，模拟器使用主私钥 $\mathrm{msk}=g_2^{\alpha}$ 生成 $\mathrm{id}\in\{0,1\}^{\omega}$ 所对应的私钥，并返回结果给敌手 $\mathcal{A}$。

注解5-6 模拟器基于带偏差的伪随机函数 $F(\mathrm{id})$ 的运算结果完成身份空间的划分，其中 $F(\mathrm{id})=1$ 代表身份 id 属于挑战身份子空间；否则 id 属于询问身份子空间。

(3)挑战。

敌手 $\mathcal{A}$ 输出一个挑战身份 id^* 和两个挑战明文消息 $M_0,M_1\in G_2$。如果 $F(\mathrm{id}^*)=0$，那么模拟器终止并输出 abort；否则，模拟器生成消息 M_b 的加密密文，并将挑战密文发送给敌手 $\mathcal{A}$。

(4)阶段2。

敌手 $\mathcal{A}$ 发出更多的有关身份 $\mathrm{id}_i\neq\mathrm{id}^*$ 的私钥生成询问，模拟器使用与阶段1中相类似的方法进行应答，阶段1和阶段2敌手 $\mathcal{A}$ 共对 q 个不同的身份进行私钥生成询问，并获得模拟器的相应应答。

(5)猜想。

敌手 $\mathcal{A}$ 输出一个猜测 $b'\in\{0,1\}$，模拟器返回 b' 并将其作为实验的结果。

定义 $\text{PRF-Exp}_{\mathcal{A}}(b,F,k)$ 作为在上述实验中模拟器的输出，有3种可能的输出，则输出集合为 $\{0,1,\mathrm{abort}\}$。

为了方便分析，定义下面几个符号。

(1)定义随机变量 $Z=(g,g_1,g_2,g_3,T)$，且 $T=e(g,g)^{abc}$。

(2)对于 $b=0,1$，定义随机变量 $T_b=\text{BDH-Exp}_{\mathcal{A}}(b,Z)$。

(3)对于 $b=0,1$，定义值 $t_b=\Pr[T_b=1|T_b\neq\mathrm{abort}]$。

(4)令 $\{F_{\boldsymbol{K},H_k}\}$ 表示通过下述算法采样的分布：选择一个随机值 $k\in\mathcal{K}$ 和一个随机向量 $\boldsymbol{K}\in\Sigma^{(n,m)}$，输出对应的 $(F_{\boldsymbol{K},H_k},k)$。

(5)令 $\delta=\left(1-\dfrac{1}{s}\right)^m$ 和 $\Delta=\delta(1-\delta)^q$。

断言5-1 令 $(F,k)\leftarrow_R\{F_{\boldsymbol{K},H_k}\}$，对于 $b=0,1$，随机变量 $T_b=\text{BDH-Exp}_{\mathcal{A}}(b,Z)$ 等于随机变量 $\text{PRF-Exp}_{\mathcal{A}}(b,F,k)$。

证明 当 $T=e(g,g)^{abc}$ 时，实验 $\text{BDH-Exp}_{\mathcal{A}}(b,(g,g_1,g_2,g_3,T))$ 提供的模拟在不中止的情况下是完美的。由于实验 $\text{PRF-Exp}_{\mathcal{A}}(b,F,k)$ 以规定的概率中止，并且在不中止时模拟是完美的，因此两个实验中的系统参数是由相同的分布产生的。类似地，两个实验中对所有私钥查询的响应及挑战密文都是从相同的分布中生成的。因此，敌手 $\mathcal{A}$ 输出的两个实验都是从同一分布中采样的。

断言 5-1 证毕。

断言 5-2　对于 $b=0,1$，$t_b = \Pr[T_b = 1 | T_b \neq \text{abort}] = \Pr[\text{Exp}_{\text{IBE},\mathcal{A}}^{\text{CPA}}(b)=1]$。

证明　设 $(F,k) \leftarrow_R \{F_{\boldsymbol{K},H_k}\}$。根据断言 5-1 可知，$\Pr[\text{Exp}_{\text{IBE},\mathcal{A}}^{\text{CPA}}(b)=1]$ 等价于 $\Pr[\text{PRF-Exp}_{\mathcal{A}}(b,F,k)=1 | \text{PRF-Exp}_{\mathcal{A}}(b,F,k) \neq \text{abort}]$。观察到 $\text{PRF-Exp}_{\mathcal{A}}(b,F,k)$ 与 $\text{Exp}_{\text{IBE},\mathcal{A}}^{\text{CPA}}(b)$ 相同，除了在响应私钥生成询问和挑战密文生成之前添加了一个人工中止的条件。如果中止条件从未发生，那么从敌手 $\mathcal{A}$ 的观点来看，这两个实验是相同的。

断言 5-2 证毕。

断言 5-3　令 $(F,k) \leftarrow_R \{F_{\boldsymbol{K},H_k}\}$，对于 $b=0,1$，有

$$\Pr\left[\text{PRF-Exp}_{\mathcal{A}}(b,F,k)=\text{abort}\right] < 1-\varDelta+\varepsilon_{\text{PRF}}$$

证明　设 $\delta = \left(1-\dfrac{1}{s}\right)^m$，令 $F_r \leftarrow_R \varOmega_\delta$ 是具有偏差 δ 的随机函数。设 $k_r \leftarrow_R K$，则有

$$\Pr[\text{PRF-Exp}_{\mathcal{A}}(b,F_r,k_r)=\text{abort}] = 1-\delta(1-\delta)^q = 1-\varDelta$$

由于 $\{H_k : \{0,1\}^\omega \to \Sigma^n\}_{k\in\mathcal{K}}$ 是一个 $(t,\varepsilon_{\text{PRF}},q,m)$ 可接受的哈希函数集合，则对于 $(F,k) \leftarrow_R \{F_{\boldsymbol{K},H_k}\}$，有

$$\Pr[\text{PRF-Exp}_{\mathcal{A}}(b,F,k)=\text{abort}] < 1-\varDelta+\varepsilon_{\text{PRF}}$$

断言 5-3 证毕。

断言 5-4　$|t_0 - t_1| < \dfrac{2\varepsilon_{\text{DBDH}}}{\varDelta-\varepsilon_{\text{PRF}}}$。

证明　首先构造一个判别算法至少能以优势 $\dfrac{(\varDelta-\varepsilon_{\text{PRF}})|t_0-t_1|}{2}$ 区分元组 $\mathcal{T}_1 = (g, g_1, g_2, g_3, T = e(g,g)^{abc})$ 和元组 $\mathcal{T}_0 = (g, g_1, g_2, g_3, T \leftarrow_R G_2)$；然后证明 $\dfrac{(\varDelta-\varepsilon_{\text{PRF}})|t_0-t_1|}{2}$ 必须小于 $\varepsilon_{\text{DBDH}}$。

输入 $Z=(g,g_1,g_2,g_3,T)$，判别算法的工作原理如下所示。

(1) 随机选取一个 $b\in\{0,1\}$。

(2) 运行实验 $\text{BDH-Exp}_{\mathcal{A}}(b,(g,g_1,g_2,g_3,T))$；用 $\text{Out}_{\mathcal{A}} \in \{0,1,\text{abort}\}$ 表示输出。

(3) 若 $\text{Out}_{\mathcal{A}} = \text{abort}$，则输出随机 $c\in\{0,1\}$ 并停止；否则，$\text{Out}_{\mathcal{A}} \in \{0,1\}$。如果 $\text{Out}_{\mathcal{A}} = b$，那么输出 0；否则输出 1。

用 $\mathcal{B}(Z)$ 表示判定算法的输出。若 $T=e(g,g)^{abc}$，则有

$$\begin{aligned}
&\Pr[\mathcal{B}(Z)=0]\\
&=\Pr[\mathcal{B}(Z)=0 \mid \text{Out}_{\mathcal{A}} \neq \text{abort}]\Pr[\text{Out}_{\mathcal{A}} \neq \text{abort}] + \Pr[\mathcal{B}(Z)=0 \mid \text{Out}_{\mathcal{A}}=\text{abort}]\Pr[\text{Out}_{\mathcal{A}}=\text{abort}]\\
&=\Pr\left[\mathcal{B}(Z)=0 \mid \text{Out}_{\mathcal{A}} \neq \text{abort}\right]\Pr[\text{Out}_{\mathcal{A}} \neq \text{abort}] + \frac{1}{2}\Pr[\text{Out}_{\mathcal{A}}=\text{abort}]
\end{aligned}$$

$$=\frac{1}{2}(1-t_0+t_1)\Pr[\mathrm{Out}_{\mathcal{A}}\neq \mathrm{abort}]+\frac{1}{2}\Pr[\mathrm{Out}_{\mathcal{A}}=\mathrm{abort}]$$

$$=\frac{1}{2}+\frac{1}{2}(t_1-t_0)\Pr[\mathrm{Out}_{\mathcal{A}}\neq \mathrm{abort}]$$

接下来，由于 $\Pr[\mathcal{B}(Z)=0|T\leftarrow_R G_2]=\frac{1}{2}$，所以当 $T\leftarrow_R G_2$ 时，实验中用来产生挑战密文的随机比特 b 与敌手 $\mathcal{A}$ 的视图无关。因此，$\Pr[\mathrm{Out}_{\mathcal{A}}=b\,|\,\mathrm{Out}_{\mathcal{A}}\neq \mathrm{abort}]=\frac{1}{2}$。由上面所述可知，$\Pr[\mathcal{B}(Z)=0|T\leftarrow_R G_2]=\frac{1}{2}$。

综上所述，有

$$\begin{aligned}\varepsilon_{\mathrm{DBDH}}&>\left|\Pr[\mathcal{B}(Z)=0:T=e(g,g)^{abc}]-\Pr\left[\mathcal{B}(Z)=0:T\leftarrow_R G_2\right]\right|\\&=\frac{1}{2}|t_0-t_1|\Pr[\mathrm{Out}_{\mathcal{A}}\neq \mathrm{abort}:T=e(g,g)^{abc}]\\&>\frac{(\varDelta-\varepsilon_{\mathrm{PRF}})|t_0-t_1|}{2}\end{aligned}$$

断言 5-4 证毕。

由上述断言可知

$$\left|\Pr[\mathrm{Exp}_{\Pi,\mathcal{A}}^{\mathrm{CPA}}(0)=1]-\Pr[\mathrm{Exp}_{\Pi,\mathcal{A}}^{\mathrm{CPA}}(1)=1]\right|=|t_0-t_1|<\frac{2\varepsilon_{\mathrm{DBDH}}}{\varDelta-\varepsilon_{\mathrm{PRF}}}$$

定理 5-2 证毕。

5.3　标准模型下高效的身份基加密机制

由于 BB04-2 方案的解密密钥和密文规模较大，本节将介绍 Waters[5]提出的标准模型下高效的 IBE 机制，将该方案简称为 Waters05。

5.3.1　具体构造

方案的具体构造如下所示，其中身份是长度为 n 的字符串，也可以由抗碰撞的哈希函数 $H:\{0,1\}^*\rightarrow\{0,1\}^n$ 将任意长的身份信息映射为 n 比特长的字符串，参数 n 与 p 无关。

(1) 初始化。

$\mathrm{Init}(\kappa)$:

$\alpha\leftarrow_R Z_p$，$g\leftarrow_R G_1$;

$g_1=g^{\alpha}$;

$g_2\leftarrow_R G_1$;

$u' \leftarrow_R G_1, u_i \leftarrow G_1 (i=1,\cdots,n)$;

$\boldsymbol{u}=(u_1,\cdots,u_n)$;

params $=< g, g_1, g_2, u', \boldsymbol{u} >$，msk $= g_2^{\alpha}$。

其中，msk $= g_2^{\alpha}$ 作为主密钥；$\boldsymbol{u}=(u_1,\cdots,u_n)$ 作为 n 长向量。

(2) 密钥生成。

令 id 为 n 比特长的身份信息；id_i 表示身份 id 中的第 i 位；集合 $\mathcal{V} \subseteq \{1,2,\cdots,n\}$ 表示 $\mathrm{id}_i = 1$ 的所有下标 i 组成的集合。id 的私钥的生成过程如下所示。

KeyGen(id, msk):

$r \leftarrow_R Z_p$;

$$d_{\mathrm{id}} = \left(g_2^{\alpha} \left(u' \prod_{i \in \mathcal{V}} u_i \right)^r, g^r \right)。$$

(3) 加密(用身份 id 对消息 $M \in G_2$ 进行加密)。

Enc(id, M):

$t \leftarrow_R Z_p$;

$$C = \left(e(g_1, g_2)^t M, g^t, \left(u' \prod_{i \in \mathcal{V}} u_i \right)^t \right)。$$

(4) 解密。

Dec(d_{id}, C):

返回 $C_1 \dfrac{e(d_2, C_3)}{e(d_1, C_2)}$。

其中，$d_{\mathrm{id}} = (d_1, d_2)$ 和 $C = (C_1, C_2, C_3)$。这是因为

$$C_1 \frac{e(d_2, C_3)}{e(d_1, C_2)} = e(g_1, g_2)^t M \frac{e\left(g^r, \left(u' \prod_{i \in \mathcal{V}} u_i \right)^t \right)}{e\left(g_2^{\alpha} \left(u' \prod_{i \in \mathcal{V}} u_i \right)^r, g^t \right)}$$

$$= e(g_1, g_2)^t M \frac{e\left(g, \left(u' \prod_{i \in \mathcal{V}} u_i \right)^{rt} \right)}{e\left(g_2, g^{\alpha} \right)^t e\left(\left(u' \prod_{i \in \mathcal{V}} u_i \right)^{rt}, g \right)} = M$$

注解 5-7　密钥生成过程中 $u' \prod_{i \in \mathcal{V}} u_i$ 可看作由身份构造的哈希函数，实现对用户

身份的映射，该函数的内部结构是已知的，因此方案不使用随机谕言机。

注解 5-8　密文中的第一项 $e(g_1,g_2)^t M$ 没有身份信息，方便模块化构造。

5.3.2　安全性证明

Waters05 的安全性可以归约到 DBDH 假设。

定理 5-3　设敌手 $\mathcal{A}$ 是能以不可忽略的优势 $\epsilon(\kappa)$ 攻击上述 Waters05 方案的 CPA 安全性，那么存在敌手 $\mathcal{B}$ 能以显而易见的优势 $\dfrac{\epsilon(\kappa)}{64(n+1)q}$ 解决 DBDH 假设，其中 n 是身份长度。

证明　设敌手 $\mathcal{B}$ 的输入为 DBDH 假设的挑战组 $\mathcal{T}=(g,g^a,g^b,g^c,Z)$，敌手 $\mathcal{B}$ 通过与敌手 $\mathcal{A}$ 进行下述游戏，判断 $\mathcal{T}$ 是一个 DBDH 元组（$\mathcal{T}_1=(g,g^a,g^b,g^c,e(g,g)^{abc})$）还是一个随机元组（$\mathcal{T}_0=(g,g^a,g^b,g^c,Z\leftarrow_R G_2)$）。

(1) 初始化。

初始化过程由敌手 $\mathcal{B}$ 完成，首先设置一个整数 m（由下面计算可知 $m=4p$），随机选取参数 $k\leftarrow_R[0,n]$（用户身份的长度为 n）；选取随机值 $x'\leftarrow_R[0,m-1]$ 和包含 n 个元素的向量 $\boldsymbol{x}=(x_1,x_2,\cdots,x_n)$，其中向量 $\boldsymbol{x}=(x_1,x_2,\cdots,x_n)$ 中的元素 x_i 均从区间 $[0,m-1]$ 中随机选取，用 X^* 表示参数对 $(x',\boldsymbol{x})$；继续随机选取 $y'\leftarrow_R Z_p$ 和包含 n 个元素的向量 $\boldsymbol{y}=(y_1,y_2,\cdots,y_n)$，其中 y_i 均从 Z_p 中随机选取。初始化完成后，敌手 $\mathcal{B}$ 秘密地保存了上述参数。

对于身份信息 id，令集合 $\mathcal{V}\subseteq\{1,2,\cdots,n\}$ 表示 $\mathrm{id}_i=1$ 的所有下标 i 组成的集合。敌手 $\mathcal{B}$ 定义下述 3 个关于身份的函数：

$$F(\mathrm{id})=(p-mk)+x'+\sum_{i\in\mathcal{V}}x_i$$

$$J(\mathrm{id})=y'+\sum_{i\in\mathcal{V}}y_i$$

$$K(\mathrm{id})=\begin{cases}0, & x'+\sum\limits_{i\in\mathcal{V}}x_i\equiv 0 \pmod m\\ 1, & \text{其他}\end{cases}$$

敌手 $\mathcal{B}$ 令 $g_1=A=g^a$，$g_2=B=g^b$，计算 $u'=g_2^{p-mk+x'}g^{y'}$ 和 $u_i=g_2^{x_i}g^{y_i}(i=1,2,\cdots,n)$；公开系统参数 $\mathrm{params}=(g,g_1,g_2,u',\boldsymbol{u})$。对于敌手 $\mathcal{A}$ 而言，敌手 $\mathcal{B}$ 公开的系统参数与真实系统中的参数是同分布的。

注解 5-9　敌手 $\mathcal{B}$ 在构建参数系统时，未直接选取参数 u' 和向量 $\boldsymbol{u}=(u_1,\cdots,u_n)$，而是构造了参数 x'、n 长的向量 $\boldsymbol{x}=(x_1,x_2,\cdots,x_n)$、$y'$ 和 n 长的向量 $\boldsymbol{y}=(y_1,y_2,\cdots,y_n)$，通过上述参数的计算生成参数 u' 和向量 $\boldsymbol{u}=(u_1,\cdots,u_n)$。

(2) 阶段 1。

敌手 $\mathcal{A}$ 进行多项式次的私钥提取询问。收到敌手 $\mathcal{A}$ 关于身份 id 的私钥提取询问时，敌手$\mathcal{B}$进行如下操作。

①若$K(\mathrm{id})=0$，则敌手$\mathcal{B}$中断(以 Abort 表示这一事件)，并随机选取$\mu' \leftarrow_R \{0,1\}$作为挑战值$\mu$的猜测。

②否则，敌手$\mathcal{B}$随机选取$r \leftarrow_R Z_p$，构造身份 id 对应的私钥$d_{\mathrm{id}}=(d_1,d_2)$。

$$d_{\mathrm{id}}=(d_1,d_2)=\left(g_1^{\frac{-J(\mathrm{id})}{F(\mathrm{id})}}\left(u'\prod_{i\in\mathcal{V}}u_i\right)^r, g_1^{\frac{-1}{F(\mathrm{id})}}g^r\right)$$

对于敌手$\mathcal{A}$而言，身份 id 的合法私钥是$d_{\mathrm{id}}=\left(g_2^{\alpha}\left(u'\prod_{i\in\mathcal{V}}u_i\right)^r, g^r\right)$，其中$r$为随机数，$g_2^{\alpha}$为主密钥。但由于敌手$\mathcal{B}$并未掌握主密钥$g_2^{\alpha}$，因此需用已知的参数通过计算生成未知的$g_2^{\alpha}$。

已知

$$u'\prod_{i\in\mathcal{V}}u_i=g_2^{p-mk+x'}g^{y'}\prod_{i\in\mathcal{V}}g_2^{x_i}g^{y_i}=g_2^{p-mk+x'}g^{y'}g_2^{\sum_{i\in\mathcal{V}}x_i}g^{\sum_{i\in\mathcal{V}}y_i}=g_2^{p-mk+x'+\sum_{i\in\mathcal{V}}x_i}g^{y'+\sum_{i\in\mathcal{V}}y_i}$$

和

$$\begin{aligned}
\left(u'\prod_{i\in\mathcal{V}}u_i\right)^{r'+\frac{\alpha}{p-mk+x'+\sum_{i\in\mathcal{V}}x_i}}&=\left(u'\prod_{i\in\mathcal{V}}u_i\right)^{r'}\left(u'\prod_{i\in\mathcal{V}}u_i\right)^{\frac{\alpha}{p-mk+x'+\sum_{i\in\mathcal{V}}x_i}}\\
&=g_2^{\alpha}\left(u'\prod_{i\in\mathcal{V}}u_i\right)^{r'}g^{\frac{\alpha\left(y'+\sum_{i\in\mathcal{V}}y_i\right)}{p-mk+x'+\sum_{i\in\mathcal{V}}x_i}}\\
&=g_2^{\alpha}\left(u'\prod_{i\in\mathcal{V}}u_i\right)^{r'}g_1^{\frac{y'+\sum_{i\in\mathcal{V}}y_i}{p-mk+x'+\sum_{i\in\mathcal{V}}x_i}}
\end{aligned}$$

其中，$p-mk+x'+\sum_{i\in\mathcal{V}}x_i\neq 0$（$K(\mathrm{id})\neq 0$，即$x'+\sum_{i\in\mathcal{V}}x_i\neq 0(\bmod m)$）。

由上述等式可知：

$$g_2^{\alpha}\left(u'\prod_{i\in\mathcal{V}}u_i\right)^{r'}=g_1^{-\frac{y'+\sum_{i\in\mathcal{V}}y_i}{p-mk+x'+\sum_{i\in\mathcal{V}}x_i}}\left(u'\prod_{i\in\mathcal{V}}u_i\right)^{r'+\frac{\alpha}{p-mk+x'+\sum_{i\in\mathcal{V}}x_i}}$$

则有

$$d_1=g_1^{-\frac{y'+\sum_{i\in\mathcal{V}}y_i}{p-mk+x'+\sum_{i\in\mathcal{V}}x_i}}\left(u'\prod_{i\in\mathcal{V}}u_i\right)^{r'+\frac{\alpha}{p-mk+x'+\sum_{i\in\mathcal{V}}x_i}}=g_2^{\alpha}\left(u'\prod_{i\in\mathcal{V}}u_i\right)^{r'}$$

因此，$d_1 = g_1^{-\frac{y'+\sum_{i\in\mathcal{V}} y_i}{p-mk+x'+\sum_{i\in\mathcal{V}} x_i}} \left(u'\prod_{i\in\mathcal{V}} u_i\right)^{r'+\frac{\alpha}{p-mk+x'+\sum_{i\in\mathcal{V}} x_i}}$ 是随机数 r' 时，身份 id 对应私钥的第一部分；其中 $r' + \frac{\alpha}{p-mk+x'+\sum_{i\in\mathcal{V}} x_i}$ 是个变量，其他均可以由已知参数进行计算，因此，令 $r = r' + \frac{\alpha}{p-mk+x'+\sum_{i\in\mathcal{V}} x_i}$。

由私钥的标准形式可知，与 d_1 对应的 d_2 为 $d_2 = g^{r'}$。

由于 $r = r' + \frac{\alpha}{p-mk+x'+\sum_{i\in\mathcal{V}} x_i}$，所以 $d_1 = g_1^{-\frac{y'+\sum_{i\in\mathcal{V}} y_i}{p-mk+x'+\sum_{i\in\mathcal{V}} x_i}} \left(u'\prod_{i\in\mathcal{V}} u_i\right)^{r}$。

因为

$$g^r = g^{r'} g^{\frac{\alpha}{p-mk+x'+\sum_{i\in\mathcal{V}} x_i}} = g^{r'} g_1^{\frac{1}{p-mk+x'+\sum_{i\in\mathcal{V}} x_i}}$$

所以

$$d_2 = g_1^{-\frac{1}{p-mk+x'+\sum_{i\in\mathcal{V}} x_i}} g^r$$

综上所述，身份 id 对应的私钥为

$$d_{\mathrm{id}} = (d_1, d_2) = \left(g_1^{-\frac{y'+\sum_{i\in\mathcal{V}} y_i}{p-mk+x'+\sum_{i\in\mathcal{V}} x_i}} \left(u'\prod_{i\in\mathcal{V}} u_i\right)^{r}, g_1^{-\frac{1}{p-mk+x'+\sum_{i\in\mathcal{V}} x_i}} g^r \right)$$

其中，对于确定的身份 id，$\frac{\alpha}{p-mk+x'+\sum_{i\in\mathcal{V}} x_i}$ 是一个固定值，随机选取参数 $r \leftarrow_R Z_p$，就意味着随机选取了参数 $r' \leftarrow_R Z_p$。

为了简化表达式，令 $F(\mathrm{id}) = (p-mk) + x' + \sum_{i\in\mathcal{V}} x_i$ 和 $J(\mathrm{id}) = y' + \sum_{i\in\mathcal{V}} y_i$，则有

$$d_{\mathrm{id}} = (d_1, d_2) = \left(g_1^{-\frac{J(\mathrm{id})}{F(\mathrm{id})}} \left(u'\prod_{i\in\mathcal{V}} u_i\right)^{r}, g_1^{-\frac{1}{F(\mathrm{id})}} g^r \right)$$

当且仅当 $F(\mathrm{id}) \neq 0 \bmod p$ 时，敌手 $\mathcal{B}$ 能够进行上述计算。因为 $K(\mathrm{id}) \neq 0$ 意味着

$F(\mathrm{id}) \neq 0 \bmod p$，因此以 $K(\mathrm{id}) \neq 0$ 作为敌手 $\mathcal{B}$ 进行上述计算的充分条件。

注解 5-10 由判断式 $K(\mathrm{id}) \neq 0$ 可知 $x' + \sum_{i \in \mathcal{V}} x_i \neq 0 (\bmod m)$，即 $x' + \sum_{i \in \mathcal{V}} x_i \neq k'm$ $(k' = 1, 2, \cdots, m)$，上述关系成立能够确保 $F(\mathrm{id}) \neq 0 \bmod p$。

在私钥提取询问过程中，敌手 $\mathcal{B}$ 对满足条件 $K(\mathrm{id}) = 0$ 的询问将中断并返回随机猜测 μ'。私钥提取询问中至多存在 m 个身份 ID_i 使得 $K(\mathrm{id}) = 0$，将这些身份组成的集合称为拒绝应答集合 $\mathbb{ID}$。

注解 5-11 需要思考的问题，敌手 $\mathcal{B}$ 为什么不是仅拒绝挑战身份的私钥提取询问，而是拒绝多个身份的私钥提取询问？若此处不将函数 $K(\mathrm{id}) = 0$ 作为判定条件，将判定条件改为：若 $x' + \sum_{i \in \mathcal{V}} x_i = km$，则敌手 $\mathcal{B}$ 中断，并随机选取 $\mu' \leftarrow_R \{0,1\}$ 作为挑战值 μ 的猜测。若使用上述条件作为判定条件，则在前面第②步的私钥模拟过程中至多有 $m-1$ 个身份 $\mathrm{id}_j \in \mathbb{ID} - \{\mathrm{id}^*\}$ 满足 $x' + \sum_{i \in \mathcal{V}_{\mathrm{ID}_j}} x_i = rm$（其中 $0 < r < n$），因此对应的 $p - mk + x' + \sum_{i \in \mathcal{V}_{\mathrm{ID}_j}} x_i = tp$（其中 t 是整数），则有

$$u' \prod_{i \in \mathcal{V}} u_i = g_2^{p-mk+x'} g^{y'} \prod_{i \in \mathcal{V}} g_2^{x_i} g^{y_i} = g_2^{p-mk+x'+\sum_{i \in \mathcal{V}} x_i} g^{y'+\sum_{i \in \mathcal{V}} y_i} = g_2^{tp} g^{y'+\sum_{i \in \mathcal{V}} y_i} = g^{y'+\sum_{i \in \mathcal{V}} y_i}$$

此时，对于身份 $\mathrm{id}_j \in \mathbb{ID} - \{\mathrm{id}^*\}$ 的私钥提取询问，有 $u' \prod_{i \in \mathcal{V}} u_i = g^{y'+\sum_{i \in \mathcal{V}} y_i}$，消除了重要参数 g_2，导致敌手 $\mathcal{B}$ 无法完成私钥模拟时 g_2^{α} 的计算，因此在前面第①步中必须定义函数 $K(\mathrm{id}) = 0$ 并将其作为判定条件。

(3) 挑战。

敌手 $\mathcal{A}$ 向敌手 $\mathcal{B}$ 提交两个等长的消息 $M_0, M_1 \in G_2$ 和一个挑战身份 id^*，集合 $\mathcal{V}^* \subseteq \{1, 2, \cdots, n\}$ 表示 $\mathrm{id}^* = 1$ 的所有下标 i 组成的集合，敌手 $\mathcal{B}$ 进行下述操作。

①若 $x' + \sum_{i \in \mathcal{V}_{\mathrm{ID}^*}} x_i \neq km$，敌手 $\mathcal{B}$ 中断，并随机选取 $\mu' \leftarrow_R \{0,1\}$ 作为挑战值 μ 的猜测。

注解 5-12 敌手 $\mathcal{B}$ 选择的挑战身份只有一个，即满足条件 $x' + \sum_{i \in \mathcal{V}^*} x_i = km$（其中 k 是敌手 $\mathcal{B}$ 建立系统时选择的固定参数）的身份 id^*；敌手 $\mathcal{B}$ 选择了一个挑战身份 id^*，该身份属于拒绝身份集合 $\mathrm{id}^* \in \mathbb{ID}$。

②否则 $x' + \sum_{i \in \mathcal{V}^*} x_i = km$，即 $F(\mathrm{id}) \equiv 0 \bmod p$，敌手 $\mathcal{B}$ 随机选取 $\beta \leftarrow_R \{0,1\}$，构造消息 M_β 在身份 id^* 作用下的挑战密文 $C^* = (Z \cdot M_\beta, C, C^{J(\mathrm{id}^*)})$，其中 $C = g^c$，即有

$$C^* = (Z \cdot M_\beta, C, C^{J(\mathrm{id}^*)}) = \left(e(g_1, g_2)^c \cdot M_\beta, g^c, \left(u' \prod_{i \in \mathcal{V}^*} u_i \right)^c \right)$$

下面对挑战密文 C^* 进行分类讨论。

①若敌手 $\mathcal{B}$ 的输入是 DBDH 元组，即当 $Z = e(g,g)^{abc}$ 时，意味着加密过程所使用的随机数是 $t = c$；密文的第三部分为

$$\begin{aligned}
\left(u' \prod_{i \in \mathcal{V}} u_i \right)^c &= \left(g_2^{p-mk+x'+\sum_{i \in \mathcal{V}^*} x_i} g^{y'+\sum_{i \in \mathcal{V}^*} y_i} \right)^c \\
&= g_2^{c\left(p-mk+x'+\sum_{i \in \mathcal{V}^*} x_i\right)} g^{c\left(y'+\sum_{i \in \mathcal{V}^*} y_i\right)} = g^{c\left(y'+\sum_{i \in \mathcal{V}^*} y_i\right)} = g^{cJ(\mathrm{id}^*)} = C^{J(\mathrm{id}^*)}
\end{aligned}$$

所以挑战密文 $C^* = (Z \cdot M_\beta, C, C^{J(\mathrm{id}^*)})$ 是关于挑战身份 id^* 对消息 M_β 的合法加密密文。

注解 5-13　由于敌手 $\mathcal{B}$ 无法完成 $g_2^{c\left(p-mk+x'+\sum_{i \in \mathcal{V}^*} x_i\right)}$ (其中 $g_2 = B = g^b$，敌手 $\mathcal{B}$ 无法获知 g^{bc})的计算，若想要完成挑战密文的模拟，则需要消除 $g_2^{c\left(p-mk+x'+\sum_{i \in \mathcal{V}^*} x_i\right)}$ 对密文的影响，只有使 $g_2^{c\left(p-mk+x'+\sum_{i \in \mathcal{V}^*} x_i\right)} = 1$ 成立，即 $c\left(p - mk + x' + \sum_{i \in \mathcal{V}^*} x_i \right) = p$，其中 $g_2^p = 1$。为了满足 $p - mk + x' + \sum_{i \in \mathcal{V}^*} x_i = p$，则有 $x' + \sum_{i \in \mathcal{V}^*} x_i = km$。

注解 5-14　为了实现敌手 $\mathcal{B}$ 在挑战阶段对挑战密文的模拟，前期参数设计时令 $u' = g_2^{p-mk+x'} g^{y'}$ 和 $u_i = g_2^{x_i} g^{y_i} (i = 1, 2, \cdots, n)$；对应的函数定义为 $F(\mathrm{id}) = (p - mk) + x' + \sum_{i \in \mathcal{V}} x_i$ 和 $J(\mathrm{id}) = y' + \sum_{i \in \mathcal{V}} y_i$。因此在敌手 $\mathcal{B}$ 定义函数 $F(\mathrm{id})$ 时，已选定了挑战阶段的挑战身份 id^*，挑战身份 id^* 满足关系 $x' + \sum_{i \in \mathcal{V}^*} x_i = km$。

② 若敌手 $\mathcal{B}$ 的输入是非 DBDH 元组，即 $Z \leftarrow_R G_2$ 时，挑战密文 $C^* = (Z \cdot M_\beta, C, C^{J(\mathrm{id}^*)})$ 是关于挑战身份 id^* 对明文空间 $\mathcal{M}$ 中任意随机消息的加密密文，则 C^* 将不包含敌手 $\mathcal{B}$ 选择的随机参数 β 的任何信息。

(4) 阶段 2。

敌手 $\mathcal{B}$ 重复阶段 1 的方法。

(5) 猜测。

敌手 $\mathcal{A}$ 输出对敌手 β 的猜测 $\beta' \leftarrow_R \{0,1\}$。若敌手 $\mathcal{B}$ 未中断，当 $\beta' = \beta$ 时，敌手 $\mathcal{B}$ 输出猜测 $\mu' = 1$；否则，敌手 $\mathcal{B}$ 输出猜测 $\mu' = 0$。

敌手获胜的概率与敌手$\mathcal{B}$中断的概率是相关联的，私钥提取询问会导致敌手$\mathcal{B}$中断，两个不同的集合(阶段1中的私钥询问集合和阶段2中的私钥询问集合)共有q次私钥提取询问导致敌手$\mathcal{B}$中断。

令$\mathrm{ID}'=\{\mathrm{id}_1,\cdots,\mathrm{id}_q\}$表示阶段1和阶段2私钥提取询问过程的所有身份集合；令id^*表示挑战身份，令X'表示模拟值$x',x_1,\cdots,x_n$。定义函数$\tau(X',\mathrm{ID}',\mathrm{id}^*)$：

$$\tau(X',\mathrm{ID}',\mathrm{id}^*)=\begin{cases}0, & \left(\bigcap_{i=1}^{q}K(\mathrm{id}_i)=1\right)\wedge\left(x'+\sum_{i\in\mathcal{V}^*}x_i=km\right)\\ 1, & \text{其他}\end{cases}$$

若私钥提取询问和挑战询问未导致敌手$\mathcal{B}$中断，则有$\tau(X',\mathrm{ID}',\mathrm{id}^*)=0$；定义$\eta=\Pr[\tau(X',\mathrm{ID}',\mathrm{id}^*)=0]$，则$\eta$表示在游戏中敌手$\mathcal{B}$不中断的概率；选取随机的模拟值$X'$，通过$\tau(X',\mathrm{ID}',\mathrm{id}^*)$实际计算的敌手$\mathcal{B}$不中断的概率值为$\eta'$。令$\lambda$(由下面计算可知$\lambda=\dfrac{1}{8(n+1)q}$)为对于任意的询问敌手$\mathcal{B}$不中断概率的下界。若$\eta'\geqslant\lambda$，则敌手$\mathcal{B}$中断的概率为$\dfrac{\eta'-\lambda}{\eta'}$，不中断的概率是$\dfrac{\lambda}{\eta'}$。

对上述游戏进行分析是困难的，因为在所有询问被完全执行之前，敌手$\mathcal{B}$可能就已经中断，进而使得整个游戏结束，导致概率分析是困难的。

下面是第二个游戏，它比第一个游戏容易进行输出分布的分析。

(1)初始化。

敌手$\mathcal{B}$选取主密钥g_2^{α}，按第一个游戏的方法产生相应的参数$X^*=(x',\boldsymbol{x})$、$\boldsymbol{y}$、u'和$\boldsymbol{u}$，将公开参数发送给敌手$\mathcal{A}$。

(2)阶段1。

由于敌手$\mathcal{B}$完全掌握主密钥，因此能够应答敌手$\mathcal{A}$关于相关身份的私钥提取询问。

(3)挑战。

敌手$\mathcal{B}$收到敌手$\mathcal{A}$提交的挑战消息M_0,M_1和挑战身份ID^*后，选取两个随机数$\mu,\beta\leftarrow_R\{0,1\}$；若$\mu=0$，则加密随机消息生成挑战密文；否则$\mu=1$，加密消息$M_\beta$生成挑战密文。

(4)阶段2。

与阶段1相同。

(5)猜测。

敌手$\mathcal{A}$提交一个随机数$\beta'\leftarrow_R\{0,1\}$作为对$\beta$的猜测。敌手$\mathcal{B}$根据敌手$\mathcal{A}$的私钥提取询问$\mathrm{ID}'=\{\mathrm{id}_1,\cdots,\mathrm{id}_q\}$和挑战询问$\mathrm{id}^*$，计算函数$\tau(X^*,\mathrm{ID}',\mathrm{id}^*)$，若$\tau(X^*,\mathrm{ID}',\mathrm{id}^*)=1$，敌手$\mathcal{B}$中断，并输出$\mu$的一个随机猜测$\mu'$。

断言 5-5　概率 $\Pr[\mu'=\mu]$ 在两个游戏中是完全相同的。

证明　第二个游戏中，敌手 $\mathcal{B}$ 仅当 $\tau(X^*,\mathrm{ID}',\mathrm{id}^*)=1$ 时，中断并输出一个随机猜测 μ'。这个条件用于判断敌手 $\mathcal{B}$ 在第一个游戏中是否存在中断，如果存在，那么在第二个游戏中敌手 $\mathcal{B}$ 同样中断，并输出一个随机猜测。在两个游戏中所有的公开参数、私钥提取询问和挑战密文都具有相同的分布，并且中断的情况是等价的。因此两个游戏的输出分布是相同的，即概率 $\Pr[\mu'=\mu]$ 是完全相同的。

断言 5-5 证毕。

断言 5-6　敌手 $\mathcal{B}$ 不中断的概率至少是 $\lambda=\dfrac{1}{8(n+1)q}$。

证明　假设敌手 $\mathcal{A}$ 进行最大次数的私钥提取询问，即针对不同的身份 $\mathrm{ID}'=\{\mathrm{id}_1,\cdots,\mathrm{id}_q\}$ 进行 q 次私钥提取询问。对于 $\mathrm{ID}'=\{\mathrm{id}_1,\cdots,\mathrm{id}_q\}$ 和挑战身份 id^*，敌手 $\mathcal{B}$ 不中断的概率可以表示为

$$\Pr[\overline{\mathrm{Abort}}]=\Pr\left[\left(\bigcap_{i=1}^{q}K(\mathrm{id}_i)=1\right)\wedge\left(x'+\sum_{i\in\mathcal{V}^*}x_i=km\right)\right]$$

它的下界求解过程如下：

$$\begin{aligned}
&\Pr\left[\left(\bigcap_{i=1}^{q}K(\mathrm{id}_i)=1\right)\wedge\left(x'+\sum_{i\in\mathcal{V}^*}x_i=km\right)\right]\\
&=\left(1-\Pr\left[\bigcup_{i=1}^{q}K(\mathrm{id}_i)=0\right]\right)\Pr\left[x'+\sum_{i\in\mathcal{V}^*}x_i=km\middle|\bigcap_{i=1}^{q}K(\mathrm{id}_i)=1\right]\\
&\geqslant\left(1-\frac{q}{m}\right)\Pr\left[x'+\sum_{i\in\mathcal{V}^*}x_i=km\middle|\bigcap_{i=1}^{q}K(\mathrm{id}_i)=1\right]\\
&=\frac{1}{n+1}\left(1-\frac{q}{m}\right)\Pr\left[K(\mathrm{id}^*)=0\middle|\bigcap_{i=1}^{q}K(\mathrm{id}_i)=1\right]\\
&=\frac{1}{n+1}\left(1-\frac{q}{m}\right)\frac{\Pr\left[K(\mathrm{id}^*)=0\right]}{\Pr\left[\bigcap_{i=1}^{q}K(\mathrm{id}_i)=1\right]}\Pr\left[\bigcap_{i=1}^{q}K(\mathrm{id}_i)=1\middle|K(\mathrm{id}^*)=0\right]\\
&\geqslant\frac{1}{m(n+1)}\left(1-\frac{q}{m}\right)\Pr\left[\bigcap_{i=1}^{q}K(\mathrm{id}_i)=1\middle|K(\mathrm{id}^*)=0\right]\\
&=\frac{1}{m(n+1)}\left(1-\frac{q}{m}\right)\left(1-\Pr\left[\bigcup_{i=1}^{q}K(\mathrm{id}_i)=1\middle|K(\mathrm{id}^*)=0\right]\right)\\
&\geqslant\frac{1}{m(n+1)}\left(1-\frac{q}{m}\right)\left(1-\sum_{i=1}^{q}\Pr[K(\mathrm{id}_i)=1|K(\mathrm{id}^*)=0]\right)
\end{aligned}$$

$$=\frac{1}{m(n+1)}\left(1-\frac{q}{m}\right)^2$$
$$\geqslant\frac{1}{m(n+1)}\left(1-2\frac{q}{m}\right)$$

对于任意的私钥询问身份 id_i，由于函数 $K(\mathrm{id})$ 中对应的参数 $k(k\in[1,m])$ 是固定的，因此有 $\Pr[K(\mathrm{id}_i)=0]=\frac{1}{m}$。对于任意的私钥询问身份 $\mathrm{id}_i\in\mathrm{ID}'=\{\mathrm{id}_1,\cdots,\mathrm{id}_q\}$ 和挑战身份 id^*，由于 $x'+\sum_{i\in\mathcal{V}'}x_i\equiv 0(\bmod m)$ 和 $x'+\sum_{i\in\mathcal{V}^*}x_i\equiv 0(\bmod m)$ 中至少有一个随机值 x_j 是不相同的，因此 $K(\mathrm{id}_i)=0$ 和 $K(\mathrm{id}^*)=0$ 是相互独立的。

当 $m=4q$ 时，概率 $\Pr[\overline{\mathrm{Abort}}]=\frac{1}{m(n+1)}\left(1-2\frac{q}{m}\right)$ 取得最小值 $\frac{1}{8(n+1)q}$，即 $\lambda=\frac{1}{8(n+1)q}$。

断言 5-6 证毕。

断言 5-7　若存在敌手 $\mathcal{A}$ 能以优势 ϵ 攻破上述加密方案，则存在敌手 $\mathcal{B}$ 至少能以优势 $\frac{\epsilon}{64(n+1)q}$ 解决 DBDH 假设。

证明　根据敌手 $\mathcal{B}$ 输入四元组的种类进行分类讨论。

(1) 敌手 $\mathcal{B}$ 的输入是随机四元组 $\mathcal{T}_0=(g,g^a,g^b,g^c,Z\leftarrow_R G_2)$。此时敌手 $\mathcal{B}$ 要么中断且输入随机猜测 μ'，则 $\Pr[\mu'=\mu]=\frac{1}{2}$；要么当敌手 $\mathcal{A}$ 输出正确的猜测 β' 时，敌手 $\mathcal{B}$ 输出 $\mu'=1$，由于敌手 $\mathcal{B}$ 选取的随机比特 β 对敌手 $\mathcal{A}$ 是完全隐藏的，因此 $\Pr[\mu'=\mu]=\frac{1}{2}$，所以有 $\Pr[\mathcal{B}(\mathcal{T}_0)=1]=\frac{1}{2}$。

(2) 敌手 $\mathcal{B}$ 的输入是 DBDH 元组 $\mathcal{T}_1=(g,g^a,g^b,g^c,Z=e(g,g)^{abc})$，此时敌手 $\mathcal{A}$ 在第二个游戏中的视图与真实游戏是相同的。

$$\Pr[\mathcal{B}(\mathcal{T}_1)=1]=\Pr[\mu'=1]=\Pr[\mu'=1\mid\mathrm{Abort}]\Pr[\mathrm{Abort}]+\Pr[\mu'=1\mid\overline{\mathrm{Abort}}]\Pr[\overline{\mathrm{Abort}}]$$

已知 $\Pr[\mu'=1\mid\mathrm{Abort}]=\frac{1}{2}$，则有

$$\Pr[\mathcal{B}(\mathcal{T}_1)=1]=\frac{1}{2}(1-\Pr[\overline{\mathrm{Abort}}])+\Pr[\mu'=1\mid\overline{\mathrm{Abort}}]\Pr[\overline{\mathrm{Abort}}]$$

在第二个游戏中，如果敌手 $\mathcal{B}$ 不发生中断，那么当 $\beta'=\beta$ 时，敌手 $\mathcal{B}$ 输出猜测 $\mu'=1$；而当 $\beta'\neq\beta$ 时，敌手 $\mathcal{B}$ 输出猜测 $\mu'=0$。所以

$$\begin{aligned}\Pr[\overline{\text{Abort}}] &= \Pr[\overline{\text{Abort}} \mid \mu'=1]\Pr[\mu'=1] + \Pr[\overline{\text{Abort}} \mid \mu'=0]\Pr[\mu'=0] \\ &= \Pr[\overline{\text{Abort}} \mid \beta'=\beta]\Pr[\beta'=\beta] + \Pr[\overline{\text{Abort}} \mid \beta'\neq\beta]\Pr[\beta'\neq\beta]\end{aligned}$$

已知

$$\begin{aligned}\Pr[\mu'=1 \mid \overline{\text{Abort}}]\Pr[\overline{\text{Abort}}] &= \Pr[\overline{\text{Abort}} \mid \mu'=1]\Pr[\mu'=1] \\ &= \Pr[\overline{\text{Abort}} \mid \beta'=\beta]\Pr[\beta'=\beta]\end{aligned}$$

因此，可知

$$\Pr[\mathcal{B}(\mathcal{T}_1)=1] = \frac{1}{2} + \frac{1}{2}(\Pr[\overline{\text{Abort}} \mid \beta'=\beta]\Pr[\beta'=\beta] - \Pr[\overline{\text{Abort}} \mid \beta'\neq\beta]\Pr[\beta'\neq\beta])$$

由假设可知，敌手 $\mathcal{B}$ 攻破上述 IBE 机制的优势为 ϵ，则有 $\Pr[\beta'=\beta]=\frac{1}{2}+\epsilon$ 和 $\Pr[\beta'\neq\beta]=\frac{1}{2}-\epsilon$，上式可变形为

$$\Pr[\mathcal{B}(\mathcal{T}_1)=1] = \frac{1}{2} + \frac{1}{2}\left(\left(\frac{1}{2}+\epsilon\right)\Pr[\overline{\text{Abort}} \mid \beta'=\beta] - \left(\frac{1}{2}-\epsilon\right)\Pr[\overline{\text{Abort}} \mid \beta'\neq\beta]\right)$$

由下面推论 5-1 可知 $\left(\frac{1}{2}+\epsilon\right)\Pr[\overline{\text{Abort}} \mid \beta'=\beta] - \left(\frac{1}{2}-\epsilon\right)\Pr[\overline{\text{Abort}} \mid \beta'\neq\beta] \geqslant \frac{3}{2}\lambda\epsilon$，则上式可变形为 $\Pr[\mathcal{B}(\mathcal{T}_1)=1] = \frac{1}{2}+\frac{3}{4}\lambda\epsilon$。

综上所述，敌手 $\mathcal{B}$ 解决 DBDH 假设的优势为

$$\frac{1}{2}(\Pr[\mathcal{B}(\mathcal{T}_1)=1] - \Pr[\mathcal{B}(\mathcal{T}_0)=1]) \geqslant \frac{3}{8}\lambda\epsilon \geqslant \frac{\epsilon}{64(n+1)q}$$

断言 5-7 证毕。

推论 5-1　$\left(\frac{1}{2}+\epsilon\right)\Pr[\overline{\text{Abort}} \mid \beta'=\beta] - \left(\frac{1}{2}-\epsilon\right)\Pr[\overline{\text{Abort}} \mid \beta'\neq\beta] \geqslant \frac{3}{2}\lambda\epsilon$。

证明　令 $\eta = \Pr[\tau(X', \text{ID}', \text{id}^*)=0]$，则 η 表示在游戏中模拟器未中断的概率，其中 $\text{ID}'=\{\text{id}_1,\cdots,\text{id}_q\}$ 表示阶段 1 和阶段 2 私钥提取询问过程的所有身份集合；id^* 表示挑战身份；X' 表示模拟值 $x', x_1, \cdots, x_n$。

求解 $\left(\frac{1}{2}+\epsilon\right)\Pr[\overline{\text{Abort}} \mid \beta'=\beta] - \left(\frac{1}{2}-\epsilon\right)\Pr[\overline{\text{Abort}} \mid \beta'\neq\beta] \geqslant \frac{3}{2}\lambda\epsilon$，即求解该表达式的下界，则首先求解 $\left(\frac{1}{2}+\epsilon\right)\Pr[\overline{\text{Abort}} \mid \beta'=\beta]$ 的下界，其次求解 $\left(\frac{1}{2}-\epsilon\right)\Pr[\overline{\text{Abort}} \mid \beta'\neq\beta]$ 的上界。

(1) 求解 $\left(\frac{1}{2}+\epsilon\right)\Pr[\overline{\text{Abort}} \mid \beta'=\beta]$ 的下界。

敌手$\mathcal{B}$计算η'，由切诺夫界可知$\Pr\left[\eta'>\eta\left(1+\frac{\epsilon}{8}\right)\right]<\lambda\frac{\epsilon}{8}$，则有

$$\Pr[\overline{\text{Abort}}\mid\beta'=\beta]\geqslant\left(1-\lambda\frac{\epsilon}{8}\right)\eta\frac{\lambda}{\eta\left(1+\frac{\epsilon}{8}\right)}\geqslant\left(1-\lambda\frac{\epsilon}{8}\right)^2\geqslant\lambda\left(1-\frac{\epsilon}{4}\right)$$

那么，有下述关系成立。

$$\left(\frac{1}{2}+\epsilon\right)\Pr[\overline{\text{Abort}}\mid\beta'=\beta]\geqslant\lambda\left(\frac{1}{2}+\frac{3}{4}\epsilon\right)$$

(2) 求解$\left(\frac{1}{2}-\epsilon\right)\Pr[\overline{\text{Abort}}\mid\beta'\neq\beta]$的上界。

敌手$\mathcal{B}$计算η'，由切诺夫界可知$\Pr\left[\eta'<\eta\left(1-\frac{\epsilon}{8}\right)\right]<\lambda\frac{\epsilon}{8}$，则有

$$\Pr[\overline{\text{Abort}}\mid\beta'\neq\beta]\leqslant\lambda\frac{\epsilon}{8}+\frac{\lambda\eta}{\eta\left(1-\frac{\epsilon}{8}\right)}\leqslant\lambda\frac{\epsilon}{8}+\lambda\left(1+\frac{2\epsilon}{8}\right)=\lambda\left(1+\frac{3\epsilon}{8}\right)$$

那么，有下述关系成立。

$$\left(\frac{1}{2}-\epsilon\right)\Pr[\overline{\text{Abort}}\mid\beta'\neq\beta]\leqslant\lambda\left(\frac{1}{2}-\frac{3\epsilon}{4}\right)$$

推论 5-1 证毕。

综上所述，有$\left(\frac{1}{2}+\epsilon\right)\Pr[\overline{\text{Abort}}\mid\beta'=\beta]-\left(\frac{1}{2}-\epsilon\right)\Pr[\overline{\text{Abort}}\mid\beta'\neq\beta]\geqslant\frac{3}{2}\lambda\epsilon$成立。

定理 5-3 证毕。

5.4　密文尺寸固定的分层身份基加密机制

本节详细介绍 Boneh 等[17]提出的密文尺寸固定的分层身份基加密机制。对于 HIBE 来说，当前主要有两个应用。第一个是由 Canetti 等[23]提出的前向安全加密，前向安全加密使用户能够定期更新其私钥，让在n时刻被加密的明文，在$n'>n$时，即使使用私钥也不能够被读取。为了提供$T=2^t$时间周期，CHK 构造使用深度为t的 HIBE，身份是长度至少为t的二元向量。在n时刻，加密算法使用深度为t的二叉树的第n个节点相对应的身份进行加密。因此，若使用先前的 HIBE 系统，则安全构造中的密文大小为$\mathcal{O}(t)$，私钥的大小为$\mathcal{O}(t^2)$，但可以通过使用可更新的公共存储将其减少为$\mathcal{O}(t)$。第二个 HIBE 的应用是由 Dodis 和 Fazi 提出的，他们使用 HIBE 将

NNL 广播加密系统转换为公钥广播系统。不幸的是，最终的公钥广播系统并不比简单的结构好，因为先前的 HIBE 结构中的密文长度在层次结构的深度上是线性的。

Boneh 等[17]提出了一种 HIBE 系统，其中密文大小和解密成本与层次深度 l 是相互独立的，其中密文始终都是 3 个群元素，解密仅需要两个双线性映射计算，然而私钥像以前的 HIBE 结构一样包含 l 个群元素。上述系统在任何 $T=2^t$ 时期都提供了一个只包含 3 个群元素的短密文的安全加密系统，并且随着身份深度的增加，私钥会缩小，这种收缩是与以前的 HIBE 机制相反的行为。

5.4.1　具体构造

G 是一个阶为素数 p 的双线性群，$e:G\times G\to G_1$ 是一个双线性映射。假设 k 层公钥(也就是身份 ID)是 $(Z_p^*)^k$ 中的向量元素。$\mathrm{ID}=(I_1,\cdots,I_k)\in(Z_p^*)^k$，第 j 个分量对应于第 j 层的身份。稍后将该构造扩展，使得公钥定义在 $\{0,1\}^*$ 上，这是通过散列分量 I_j 实现的，该散列是一个抗碰撞的哈希函数 $H:\{0,1\}^*\to Z_p^*$。此外，假设要加密的消息是 G_1 中的元素。HIBE 系统的工作原理如下所示。

(1) $(\mathrm{Params},\mathrm{msk})\leftarrow\mathrm{Setup}(1^\kappa,l)$。

为了给最大深度为 l 的 HIBE 生成系统参数，选取随机的生成元 $g\in G$，随机值 $\alpha\in Z_p$ 并且令 $g_1=g^\alpha$，选择随机元素 $g_2,g_3,h_1,\cdots,h_l\in G$。公共参数和主密钥分别设置为

$$\mathrm{Params}=(g,g_1,g_2,g_3,h_1,\cdots,h_l)\text{ 和 }\mathrm{msk}=g_2^\alpha$$

(2) $d_{\mathrm{ID}}\leftarrow\mathrm{KeyGen}(\mathrm{msk},\mathrm{ID})$。

为了给身份 $\mathrm{ID}=(I_1,\cdots,I_k)\in(Z_p^*)^k$ 生成一个私钥 d_{ID}，其深度 $k\leqslant l$，选择一个随机的 $r\in Z_p$，并输出

$$d_{\mathrm{ID}}=(g_2^\alpha\cdot(h_1^{I_1}\cdots h_k^{I_k}\cdot g_3)^r,g^r,h_{k+1}^r,\cdots,h_l^r)\in G^{2+l-k}$$

特别地，随着 $\mathrm{ID}=(I_1,\cdots,I_k)\in(Z_p^*)^k$ 深度的增加 d_{ID} 会变短。只要按要求给定 $\mathrm{ID}_{k-1}=(I_1,\cdots,I_{k-1})\in(Z_p^*)^{k-1}$ 的私钥，$\mathrm{ID}=(I_1,\cdots,I_k)\in(Z_p^*)^k$ 的私钥就可以生成。令

$$d_{\mathrm{ID}|k-1}=(g_2^\alpha\cdot(h_1^{I_1}\cdots h_{k-1}^{I_{k-1}}\cdot g_3)^{r'},g^{r'},h_k^{r'},\cdots,h_l^{r'})=(a_0,a_1,b_k,\cdots,b_l)$$

为身份 ID_{k-1} 的私钥。为了生成 d_{ID}，选择一个随机的 $t\in Z_p$，输出

$$d_{\mathrm{ID}}=(a_0\cdot b_k^{I_k}\cdot(h_1^{I_1}\cdots h_k^{I_k}\cdot g_3)^t,a_1\cdot g^t,b_{k+1}\cdot h_{k+1}^t,\cdots,b_l\cdot h_l^t)$$

该私钥是身份 $\mathrm{ID}=(I_1,\cdots,I_k)\in(Z_p^*)^k$ 对随机数 $r=r'+t$ 的合法私钥。

(3) $C\leftarrow\mathrm{Enc}(M,\mathrm{ID})$。

为了对公钥 $\mathrm{ID}=(I_1,\cdots,I_k)\in(Z_p^*)^k$ 下的消息 $M\in G_1$ 进行加密，选择一个随机的 $s\in Z_p$，并输出

$$C=(e(g_1,g_2)^s\cdot M,g^s,(h_1^{I_1}\cdots h_k^{I_k}\cdot g_3)^s)\in G_1\times G^2$$

(4) $M\leftarrow \mathrm{Dec}(C,d_{\mathrm{ID}})$。

考虑这样一个身份 $\mathrm{ID}=(I_1,\cdots,I_k)\in(Z_p^*)^k$。要使用私钥 $d_{\mathrm{ID}}=(a_0,a_1,b_{k+1},\cdots,b_l)$ 解密一个给定的密文 $C=(c_1,c_2,c_3)$，输出

$$M=c_1\frac{e(a_1,c_3)}{e(a_1,c_2)}$$

确实，对于一个有效的密文，有

$$\frac{e(a_1,c_3)}{e(a_1,c_2)}=\frac{e(g^r,(h_1^{I_1}\cdots h_k^{I_k}\cdot g_3)^s)}{e(g^s,g_2^{\alpha}(h_1^{I_1}\cdots h_k^{I_k}\cdot g_3)^r)}=\frac{1}{e(g,g_2)^{s\alpha}}=\frac{1}{e(g_1,g_2)^s}$$

可以看出，上述构造中对于任意深度的身份，加密密文仅包含了 3 个元素，而解密仅包含 2 个配对运算。在以前的 HIBE 系统中，密文大小和解密时间对于身份深度呈线性增长。另外，请注意，可预先计算用于加密的 $e(g_1,g_2)$（或在系统参数中替换为 g_2），使得加密不需要任何配对操作。

5.4.2 安全性证明

定理 5-4 G 是一个阶为素数 p 的双线性群。假设 DBDH 假设在 G 上成立，那么上述 HIBE 构造具有选择性身份的 CPA 安全性。

证明 假设敌手 $\mathcal{A}$ 攻击上述 HIBE 系统的优势为 ε，那么使用敌手 $\mathcal{A}$ 能够构造一个敌手 $\mathcal{B}$ 来解决 G 上的判定性 $(l+1)$-BDHE 问题。

对于生成元 $g\in G$ 和 $\alpha\in G$，设 $y_i=g^{(\alpha^i)}\in G$。敌手 $\mathcal{B}$ 的输入是一个随机元组 $(g,h,y_1,\cdots,y_l,y_{l+2},\cdots,y_{2l+2},T)$，该元组来自 $\mathcal{P}_{\mathrm{BDHE}}$（这时 $T=e(g,h)^{\alpha^{l+1}}$）或 $\mathcal{R}_{\mathrm{BDHE}}$（这时 T 在 G_1 中是均匀且独立的）的采样。敌手 $\mathcal{B}$ 的目标是当输入元组从 $\mathcal{P}_{\mathrm{BDHE}}$ 采样时输出 1，否则输出 0。敌手 $\mathcal{B}$ 与敌手 $\mathcal{A}$ 进行选择身份游戏的交互过程如下所示。

在选择身份游戏开始前，敌手 $\mathcal{A}$ 首先输出一个 $m\leqslant l$ 层身份 $\mathrm{ID}^*=(I_1,\cdots,I_m)\in(Z_p^*)^m$，并将其作为挑战身份。如果 $m<l$，那么敌手 $\mathcal{B}$ 就用 $l-m$ 个 0 在 ID^* 右边填充使其成为一个长度为 l 的集合。因此，在这里假设 ID^* 是一个长度为 l 的集合。

(1) 初始化。

为了生成系统参数，敌手 $\mathcal{B}$ 在 Z_p 中选择一个随机的 γ 并让 $g_1=y_1=g^{\alpha}$，$g_2=y_l\cdot g^{\gamma}=g^{\gamma+\alpha^l}$。接下来，敌手 $\mathcal{B}$ 在 Z_p 中选择 $\gamma_1,\cdots,\gamma_l$ 并让 $h_i=g^{\gamma_i}/y_{l-i+1}$（$i=1,\cdots,l$）。敌手 $\mathcal{B}$ 同样也在 Z_p 中选择一个随机的 δ 并让 $g_3=g^{\delta}\cdot\prod_{i=1}^{l}y_{l-i+1}^{I_i^*}$。

最后，敌手 $\mathcal{B}$ 给敌手 $\mathcal{A}$ 发送相应的系统参数 $\mathrm{Params}=(g,g_1,g_2,g_3,h_1,\cdots,h_l)$。注

意到所有这些值都按要求在 G 上均匀随机且独立分布。对应于这些系统参数的主密钥是 $g_2^\alpha = g^{\alpha(\alpha^l+\gamma)} = y_l y_1^\gamma$，因为敌手 $\mathcal{B}$ 没有 y_{l+1}，所以敌手 $\mathcal{B}$ 并不知道主密钥。

(2)阶段 1。

敌手 $\mathcal{A}$ 提出 q_S 次私钥生成询问。考虑这样一次查询，也就是与身份 $\mathrm{ID}=(I_1,\cdots,I_u)\in(Z_p^*)^u$ (其中 $u\leqslant l$)相对应的私钥查询，唯一的限制是该 ID 不能是 ID^* 或 ID^* 的前缀，这个限制确保了存在 $k\in\{1,\cdots,u\}$ 有 $I_k \neq I_k^*$ (否则，ID 将会是 ID^* 的一个前缀)。敌手 $\mathcal{B}$ 为了响应查询，它首先为身份 $(I_1,\cdots,I_k)$ 派生一个私钥，然后通过该私钥为被请求的身份 $\mathrm{ID}=(I_1,\cdots,I_k,\cdots,I_u)$ 构造一个私钥。

为了生成身份 $(I_1,\cdots,I_k)$ 的私钥，敌手 $\mathcal{B}$ 首先在 Z_p 中选择一个随机的 $\tilde{r}$，令 $r=\dfrac{\alpha^k}{I_k - I_k^*}+\tilde{r}$。接下来，敌手 $\mathcal{B}$ 生成身份 $(I_1,\cdots,I_k)$ 的私钥：

$$(g_2^\alpha \cdot (h_1^{I_1}\cdots h_k^{I^k} g_3)^r, g^r, h_{k+1}^r,\cdots,h_l^r)$$

这是身份 $(I_1,\cdots,I_k)$ 的一个分布合理的私钥。下面将展示该算法能够计算上述私钥中的任何元素。特别地，对于任意的 i,j，有 $y_i^{(\alpha^j)} = y_{i+j}$ 成立。要生成私钥的第一部分，首先观察到

$$(h_1^{I_1}\cdots h_k^{I_k} g_3)^r = \left(g^{\delta+\sum\limits_{i=1}^{k} I_i\gamma_i} \cdot \prod_{i=0}^{k-1} y_{l-i+1}^{(I_k^*-I_i)} \cdot y_{l-k+1}^{r(I_k^*-I_k)} \cdot \prod_{i=k+1}^{l} y_{l-i+1}^{I_i^*} \right)^r$$

令 Z 表示第一项、第二项和第四项的乘积，则有

$$Z = \left(g^{\delta+\sum\limits_{i=0}^{k} I_i\gamma_i} \cdot \prod_{i=1}^{k-1} y_{l-i+1}^{(I_i^*-I_i)} \cdot \prod_{i=k+1}^{l} y_{l-i+1}^{I_i^*} \right)^r$$

可以验证只要给定相应的身份 $(I_1,\cdots,I_k)$，随机数 δ 和 $\tilde{r}$，敌手 $\mathcal{B}$ 能够计算出 Z 中所有项。接下来，观察到第三项 $y_{l-k+1}^{r(I_k^*-I_k)}$ 满足

$$y_{l-k+1}^{r(I_k^*-I_k)} = y_{l-k+1}^{\tilde{r}(I_k^*-I_k)} \cdot y_{l-k+1}^{\frac{\alpha^k(I_k^*-I_k)}{(I_k-I_k^*)}} = \frac{y_{l-k+1}^{\tilde{r}(I_k^*-I_k)}}{y_{l+1}}$$

由于 $g_2^\alpha = (y_l \cdot g^\gamma)^\alpha = y_{l+1} y_1^\gamma$，那么私钥的第一个分量

$$g_2^\alpha (h_1^{I_1}\cdots h_k^{I_k} g_3)^r = y_{l+1} y_1^\gamma \cdot Z \cdot \frac{y_{l-k+1}^{\tilde{r}(I_k^*-I_k)}}{y_{l+1}} = y_1^\gamma \cdot Z \cdot y_{l-k+1}^{\tilde{r}(I_k^*-I_k)}$$

因为 y_{l+1} 消掉了，故该表达式中的所有项对于敌手 $\mathcal{B}$ 都是已知的。因此，敌手 $\mathcal{B}$ 可以计算私钥的第一个分量 $g_2^\alpha \cdot (h_1^{I_1}\cdots h_k^{I^k} g_3)^r$。

敌手$\mathcal{B}$能计算出的第二个分量g^r是$y_k^{\frac{1}{(I_k-I_k^*)}}g^{\tilde{r}}$。同样，剩余元素$h_{k+1}^r,\cdots,h_l^r$可以由敌手$\mathcal{B}$计算出来，因为它们不涉及$y_{l+1}$项。因此，敌手$\mathcal{B}$可以对身份$(I_1,\cdots,I_k)$派生出一个有效的私钥。敌手$\mathcal{B}$使用此私钥为身份$\mathrm{ID}=(I_1,\cdots,I_k,\cdots,I_u)$计算出私钥，并返回给敌手$\mathcal{A}$相应的结果。

(3)挑战。

当敌手$\mathcal{A}$决定阶段1结束时，它输出两个希望被挑战的消息$M_0,M_1\in G_1$。敌手$\mathcal{B}$选择一个随机比特$b\in\{0,1\}$并用挑战密文进行响应，挑战密文如下：

$$C^*=\left(M_b\cdot T\cdot e(y_1,h^{\gamma}),h,h^{\delta+\sum_{i=1}^{l}I_i^*\gamma^i}\right)$$

其中，h和T是敌手$\mathcal{B}$的输入元组的值。请注意，若令$h=g^c$（对于未知的c），那么有

$$h^{\delta+\sum_{i=0}^{l}I_i^*\gamma^i}=\left(\prod_{i=1}^{l}\left(\frac{g^{\gamma^i}}{y_{l-i+1}}\right)^{I_i^*}\cdot\left(g^{\delta}\prod_{i=1}^{l}y_{l-i+1}^{I_i^*}\right)\right)^c=(h_1^{I_1^*}\cdots h_l^{I_l^*}g_3)^c$$

$$e(g,h)^{(\alpha^{l+1})}\cdot e(y_1,h^{\gamma})=(e(y_1,y_l)\cdot e(y_1,g^{\gamma}))^c=e(y_1,y_lg^{\gamma})^c=e(g_1,g_2)^c$$

因此，如果$T=e(g,h)^{(\alpha^{l+1})}$（即输入元组从$\mathcal{P}_{\mathrm{BDHE}}$采样），那么挑战密文是一个挑战身份$\mathrm{ID}^*=(I_1,\cdots,I_m)\in(Z_p^*)^m$对明文$M_b$的有效加密密文，因为

$$\begin{aligned}C^*&=(M_b\cdot e(g_1,g_2)^c,g^c,(h_1^{I_1^*}\cdots h_m^{I_m^*}\cdots h_l^{I_l^*}g_3)^c)\\&=(M_b\cdot e(g_1,g_2)^c,g^c,(h_1^{I_1^*}\cdots h_m^{I_m^*}g_3)^c)\end{aligned}$$

另外，当T是G_1上均匀随机且独立的分布时(即输入元组是从$\mathcal{R}_{\mathrm{BDHE}}$采样得到的)，在敌手看来，挑战密文$C^*$与$b$无关。

(4)阶段2。

敌手$\mathcal{A}$发出在阶段1所提出过的查询，敌手$\mathcal{B}$回应方式与阶段1中的一样。

(5)猜测。

最后，敌手$\mathcal{A}$输出对敌手$\mathcal{B}$选取随机数b的一个猜测$b'\in\{0,1\}$。敌手$\mathcal{B}$在输出一个猜测后结束游戏，如果$b=b'$，那么敌手$\mathcal{B}$输出1，意味着$T=e(g,h)^{(\alpha^{l+1})}$；否则，敌手$\mathcal{B}$输出0，意味着$T$是在$G_1$中随机选的。

当输入元组是从$\mathcal{P}_{\mathrm{BDHE}}$采样(这时$T=e(g,h)^{(\alpha^{l+1})}$)得到的，那么敌手$\mathcal{A}$的视图就和它在真实的攻击游戏中的视图一样，因此，敌手$\mathcal{A}$满足$\left|\Pr[b=b']-\frac{1}{2}\right|\geqslant\varepsilon$。当输入元组是从$\mathcal{R}_{\mathrm{BDHE}}$采样得到的(这时$T$是$G_1$中的均匀随机分布)，则$\Pr[b=b']=\frac{1}{2}$。因

此，当 g 和 h 是 G 中的均匀分布时，α 是 Z_p 中的均匀随机分布及 T 是 G_1 中的均匀随机分布，有

$$\left|\Pr[\mathcal{B}(g,h,\boldsymbol{y}_{g,\alpha,l},e(g,h)^{(\alpha^{l+1})})=0]-\Pr[\mathcal{B}(g,h,\boldsymbol{y}_{g,\alpha,l},T)=0]\right|\geqslant\left|\left(\frac{1}{2}\pm\varepsilon\right)-\frac{1}{2}\right|=\varepsilon$$

定理 5-4 证毕。

5.5　标准模型下匿名的身份基加密机制

本节将介绍 Boyen 和 Waters[26]提出的标准模型下匿名的 IBE 机制。下面首先回顾 IBE 机制匿名性的定义。

IBE 机制的匿名性游戏包含挑战者 $\mathcal{C}$ 和敌手 $\mathcal{A}$ 两个参与者，具体的消息交互过程如下所示。

(1) 初始化。

挑战者 $\mathcal{C}$ 输入安全参数 κ，运行系统初始化算法 $(\text{Params},\text{msk})\leftarrow\text{Setup}(1^\kappa)$，产生公开的系统参数 Params 和保密的主密钥 msk，并将 Params 发送给敌手 $\mathcal{A}$。

(2) 阶段 1 (训练)。

在该阶段，敌手 $\mathcal{A}$ 可适应性地进行多项式有界次的密钥生成询问和解密询问。

密钥生成询问：敌手 $\mathcal{A}$ 发出对任意身份 $\text{id}\in\mathcal{ID}$ 的私钥生成询问，挑战者 $\mathcal{C}$ 运行密钥生成算法 $\text{sk}_{\text{id}}\leftarrow\text{KeyGen}(\text{id},\text{msk})$，产生与身份 id 相对应的私钥 sk_{id}，并把它发送给敌手 $\mathcal{A}$。

(3) 挑战。

敌手 $\mathcal{A}$ 输出两个挑战身份 $\text{id}_0,\text{id}_1\in\mathcal{ID}$ 和一个挑战明文 $M\in\mathcal{M}$，其中 id_0 和 id_1 不能出现在阶段 1 的任何私钥生成询问中。挑战者 $\mathcal{C}$ 选取随机值 $\beta\leftarrow_R\{0,1\}$，计算挑战密文 $C_\beta^*=\text{Enc}(\text{id}_\beta,M)$，并将 C_β^* 发送给敌手 $\mathcal{A}$。

(4) 阶段 2 (训练)。

该阶段敌手 $\mathcal{A}$ 可以进行多项式有界次的密钥生成询问和解密询问。

密钥生成询问：敌手 $\mathcal{A}$ 能够对除了挑战身份 id^* 之外的任何身份 id (其中 $\text{id}\neq\text{id}_0$ 和 $\text{id}\neq\text{id}_1$) 进行私钥生成询问，挑战者 $\mathcal{C}$ 按阶段 1 中的方式进行回应。

(5) 猜测。

敌手 $\mathcal{A}$ 输出对挑战者 $\mathcal{C}$ 选取随机数 β 的猜测值 $\beta'\in_R\{0,1\}$，如果 $\beta'=\beta$，那么敌手 $\mathcal{A}$ 攻击成功，即敌手 $\mathcal{A}$ 在该游戏中获胜。

敌手 $\mathcal{A}$ 获胜的优势定义为安全参数 κ 的函数：

$$\text{Adv}_{\text{IBE}}^{\text{Anonmity}}(\kappa)=\left|\Pr\left[\beta'=\beta\right]-\frac{1}{2}\right|$$

5.5.1 具体构造

(1) 初始化 $(\text{Params},\text{msk}) \leftarrow \text{Setup}(1^\kappa)$。

G 是一个阶为大素数 p 的双线性群，$e: G\times G \to G_1$ 是一个双线性映射。选择一个随机的生成元 $g\in G$ 、随机群元素 $g_0, g_1 \in G$ 及随机指数 $\omega, t_1, t_2, t_3, t_4 \in Z_p$。它保留这些指数作为主密钥 $\text{msk} = (\omega, t_1, t_2, t_3, t_4)$，并公布相应的系统公开参数

$$\text{Params} = (\Omega = e(g,g)^{t_1 t_2 \omega}, g, g_0, g_1, v_1 = g^{t_1}, v_2 = g^{t_2}, v_3 = g^{t_3}, v_4 = g^{t_4})$$

(2) 密钥生成 $d_{\text{id}} \leftarrow \text{KeyGen}(\text{msk},\text{id})$。

为了生成身份 id 的私钥，密钥生成中心 (key generation center，KGC) 选择两个随机指数 $r_1, r_2 \in Z_p$，并计算私钥为：

$$\begin{aligned} d_{\text{id}} &= (d_0, d_1, d_2, d_3, d_4) \\ &= (g^{r_1 t_1 t_2 + r_2 t_3 t_4}, g^{-\omega t_2}(g_0 g_1^{\text{id}})^{-r_1 t_2}, g^{-\omega t_1}(g_0 g_1^{\text{id}})^{-r_1 t_1}, (g_0 g_1^{\text{id}})^{-r_2 t_4}, (g_0 g_1^{\text{id}})^{-r_2 t_3}) \end{aligned}$$

(3) 加密 $C \leftarrow \text{Enc}(M,\text{id})$。

对于身份 id，加密消息 $M\in G_1$ 的过程如下所示。随机选取 $s, s_1, s_2 \in Z_p$，则相应的密文为

$$\begin{aligned} C &= (C', C_0, C_1, C_2, C_3, C_4) \\ &= (\Omega^s M, (g_0 g_1^{\text{id}})^s, v_1^{s-s_1}, v_2^{s_1}, v_3^{s-s_2}, v_4^{s_2}) \\ &= ((e(g,g)^{t_1 t_2 \omega})^s M, (g_0 g_1^{\text{id}})^s, (g^{t_1})^{s-s_1}, (g^{t_2})^{s_1}, (g^{t_3})^{s-s_2}, (g^{t_4})^{s_2}) \end{aligned}$$

(4) 解密 $M \leftarrow \text{Dec}(d_{\text{id}}, C)$。

该算法通过下述计算返回密文 C 所对应的明文消息 M。

$$M = C' e(C_0, d_0) e(C_1, d_1) e(C_2, d_2) e(C_3, d_3) e(C_4, d_4)$$

其中

$$\begin{aligned} e(C_0, d_0) &= e((g_0 g_1^{\text{id}})^s, g^{r_1 t_1 t_2 + r_2 t_3 t_4}) \\ &= e((g_0 g_1^{\text{id}}), g)^{s(r_1 t_1 t_2 + r_2 t_3 t_4)} \\ e(C_1, d_1) &= e((g^{t_1})^{s-s_1}, g^{-\omega t_2}(g_0 g_1^{\text{id}})^{-r_1 t_2}) \\ &= e(g,g)^{t_1(s-s_1)(-\omega t_2)} e(g, (g_0 g_1^{\text{id}}))^{t_1(s-s_1)(-r_1 t_2)} \\ e(C_2, d_2) &= e((g^{t_2})^{s_1}, g^{-\omega t_1}(g_0 g_1^{\text{id}})^{-r_1 t_1}) \\ &= e(g,g)^{t_2 s_1(-\omega t_1)} e(g, (g_0 g_1^{\text{id}}))^{t_2 s_1(-r_1 t_1)} \\ e(C_3, d_3) &= e((g^{t_3})^{s-s_2}, (g_0 g_1^{\text{id}})^{-r_2 t_4}) \\ &= e(g, (g_0 g_1^{\text{id}}))^{t_3(s-s_2)(-r_2 t_4)} \\ e(C_4, d_4) &= e((g^{t_4})^{s_2}, (g_0 g_1^{\text{id}})^{-r_2 t_3}) \\ &= e(g, (g_0 g_1^{\text{id}}))^{t_4 s_2(-r_2 t_3)} \end{aligned}$$

5.5.2　安全性证明

令 (C',C_0,C_1,C_2,C_3,C_4) 表示在真实攻击中提供给敌手的挑战密文。另外，设 R 为 G_1 中的随机元素，令 R' 和 R'' 为 G 中的随机元素。定义下述混合游戏，它们在模拟器为敌手提供的挑战密文方面有所不同。

Γ_0：挑战密文为 $C_0=(C',C_0,C_1,C_2,C_3,C_4)$。

Γ_1：挑战密文为 $C_1=(R,C_0,C_1,C_2,C_3,C_4)$。

Γ_2：挑战密文为 $C_2=(R,R',C_1,C_2,C_3,C_4)$。

Γ_3：挑战密文为 $C_4=(R,R',C_1,C_2,R'',C_4)$。

特别地，Γ_3 中的挑战密文没有泄露关于身份的信息，因为它由 6 个随机群元素组成，而在 Γ_0 中，挑战密文等价于真实环境。下面证明了从 Γ_0 到 Γ_1 到 Γ_2 到 Γ_3 的转变在计算上都是不可区分的。

引理 5-1（语义安全性）　DBDH 假设下，没有敌手能以不可忽略的优势区分游戏 Γ_0 和 Γ_1。

证明　这一引理的证明本质上是从 Boneh-Boyen 选定身份方案的安全性而来的。假设有一个敌手可以以不可忽略的优势 ε 区分游戏 Γ_0 和 Γ_1，那么就能建立一个模拟器以显而易见的优势 ε 解决 DBDH 假设的困难性。

模拟器接收到一个 DBDH 挑战 $(g,g^{z_1},g^{z_2},g^{z_3},Z)$，其中 Z 或者是 $e(g,g)^{z_1z_2z_3}$，或者是 G_1 中的任意随机元素。模拟器与敌手间的游戏过程如下所示。

游戏开始之前，敌手向模拟器宣布它希望被挑战的身份 id^*。

(1) 初始化。

模拟器选择随机指数 $t_1,t_2,t_3,t_4,y\in Z_p$。令 $g_0=(g^{z_1})^{-\text{id}^*}g^y$ 和 $g_1=g^{z_1}$，公布相应的系统公开参数：

$$\text{Params}=(\Omega=e(g^{z_1},g^{z_2})^{t_1t_2},g,g_0,g_1,v_1=g^{t_1},v_2=g^{t_2},v_3=g^{t_3},v_4=g^{t_4})$$

特别地，这意味着 $\omega=z_1z_2$。

(2) 阶段 1。

假设敌手请求身份 $\text{id}\neq\text{id}^*$ 的私钥，模拟器选择随机指数 $r_1,r_2\in Z_p$，通过下述计算生成相应的私钥：

$$d_{\text{id}}=(d_0,d_1,d_2,d_3,d_4)=\begin{pmatrix}(g^{z_2})^{\frac{-1}{\text{id}-\text{id}^*}}g^{r_1}g^{r_2t_3t_4},\left((g^{z_2})^{\frac{y}{\text{id}-\text{id}^*}}(g_0g_1^{\text{id}})^{r_1}\right)^{-t_2}, \\ \left((g^{z_2})^{\frac{y}{\text{id}-\text{id}^*}}(g_0g_1^{\text{id}})^{r_1}\right)^{-t_1},(g_0g_1^{\text{id}})^{-r_2t_4},(g_0g_1^{\text{id}})^{-r_2t_3}\end{pmatrix}$$

特别地，d_{id} 是关于随机指数 $\tilde{r}_1 = r_1 - \dfrac{z_2}{\text{id}-\text{id}^*}$ 和 $\tilde{r}_2 = r_2$ 的合法私钥。

(3) 挑战。

在收到来自敌手的挑战消息 M 后，模拟器选择 $s_1, s_2 \in Z_p$，计算并输出相应的挑战密文：

$$\begin{aligned} C &= (C', C_0, C_1, C_2, C_3, C_4) \\ &= (Z^{-t_1 t_2} M, (g^{z_3})^y, (g^{z_3})^{t_1} g^{-s_1 t_1}, g^{-s_1 t_2}, (g^{z_3})^{t_3} g^{-s_2 t_3}, g^{-s_2 t_4}) \end{aligned}$$

可以令 $s = z_3$，如果 $Z = e(g,g)^{z_1 z_2 z_3}$，那么模拟器正在和敌手进行游戏 Γ_0，否则模拟器正在与敌手进行游戏 Γ_1。

(4) 阶段 2。

模拟器以与阶段 1 相同的方式回答敌手提出的相应询问。

(5) 猜测。

模拟器输出一个猜测 γ，将其作为自己对 DBDH 游戏的猜测。

由于模拟器仅在给定的 DBDH 实例的情况下与敌手进行游戏 Γ_0，因此模拟器在 DBDH 游戏中的优势恰好是 ε。

引理 5-1 证毕。

引理 5-2（匿名性，第一部分）　在判定的线性假设下，没有敌手能以不可忽略的优势区分游戏 Γ_1 和 Γ_2。

证明　假设存在一个敌手可以以不可忽略的优势 ε 区分两个游戏，那么就能构建一个模拟器以如下过程解决判定的线性假设的困难性。

模拟器采用一个线性假设的实例 $(g, g^{z_1}, g^{z_2}, g^{z_1 z_3}, g^{z_2 z_4}, Z)$，其中 Z 或者是 $g^{z_3+z_4}$，或者是群 G 中的任意随机元素，两者拥有等同的概率。为了方便起见，将其改写为 $(g, g^{z_1}, g^{z_2}, g^{z_1 z_3}, Y, g^s)$，则对于 s 使得 $g^s = Z$，等价的任务是判断 $Y = g^{z_2(s-z_3)}$ 是否成立。特别地，改写后将原本对 Z 进行判断的任务转变为对 Y 进行判断，因为改写后当 $Y = g^{z_2(s-z_3)}$ 时，$Z = g^s$ 即为原本 $Z = g^{z_3+z_4}$ 的形式，两者等价。模拟器与敌手间的游戏过程如下所示。

游戏开始之前，敌手向模拟器宣布它希望被挑战的身份 id^*。

(1) 初始化。

模拟器首先选择随机指数 $\alpha, y, t_3, t_4, \omega \in Z_p$，令 $v_1 = g^{z_2}$ 和 $v_2 = g^{z_1}$。公布相应的系统公开参数：

$$\text{Params} = (\Omega = e(g^{z_1}, g^{z_2})^{\omega}, g, g_0 = (g^{z_2})^{-\text{id}^* \alpha} g^y, g_1 = (g^{z_2})^{\alpha}, v_1 = (g^{z_2}), v_2 = (g^{z_1}), v_3 = g^{t_3}, v_4 = g^{t_4})$$

特别地，系统公开参数的分布与真实环境是同分布的。

(2)阶段 1。

为了回答身份 $\mathrm{id} \neq \mathrm{id}^*$ 的私钥提取询问，模拟器选择随机指数 $r_1, r_2 \in Z_p$，通过下述计算生成相应的私钥：

$$
\begin{aligned}
d_{\mathrm{id}} &= (d_0, d_1, d_2, d_3, d_4) \\
&= \left((g^{z_1})^{r_1} g^{r_2 t_3 t_4}, (g^{z_1})^{-\omega-\alpha(\mathrm{id}-\mathrm{id}^*)r_1}, (g^{z_2})^{-\omega-\alpha(\mathrm{id}-\mathrm{id}^*)r_1}, (g^{z_1})^{\frac{-r_1 y}{t_3}} (g_0 g_1^{\mathrm{id}})^{-r_2 t_4}, (g^{z_1})^{\frac{-r_1 y}{t_4}} (g_0 g_1^{\mathrm{id}})^{-r_2 t_3} \right)
\end{aligned}
$$

如果不考虑 r_1 和 r_2，而是考虑下面这对均匀随机指数：

$$
\tilde{r}_1 = \frac{r_1 \alpha(\mathrm{id}-\mathrm{id}^*)}{\alpha(\mathrm{id}-\mathrm{id}^*) z_2 + y} \text{ 和 } \tilde{r}_2 = \frac{y z_1 r_1}{(t_3 t_4)(\alpha(\mathrm{id}-\mathrm{id}^*) z_2 + y)}
$$

那么上述私钥 $d_{\mathrm{id}} = (d_0, d_1, d_2, d_3, d_4)$ 可以表示为

$$
\begin{aligned}
d_{\mathrm{id}} &= (d_0, d_1, d_2, d_3, d_4) \\
&= (g^{\tilde{r}_1 t_1 t_2 + \tilde{r}_2 t_3 t_4}, g^{-\omega t_2} (g_0 g_1^{\mathrm{id}})^{-\tilde{r}_1 t_2}, g^{-\omega t_1} (g_0 g_1^{\mathrm{id}})^{-\tilde{r}_1 t_1}, (g_0 g_1^{\mathrm{id}})^{-\tilde{r}_2 t_4}, (g_0 g_1^{\mathrm{id}})^{-\tilde{r}_2 t_3})
\end{aligned}
$$

(3)挑战。模拟器从敌手获得挑战消息 M（挑战密文的生成过程中将该消息舍弃），并以身份 id^* 的挑战密文作为回应。假设 $s_1 = z_3$。为了继续，模拟器选择一个随机指数 $s_2 \in Z_p$ 和一个随机元素 $R \in G_1$，计算并输出相应的挑战密文：

$$
\begin{aligned}
C &= (C', C_0, C_1, C_2, C_3, C_4) \\
&= (R, (g^s)^y, Y, g^{z_1 z_3}, (g^s)^{t_3} g^{-s_2 t_3}, g^{s_2 t_4})
\end{aligned}
$$

特别地，游戏 Γ_1 与 Γ_2 中的 C' 都为随机元素，区分点在 C_1，所以将困难问题嵌入在 C_1 的表达式中。

如果 $Y = g^{z_2(s-z_3)}$，即 $g^s = Z = g^{z_3+z_4}$，那么 $C_1 = v_1^{s-s_1}$（若 $v_1 = g^{z_2}$，$s_1 = z_3$，则 $C_1 = Y = g^{z_2(s-z_3)} = v_1^{s-z_3} = v_1^{s-s_1}$），$C_2 = v_2^{s_1}$（若 $v_2 = g^{z_1}$，$s_1 = z_3$，则 $C_2 = (g^{z_1 z_3}) = v_2^{z_3} = v_2^{s_1}$），此时模拟器行为与游戏 Γ_1 中的一致。相反，当 Z 是随机时，由于 Y 独立于随机数 z_1, z_2, s, s_1, s_2，模拟器的响应就和游戏 Γ_2 中的一致。

(4)阶段 2。

模拟器以与阶段 1 相同的方式回答敌手提出的相应询问。

(5)输出。

敌手输出一比特 γ 来猜测模拟器在执行哪个混合游戏的操作。最后，模拟器在判定性游戏中转发 γ 并将其作为自己的答案。

特别地，当游戏结束时，敌手输出一比特 $\gamma \in \{0,1\}$ 来猜测模拟器在进行哪个混合游戏。模拟器将按照如下规则判断自己的游戏输出：如果 $\gamma = 0$，那么表示敌手认为正在进行游戏 Γ_1，模拟器转发 $\gamma = 0$，认为 $Z = g^{z_3+z_4}$；否则 $\gamma = 1$，表示敌手认为

正在进行游戏Γ_2，模拟器转发$\gamma=1$，认为Z是G中的随机元素。通过模拟设置，模拟器的优势将正好是敌手的优势。

引理 5-2 证毕。

引理 5-3(匿名性，第二部分)　在判定的线性假设下，没有敌手能以不可忽略的优势区分游戏Γ_2和Γ_3。

除了取代参数v_1和v_2，在参数v_3和v_4上进行模拟，这一引理的论证几乎与引理 5-2 的论证相同(引理 5-3 的证明中，设置$v_3 = g^{z_4}$和$v_4 = g^{z_3}$，其余过程进行相应代入。例如，在生成密文$C=(C',C_0,C_1,C_2,C_3,C_4)$时，$C'$与$C_0$都应是随机元素$R$，只将困难问题嵌入在$C_3$中。最后根据敌手的猜测输出，将困难问题攻破)。另一个区别是，出现在d_1和d_2中的g^{ω}项不会干扰模拟，甚至不会出现在d_3、d_4中(根据引理 5-2 的证明过程可知，g^{ω}项只出现在d_1及d_2中，而困难问题的嵌入是在C_3中，所以不会对模拟造成干扰)。

5.6　标准模型下实用的身份基加密机制

由于 Waters05 方案的安全性证明比较复杂，本节详细介绍 Gentry[6]提出的标准模型下实用的 IBE 机制，将该方案简称为 Gentry06。

5.6.1　具体构造

(1)初始化。

Init(κ):

$\alpha \leftarrow_R Z_p$, $g \leftarrow_R G_1$, $h \leftarrow_R G_1$;

$g_1 = g^{\alpha}$;

params $=< g, g_1, h >$，msk $= \alpha$。

(2)密钥生成。

身份$\mathrm{id} \in Z_p$的私钥的生成过程如下。

KeyGen(id,msk):

$r \leftarrow_R Z_p$;

$$d_{\mathrm{id}} = (h_{\mathrm{id}}, r_{\mathrm{id}}) = \left((hg^{-r})^{\frac{1}{\alpha - \mathrm{id}}}, r \right)。$$

如果$\mathrm{id} = \alpha$，那么密钥生成中心(KGC)将终止，要求 KGC 总是使用相同的随机值r_{id}为身份$\mathrm{id} \in Z_p$生成私钥。

(3)加密(用身份$\mathrm{id} \in Z_p$对消息$M \in G_2$进行加密)。

Enc(id, M):

$s \leftarrow_R Z_p$;

$\mathrm{CT}=(g_1^s g^{-s\cdot \mathrm{id}}, e(g,g)^s, Me(g,h)^{-s})$。

可以预先计算 $e(g,g)$ 和 $e(g,h)$，加密过程就不需要任何配对计算，或者可以将 $e(g,g)$ 和 $e(g,h)$ 包含在系统参数中，在这种情况下，h 可以删除。

(4) 解密。

Dec(d_{id}, CT):

返回 $M = w\cdot e(u,h_{\mathrm{id}})v^{r_{\mathrm{id}}}$。

其中，$d_{\mathrm{id}}=(h_{\mathrm{id}},r_{\mathrm{id}})$ 和 $\mathrm{CT}=(u,v,w)$。这是因为

$$\begin{aligned}
w\cdot e(u,h_{\mathrm{id}})v^{r_{\mathrm{id}}} &= Me(g,h)^{-s} e\left(g_1^s g^{-s\cdot\mathrm{id}}, (hg^{-r})^{\frac{1}{\alpha-\mathrm{id}}}\right) e(g,g)^{sr_{\mathrm{id}}} \\
&= Me(g,h)^{-s} e\left(g^{s(\alpha-\mathrm{id})}, (hg^{-r})^{\frac{1}{\alpha-\mathrm{id}}}\right) e(g,g)^{sr_{\mathrm{id}}} \\
&= Me(g,h)^{-s} e(g^s,h) e(g^s,g^{-r}) e(g,g)^{sr} \\
&= M
\end{aligned}$$

5.6.2 安全性证明

假设 5-1（截短增强的双线性 Diffie-Hellman 指数(truncated augmented bilinear Diffie-Hellman exponent，q-ABDHE)假设） 对于 $\tilde{\mathbb{G}}=(q,g,G_1,G_2,e(\cdot))\leftarrow\tilde{\mathcal{G}}(1^\kappa)$，给定两个元组：

$$\mathcal{T}_1=(g,g^a,g^{(a)^2},\cdots,g^{(a)^q},g',g'^{(a^{q+2})},e(g^{(a^{q+1})},g')) \text{ 和 } \mathcal{T}_0=(g,g^a,g^{(a)^2},\cdots,g^{(a)^q},g',g'^{(a^{q+2})},Z)$$

其中，$g'\leftarrow_R G$、$a\leftarrow_R Z_q^*$ 和 $Z\leftarrow_R G_2$。q-ABDHE 问题的目标是区分元组 $\mathcal{T}_1$ 和 $\mathcal{T}_0$。

q-ABDHE 假设意味着对于任意的多项式 q 和任意的概率多项式时间算法 $\mathcal{A}$ 成功区分元组 $\mathcal{T}_1$ 和 $\mathcal{T}_0$ 的优势

$$\mathrm{Adv}^{q\text{-ABDHE}}(\kappa)=\Pr[\mathcal{A}(\mathcal{T}_1)=1]-\Pr[\mathcal{A}(\mathcal{T}_0)=1]$$

是可忽略的，其中概率来源于随机值 α 在 Z_q^* 上的选取和算法 $\mathcal{A}$ 的随机选择。

特别地，为了方便证明，随机选取 $\gamma\leftarrow_R Z_q^*$，将群 G_2 中的随机元素 Z 表示为 $Z=e(g,g)^\gamma$，那么存在一个随机值 $\beta\in Z_p^*$，满足 $\gamma=a^{q+1}\log_g g'+\beta$，使得

$$Z=e(g,g)^\gamma=e(g,g)^{a^{q+1}\log_g g'+\beta}=e(g,g)^{a^{q+1}\log_g g'}e(g,g)^\beta=e(g^{a^{q+1}},g')e(g,g)^\beta$$

综上所述，将元组 $\mathcal{T}_0$ 写成

$$\mathcal{T}_0=(g,g^a,g^{(a)^2},\cdots,g^{(a)^q},g',g'^{(a^{q+2})},e(g^{a^{q+1}},g')e(g,g)^\beta)$$

其中，β 是从 Z_q^* 中随机选取的。

定理 5-5　令 $q = q_{\mathrm{id}} + 1$。若 q-ABDHE 假设在 (G_1, G_2, e) 上成立，那么上述 IBE 机制是 CPA 安全的。

证明　设敌手 $\mathcal{A}$ 能以不可忽略的优势 ϵ' 攻破上述 IBE 机制的 CPA 安全性，那么就能构造一个敌手 $\mathcal{B}$ 能以显而易见的优势 ϵ 解决 q-ABDHE 安全假设的困难性。敌手 $\mathcal{B}$ 从相应的挑战者处获得 q-ABDHE 安全假设的挑战元组 $(g', g'_{q+2}, g, g_1, \cdots, g_q, Z)$，其中 Z 是 $e(g_{q+1}, g')$ 或者 G_2 中的一个随机元素。

为了方便，下面将使用表述 $g^i = g^{(\alpha^i)}$。敌手 $\mathcal{B}$ 进行如下操作。

(1) 初始化。

敌手 $\mathcal{B}$ 生成 q 阶随机多项式 $f(x) \in Z_p[x]$。令 $h = g^{f(\alpha)}$，从已知参数 $(g, g_1, \cdots, g_q)$ 中即可计算出 h：

$$h = g^{\eta_0} g_1^{\eta_1} g_2^{\eta_2} \cdots g_q^{\eta_q} = g^{\eta_0 + \eta_1\alpha + \eta_2\alpha^2 + \cdots + \eta_q\alpha^q} = g^{f(\alpha)}$$

其中，$\eta_0, \eta_1, \eta_2, \cdots, \eta_q$ 是多项式 $f(x)$ 的系数。

把公开参数 (g, g_1, h) 发送给敌手 $\mathcal{A}$。因为 g、α 和 $f(x)$ 都是均匀随机选取的，所以 $h = g^{f(\alpha)}$ 是均匀随机的且该公开参数的分布与实际构造的分布相同。

(2) 阶段 1。

敌手 $\mathcal{A}$ 进行私钥生成询问。敌手 $\mathcal{B}$ 对 $\mathrm{id} \in Z_p$ 的私钥生成询问做出如下响应。

如果 $\mathrm{id} = \alpha$，那么敌手 $\mathcal{B}$ 立即用 α 来解决 q-ABDHE 困难性问题。否则，敌手 $\mathcal{B}$ 构造 $q-1$ 阶多项式 $F_{\mathrm{id}}(x) = \dfrac{f(x) - f(\mathrm{id})}{x - \mathrm{id}}$，然后返回相应的私钥 $d_{\mathrm{id}} = (r_{\mathrm{id}}, h_{\mathrm{id}}) = (f(\mathrm{id}), g^{F_{\mathrm{id}}(\alpha)})$ 给敌手 $\mathcal{A}$。由下述等式可知，$d_{\mathrm{id}} = (r_{\mathrm{id}}, h_{\mathrm{id}})$ 是身份 id 的有效私钥。

$$g^{F_{\mathrm{id}}(\alpha)} = g^{\frac{f(\alpha) - f(\mathrm{id})}{\alpha - \mathrm{id}}} = (g^{f(\alpha) - f(\mathrm{id})})^{\frac{1}{\alpha - \mathrm{id}}} = (g^{f(\alpha)} g^{-f(\mathrm{id})})^{\frac{1}{\alpha - \mathrm{id}}} = (h g^{-f(\mathrm{id})})^{\frac{1}{\alpha - \mathrm{id}}}$$

(3) 挑战。

敌手 $\mathcal{A}$ 输出挑战身份 id^* 和两个等长的明文消息 M_0 和 M_1。同样，如果 $\alpha = \mathrm{id}^*$，那么 $\mathcal{B}$ 立即用 $\alpha = \mathrm{id}^*$ 来解决 q-ABDHE 困难性问题。否则，敌手 $\mathcal{B}$ 选择比特 $b \leftarrow_R \{0,1\}$ 并以阶段 1 中相同的方式为挑战身份 id^* 生成相应的私钥 $d_{\mathrm{id}^*} = (r_{\mathrm{id}^*}, h_{\mathrm{id}^*}) = (f(\mathrm{id}^*), g^{F_{\mathrm{id}^*}(\alpha)})$，然后进行下述运算。

令 $f_2(x) = x^{q+2}$ 和 $F_{2,\mathrm{id}^*}(x) = \dfrac{f_2(x) - f_2(\mathrm{id}^*)}{x - \mathrm{id}^*}$ 是 $q+1$ 阶多项式。敌手 $\mathcal{B}$ 设置

$$u = g'^{f_2(\alpha) - f_2(\mathrm{id}^*)}、\quad v = Z \cdot e\left(g', \prod_{i=0}^{q} g^{F_{2,\mathrm{id}^*,i}\alpha^i}\right) 和 \; w = \frac{M_b}{e(u, h_{\mathrm{id}^*}) v^{r_{\mathrm{id}^*}}}$$

其中，$F_{2,\mathrm{id}^*,i}$ 是 $F_{2,\mathrm{id}^*}(x)$ 中 x^i 的系数。敌手 $\mathcal{B}$ 发送 $C^*=(u,v,w)$ 给敌手 $\mathcal{A}$，并将其作为挑战密文。

令 $s=(\log_g g')F_{2,\mathrm{id}^*}(\alpha)$。下面对挑战密文 $C^*=(u,v,w)$ 进行分类讨论。

①如果 $Z=e(g_{q+1},g')$，那么有

$$u=g'^{f_2(\alpha)-f_2(\mathrm{id}^*)}=g^{(\log_g g')\frac{f_2(\alpha)-f_2(\mathrm{id}^*)}{\alpha-\mathrm{id}^*}(\alpha-\mathrm{id}^*)}=g^{s(\alpha-\mathrm{id}^*)}$$

$$v=Z\cdot e\left(g',\prod_{i=0}^{q}g^{F_{2,\mathrm{id}^*,i}\alpha^i}\right)=e(g_{q+1},g')e\left(g',\prod_{i=0}^{q}g^{F_{2,\mathrm{id}^*,i}\alpha^i}\right)$$

$$=e(g^{\alpha^{q+1}},g^{\log_g g'})e\left(g^{\log_g g'},\prod_{i=0}^{q}g^{F_{2,\mathrm{id}^*,i}\alpha^i}\right)=e(g,g)^{(\log_g g')\sum_{i=0}^{q+1}F_{2,\mathrm{id}^*,i}\alpha^i}=e(g,g)^s$$

$$e(u,h_{\mathrm{id}^*})v^{r_{\mathrm{id}^*}}=e(g,h)^s$$

因此 $C^*=(u,v,w)$ 是 id^* 对消息 M_b 在随机数 s 下的有效密文。因为 $\log_g g'$ 是均匀随机的，s 也是均匀随机的，对敌手 $\mathcal{A}$ 而言 $C^*=(u,v,w)$ 是关于消息 M_b 的有效加密密文。

②如果 $Z\leftarrow_R G_2$，那么 $C^*=(u,v,w)$ 是对明文空间 $\mathcal{M}$ 上随机消息的加密密文，C^* 中不包含随机数 b 的相关信息。

(4) 阶段 2。

敌手 $\mathcal{A}$ 继续进行私钥生成询问，敌手 $\mathcal{B}$ 对询问像阶段 1 一样做出应答。

(5) 猜测。

最终，敌手 $\mathcal{A}$ 输出对随机数 b 的猜测 b'。如果 $b'=b$，那么敌手 $\mathcal{B}$ 输出 0(表示 $Z=e(g_{q+1},g')$)；否则，输出 1。

当 $Z=e(g_{q+1},g')$ 时，敌手 $\mathcal{B}$ 输出的公开参数和生成的挑战密文与实际构造具有相同的分布。此外，对于敌手 $\mathcal{A}$ 提交的私钥生成询问，敌手 $\mathcal{B}$ 同样生成了与真实构造不可区分的私钥。

若 $Z=e(g_{q+1},g')$，那么敌手 $\mathcal{B}$ 的模拟是完美的，敌手 $\mathcal{A}$ 猜对随机值 b 的概率是 $\frac{1}{2}+\epsilon'$。否则 Z 是均匀随机的，因此 (u,v) 在 $G_1\times G_2$ 中是均匀随机且独立的元素。在这种情况下，不等式 $v\neq e(u,g)^{\frac{1}{\alpha-\mathrm{id}^*}}$ 成立的概率是 $1-\frac{1}{p}$。

$$e(u,h_{\mathrm{id}^*})v^{r_{\mathrm{id}^*}}=e\left(u,(hg^{-r_{\mathrm{id}^*}})^{\frac{1}{\alpha-\mathrm{id}^*}}\right)v^{r_{\mathrm{id}^*}}=e(u,h)^{\frac{1}{\alpha-\mathrm{id}^*}}e\left(u,g^{\frac{-r_{\mathrm{id}^*}}{\alpha-\mathrm{id}^*}}\right)v^{r_{\mathrm{id}^*}}$$

$$=e(u,h)^{\frac{1}{\alpha-\mathrm{id}^*}}\left(\frac{v}{e(u,g)^{\frac{1}{\alpha-\mathrm{id}^*}}}\right)^{r_{\mathrm{id}^*}}$$

因为 r_{id^*} 是均匀随机且独立于敌手 $\mathcal{A}$ 的，由上述等式可知，$e(u,h_{\mathrm{id}^*})v^{r_{\mathrm{id}^*}}$ 对敌手 $\mathcal{A}$ 是均匀随机且独立的。由于 w 同样是均匀随机且独立的，所以 $C^*=(u,v,w)$ 不能传递任何关于 b 的信息。

假设询问的身份不等于 α（α 只会增加敌手 $\mathcal{B}$ 的成功概率），若 $Z\leftarrow_R G_2$，则有

$$\left|\Pr[\mathcal{B}(g',g'_{q+2},g,g_1,\cdots,g_q,Z)=0]-\frac{1}{2}\right|\leqslant\frac{1}{p}$$

然而，当 $Z=e(g_{q+1},g')$ 时，有

$$\left|\Pr[\mathcal{B}(g',g'_{q+2},g,g_1,\cdots,g_q,Z)=0]-\frac{1}{2}\right|\geqslant\epsilon'$$

因此，对于均匀随机的 g、g'、α 和 Z，有

$$\left|\Pr[\mathcal{B}(g',g'_{q+2},g,g_1,\cdots,g_q,Z=e(g_{q+1},g'))=0]-\Pr[\mathcal{B}(g',g'_{q+2},g,g_1,\cdots,g_q,Z\leftarrow_R G_2)=0]\right|\geqslant\epsilon'-\frac{1}{p}$$

在模拟中，敌手 $\mathcal{B}$ 的开销主要由响应敌手 $\mathcal{A}$ 关于 id 的私钥生成查询时计算 $g^{F_{\mathrm{id}}(\alpha)}$ 的开销所决定，其中 $F_{\mathrm{id}}(x)$ 是 $q-1$ 阶多项式，每次这样的计算都需要 $\mathcal{O}(q)$ 在 G_1 中求幂，由于敌手 $\mathcal{A}$ 最多做 $q-1$ 次这样的询问，所以 $t=t'+\mathcal{O}(t_{\exp}\cdot q^2)$。

定理 5-5 证毕。

5.6.3 标准模型下 CCA 安全的身份基加密机制

下面介绍 Gentry[6]提出的标准模型下 CCA 安全的 IBE 机制。

(1) 初始化。

Init(κ):

$\alpha\leftarrow_R Z_p$，$g\leftarrow_R G_1$;

$h_1,h_2,h_3\leftarrow_R G_1$;

选择单向哈希函数 H;

$g_1=g^{\alpha}$;

params $=<g,g_1,h,h_1,h_2,h_3,H>$，msk $=\alpha$。

(2) 密钥生成。

身份 $\mathrm{id}\in Z_p$ 的私钥的生成过程如下。

KeyGen(id,msk):

$r_1,r_2,r_3\leftarrow_R Z_p$;

$$d_{\mathrm{id}}=(h_{\mathrm{id}}^i,r_{\mathrm{id}}^i)=\left((h_i g^{-r_i})^{\frac{1}{\alpha-\mathrm{id}}},r_i\right)_{i=1,2,3}。$$

如果 $\mathrm{id}=\alpha$，那么 KGC 将终止，要求 KGC 总是使用相同的随机值 r_1,r_2,r_3 为身份 $\mathrm{id}\in Z_p$ 生成私钥。

(3) 加密(用身份 $\mathrm{id}\in Z_p$ 对消息 $M\in G_2$ 进行加密)。

$\mathrm{Enc}(\mathrm{id},M)$:

$s\leftarrow_R Z_p$;

$u=g_1^s g^{-s\cdot \mathrm{id}}$，$v=e(g,g)^s$，$w=Me(g,h_1)^{-s}$;

$\beta=H(u,v,w)$;

$y=e(g,h_2)^s e(g,h_3)^{s\beta}$;

$\mathrm{CT}=(u,v,w,y)$。

可以预先计算 $e(g,g)$、$e(g,h_1)$、$e(g,h_2)$ 和 $e(g,h_3)$，加密过程就不需要任何配对计算，或者可以将上述参数包含在系统参数中，在这种情况下，h_1、h_2 和 h_3 可以删除。

(4) 解密。

$\mathrm{Dec}(d_{\mathrm{id}},\mathrm{CT})$:

$\beta=H(u,v,w)$;

Test $y=e(u,h_{\mathrm{id}}^2(h_{\mathrm{id}}^3)^\beta)v^{r_{\mathrm{id}}^2+\beta r_{\mathrm{id}}^3}$;

返回 $M=w\cdot e(u,h_{\mathrm{id}}^1)v^{r_{\mathrm{id}}^1}$。

其中，$d_{\mathrm{id}}=(h_{\mathrm{id}}^i,r_{\mathrm{id}}^i)_{i=1,2,3}$ 和 $\mathrm{CT}=(u,v,w,y)$。该机制的正确性由下述等式可以获得。

$$\begin{aligned}
e(u,h_{\mathrm{id}}^2(h_{\mathrm{id}}^3)^\beta)v^{r_{\mathrm{id}}^2+\beta r_{\mathrm{id}}^3} &= e\left(g_1^s g^{-s\cdot\mathrm{id}},(h_2g^{-r_2})^{\frac{1}{\alpha-\mathrm{id}}}\left((h_3g^{-r_3})^{\frac{1}{\alpha-\mathrm{id}}}\right)^\beta\right)e(g,g)^{s(r_{\mathrm{id}}^2+\beta r_{\mathrm{id}}^3)}\\
&= e(g^s,(h_2g^{-r_2})(h_3g^{-r_3})^\beta)e(g,g)^{s(r_2+\beta r_3)}\\
&= e(g^s,h_2)e(g^s,h_3^\beta)\\
&= e(g,h_2)^s e(g,h_3)^{s\beta}
\end{aligned}$$

$$\begin{aligned}
w\cdot e(u,h_{\mathrm{id}}^1)v^{r_{\mathrm{id}}^1} &= Me(g,h_1)^{-s}e\left(g_1^s g^{-s\cdot\mathrm{id}},(h_1g^{-r})^{\frac{1}{\alpha-\mathrm{id}}}\right)e(g,g)^{sr_{\mathrm{id}}^1}\\
&= Me(g,h_1)^{-s}e\left(g^{s(\alpha-\mathrm{id})},(h_1g^{-r_1})^{\frac{1}{\alpha-\mathrm{id}}}\right)e(g,g)^{sr_1}\\
&= Me(g,h_1)^{-s}e(g^s,h_1)e(g^s,g^{-r_1})e(g,g)^{sr_1}\\
&= M
\end{aligned}$$

定理 5-6　令 q-ABDHE 假设在 (G_1,G_2,e) 上成立，那么上述 IBE 机制是 CCA 安全的。

定理 5-6 的证明过程与定理 5-5 相类似，为了避免重复此处不再赘述。

5.7 广义身份基加密机制

本节将介绍 Boneh 和 Hamburg[27]提出的广义身份基加密(generalized identity-based encryption，GIBE)机制。文献[27]提出了一个构造 IBE 机制的通用框架和具有固定密文长度的广义身份基加密机制。下面从框架的非正式描述开始，随后将给出精确的定义。

让$\mathcal{P}$作为策略的一个有限集。简单来说，一个消息m可以被$\mathcal{P}$中任意的策略π加密。

让$\mathcal{R}$作为角色的一个有限集。每个解密者在$\mathcal{R}$中都有一个角色ρ，可以通过ρ获得与其角色对应的私钥k_ρ。

允许在集合$\mathcal{R}\times\mathcal{P}$上使用一个名为 open 的任意谓词来指定$\mathcal{R}$中的哪些角色可以打开$\mathcal{P}$中的策略。一个密钥$k_\rho$可以解密策略$\pi$加密的密文当且仅当角色$\rho$能打开$\pi$，即$\text{open}(\rho,\pi)$为真。

5.7.1 形式化定义

GIBE 机制允许参与者在一个确定的策略下，在某些允许的策略集合$\mathcal{P}$中对消息进行加密，并且不会对允许的策略实施任何限制。要解密的用户可以持有与角色对应的密钥，角色被组织在偏序集合$\mathcal{R}$中，也就是说，一个赋予了存在、传递、反对称关系的集合$\succeq$。

GIBE 可以用多种方式进行初始化，称其为初始化参数 SP，其中随着 SP 的变化，$\mathcal{P}$和$\mathcal{R}$通常也会变化。类似地，$\mathcal{P}$和$\mathcal{R}$可能取决于安全参数或参数设置的随机性。此外，还将这些选择的随机数编码到参数初始时生成的策略参数$\mathcal{X}$中，并使用策略$\mathcal{P}_\mathcal{X}$和角色$\mathcal{R}_\mathcal{X}$。为了简洁起见，在上下文可推导的情况下可以将$\mathcal{X}$省略。

对于策略π和角色ρ，如果允许具有密钥的用户解密在π下加密的消息，那么有关系$\text{open}(\rho,\pi)$成立，其中要求这个关系是单调的，这意味着如果$\rho\succeq\rho'$和$\text{open}(\rho',\pi)$成立，那么有$\text{open}(\rho,\pi)$成立。为了简单起见，要求$\mathcal{R}$包含一个顶端元素$\mathcal{T}$，这样对所有$\rho\in\mathcal{R}$都有$\mathcal{T}\succeq\rho$，对$\pi\in\mathcal{P}$有$\text{open}(\mathcal{T},\pi)$。非正式地说，更高级的角色打开更多的消息，而最高级的角色$\mathcal{T}$，可以打开所有消息。显然，只有高度信任的权威才应该持有密钥$k_\mathcal{T}$(作为最高等级的$\mathcal{T}$可以获取所有信息，这就要求它是完全可信的，否则整个系统的安全性都得不到保证)。

GIBE 机制由四个随机算法组成。

(1)初始化算法：$(\text{Params},k_\mathcal{T})\leftarrow\text{Setup}(1^\kappa,\text{SP})$把安全参数$\kappa$和初始化设置参数 SP 作为输入，返回公开参数 Params(包括策略参数$\mathcal{X}$)和私钥$k_\mathcal{T}$。

(2)委派算法：$k_{\rho'}\leftarrow\text{Delegate}(\text{Params},\rho,k_\rho,\rho')$取角色$\rho$的密钥$k_\rho$，返回角色$\rho'$

的密钥 $k_{\rho'}$，在此算法中关系 $\rho \succeq \rho'$ 成立。

(3) 加密算法：$C \leftarrow \mathrm{Enc}(\mathrm{Params},\pi,m)$ 根据加密策略 π 对信息 m 进行加密处理。

(4) 解密算法：$m \leftarrow \mathrm{Dec}(\mathrm{Params},\rho,k_\rho,\pi,C)$ 使用密钥 k_ρ 对密文 C 进行解密处理。解密处理可能会失败，但是要求当谓词关系 $\mathrm{open}(\rho,\pi)$ 成立时，解密操作必须成功，即

$$\mathrm{Dec}(\mathrm{Params},\rho,k_\rho,\pi,\mathrm{Enc}(\mathrm{Params},\pi,m)) = m$$

其中，$(\mathrm{Params},k_T) \leftarrow \mathrm{Setup}(1^\kappa,\mathrm{SP})$。

要求算法的初始化、委派、加密、解密和谓词都在预期的多项式时间内运行。此外，还要求如果 $\rho_1 \succeq \rho_2 \succeq \rho_3$ 成立，那么下述两个分布是相同的。

$$\mathrm{Delegate}(\mathrm{Params},\rho_1,k_{\rho_1},\rho_3)$$

$$\mathrm{Delegate}(\mathrm{Params},\rho_2,\mathrm{Delegate}(\mathrm{Params},\rho_1,k_{\rho_1},\rho_2),\rho_3)$$

5.7.2 安全性模型

GIBE 机制的安全性游戏中包含两个参与者：挑战者 $\mathcal{C}$ 和敌手 $\mathcal{A}$。初始化参数 SP 是固定的，并且允许敌手依赖这些参数。首先定义了 GIBE 机制完整的 CCA2 匿名游戏(这里的匿名性是指密文不泄露用于创建它的策略的信息)。

(1) 初始化。

挑战者 $\mathcal{C}$ 运行 $(\mathrm{Params},k_T) \leftarrow \mathrm{Setup}(1^\kappa,\mathrm{SP})$ 和发送 Params 给敌手 $\mathcal{A}$。

(2) 阶段 1。

敌手 $\mathcal{A}$ 向挑战者 $\mathcal{C}$ 提出关于角色 ρ_i 的委派查询，挑战者 $\mathcal{C}$ 运行委派算法 $k_{\rho'} \leftarrow \mathrm{Delegate}(\mathrm{Params},T,k_T,\rho')$ 并返回结果 $k_{\rho'}$。敌手 $\mathcal{A}$ 也可以向挑战者 $\mathcal{C}$ 发出关于 (ρ_i,π_i,C_i) 的解密查询，当谓词关系 $\mathrm{open}(\rho_i,\pi_i)$ 成立时，挑战者 $\mathcal{C}$ 运行解密算法 $m_i \leftarrow \mathrm{Dec}(\mathrm{Params},\rho_i,k_{\rho_i},\pi,C)$ 并返回结果 m_i 给敌手 $\mathcal{A}$，其中 $k_{\rho_i} \leftarrow \mathrm{Delegate}(\mathrm{Params},T,k_T,\rho_i)$。

(3) 挑战。

敌手 $\mathcal{A}$ 选择消息 m_0 和 m_1 及策略 π_0^* 和 π_1^*，并将它们发送给挑战者 $\mathcal{C}$，其中敌手 $\mathcal{A}$ 没有获得这些策略的解密密钥，也就是说，对于第一个查询阶段的所有委派查询 ρ_i 和 $j \in \{0,1\}$，有 $\neg\mathrm{open}(\rho_i,\pi_j^*)$ 成立。

挑战者 $\mathcal{C}$ 选择一个随机的 $b \leftarrow_R \{0,1\}$，运行 $C^* \leftarrow \mathrm{Enc}(\mathrm{Params},\pi_b,m_b)$，并将产生的挑战密文 C^* 返回给敌手 $\mathcal{A}$。

(4) 阶段 2。

该阶段与第一个查询阶段完全相同，只是敌手不能对挑战密文 C^* 发出解密询问，并且敌手不能对与 π_0^* 和 π_1^* 满足谓词关系 $\mathrm{open}(*,\pi_j^*)(j=1,2)$ 的角色进行委派查询。

(5) 猜测。

敌手 $\mathcal{A}$ 输出对挑战者选取随机数 b 的猜测值 $b' \in \{0,1\}$。如果 $b' = b$，那么敌手 $\mathcal{A}$ 获胜，否则将失败。

上面的游戏有几个重要的变体：①在 CCA1 游戏中，在第二个查询阶段，敌手不能发出解密查询；②在 CPA 游戏中，敌手可能根本不会发出解密查询；③在非匿名性游戏中，要求 $\pi_0^* = \pi_1^*$；④在选择性游戏中，初始化阶段被修改，挑战者将属性参数 $\mathcal{X}$ 发送给敌手，敌手 $\mathcal{A}$ 提前选择 π_0^* 和 π_1^* 并将其发送给挑战者，然后挑战者向敌手发送其余的公共参数。

定义敌手 $\mathcal{A}$ 在上述游戏中优势为

$$\text{Adv}_{\mathcal{A}}(\kappa) = \left|\Pr[b' = b] - \frac{1}{2}\right|$$

定义 5-3（广义身份基加密机制的 CCA 安全性） 对任意的敌手 $\mathcal{A}$，如果其在上述游戏中获胜的优势 $\text{Adv}_{\mathcal{A}}(\kappa)$ 是可忽略的，那么相应的 GIBE 机制具有 CCA 安全性。

特别地，本节主要关注最简单的安全模型，即针对 CPA 对手的选择性安全、非匿名性。

5.7.3 具体构造

本节使用的向量大多是列向量，为了节省空间，在编写它们时，将其转置。对于一个向量 $\boldsymbol{v} = (v_1, v_2, \cdots, v_n)^{\text{T}} \in Z_p^n$，用 $g^{\boldsymbol{v}}$ 表示 $g^{\boldsymbol{v}} = (g^{v_1}, g^{v_2}, \cdots, g^{v_n}) \in G^n$。在许多情况下，会在不知道实际向量 $\boldsymbol{v}$ 的情况下对其进行操作，例如，给定 $g^{\boldsymbol{v}}$ 和向量 $\boldsymbol{w}$，可以轻松地计算出 $g^{<\boldsymbol{v},\boldsymbol{w}>}$，其中 $<\boldsymbol{v},\boldsymbol{w}> = \boldsymbol{v}^{\text{T}}\boldsymbol{w}$ 是向量 $\boldsymbol{v}$ 和 $\boldsymbol{w}$ 的内积值。此外，本节将 d 维仿射空间 $\{\boldsymbol{Mx} + \boldsymbol{a} : \boldsymbol{x} \in Z_p^d\}$ 写成 $\text{Aff}(\boldsymbol{M}, \boldsymbol{a})$。

空间加密系统的参数包括一个素数 p（该素数 p 满足 $\log p$ 近似等于安全参数 κ 的条件）和两个阶为 p 的群 G 和 G_T，G 和 G_T 之间存在着双线性映射 $e: G \times G \to G_T$。此外，公共参数中包括了群元素 g、g^{a_0}、$t \in G_T$ 和向量 $g^{\boldsymbol{a}} \in G^n$。仿射空间 $V = \text{Aff}(\boldsymbol{M}, \boldsymbol{x})$ 的密钥的形式为 $(g^r, g^{b + ra_0 + r<\boldsymbol{x},\boldsymbol{a}>}, g^{r\boldsymbol{M}^{\text{T}}\boldsymbol{a}})$，其中 b 是主密钥，r 是 Z_p 中的随机数。

1. 方案设计

1) $(\text{Params}, k_T) \leftarrow \text{Setup}(1^\kappa, \text{SP})$

首先，产生系统参数 p、G 和 G_T，G 和 G_T 之间存在着双线性映射 $e: G \times G \to G_T$；然后，随机选择参数 $g \leftarrow_R G^*$、$a_0 \leftarrow_R Z_p$ 和 $\boldsymbol{a} \leftarrow_R Z_p^n$。

首先，随机选取秘密参数 $b \leftarrow_R Z_p$，计算 $t = e(g,g)^b$；然后生成系统公开参数和主私钥。

$$\text{Params} = (p, G, G_T; g, g^{a_0}, g^{\boldsymbol{a}}, t) \text{ 和 } k_T = (g, g^b, g^{\boldsymbol{a}})$$

2) $k_{\rho'} \leftarrow \text{Delegate}(\text{Params}, V_1, k_{V_1}, V_2)$

取两个子空间 $V_1 = S(\boldsymbol{M}_1, \boldsymbol{x}_1)$ 和 $V_2 = S(\boldsymbol{M}_2, \boldsymbol{x}_2)$。因为 V_2 是 V_1 的子空间，对于(高效可计算的)矩阵 $\boldsymbol{T}$ 与向量 $\boldsymbol{y}$ 有 $\boldsymbol{M}_2 = \boldsymbol{M}_1\boldsymbol{T}$ 和 $\boldsymbol{x}_2' = \boldsymbol{x}_1 + \boldsymbol{M}_1\boldsymbol{y}$ 成立。可以计算密钥

$$\begin{aligned}\tilde{k}_{V_2} &= (g^r, g^{b+ra_0+r<\boldsymbol{x}_1,\boldsymbol{a}>} \cdot g^{r\boldsymbol{y}^{\mathrm{T}}\boldsymbol{M}_1^{\mathrm{T}}\boldsymbol{a}}, g^{r\boldsymbol{y}^{\mathrm{T}}\boldsymbol{M}_1^{\mathrm{T}}\boldsymbol{a}}) \\ &= (g^r, g^{b+ra_0+r<\boldsymbol{x}_2,\boldsymbol{a}>}, g^{r\boldsymbol{M}_2^{\mathrm{T}}\boldsymbol{a}})\end{aligned}$$

对于 $\tilde{k}_{V_2}$，需要将其重新随机化处理。为了实现这一点，选择一个随机数 $s \leftarrow_R Z_p$，然后计算

$$\begin{aligned}k_{V_2} &= (g^r g^s, g^{b+ra_0+r<\boldsymbol{x}_2,\boldsymbol{a}>} g^{s(a_0+<\boldsymbol{x}_2,\boldsymbol{a}>)}, g^{r\boldsymbol{M}_2^{\mathrm{T}}\boldsymbol{a}} g^{s\boldsymbol{M}_2^{\mathrm{T}}\boldsymbol{a}}) \\ &= (g^{r+s}, g^{b+(r+s)(a_0+<\boldsymbol{x}_2,\boldsymbol{a}>)}, g^{(r+s)\boldsymbol{M}_2^{\mathrm{T}}\boldsymbol{a}})\end{aligned}$$

需要注意的是，V_1 和 V_2 有可能是同一个子空间，在这种情况下，这个公式在 V_1 的不同形式之间转换密钥并重新随机化。因此，本节可以自由选择 V 的任何表示形式。

3) $C \leftarrow \text{Enc}(\text{Params}, \boldsymbol{x}, m)$

选择一个随机数 $\eta \leftarrow_R Z_p$，计算出密文

$$C = (c_1, c_2, c_3) = (g^\eta, g^{\eta(a_0+<\boldsymbol{x},\boldsymbol{a}>)}, m \cdot t^\eta)$$

4) $m \leftarrow \text{Dec}(\text{Params}, V, k_V, \boldsymbol{x}, C)$

由 k_V 来获得解密密钥 $k_{\{x\}} = (k_1, k_2) = (g^r, g^{b+r(a_0+<\boldsymbol{x},\boldsymbol{a}>)})$，然后计算

$$\frac{c_3 \cdot e(c_2, k_1)}{e(c_1, k_2)} = \frac{m \cdot t^\eta \cdot e(g,g)^{r\eta(a_0+<\boldsymbol{x},\boldsymbol{a}>)}}{e(g,g)^{\eta b + r\eta(a_0+<\boldsymbol{x},\boldsymbol{a}>)}} = m$$

2. 安全性证明

调用 $\mathcal{S}$ 上的空间加密系统。为了使证明更具有可读性，本节在主要的安全性证明中抽象出重随机化项。为此，将证明分为两个步骤。

首先，在断言 5-8 中证明，如果系统 $\mathcal{S}$ 是不安全的，那么具有随机参数的系统也是不安全的(即 a_0、$\boldsymbol{a}$、b、r 和 $\mathcal{S}$ 是非一致选择的系统)。这一步很简单。

其次，在定理 5-6 中证明了随机参数在 $\mathcal{S}$ 中的特殊装配是安全的。这两个步骤的结合意味着 $\mathcal{S}$ 是安全的。

我们相信在主模拟中隐藏随机化项可以使证明更容易理解。

断言 5-8　令 $\mathcal{S}'$ 除了元素 a_0、$\boldsymbol{a}$ 和 b 与 $\mathcal{S}$ 相同，r 表示在委派查询中使用和 s 表示在挑战密文中使用，它们都是被某些算法选择但并不是均匀随机选择的。对于任何攻击 $\mathcal{S}$ 的敌手 $\mathcal{A}$，都有一个攻击 $\mathcal{S}'$ 的敌手 $\mathcal{B}$，它的运行时间与敌手 $\mathcal{A}$ 相同，因

此有

$$\mathrm{Adv}_{\mathcal{A}}(\kappa)=\mathrm{Adv}_{\mathcal{B}}(\kappa)$$

证明 敌手$\mathcal{B}$运行敌手$\mathcal{A}$，但重新随机化敌手$\mathcal{A}$的查询和模拟器的响应。更具体地说，在初始化阶段敌手$\mathcal{B}$均匀随机地选择$a_0'\leftarrow_R Z_p$、$\boldsymbol{a}'\leftarrow_R Z_p^n$和$b'\leftarrow_R Z_p$，并向敌手$\mathcal{A}$发送如下的公开参数：

$$(p,G,G_T;g,g^{a_0+a_0'},g^{a_0+a_0'},t\cdot e(g,g)^{b'})$$

然后，敌手$\mathcal{B}$调整对敌手$\mathcal{A}$的询问，使之与公开参数匹配。例如，当敌手$\mathcal{A}$进行委派查询时，敌手$\mathcal{B}$直接将查询传递给挑战者，并获得相应的应答：

$$(g^r,g^{b+ra_0+r<\boldsymbol{x},\boldsymbol{a}>},g^{rM^{\mathrm{T}}\boldsymbol{a}})$$

基于上述应答，敌手$\mathcal{B}$计算一个新的密钥：

$$(g^r,g^{b+ra_0+r<\boldsymbol{x},\boldsymbol{a}>}\cdot g^{b'}\cdot(g^r)^{a_0'+<\boldsymbol{x},\boldsymbol{a}'>},g^{r\boldsymbol{M}^{\mathrm{T}}\boldsymbol{a}}\cdot(g^r)^{\boldsymbol{M}^{\mathrm{T}}\boldsymbol{a}'})$$

对于敌手$\mathcal{A}$而言，相关参数都是均匀分布的，所以它攻击的是系统$\mathcal{S}$，最后，当且仅当敌手$\mathcal{A}$赢得了$\mathcal{S}$挑战游戏时，敌手$\mathcal{B}$能赢得$\mathcal{S}'$，所以有以下关系成立：

$$\mathrm{Adv}_{\mathcal{A}}(\kappa)=\mathrm{Adv}_{\mathcal{B}}(\kappa)$$

下面将进行选择性安全游戏，只要证明判定的双线性 Diffie-Hellman 指数(decisional bilinear Diffie-Hellman exponent，DBDHE)问题在群G上是困难的，空间加密就具有选择性 CPA 安全性。

断言 5-8 证毕。

定理 5-7 若存在一个非匿名的、选择性 CPA 敌手$\mathcal{A}$，能以优势$\mathrm{Adv}_{\mathcal{A}}(\kappa)$攻击$\mathcal{S}$成功，那么存在一个敌手$\mathcal{B}$，在与敌手$\mathcal{A}$相同的运行时间内，能以优势$\mathrm{Adv}_{\mathcal{B}}(\kappa)$解决 DBDHE 问题的困难性，且有以下关系成立：

$$\mathrm{Adv}_{\mathcal{B}}(\kappa)\geqslant\frac{1}{2}\mathrm{Adv}_{\mathcal{A}}(\kappa)$$

证明 基于上述发现，构造一个与敌手$\mathcal{A}$能以相同优势攻击$\mathcal{S}'$的敌手$\mathcal{A}'$。基于 DBDHE 困难问题的公开参数(p,G,G_T)和挑战元组$(g^{\alpha^{[0,n]}},g^{\alpha^{[n+2,2n+2]}},h,z)$，敌手$\mathcal{B}$完成相应参数的模拟。在初始化阶段，敌手$\mathcal{B}$将策略参数$\mathcal{X}=(p,G,G_T,n)$传递给敌手$\mathcal{A}'$。在接收到预定的目标策略$\boldsymbol{v}$后，敌手$\mathcal{B}$设置$\boldsymbol{a}=\alpha^{[1,n]}$、$a_0=-<\boldsymbol{v},\boldsymbol{a}>$和$b=\alpha^{n+1}$。需要注意的是，虽然敌手$\mathcal{B}$不能有效地计算$\boldsymbol{a}$、$a_0$和$b$，但它可以计算$g^{\boldsymbol{a}}$、$g^{a_0}$和$e(g,g)^b$，这些都是它所需要向敌手$\mathcal{A}'$提交的公共参数。

为了回答一个子空间$V=\mathrm{Aff}(\boldsymbol{M},\boldsymbol{x})$的委派查询，敌手$\mathcal{B}$找到一个向量$\boldsymbol{u}=(u_1,u_2,\cdots,u_n)^{\mathrm{T}}$使$\boldsymbol{M}^{\mathrm{T}}\boldsymbol{u}=0$，但$<\boldsymbol{x}-\boldsymbol{v},\boldsymbol{u}>\neq 0$。由于$\boldsymbol{v}\notin V$，这样的$\boldsymbol{u}$一定存在，而且很

容易通过 Gram-Schmidt 过程找到。然后，敌手$\mathcal{B}$计算

$$r = \frac{u_1\alpha^n + u_2\alpha^{n-1} + \cdots + u_n\alpha}{<\boldsymbol{x} - \boldsymbol{v}, \boldsymbol{u}>}$$

需要注意的是，虽然敌手$\mathcal{B}$不能有效地计算r，但是它可以计算g^r。对于任意一个向量$\boldsymbol{y}$，缺失项系数α^{n+1}正好在$r<\boldsymbol{y},\boldsymbol{a}>$等于$\dfrac{<\boldsymbol{y},\boldsymbol{u}>}{<\boldsymbol{x}-\boldsymbol{v},\boldsymbol{u}>}$。因此，多项式$\alpha$中的向量$r\boldsymbol{M}^{\mathrm{T}}\boldsymbol{a}$的度最多为$2n$，$\boldsymbol{u}$的选择使得$\alpha^{n+1}$的系数为 0，因此敌手$\mathcal{B}$可以有效地从$g^{\alpha^{[0,n]}}$和$g^{\alpha^{[n+2,2n]}}$计算出$g^{r\boldsymbol{M}^{\mathrm{T}}\boldsymbol{a}}$。类似地，敌手$\mathcal{B}$可以计算出

$$g^{b+r(a_0+<\boldsymbol{x},\boldsymbol{a}>)} = g^{\alpha^n + r<\boldsymbol{v}-\boldsymbol{x},\boldsymbol{a}>} = g^{\alpha^n + P(\alpha) + \frac{r<\boldsymbol{v}-\boldsymbol{x},\boldsymbol{a}>\alpha^n}{<\boldsymbol{v}-\boldsymbol{x},\boldsymbol{u}>}} = g^{P(\alpha)}$$

其中，$P(\alpha)$的度数为$2n$，α^{n+1}项的系数为零。敌手$\mathcal{B}$在两个查询阶段都使用这种技术来回答委派查询。

为消息m_i构建一个挑战密文，敌手$\mathcal{B}$令$s = \log_g h$，返回$c = (h,z,m)$。如果$\mathcal{A}'$猜对，那么敌手$\mathcal{B}$返回 1，否则敌手$\mathcal{B}$返回 0。现在，如果$z = e(g,h)^{\alpha^{n+1}}$，那么这是一个有效的挑战密文。敌手$\mathcal{A}'$获胜的概率为

$$\frac{1}{2} + \frac{1}{2}\mathrm{Adv}_{\mathcal{A}'}(\kappa)$$

另外，如果z是随机的，那么c也是随机的，敌手$\mathcal{A}'$以$\dfrac{1}{2}$概率获胜。因此有

$$\mathrm{Adv}_{\mathcal{B}}(\kappa) \geqslant \frac{1}{2}\mathrm{Adv}_{\mathcal{A}'}(\kappa) = \frac{1}{2}\mathrm{Adv}_{\mathcal{A}}(\kappa)$$

定理 5-7 证毕。

5.8　基于对偶系统加密的全安全身份基加密机制

Gentry06 虽然设计了标准模型下具备紧规约性质的 IBE 机制，但所使用的困难性假设是非静态的，其安全性将依赖敌手的询问次数。针对上述不足，Waters[21]提出了对偶系统加密(DSE)技术，随后对其进行了改进并设计出更加高效实用的构造[22]。本节将对该技术进行详细的介绍。

5.8.1　DSE 技术介绍

为了克服身份分离策略在 IBE 机制的构造中产生的缺陷，Waters[21]于 2009 年首次提出了 DSE 的概念，利用该技术获得了标准模型下基于静态假设的全安全 IBE 方案。在 DSE 技术中，密文和密钥分别具有两种不同的形式：正常形式和半功能形

式，其中半功能密文和半功能密钥仅用于方案的安全性证明，不会在真实的方案中使用。正常密钥可以解密正常密文和半功能密文，半功能密钥可以解密正常密文，但不能解密半功能密文。换句话讲，当半功能密钥解密半功能密文时，密钥和密文的半功能部分相互作用会产生额外的一项，导致解密失败。DSE 技术中的密文和密钥的关系如图 5-1 所示。

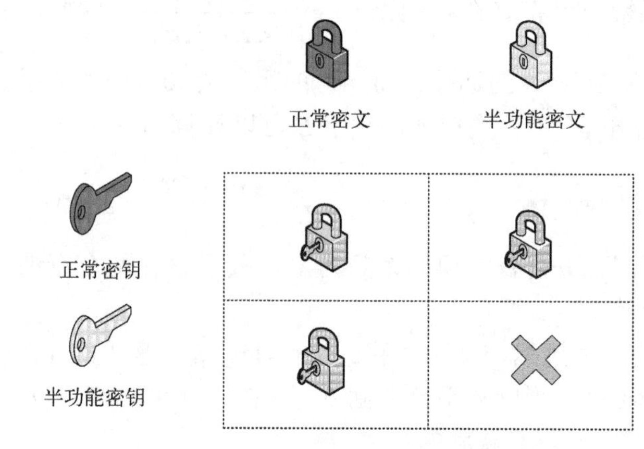

图 5-1　DSE 技术中密文和密钥的关系

DSE 技术为证明 IBE 及相关加密系统的安全性开辟了一条新的途径，其安全性证明过程属于混合论证，是通过证明一系列游戏之间的两两不可区分性来完成的。具体的游戏定义如下，其中假设在相应 IBE 机制的安全性游戏中敌手共进行了 Q 次密钥生成询问。

(1) $\text{Game}_{\text{real}}$。

IBE 机制原始的安全性游戏，即挑战密文和密钥生成询问的应答都是正常的分布，该游戏中敌手获得了正常的挑战密文和正常的身份密钥。

(2) Game_0。

该游戏与游戏 $\text{Game}_{\text{real}}$ 相类似，但是在该游戏中所有密钥生成询问的应答都是正常的，但挑战密文是半功能的。

(3) Game_i。

该游戏与游戏 Game_0 相类似，但是在该游戏中前 i 个密钥生成询问的应答是半功能密钥，剩余的 $Q-i$ 个密钥生成询问的应答是正常的，其中 $i=1,2,\cdots,Q$。

(4) $\text{Game}_{\text{final}}$。

该游戏与游戏 Game_Q 相类似，但是在该游戏中挑战密文是一个随机消息的半功能密文。

上述游戏的不可区分性证明过程大致为：首先证明 $\text{Game}_{\text{real}}$ 与 Game_0 的不可区分性；然后证明 $\text{Game}_0 \sim \text{Game}_Q$ 的两两不可区分性；最后证明 Game_Q 与 $\text{Game}_{\text{final}}$ 是不可

区分的。由于在 $\mathrm{Game}_{\mathrm{final}}$ 中，敌手获胜的优势是可忽略的，所以可得 $\mathrm{Game}_{\mathrm{real}}$ 即原始的 IBE 方案是安全的。DSE 技术证明过程中挑战密文和私钥的变化情况如图 5-2 所示。

<table>
<tr><th rowspan="2">游戏</th><th rowspan="2">挑战密文</th><th colspan="5">密钥生成询问</th></tr>
<tr><td>1</td><td>…</td><td>i</td><td>…</td><td>Q</td></tr>
<tr><td>$\mathrm{Game}_{\mathrm{real}}$</td><td>正常</td><td colspan="5">正常密钥</td></tr>
<tr><td>Game_0</td><td>半功能</td><td colspan="5">正常密钥</td></tr>
<tr><td>Game_1</td><td>半功能</td><td>半功能密钥</td><td colspan="4">正常密钥</td></tr>
<tr><td colspan="7">⋮</td></tr>
<tr><td>Game_i</td><td>半功能</td><td colspan="3">半功能密钥</td><td colspan="2">正常密钥</td></tr>
<tr><td colspan="7">⋮</td></tr>
<tr><td>Game_Q</td><td>半功能</td><td colspan="5">半功能密钥</td></tr>
<tr><td>$\mathrm{Game}_{\mathrm{final}}$</td><td>随机消息半功能密文</td><td colspan="5">半功能密钥</td></tr>
</table>

图 5-2　DSE 技术证明过程中挑战密文和私钥的变化情况

特别地，当证明 Game_i 和 Game_{i+1} 不可区分性时，模拟器需要借助敌手的能力解决困难性问题，若存在一个 PPT 敌手 $\mathcal{A}$ 能够成功地区分 Game_i 和 Game_{i+1}，则模拟器可以利用敌手 $\mathcal{A}$ 的能力解决相应的困难性问题。但由于模拟器可以为任何合法身份生成挑战密文和相应的用户私钥，这就会出现一个潜在的问题，即模拟器可以生成身份 id_i (第 i 次密钥生成询问的身份信息)的半功能密文，也能为该身份生成第 i 个私钥，所以看起来模拟器可以通过检验身份 id_i 的半功能密文能否被第 i 个私钥成功解密，就可以确定第 i 个私钥是否为半功能密钥，因此模拟器自己能够区分 Game_i 和 Game_{i+1}。

为了解决上述问题，文献[11]为每一个密文和用户私钥关联了一个随机的标签值，只有当密文和私钥的标签值相等时才能正确解密。由于引入标签值，模拟器想通过构造相应身份的半功能密文来测试其所对应的第 i 个私钥是否为半功能密钥时，只能生成标签值相同的半功能密文，因此，解密将无条件终止。而标签的关系对于敌手是完全隐藏的，因为敌手不能询问挑战密文所对应身份的私钥，在敌手看来标签是随机分布的。

然而上述构造中标签的使用在一定程度上对方案的实用性带来影响，为了去掉标签，Lewko 和 Waters[22]提出了一种不同的方法来解决证明中的悖论问题。该方法的思路是：当模拟器试图测试第 i 个私钥的半功能密钥时，解密不再是无条件失败，而是通过有意设计使其无条件成功。为此，他们引入了半功能密钥的一个变形概念——“名义”半功能密钥。之所以称为“名义”半功能密钥，是因为“名义”半功能密钥的分布类似于半功能密钥的分布，但实际上却与半功能密文相关联。因此当“名义”半功能密钥解密半功能密文时，密文中的半功能部分与“名义”半功能密钥中的半功能部分会相互抵消，从而解密成功。因此，如果模拟器试图通过创建同一身份的用户私钥和挑战密文来自己解决困难问题是不可行的，因为模拟器只能创建一个“名义”半功能密钥，而“名义”半功能密钥和正常密钥的解密结果是不可区分的。对敌手而言，其不能询问挑战身份所对应的用户私钥，这个限制使得“名义”性得以很好地隐藏，在敌手看来，“名义”半功能密钥与普通半功能密钥的分布是相同的。基于上述方法，文献[21]构造了一个无标签短参数的全安全 IBE 方案，同时也给出了一个具有固定密文长度的全安全 HIBE 方案。由于没有使用标签，其密钥派生过程中密钥可以完全随机化，从而完美地解决了文献[19]的 HIBE 方案中密钥与其派生密钥之间的派生关系被泄露的问题。

综上所述，DSE 技术的提出很好地解决了身份基密码系统中的一些公开问题，为提高方案安全性能和简化安全性证明提供了新的思路。然而，通常 DSE 技术基于合数阶群实现，导致相应构造的通信和存储效率较低。

5.8.2 合数阶双线性群及相应的子群判定假设

合数阶双线性群被用于密码机制的构造。令群生成算法 $\hat{\mathcal{G}}(1^\kappa)$ 的输入为安全参数 κ，输出是元组 $\hat{\mathbb{G}}=(N=p_1p_2p_3,g,G,G_T,e(\cdot))$，其中 G 和 G_T 为阶是合数 N 的乘法循环群，$\{p_1,p_2,p_3\}$ 都是等长的大素数，$e:G\times G\to G_T$ 是满足下述性质的双线性映射。令 $G_i(i=1,2,3)$ 是群 G 的阶为大素数 $p_i\in\{p_1, p_2,p_3\}$ 的子群。

(1) 双线性。

对于任意的 $a,b\leftarrow_R Z_N$ 和 $g\in G$，有 $e(g^a,g^b)=e(g,g)^{ab}$ 成立。

(2) 非退化性。

有 $e(g,g)\neq 1_{G_T}$ 成立，其中 1_{G_T} 是群 G_T 的单位元。

(3) 可计算性。

对于任意的 $U,V\in G$，$e(U,V)$ 可在多项式时间内完成计算。

(4) 子群正交性。

对于任意的 $h_i\in G_i$ 和 $h_j\in G_j$，当 $i\neq j$ 时，有 $e(h_i,h_j)=1$。

假设 g 是群 G 的生成元，那么 $g^{p_1p_3}$ 是子群 G_2 的生成元，$g^{p_1p_2}$ 是子群 G_3 的生成元，$g^{p_2p_3}$ 是子群 G_1 的生成元。则对于 $h_1\in G_1$ 和 $h_2\in G_2$，可以表示为 $h_1=(g^{p_2p_3})^{\alpha_1}$ 和 $h_2=(g^{p_1p_3})^{\alpha_2}$，其中 $\alpha_1,\alpha_2\leftarrow_R Z_N$，那么有

$$e(h_1,h_2)=e((g^{p_2p_3})^{\alpha_1},(g^{p_1p_3})^{\alpha_2})=e(g^{\alpha_1},g^{\alpha_2p_3})^{p_1p_2p_3}=1$$

注解 5-15 在合数阶双线性群中，$G_{i,j}$ 表示群 G 的阶为 p_ip_j 的子群。若有 $X_i\in G_i$

和 $Y_j \in G_j$，则有 $X_iY_j \in G_{i,j}$。

假设 5-2　令群生成算法 $\hat{\mathcal{G}}(1^\kappa)$ 的输出是 $\hat{\mathbb{G}}=(N=p_1p_2p_3,g,G,G_T,e(\cdot))$，给定两个元组 $(\hat{\mathbb{G}},g,X_3,T_1)$ 和 $(\hat{\mathbb{G}},g,X_3,T_2)$，其中 $g \leftarrow_R G_1$、$X_3 \leftarrow_R G_3$、$T_1 \leftarrow_R G_{1,2}$ 和 $T_2 \leftarrow_R G_1$。对于任意的算法 $\mathcal{A}$，其成功区分 (D,T_1) 和 (D,T_2)（其中 $D=(\hat{\mathbb{G}},g,X_3)$）的优势

$$\mathrm{Adv}^{\mathrm{SD\text{-}1}}(\kappa)=\Pr[\mathcal{A}(D,T_1)=1]-\Pr[\mathcal{A}(D,T_2)=1]$$

是可忽略的，其中概率来源于随机值的选取和算法 $\mathcal{A}$ 的随机选择。

假设 5-3　令群生成算法 $\hat{\mathcal{G}}(1^\kappa)$ 的输出是 $\hat{\mathbb{G}}=(N=p_1p_2p_3,g,G,G_T,e(\cdot))$，给定两个元组 $(\hat{\mathbb{G}},g,X_1X_2,X_3,Y_2Y_3,T_1)$ 和 $(\hat{\mathbb{G}},g,X_1X_2,X_3,Y_2Y_3,T_2)$，其中 $g,X_1 \leftarrow_R G_1$、$X_2,Y_2 \leftarrow_R G_2$、$X_3,Y_3 \leftarrow_R G_3$、$T_1 \leftarrow_R G$ 和 $T_2 \leftarrow_R G_{1,3}$。对于任意的算法 $\mathcal{A}$，其成功区分 (D,T_1) 和 (D,T_2)（其中 $D=(\hat{\mathbb{G}},g,X_1X_2,X_3,Y_2Y_3)$）的优势

$$\mathrm{Adv}^{\mathrm{SD\text{-}2}}(\kappa)=\Pr[\mathcal{A}(D,T_1)=1]-\Pr[\mathcal{A}(D,T_2)=1]$$

是可忽略的，其中概率来源于随机值的选取和算法 $\mathcal{A}$ 的随机选择。

假设 5-4　令群生成算法 $\hat{\mathcal{G}}(1^\kappa)$ 的输出是 $\hat{\mathbb{G}}=(N=p_1p_2p_3,g,G,G_T,e(\cdot))$，给定两个元组 $(\hat{\mathbb{G}},g,g^\alpha X_2,X_3,g^sY_2,Z_2,T_1)$ 和 $(\hat{\mathbb{G}},g,g^\alpha X_2,X_3,g^sY_2,Z_2,T_2)$，其中 $\alpha,s \leftarrow_R Z_N$、$g \leftarrow_R G_1$、$X_2,Y_2,Z_2 \leftarrow_R G_2$、$X_3 \leftarrow_R G_3$、$T_1=e(g,g)^{\alpha s}$ 和 $T_2 \leftarrow_R G_T$。对于任意的算法 $\mathcal{A}$，其成功区分 (D,T_1) 和 (D,T_2)（其中 $D=(\hat{\mathbb{G}},g,g^\alpha X_2,X_3,g^sY_2,Z_2)$）的优势

$$\mathrm{Adv}^{\mathrm{SD\text{-}3}}(\kappa)=\Pr[\mathcal{A}(D,T_1)=1]-\Pr[\mathcal{A}(D,T_2)=1]$$

是可忽略的，其中概率来源于随机值的选取和算法 $\mathcal{A}$ 的随机选择。

注解 5-16　方便起见，后面将上述假设 5-2、假设 5-3 和假设 5-4 分别称为合数阶双线性群上的安全性假设 1、安全性假设 2 和安全性假设 3。

5.8.3　基于 DSE 技术的 IBE 机制

本节详细介绍 Lewko 和 Waters[22]提出的 IBE 机制，该机制使用阶为 $N=p_1p_2p_3$ 的合数阶群，并且身份空间为 Z_N。该构造在 Boneh 和 Boyen 的 IBE 机制的基础上为用户私钥增加了子群 G_3（G_3 是阶为素数 p_3 的子群）上的元素，该元素主要被用来随机化用户私钥。此外，子群 G_2（G_2 是阶为素数 p_2 的子群）并未在机制的构造中使用，而是作为机制的半功能空间，也就是说，当密文和用户私钥包含子群 G_2 中的相关元素时，它们都是半功能的，那么当正常密钥解密半功能密文或者半功能密钥解密正常密文时，由合数阶群中各子群间的正交性可知，子群 G_2 中的元素将被子群 G_1 和 G_3 中的元素通过双线性映射运算消除掉，而当半功能密钥解密半功能密文时，解密结果中将包含子群 G_2 中的一个元素。

1) 具体构造

(1) $(\text{Params}, \text{msk}) \leftarrow \text{KeyGen}(1^\kappa)$。

令 G 是阶为合数 $N = p_1 p_2 p_3$ 的乘法循环群，其中 p_1、p_2 和 p_3 是不同的素数；对于 $i = 1,2,3$，G_i 是群 G 中阶为素数 p_i 的子群。随机选取 $\alpha \leftarrow_R Z_N^*$、$u,h,g \leftarrow_R G_1$ 和 $X_3 \leftarrow_R G_3$，公开系统参数 Params，并计算主私钥 $\text{msk} = (\alpha, X_3)$，其中 $\text{Params} = \{N, u, h, g, e(g,g)^\alpha\}$。

(2) $\text{sk}_{\text{id}} \leftarrow \text{KeyGen}(\text{msk}, \text{id})$。

随机选取 $r, \rho, \rho' \leftarrow_R Z_N^*$，并计算 $d_1 = g^{-\alpha}(u^{\text{id}}h)^r X_3^\rho$ 和 $d_2 = g^{-r} X_3^{\rho'}$，输出身份 id 对应的私钥 $\text{sk}_{\text{id}} = (d_1, d_2)$。

(3) $C \leftarrow \text{Enc}(\text{id}, M)$。

随机选取 $z \leftarrow_R Z_N^*$，并计算 $c_1 = g^z$、$c_2 = (u^{\text{id}}h)^z$ 和 $c_3 = e(g,g)^{\alpha z} M$，输出加密密文 $C = (c_1, c_2, c_3)$。

(4) $M \leftarrow \text{Dec}(\text{sk}_{\text{id}}, C)$。

计算 $M = e(c_1, d_1) e(c_2, d_2) c_3$，输出 M 作为密文 C 所对应的解密结果。

2) 正确性

由下述等式即可获得上述 IBE 机制的正确性。

$$
\begin{aligned}
& e(c_1, d_1) e(c_2, d_2) c_3 \\
&= e(g^z, g^{-\alpha}(u^{\text{id}}h)^r X_3^\rho) e((u^{\text{id}}h)^z, g^{-r} X_3^{\rho'}) e(g,g)^{\alpha z} M \\
&= e(g^z, g^{-\alpha}) e(g^z, (u^{\text{id}}h)^r) e((u^{\text{id}}h)^z, g^{-r}) e(g,g)^{\alpha z} M \\
&= M
\end{aligned}
$$

3) 安全性证明

为了证明上述 IBE 机制的安全性，首先给出半功能密文和半功能密钥的具体结构，该结构在真实方案中并未使用，仅用于机制的安全性证明。

(1) 半功能密文。

令 g_2 为子群 G_2 的生成元。为了生成消息 M 关于身份 id 的半功能密文，首先生成 M 关于身份 id 的正常密文 $C = (c_1, c_2, c_3) = (g^z, (u^{\text{id}}h)^z, e(g,g)^{\alpha z} M)$；然后随机选取 $x, z_c \leftarrow_R Z_N$，并计算 $(c_1', c_2', c_3') = (c_1 g_2^x, c_2 g_2^{x z_c}, c_3)$，输出消息 M 关于身份 id 的半功能密文 $C^{\text{semi}} = (c_1', c_2', c_3')$。

(2) 半功能密钥。

为了生成身份 id 的半功能密钥，首先生成身份 id 对应的正常密钥 $d_{\text{id}} = (d_1, d_2) = (g^{-\alpha}(u^{\text{id}}h)^r X_3^\rho, g^{-r} X_3^{\rho'})$；然后随机选取 $y, z_k \leftarrow_R Z_N$，并计算 $(d_1', d_2') = (d_1 g_2^{y z_k}, d_2 g_2^{-y})$，输出身份 id 对应的半功能密钥 $d_{\text{id}}^{\text{semi}} = (d_1', d_2')$。

特别地，当半功能密钥被用来解密半功能密文时，由下述等式可知，解密结果

包含附加的 $e(g,g)^{xy(z_k-z_c)}$，若有 $z_k=z_c$，则解密操作依然正确。将满足该条件的密钥称为“名义”半功能密钥，虽然包含子群 G_2 的元素，但不妨碍该半功能密钥对相应半功能密文的解密操作。

$$
\begin{aligned}
& e(c_1',d_1')e(c_2',d_2')c_3' \\
&= e(g^z g_2^x, g^{-\alpha}(u^{\mathrm{id}}h)^r g_2^{yz_k} X_3^{\rho})e((u^{\mathrm{id}}h)^z g_2^{xz_c}, g^{-r} g_2^{-y} X_3^{\rho'})e(g,g)^{\alpha z} M \\
&= e(g_2,g_2)^{xyz_k} e(g_2,g_2)^{-xyz_c} M \\
&= e(g_2,g_2)^{xy(z_k-z_c)} M
\end{aligned}
$$

上述 IBE 机制的安全性证明可以通过下述系列游戏来完成，各游戏的具体定义如下所示。

(1) $\mathrm{Game_{real}}$。

该游戏是 IBE 机制原始的 CPA 安全性游戏，在该游戏中，敌手获得了正常的挑战密文和正常的用户私钥。

(2) $\mathrm{Game_{restricted}}$。

该游戏与 $\mathrm{Game_{real}}$ 相类似，但在询问阶段禁止敌手对满足条件 $\mathrm{id}^* = \mathrm{id} \bmod p_2$ 的身份 id 进行密钥生成询问，其中 id^* 是挑战身份。换句话讲，游戏中询问阶段提交的身份模 N 后的结果是不相等的，这是一个强的限制，在剩余的游戏中始终保持该限制。

(3) Game_i。

令 Q 表示游戏中敌手提交的密钥生成询问的最大次数。对于 i 从 0 到 Q，游戏 Game_i 与游戏 $\mathrm{Game_{restricted}}$ 相类似，但是在该游戏中挑战密文是半功能的，且前 i 个密钥生成询问的应答是半功能密钥，剩余的 $Q-i$ 个密钥生成询问的应答是正常的。

(4) $\mathrm{Game_{final}}$。

该游戏与游戏 Game_Q 相类似，但是在该游戏中挑战密文是一个随机消息的半功能密文。

引理 5-4　若存在一个 PPT 敌手 $\mathcal{A}$ 能以不可忽略的优势 ε_1 区分游戏 $\mathrm{Game_{real}}$ 和 $\mathrm{Game_{restricted}}$，即有 $\left|\mathrm{Adv}_{\mathcal{A}}^{\mathrm{Game_{real}}}(\kappa) - \mathrm{Adv}_{\mathcal{A}}^{\mathrm{Game_{restricted}}}(\kappa)\right| \leqslant \varepsilon_1$ 成立，那么就能构造一个敌手 $\mathcal{B}$ 以显而易见的优势 $\dfrac{\varepsilon_1}{2}$ 攻破合数阶双线性群上的安全假设 1 或安全假设 2，其中 $\mathrm{Adv}_{\mathcal{A}}^{\mathrm{Game}_k}(\kappa)$ 表示敌手 $\mathcal{A}$ 在游戏 Game_k 中获胜的优势。

证明　在合数阶群上的安全假设 1 和安全假设 2 中，敌手 $\mathcal{B}$ 均能获得 g 和 X_3 及相应的挑战元组 T_ν。若敌手 $\mathcal{A}$ 能以概率 ε_1 在询问阶段提交身份满足条件

$\mathrm{id} \neq \mathrm{id}^* \bmod N$ 和 $\mathrm{id} = \mathrm{id}^* \bmod p_2$ 的密钥生成询问，那么敌手$\mathcal{B}$使用这些身份能够通过计算 $a = \gcd(\mathrm{id} - \mathrm{id}^*, N)$ 获得 $N = p_1 p_2 p_3$ 的一个非平凡因子，其中 gcd 表示最大公因数。令 $b = \dfrac{N}{a}$，分下述两种情况，并且每种情况均以 $\dfrac{\varepsilon_1}{2}$ 的概率发生。

(1) 情况 1（$b = p_1$）。

敌手$\mathcal{B}$能够通过验证 $g^b = 1$ 是否成立判断条件 $b = p_1$ 是否成立，然后通过对 T_ν 进行 b 次方的计算结果 T_ν^b 攻破假设 1，因为当 $T_\nu \in G_1$ 时，$T_\nu^b = 1$；否则，$T_\nu \in G_1 G_2$ 且 $T_\nu^b \neq 1$。

(2) 情况 2（$a = p_1 p_2$ 且 $b = p_3$）。

敌手$\mathcal{B}$能够通过验证 $(X_1 X_2)^a$ 是否成立来判断条件 $a = p_1 p_2$ 是否成立，然后通过测试等式 $e((Y_2 Y_3)^b, T_\nu) = 1$ 是否成立攻破假设 2，由于 $Y_3^{p_3} = 1$，当 $T_\nu \in G_1 G_3$，即 T_ν 中不包含子群 G_2 的部分时，上述等式成立；否则，$T_\nu \in G$。

引理 5-4 证毕。

引理 5-5　若存在一个 PPT 敌手$\mathcal{A}$能以不可忽略的优势 ε_2 区分游戏 $\mathrm{Game}_{\mathrm{restricted}}$ 和 Game_0，即有 $\left|\mathrm{Adv}_{\mathcal{A}}^{\mathrm{Game}_{\mathrm{restricted}}}(\kappa) - \mathrm{Adv}_{\mathcal{A}}^{\mathrm{Game}_0}(\kappa)\right| \leqslant \varepsilon_2$，那么就能构造一个敌手$\mathcal{B}$以显而易见的优势 ε_2 攻破合数阶双线性群上的安全假设 1。

证明　在合数阶双线性群上的安全假设 1 中敌手$\mathcal{B}$能够获得 g 和 X_3 及相应的挑战元组 T_ν，将通过下述操作为敌手$\mathcal{A}$模拟游戏 $\mathrm{Game}_{\mathrm{restricted}}$ 或游戏 Game_0，随机选取 $\alpha, a, b \leftarrow_R Z_N$，令主私钥为 $\mathrm{msk} = (\alpha, X_3)$，并计算 $u = g^a$ 和 $h = g^b$，然后发送系统公开参数 $\mathrm{Params} = \{N, u, h, g, e(g,g)^\alpha\}$ 给敌手$\mathcal{A}$。

对于敌手$\mathcal{A}$提交关于身份空间中任意身份 id_i 的密钥生成询问，敌手$\mathcal{B}$随机选取 $r_i, \rho_i, \rho_i' \leftarrow_R Z_p^*$，并计算 $d_1^i = g^{-\alpha}(u^{\mathrm{id}_i} h)^{r_i} X_3^{\rho_i}$ 和 $d_2^i = g^{-r_i} X_3^{\rho_i'}$，最后返回 $\mathrm{sk}_{\mathrm{id}_i} = (d_1^i, d_2^i)$。

挑战阶段，敌手$\mathcal{B}$收到敌手$\mathcal{A}$提交的两个等长挑战消息 M_0, M_1 和一个挑战身份 id^*，然后随机选取 $\beta \leftarrow_R \{0,1\}$，并基于合数阶双线性群上的安全假设 1 的挑战元组 T_ν 生成挑战密文 $C_\nu^* = (c_1^*, c_2^*, c_3^*)$，其中 $C_\nu^* = (c_1^*, c_2^*, c_3^*) = (T_\nu, T_\nu^{a\mathrm{id}^* + b}, e(T_\nu, g)^\alpha M_\beta)$。

下面分两种情况对挑战密文 $C_\nu^* = (c_1^*, c_2^*, c_3^*)$ 进行讨论。

(1) 若 $T_\nu \in G_1$。

由于 $T_\nu = g^z$，挑战密文 $C_\nu^* = (c_1^*, c_2^*, c_3^*)$ 是关于挑战消息 M_β 和挑战身份 id^* 的正常密文，敌手$\mathcal{B}$与敌手$\mathcal{A}$执行游戏 $\mathrm{Game}_{\mathrm{restricted}}$。

(2) 若 $T_\nu \in G_1 G_2$。

由于 $T_\nu = g^z X_2$（其中 X_2 是群 G_2 中的元素），挑战密文 $C_\nu^* = (c_1^*, c_2^*, c_3^*)$ 是关于挑战消息 M_β 和挑战身份 id^* 的半功能密文，且相应的半功能参数为 $z_c = a\mathrm{id}^* + b$，敌手$\mathcal{B}$与敌手$\mathcal{A}$执行游戏 Game_0。

特别地，$z_c \bmod p_2$ 与 $a \bmod p_1$ 和 $b \bmod p_1$ 是不相关的，因此 z_c 具有正确的参数分

布。因此，敌手$\mathcal{B}$能借助敌手$\mathcal{A}$的输出以优势ε_2攻破合数阶双线性群上的安全假设 1。

引理 5-5 证毕。

引理 5-6　对于$i=1,\cdots,Q$，若存在一个 PPT 敌手$\mathcal{A}$能以不可忽略的优势ε_3区分游戏Game_{i-1}和Game_i，即有$\left|\text{Adv}_{\mathcal{A}}^{\text{Game}_{i-1}}(\kappa)-\text{Adv}_{\mathcal{A}}^{\text{Game}_i}(\kappa)\right|\leqslant\varepsilon_3$，那么就能构造一个敌手$\mathcal{B}$以显而易见的优势$\varepsilon_3$攻破合数阶双线性群上的安全假设 2。

证明　敌手$\mathcal{B}$将从合数阶双线性群上的安全假设 2 的挑战者处获得公开元组(g,X_1X_2,X_3,Y_2Y_3)及相应的挑战元组T_ν。敌手$\mathcal{B}$首先随机选取$\alpha,a,b\leftarrow_R Z_N$，并计算$u=g^a$和$h=g^b$；然后发送系统公开参数$\text{Params}=\{N,u,h,g,e(g,g)^\alpha\}$给敌手$\mathcal{A}$。特别地，上述模拟过程中敌手$\mathcal{B}$掌握主私钥$\text{msk}=(\alpha,X_3)$。

对于敌手$\mathcal{A}$提交的前$i-1$次密钥生成询问，敌手$\mathcal{B}$随机选取$r_j,\rho_j,\rho_j'\leftarrow_R Z_N$，然后返回身份$\text{id}_j(j\leqslant i-1)$相对应的半功能密钥

$$\text{sk}_{\text{id}_j}^{\text{semi}}=(d_1^{j\prime},d_2^{j\prime})=(g^{-\alpha}(u^{\text{id}_j}h)^{r_j}(Y_2Y_3)^{\rho_j},g^{-r_i}(Y_2Y_3)^{\rho_j'})$$

对于敌手$\mathcal{A}$提交的第i次密钥生成询问，敌手$\mathcal{B}$随机选取$\rho\leftarrow_R Z_N$，并生成身份id_i所对应的密钥$\text{sk}_{\text{id}_i}=(\tilde{d}_1,\tilde{d}_2)=(g^\alpha T_\nu^{z_k}X_3^\rho,T_\nu)$，其中，$z_k=a\text{id}_i+b$。

对于敌手$\mathcal{A}$提交的第$i+1$个之后所有剩余的$Q-i$次密钥生成询问，敌手$\mathcal{B}$随机选取$r_j,\rho_j,\rho_j'\leftarrow_R Z_N$，然后返回身份$\text{id}_j(i+1\leqslant j\leqslant Q)$相对应的正常密钥：

$$\text{sk}_{\text{id}_j}=(d_1^j,d_2^j)=(g^{-\alpha}(u^{\text{id}_j}h)^{r_j}X_3^{\rho_j},g^{-r_j}X_3^{\rho_j'})$$

挑战阶段，敌手$\mathcal{B}$收到敌手$\mathcal{A}$提交的两个等长挑战消息M_0,M_1和一个挑战身份id^*，然后随机选取$\beta\leftarrow_R\{0,1\}$，通过下述运算生成相应的半功能密文$C_{\text{semi}}^*=(c_1^*,c_2^*,c_3^*)$，其中$C_{\text{semi}}^*=(c_1^*,c_2^*,c_3^*)=(X_1X_2,(X_1X_2)^{a\text{id}^*+b},e(X_1X_2,g)^\alpha M_\beta)$。特别地，密文$C_{\text{semi}}^*=(c_1^*,c_2^*,c_3^*)$是关于半功能参数$z_c=a\text{id}^*+b$的半功能密文。

由于所有询问身份id_i均满足条件$\text{id}_i\neq\text{id}^*\bmod p_2$，所以对于敌手$\mathcal{A}$而言，$z_k=a\text{id}_i+b$和$z_c=a\text{id}^*+b$是均匀随机的参数。如果$\text{id}_i=\text{id}^*\bmod p_2$，那么在这种情况下敌手$\mathcal{A}$提交了无效的密钥生成询问，这就是在游戏$\text{Game}_{\text{restricted}}$中增加相应限制条件的原因。

特别地，若敌手$\mathcal{A}$为了测试关于身份id_i的密钥生成询问的应答$\text{sk}_{\text{id}_i}=(\tilde{d}_1,\tilde{d}_2)$是半功能密钥还是正常密钥，它将生成关于身份$\text{id}_i$和任意消息的半功能密文(相应的半功能密文参数为$z_k=a\text{id}_i+b$)，然后通过解密的方式来达到判断$\text{sk}_{\text{id}_i}=(\tilde{d}_1,\tilde{d}_2)$的目的。由于$z_c=z_k$，那么上述解密操作的结果中不再包含子群$G_2$中的元素，即解密操作正确执行。

下面分两种情况对第i次密钥生成询问的应答密钥$\text{sk}_{\text{id}_i}=(\tilde{d}_1,\tilde{d}_2)$进行讨论。

(1) 若$T_\nu\in G_1G_3$，则$\text{sk}_{\text{id}_i}=(\tilde{d}_1,\tilde{d}_2)$是相对于身份$\text{id}_i$的正常密钥，敌手$\mathcal{B}$与敌手$\mathcal{A}$

执行游戏 Game_{i-1}。

(2) 若 $T_v \in G$，则 $\text{sk}_{\text{id}_i}=(\tilde{d}_1,\tilde{d}_2)$ 是相对于身份 id_i 的半功能密钥，敌手 $\mathcal{B}$ 与敌手 $\mathcal{A}$ 执行游戏 Game_i。

因此，敌手 $\mathcal{B}$ 能借助敌手 $\mathcal{A}$ 的输出以优势 ε_3 攻破合数阶群上的安全假设 2。

引理 5-6 证毕。

引理 5-7　若存在一个 PPT 敌手 $\mathcal{A}$ 能以不可忽略的优势 ε_4 区分游戏 Game_Q 和 $\text{Game}_{\text{final}}$，即有 $\left|\text{Adv}_{\mathcal{A}}^{\text{Game}_Q}(\kappa)-\text{Adv}_{\mathcal{A}}^{\text{Game}_{\text{final}}}(\kappa)\right|\leqslant\varepsilon_4$，那么就能构造一个敌手 $\mathcal{B}$ 以显而易见的优势 ε_4 攻破合数阶双线性群上的安全假设 3。

证明　根据合数阶群上的安全假设 3，敌手 $\mathcal{B}$ 从相应的挑战者处获得公开元组 $(g,g^{\alpha}X_2,g^{z}Y_2,Z_2,X_3)$ 及相应的挑战元组 T_v，随机选取 $a,b\leftarrow_R Z_N$，通过下述计算生成公开参数 $\text{Params}=\{N,u,h,g,e(g,g)^{\alpha}\}$。特别地，上述模拟过程中敌手 $\mathcal{B}$ 无法掌握系统主密钥 $\text{msk}=(\alpha,\eta,X_3)$。

$$u=g^{a},\quad h=g^{b}\text{ 和 }e(g,g)^{\alpha}=e(g^{\alpha}X_2,g)$$

对于任意身份 $\text{id}_i\,(i=1,\cdots,Q)$ 的密钥生成询问，敌手 $\mathcal{B}$ 随机选取 $t_i,\rho_i,\rho_i',\rho_i'',\rho_i'''\leftarrow_R Z_N$，并生成身份 id_i 相对应的半功能密钥：

$$d_{\text{id}_i}^{\text{semi}}=(d_1^i,d_2^i)=(g^{\alpha}X_2(u^{\text{id}}h)^{r_i}X_3^{\rho_i}Z_2^{\rho_i'''},g^{-r_i}X_3^{\rho_i'}Z_2^{\rho_i''})$$

挑战阶段，敌手 $\mathcal{B}$ 收到敌手 $\mathcal{A}$ 提交的两个等长挑战消息 M_0,M_1 和一个挑战身份 id^*，然后随机选取 $\beta\leftarrow_R\{0,1\}$ 并基于挑战元组 T_v 生成相应的挑战密文：

$$C_v^*=(c_1^*,c_2^*,c_3^*)=(g^{z}Y_2,(g^{z}Y_2)^{a\text{id}^*+b},T_vM_{\beta})$$

特别地，参数 a 和 b 是模 p_1 的结果，而参数 $z_c=a\text{id}^*+b$ 是模 p_2 的结果，所以它们之间不存在相关性，因此 $z_c=a\text{id}^*+b$ 对于敌手 $\mathcal{A}$ 而言是均匀随机的。

下面分两种情况对挑战密文 $C_v^*=(c_1^*,c_2^*,c_3^*)$ 进行讨论。

(1) 若 $T_v=e(g,g)^{\alpha z}$，那么挑战密文 $C_v^*=(c_1^*,c_2^*,c_3^*)$ 是关于挑战消息 M_{β} 和挑战身份 id^* 的半功能密文，因此敌手 $\mathcal{B}$ 与敌手 $\mathcal{A}$ 执行游戏 Game_Q。

(2) 若 $T_v\leftarrow_R G_T$，那么挑战密文 $C_v^*=(c_1^*,c_2^*,c_3^*)$ 是关于随机消息 $\dfrac{T_v}{e(g,g)^{\alpha z}}M_{\beta}$ 和挑战身份 id^* 的半功能密文，因此敌手 $\mathcal{B}$ 与敌手 $\mathcal{A}$ 执行游戏 $\text{Game}_{\text{final}}$。

因此，敌手 $\mathcal{B}$ 能根据敌手 $\mathcal{A}$ 的输出以优势 ε_4 攻破合数阶群上的安全假设 3。

引理 5-7 证毕。

定理 5-8　若合数阶群上相应的安全假设 1、2 和 3 是难解的，那么上述 IBE 机制是 CPA 安全的。

证明　若合数阶群上相应的困难性假设 1、2 和 3 是难解的，那么通过上述引理

可知游戏 $\text{Game}_{\text{real}}$ 和 $\text{Game}_{\text{final}}$ 是不可区分的。在游戏 $\text{Game}_{\text{final}}$ 中敌手 $\mathcal{A}$ 获胜的优势是可忽略的，所以在游戏 $\text{Game}_{\text{real}}$ 中敌手 $\mathcal{A}$ 获胜的优势同样是可以忽略的。游戏 $\text{Game}_{\text{real}}$ 是 IBE 机制原始的 CPA 安全性游戏，因此上述构造是 CPA 安全的 IBE 机制。

换句话讲，由于合数阶群上相应的安全假设 1、2 和 3 是难解的，ε_1、ε_2、ε_3 和 ε_4 是可以忽略的，那么定理 5-8 的证明推理过程如表 5-1 所示。

表 5-1　定理 5-8 的证明推理过程

引理	信息	备注
5-4	$\left\|\text{Adv}_{\mathcal{A}}^{\text{Game}_{\text{real}}}(\kappa)-\text{Adv}_{\mathcal{A}}^{\text{Game}_{\text{restricted}}}(\kappa)\right\|\leqslant \text{negl}(\kappa)$	
5-5	$\left\|\text{Adv}_{\mathcal{A}}^{\text{Game}_{\text{restricted}}}(\kappa)-\text{Adv}_{\mathcal{A}}^{\text{Game}_0}(\kappa)\right\|\leqslant \text{negl}(\kappa)$	
5-6	$\left\|\text{Adv}_{\mathcal{A}}^{\text{Game}_{i-1}}(\kappa)-\text{Adv}_{\mathcal{A}}^{\text{Game}_i}(\kappa)\right\|\leqslant \text{negl}(\kappa)$	$i=1,2,\cdots,Q$
5-7	$\left\|\text{Adv}_{\mathcal{A}}^{\text{Game}_Q}(\kappa)-\text{Adv}_{\mathcal{A}}^{\text{Game}_{\text{final}}}(\kappa)\right\|\leqslant \text{negl}(\kappa)$	

定理 5-8 证毕。

5.9　基于任意的身份基加密机制获得 CCA 安全

本节将介绍 Canetti 等[28]提出的基于任意 IBE 机制获得 CCA 安全性的方法，将该方法简称为 CHK 转换。CHK 转换提出了一种构造 CCA 安全的 PKE 方案的简单有效的方法。该方法只要求基本的 IBE 方案满足一个相对弱的安全概念，这种安全概念无须随机谕言机就可以实现。

5.9.1　具体构造

给定一个选择身份下 CPA 安全的 IBE 方案 $\Pi'=(\text{Setup}',\text{KeyGen}',\text{Enc}',\text{Dec}')$，就能构造出选择密文攻击下安全的 PKE 机制 $\Pi=(\text{PKE.KeyGen},\text{PKE.Enc},\text{PKE.Dec})$。在这样的构造中，使用了一个一次性签名方案 $\text{Sig}=(\text{Gen},\text{Sign},\text{Verify})$，其中签名密钥由 $\text{Gen}(1^\kappa)$ 生成，长度为 $l_s(\kappa)$。

$\Pi=(\text{PKE.KeyGen},\text{PKE.Enc},\text{PKE.Dec})$ 的构造过程如下所示。

(1) $(\text{pk},\text{sk})\leftarrow \text{PKE.KeyGen}(1^\kappa)$。

运行 $(\text{Params},\text{msk})\leftarrow \text{Setup}'(1^\kappa)$，输出 $\text{pk}=\text{Params}$ 和 $\text{sk}=\text{msk}$。

(2) $C\leftarrow \text{PKE.Enc}(\text{pk},M)$。

首先运行算法 $\text{Gen}(1^\kappa)$，产生验证密钥 vk 和签名密钥 sk′（要求 $|\text{vk}|=l_s(\kappa)$）；然后计算密文 $c\leftarrow \text{Enc}(\text{vk},M)$，并对密文进行签名 $\sigma\rightarrow \text{Sign}(\text{sk}',c)$，最终的密文形式为 $C=(\text{vk},c,\sigma)$。

(3) $M \leftarrow \text{PKE.Dec}(\text{sk}, C)$。

首先检查签名是否合法，即验证关系 $\text{Verify}(\text{vk}, c, \sigma) = 1$ 是否成立，如果不成立，则接收方输出 $\perp$。反之，接收方首先计算得到私钥 $d_{\text{vk}} \leftarrow \text{KeyGen}'(\text{sk}, \text{vk})$，最终解密出明文 $M \leftarrow \text{Dec}'(d_{\text{vk}}, c)$。

5.9.2 安全性证明

为什么上述方案 $\Pi = (\text{PKE.KeyGen}, \text{PKE.Enc}, \text{PKE.Dec})$ 在选择密文攻击下是安全的。给定挑战密文 $C^* = (\text{vk}^*, c^*, \sigma^*)$，由 CCA 安全性的定义可知，这里敌手没有任何关于解密谕言机的询问，b 的值对于敌手来说是隐藏的。这是因为 c^* 是由 $\Pi' = (\text{Setup}', \text{KeyGen}', \text{Enc}', \text{Dec}')$ 输出的，而 Π' 是 CPA 安全的；vk^* 是独立于明文 m 的，σ^* 只是将签名算法应用于密文 c^* 的结果。

事实上，解密谕言机并不能进一步帮助敌手猜测 b 的值(即使敌手拥有了更强的能力，但是敌手攻击方案的成功优势依然不变，并不会增加敌手攻击成功的概率)。一方面，如果敌手提交不同于挑战密文的其他密文 $(\text{vk}', c', \sigma')$，但是 $\text{vk}' = \text{vk}^*$，则解密谕言机将 $\perp$ 作为应答，因为敌手不能伪造关于 vk' 新的有效签名；另一方面，如果 $\text{vk}' \neq \text{vk}^*$，那么解密询问将不会对敌手有帮助，因为使用 Dec' 的最终解密将针对不同的身份 vk' 来完成。

定理 5-9 如果 $\Pi' = (\text{Setup}', \text{KeyGen}', \text{Enc}', \text{Dec}')$ 是一个选定身份且 CPA 安全的 IBE 机制，$\text{Sig} = (\text{Gen}, \text{Sign}, \text{Verify})$ 是强不可伪造的、一次性签名方案，那么基于以上所构造的 $\Pi = (\text{PKE.KeyGen}, \text{PKE.Enc}, \text{PKE.Dec})$ 就是一个适应性选择密文攻击下安全的 PKE 方案。

证明 给定适应性选择密文攻击下攻击方案 Π 的敌手 $\mathcal{A}$，将构造一个敌手 $\mathcal{A}'$ 在选择身份模型对方案 Π' 的 CPA 安全性进行攻击。将这些敌手的成功概率联系起来，就能得到预期的结果。

在指定敌手 $\mathcal{A}'$ 之前，首先定义事件 Forge，并限制该事件发生的概率。设 $(\text{vk}^*, c^*, \sigma^*)$ 为敌手 $\mathcal{A}$ 收到的挑战密文，用 Forge 表示事件：敌手向解密谕言机提交密文 (vk^*, c, σ)，其中 $(c, \sigma) \neq (c^*, \sigma^*)$，但是要满足 $\text{Verify}(\text{vk}, c, \sigma) = 1$ (在这个事件中包含一种的情况，即敌手在收到挑战密文之前向解密谕言机发出这样的询问，此时无须要求 $(c, \sigma) \neq (c^*, \sigma^*)$)。很容易看到，可以借助敌手 $\mathcal{A}$ 以 $\Pr_{\mathcal{A}}[\text{Forge}]$ 的概率来攻破底层一次性签名方案 Sig。Sig 是一个强不可伪造的一次性签名方案，因此 $\Pr_{\mathcal{A}}[\text{Forge}]$ 是可忽略的。

敌手 $\mathcal{A}'$ 的定义如下所示。

(1) 敌手 $\mathcal{A}(1^k, l_s(k))$ 运行算法 $\text{Gen}(1^\kappa)$ 产生 $(\text{vk}^*, \text{sk}^*)$，然后输出意欲攻击的目标身份 $\text{id}^* = \text{vk}^*$。

(2) 运行算法 $(\text{Params}, \text{msk}) \leftarrow \text{Setup}'(1^\kappa)$ 生成 $(\text{Params}, \text{msk})$，将公钥 $\text{pk} = \text{Params}$ 发送给敌手 $\mathcal{A}'$，以 $(1^\kappa, \text{pk})$ 为输入调用敌手 $\mathcal{A}'$。

(3) 当敌手 $\mathcal{A}$ 进行关于 (vk, c, σ) 的解密询问时，敌手 $\mathcal{A}'$ 也进行下述运算。

①如果 $\text{Verify}(\text{vk}, c, \sigma) \neq 1$，那么 $\mathcal{A}'$ 输出 $\perp$。

②如果 $\text{Verify}(\text{vk}, c, \sigma) = 1$ 且 $\text{vk} = \text{vk}^*$（即事件 Forge 发生），那么敌手 $\mathcal{A}'$ 中断并输出 $\perp$。

③如果 $\text{Verify}(\text{vk}, c, \sigma) = 1$ 且 $\text{vk} \neq \text{vk}^*$，那么敌手 $\mathcal{A}'$ 进行密钥生成询问，获得关于 vk 的私钥 d_{vk}，计算 $M \leftarrow \text{Dec}'(d_{\text{vk}}, c)$ 并返回 M。

(4) 敌手 $\mathcal{A}$ 输出两等长的明文 M_0 和 M_1，这些明文由敌手 $\mathcal{A}'$ 输出，敌手 $\mathcal{A}'$ 获得相应的挑战密文 c^*，然后计算 $\sigma^* \leftarrow \text{Sign}(\text{sk}^*, c^*)$，并将 $C^* = (\text{vk}^*, c^*, \sigma^*)$ 返回给敌手 $\mathcal{A}$。

(5) 敌手 $\mathcal{A}$ 可以继续询问解密谕言机，其仍按前面同样的方式应答（敌手 $\mathcal{A}$ 不会对挑战密文本身进行询问）。

(6) 敌手 $\mathcal{A}$ 输出猜测结果 b'，敌手 $\mathcal{A}'$ 输出相同的猜测。

需要注意的是，在选定身份选择明文攻击下，敌手 $\mathcal{A}'$ 从未直接询问过关于目标身份 vk^* 的私钥 d_{vk^*}。

关于方案 Π 的安全性证明分析：首先，明确该方案的安全性证明是归约证明，将上述 PKE 机制的安全性归约到一个选择身份下 CPA 安全的 IBE 机制和签名方案 Sig 的安全性。敌手 $\mathcal{A}'$ 攻击方案 Π'，敌手 $\mathcal{A}$ 攻击方案 Π，敌手 $\mathcal{A}'$ 为敌手 $\mathcal{A}$ 模拟一个完备的不可区分性实验，最终敌手 $\mathcal{A}'$ 利用敌手 $\mathcal{A}$ 的猜测结果来攻击方案 Π'，而 Π' 是已知的安全方案，即敌手攻破方案 Π' 的成功优势是可忽略的，也就是说敌手 $\mathcal{A}$ 成功攻破方案 Π 的优势是可忽略的，所以 PKE 机制 Π 是安全的。

概率推导：

$$\Pr_{\mathcal{A}', \Pi'}[\text{Succ}] \geqslant \Pr_{\mathcal{A}, \Pi}[\text{Succ}] - \frac{1}{2}\Pr_{\mathcal{A}}[\text{Forge}]$$

$\Pr_{\mathcal{A}', \Pi'}[\text{Succ}]$ 是接近 $1/2$ 可忽略的（已经假设 Π' 在选择身份模型下具有 CPA 安全性），且 $\Pr_{\mathcal{A}}[\text{Forge}]$ 是可忽略的（由签名方案 Sig 的强不可伪造性定义可知），因此 $\Pr_{\mathcal{A}, \Pi}[\text{Succ}]$ 也是接近 $1/2$ 可忽略的，满足公钥加密案的安全性定义。

定理 5-9 证毕。

第 6 章　基于属性的加密机制

在传统的 IBE 体制中，发送方在加密消息前必须获悉接收方的身份信息，并用身份信息对消息进行加密，接收方用自己的私钥将密文进行解密，并获得相应的消息。上述过程是一对一的，但现实应用中更多的是一对多的通信模式。虽然能够通过重放一对一模式来实现一对多的通信，但当接收方的数量很多时，该方法的效率是非常低的。

基于属性的公钥密码体制是在基于身份密码体制的基础上发展起来的。2005 年 Sahai 和 Waters[30]提出的模糊身份加密机制中首次引入了基于属性加密（attribute-based encryption，ABE）的概念。作为基于身份密码体制的一种扩展，基于属性的密码体制将代表用户身份的字符串由一系列描述用户特征的属性代替，如工作单位、职位、性别、职称等。用户的公钥均与属性相关。

基于属性的加密机制又分为密文策略的属性基加密（ciphertext-policy attribute-based encryption，CP-ABE）机制和密钥策略的属性基加密（key-policy attribute-based encryption，KP-ABE）机制。在 CP-ABE 中接收者的密钥与属性集合相关联，而密文则包含该属性集上的访问策略，只有当接收者密钥所关联的属性集满足密文所包含的访问策略时才能解密。KP-ABE 则相反，密文包含属性集合，而密钥则与该属性集合的访问策略相关联，只有当密文的属性集合满足密钥所关联的访问策略时才能解密。IBE 机制可以看作一种特殊的 KP-ABE 机制，其中密文包含的属性为接收者的身份，密钥所关联的访问策略为当密文包含的接收者身份与密钥的对应身份一致时即可解密。

为了方便理解 ABE 机制的构造，下面对 IBE 机制与 ABE 机制间的区别和联系进行介绍。IBE 机制的加密算法实际是使用主私钥对应的主公钥对消息进行隐藏，生成相应的密文；密钥生成过程是将主私钥作用到用户身份的哈希值生成相应的用户私钥；解密操作基于相应的密文元素从对应的用户私钥中将主私钥恢复成对应的主公钥形式，并用其恢复出原始的明文消息。特别地，IBE 机制密钥生成过程的实质是将主私钥分配给用户身份的过程。如图 6-1 所示，以 Boneh 和 Franklin[13]提出的 IBE 机制为例展示了 IBE 机制的本质原理。

相较于 IBE 机制，ABE 机制将 IBE 机制中的单属性（即身份）扩展到多属性的情况，那么 ABE 机制将涉及属性匹配的问题，通常将这种匹配以访问策略的形式来表达。因此 ABE 机制的核心操作是将秘密信息（如主私钥、加密随机数等）根据相应的策略进行秘密分享，分别为每个属性产生相应的共享份额，满足策略要求的属性能够恢复出对应的秘密信息。因此策略决定秘密分享操作是在密钥生成算法中执行还是在加密算法中执行，对应的解密算法实际是相应秘密信息的恢复过程，其中 KP-ABE 的密钥生成算法根据策略将主私钥进行秘密分割，为属性集合中的每个属性产生一个共享份额，解密算法是对主私钥的恢复操作；CP-ABE 的加密算法根据策略将明文隐藏操作所使用的随机数进行秘密分割，为属性集合中的每个属性产生一个共享份额，解密算法是对随机数的恢复操作。

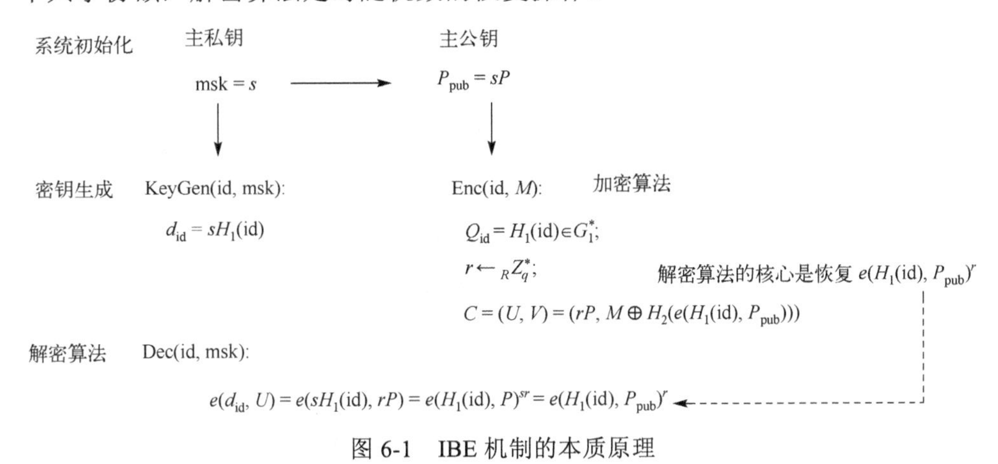

图 6-1　IBE 机制的本质原理

具体地讲，KP-ABE 的密钥生成算法将主私钥秘密分割后的不同份额分配给属性集合中的不同属性；解密算法根据不同属性拥有的分割份额恢复出相应主私钥对应的主公钥，用恢复后的主公钥对密文进行解密。如图 6-2 所示，以 Goyal 等[31]提出的方案为例展示了 KP-ABE 机制的本质原理，其中密钥生成算法基于访问树 $\mathcal{T}$ 完成对主密钥的分割，为每个叶节点分配了共享份额(叶节点存储属性集合中的属性值)，确保满足该访问树的属性集合能够恢复出主私钥所对应的主公钥。

如图 6-2 所示，该 KP-ABE 机制的初始化和加密过程与模糊身份加密机制一致，主要区别在于密钥生成和解密阶段，将模糊身份加密机制中的门限策略替换成细粒度的访问树控制结构，只有当密文中的属性满足密钥中嵌入的访问树时，用户才能解密该密文。根据密文中的属性和访问树的叶子节点开始匹配，层层递进直到根节点，若满足则可以恢复出根节点的秘密值 Y^s，最终获得相应的明文 M。

CP-ABE 的加密算法将随机数秘密分割后的不同份额分配给属性集合中的不同属性；解密算法根据不同属性所拥有的分割份额恢复出包含随机数和主私钥的一次性密钥，并用该密钥对密文进行解密。如图 6-3 所示，以 Waters[32]提出的方案为例展示了 CP-ABE 机制的本质原理，其中加密算法基于线性秘密共享机制(linear secret sharing scheme，LSSS)完成对随机数的分割，为每个属性分配了共享份额，确保在解密算法中满足该 LSSS 的属性集合能够从密文元素与用户私钥中恢复出包含随机数和主私钥的一次性密钥。

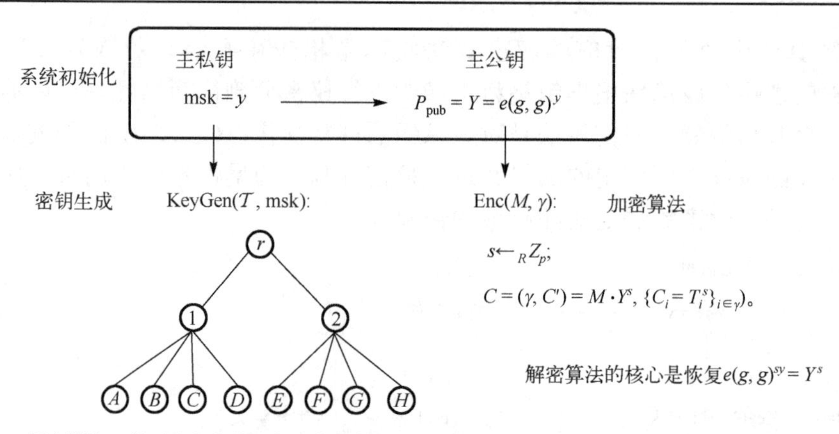

图 6-2　KP-ABE 机制的本质原理

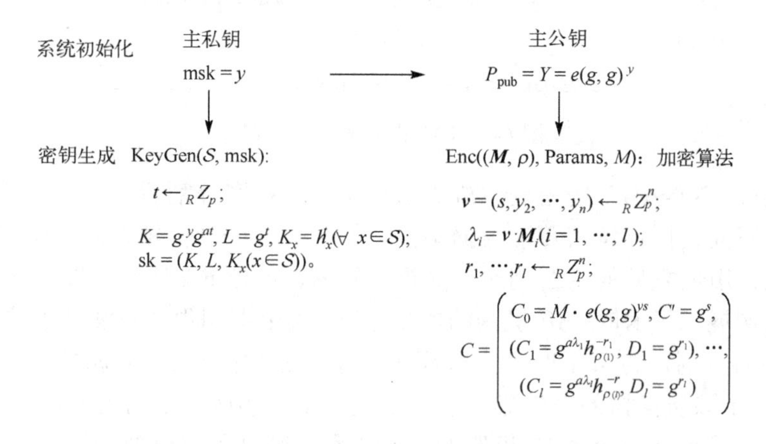

图 6-3　CP-ABE 机制的本质原理

特别地，LSSS 是 Shamir 秘密共享机制[33]的一般性推广，为了方便理解，首先介绍一下 Shamir 秘密共享机制的基本思路。该机制的目的是给 n 个人分享秘密，只要 n 个人中的 t（其中 $t \leqslant n$）个人联合就能把相应的秘密恢复出来。Shamir 秘密共享机制利用了拉格朗日插值多项式的方法，如果预先定义一个 $t-1$ 阶的多项式，那么每个分享份额是该多项式的一个值，当掌握该多项式上的 t 个值时，则一定能完整地恢复出该多项式。假设所要分享的秘密是 s，选取任意 $t-1$ 个随机数 $a_1, a_2, \cdots, a_{t-1}$，以待分享的秘密 s 作为常数项构造一个 $t-1$ 阶的多项式 $f(x) = s + a_1 x + a_2 x^2 + \cdots + a_{t-1} x^{t-1}$。对于每个用户 $i (1 \leqslant i \leqslant n)$，其分享份额为 $(i, f(i))$。拥有 t 个分享份额就能使用拉格朗日插值公式恢复出多项式 $f(x)$，从而得到秘密 $f(0) = s$。

6.1 基于模糊身份的加密机制

由于 ABE 的概念是从模糊身份加密机制中演变而来的，所以本节将介绍该机制。基于模糊身份的加密(fuzzy identity-based encryption，Fuzzy IBE)方案，是 Sahai 和 Waters[30]于 2005 年提出的，是对使用生物特征数据作为身份信息的 IBE 方案的改进。该方案通过引入门限方案的思想，将用户的多个公钥构建成具有逻辑关系的门限结构，且身份信息和公钥具有一对多的对应关系。若用户拥有身份 ω 对应的私钥，就可以解密公钥 ω' 加密的消息，当且仅当在某种度量下，ω 和 ω' 在某个距离之内。特别地，若将身份 ω 取为属性集合，Fuzzy IBE 机制则属于 KP-ABE。与 IBE 机制相类似，Fuzzy IBE 机制由初始化、密钥生成、加密和解密等四个算法组成。

6.1.1 Fuzzy IBE 选定身份的安全模型

Fuzzy IBE 选定身份的安全模型与传统 IBE 机制选定身份的安全模型类似，区别在于仅允许敌手询问与目标身份在某个距离范围外的身份私钥，其中距离度量取模糊身份的集合差。设 ω 和 ω' 是模糊身份集合，则它们的对称差是集合 $\omega\Delta\omega' = \{x \in \omega \cup \omega' \mid x \notin \omega \cap \omega'\}$，$\omega$ 和 ω' 之间的集合差定义为 $|\omega\Delta\omega'|$。为使集合差大于某个门限值，则 $|\omega \cap \omega'|$ 必须小于某个确定值。

设敌手 $\mathcal{A}$ 可以对任意模糊身份 ω 做私钥生成询问，限制条件是该模糊身份 ω 与其选定的挑战模糊身份 ω^* 交集的尺寸小于 d，即 $|\omega \cap \omega^*| < d$；否则，该模糊身份 ω 对应的私钥就能解密 ω^* 加密的密文[7]。

Fuzzy IBE 机制选择身份的 CPA 安全性游戏如下所示。

(1)挑战信息的确定。

游戏开始之前敌手 $\mathcal{A}$ 向挑战者声称意欲挑战的模糊身份 ω^*。

(2)初始化。

该阶段由挑战者运行，产生系统参数 params 和主密钥 msk，将 params 给敌手 $\mathcal{A}$，并秘密保存 msk。挑战者为敌手 $\mathcal{A}$ 建立了 Fuzzy IBE 的运行环境。

(3)阶段 1(训练)。

敌手 $\mathcal{A}$ 适应性地对满足条件 $|\omega_i \cap \omega^*| < d$ 的模糊身份 ω_i 进行多项式有界次的私钥生成询问，挑战者返回相应的私钥 sk_{ω_i} 给敌手 $\mathcal{A}$。

(4)挑战。

敌手 $\mathcal{A}$ 提交两个等长的挑战明文 M_0 和 M_1。挑战者随机选取 $\beta \leftarrow_R \{0,1\}$，并以挑战模糊身份 ω^* 加密消息 M_β，最后将生成挑战密文 C^* 返回给敌手 $\mathcal{A}$。

(5)阶段 2(训练)。

重复阶段 1 的询问。

(6)猜测。

敌手 $\mathcal{A}$ 输出对挑战者所选取随机数 β 的猜测值 $\beta' \in \{0,1\}$，如果 $\beta' = \beta$，那么敌手 $\mathcal{A}$ 赢得上述游戏。

敌手 $\mathcal{A}$ 在上述游戏中获胜的优势定义为安全参数 κ 的函数：

$$\mathrm{Adv}_{\mathcal{A}}^{\text{Fuzzy-ABE}}(\kappa) = \left|\Pr[\beta' = \beta] - \frac{1}{2}\right|$$

定义 6-1(Fuzzy IBE 机制选定身份的 CPA 安全性)　如果对任意多项式时间敌手 $\mathcal{A}$ 在上述游戏中获胜的优势是可忽略的，那么称 Fuzzy IBE 机制具有选定身份的 CPA 安全性。

对于 Fuzzy IBE 机制 $\Pi = (\mathrm{Setup}, \mathrm{KeyGen}, \mathrm{Enc}, \mathrm{Dec})$，上述游戏的形式化描述如下所示。

$\mathrm{Exp}_{\text{Fuzzy-IBE},\mathcal{A}}^{\text{SID-CPA}}(\kappa)$:

$\omega^* \leftarrow \mathcal{A}(\kappa)$;

$(\mathrm{Params}, \mathrm{msk}) \leftarrow \mathrm{Setup}(\kappa)$;

$(M_0, M_1) \leftarrow \mathcal{A}^{\mathcal{O}^{\mathrm{KeyGen}}_{|\omega_i \cap \omega^*| < d}(\cdot)}(\mathrm{Params}), |M_0| = |M_1|$;

$C_\beta^* = \mathrm{Enc}(\omega^*, M_\beta)$，其中 $\beta \leftarrow_R \{0,1\}$;

$\beta' \leftarrow \mathcal{A}^{\mathcal{O}^{\mathrm{KeyGen}}_{|\omega_i \cap \omega^*| < d}(\cdot)}(\mathrm{Params}, C_\beta^*)$;

若 $\beta' = \beta$，则返回 1；否则，返回 0。

其中，$\mathcal{O}^{\mathrm{KeyGen}}_{|\omega_i \cap \omega^*| < d}(\cdot)$ 表示敌手 $\mathcal{A}$ 向挑战者进行私钥生成询问，且所提交的模糊身份 ω_i 与挑战身份 ω^* 间需满足条件 $|\omega_i \cap \omega^*| < d$，否则挑战者将拒绝回答该询问。

6.1.2 具体构造

Fuzzy IBE 机制中将身份看作属性的集合，门限值 d 表示由身份 ω 产生的密文仅由满足条件 $|\omega \cap \omega'| \geq d$ 的身份 ω' 才能解密。参数设置如下：g 是阶为素数 p 的乘法循环群 G_1 的生成元，$e: G_1 \times G_1 \to G_2$ 是双线性映射。κ 为安全参数，代表群的大小。

对 $i \in Z_p$ 及 Z_p 中元素的集合 S，定义拉格朗日系数为 $\Delta_{i,S}(x) = \prod_{j \in S, j \neq i} \frac{x - j}{i - j}$。属性总体记为 $\mathcal{U}$，大小为 $|\mathcal{U}|$，其元素用 Z_p^* 中的前 $|\mathcal{U}|$ 个元素 $\{1, \cdots, |\mathcal{U}|\}$ 表示。令身份 ω 由 $\mathcal{U}$ 中的元素组成，有 $\omega \subseteq \mathcal{U}$。

Fuzzy IBE 机制 $\Pi=(\text{Setup},\text{KeyGen},\text{Enc},\text{Dec})$ 的具体构造如下所示。

(1) 初始化。

$\text{Setup}(\kappa)$:

$t_1,\cdots,t_{|\mathcal{U}|},y \leftarrow_R Z_p$;

$\text{params}=(T_1=g^{t_1},\cdots,T_{|\mathcal{U}|}=g^{t_{|\mathcal{U}|}},Y=e(g,g)^y)$;

$\text{msk}=(t_1,\cdots,t_{|\mathcal{U}|},y)$。

特别地，初始化阶段为每个属性 $i\in\mathcal{U}$ 选取了一个随机数 t_i，并将该随机数对应的承诺值 g^{t_i} 通过系统参数 params 公开。

(2) 密钥产生。

$\text{KeyGen}(\text{msk},\omega)$:

随机选取一个 $d-1$ 阶多项式 $q(x)$，且 $q(0)=y$；

$D_i=g^{q(i)/t_i},\ i\in\omega$;

$d_\omega=\{D_i\}_{i\in\omega}$。

其中，$\omega\subseteq\mathcal{U}$。

(3) 加密 (将接收方的身份 ω' 作为公钥)。

$\text{Enc}(\omega',M)$:

$s\leftarrow_R Z_p$;

$\text{CT}=(\omega',C'=M\cdot Y^s,\{C_i=T_i^s\}_{i\in\omega'})$。

其中，$M\in G_2$。

(4) 解密 (用身份 ω 解密 C)。

$\text{Dec}(d_\omega,C)$:

在结合 $\omega\cap\omega'$ 中随机选取 d 个元素，构成集合 S;

返回 $C'\Big/\prod_{i\in S}(e(D_i,C_i))^{\Delta_{i,S}(0)}$。

其中，$|\omega\cap\omega'|\geqslant d$。这是因为

$$
\begin{aligned}
&C'\Big/\prod_{i\in S}(e(D_i,C_i))^{\Delta_{i,S}(0)}\\
&=M\cdot e(g,g)^{sy}\Big/\prod_{i\in S}(e(g^{q(i)/t_i},g^{st_i}))^{\Delta_{i,S}(0)}\\
&=M\cdot e(g,g)^{sy}\Big/\prod_{i\in S}(e(g,g)^{sq(i)})^{\Delta_{i,S}(0)}=M
\end{aligned}
$$

最后一个等式由指数上的插值得到。

6.1.3 安全性证明

假设 6-1 在判定性双线性 Diffie-Hellman 假设中，挑战者随机选择 $a,b,c \leftarrow_R Z_p$，不存在多项式时间敌手能以不可忽略的优势区分下述元组：

$$\{(A=g^a,B=g^b,C=g^c,Z=e(g,g)^{abc})\} \text{和} \{(A=g^a,B=g^b,C=g^c,Z=e(g,g)^z)\}$$

修改版的判定性双线性 Diffie-Hellman (modified decisional bilinear Diffie-Hellman，MDBDH) 假设是指挑战者随机选择 $a,b,c \leftarrow_R Z_p$ 且 $z \neq ab/c$，不存在多项式时间敌手能以不可忽略的优势区分元组 $\mathcal{P}_{\text{MDBDH}}=\{(A=g^a,B=g^b,C=g^c,Z=e(g,g)^{ab/c})\}$ 和 $\mathcal{R}_{\text{MDBDH}}=\{(A=g^a,B=g^b,\ C=g^c,Z=e(g,g)^z)\}$。

定理 6-1 在选定身份的安全模型下，若存在多项式时间敌手 $\mathcal{A}$ 以不可忽略的优势 ϵ 攻破上述 Fuzzy IBE 机制的 CPA 安全性，则有敌手 $\mathcal{B}$ 能以显而易见的优势 $\epsilon/2$ 解决 MDBDH 问题。

证明 MDBDH 问题的挑战者选取群 G_1、G_2 及双线性映射 $e:G_1 \times G_1 \to G_2$，随机选取 $\mu \leftarrow_R \{0,1\}$，若 $\mu=0$，设置元组为 $T=(A,B,C,Z)=(g^a,g^b,g^c,e(g,g)^{ab/c})$；若 $\mu=1$，设置元组为 $T=(A,B,C,Z)=(g^a,g^b,g^c,e(g,g)^z)$，其中 a,b,c,z 均为 Z_p^* 上的随机数且 $z \neq ab/c$。挑战者将公开参数 (G_1,G_2,g,e) 和挑战元组 T 发送给敌手 $\mathcal{B}$。

敌手 $\mathcal{B}$ 收到挑战元组 $T=(A,B,C,Z)$ 后，通过与敌手 $\mathcal{A}$ 进行下述游戏，达到判断挑战元组是 $T \in \mathcal{P}_{\text{MDBDH}}$ 还是 $T \in \mathcal{R}_{\text{MDBDH}}$ 的目的。假定属性总体 $\mathcal{U}$ 是公开的。

游戏开始前，敌手 $\mathcal{B}$ 首先获得敌手 $\mathcal{A}$ 提交的意欲挑战的模糊身份 ω^*。

(1) 初始化。

敌手 $\mathcal{B}$ 产生系统公开参数：计算 $Y=e(g,A)=e(g,g)^a$（隐含地设置 $y=a$）；对所有的 $i \in \omega^*$，选取随机数 $v_i \leftarrow_R Z_p$，令 $T_i=C^{v_i}=g^{cv_i}$；对所有的 $i \in \mathcal{U}-\omega^*$，选取随机数 $w_i \leftarrow_R Z_p$，令 $T_i=g^{w_i}$。设系统参数 $\text{params}=(T_1,\cdots,T_{|\mathcal{U}|},Y)$，并将其发送给敌手 $\mathcal{A}$。在敌手 $\mathcal{A}$ 看来 params 中的所有参数均是随机的。

(2) 阶段 1。

敌手 $\mathcal{A}$ 提交关于身份 ω_i 的私钥生成询问，其中 ω_i 满足条件 $|\omega_i \cap \omega^*|<d$。首先敌手 $\mathcal{B}$ 按以下方式定义 3 个集合：$\Gamma=\omega_i \cap \omega^*$；$\Gamma'$ 是满足 $\Gamma \subseteq \Gamma' \subseteq \omega_i$ 且 $|\Gamma'|=d-1$ 的集合；$S=\Gamma' \cup \{0\}$。特别地，集合 Γ、Γ'，挑战身份 ω^* 和询问身份 ω_i 之间的关系如图 6-4 所示[7]。

然后对于询问身份 ω_i 中的属性 $i \in \omega_i$，按以下方式为身份 ω_i 产生相应的私钥。

①当 $i \in \Gamma$ 时，随机选取 $s_i \leftarrow_R Z_p$，计算 $D_i=g^{s_i}$。

②当 $i \in \Gamma'-\Gamma$ 时，随机选取 $\lambda_i \leftarrow_R Z_p$，计算 $D_i=g^{\lambda_i/w_i}$。按照上述方式，隐含地有一个 $d-1$ 阶多项式 $q(x)$ 满足：

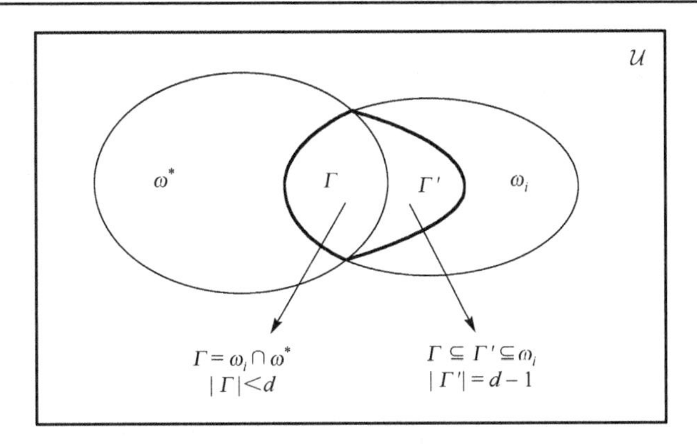

图 6-4　集合 Γ、Γ'、ω^* 和 ω_i 间的关系

$$q(i)=\begin{cases} a, & i=0 \\ cv_i s_i, & i\in\Gamma \\ \lambda_i, & i\in\Gamma'-\Gamma \end{cases}$$

特别地，上述 $d-1$ 阶多项式 $q(x)$ 是基于元素 T_i 和 $A=g^a$ 与随机数 s_i 和 λ_i 在群 G_1 的元素上隐含存在的。

③当 $i\notin\Gamma'$ 时，由于对所有的 $i\notin\omega^*$，敌手 $\mathcal{B}$ 知道 T_i 的指数 w_i，因此可以计算

$$D_i=\left(\prod_{j\in\Gamma}C^{\frac{v_j s_j \Delta_{j,S}(i)}{w_i}}\right)\left(\prod_{j\in\Gamma'-\Gamma}g^{\frac{\lambda_j \Delta_{j,S}(i)}{w_i}}\right)A^{\frac{\Delta_{0,S}(i)}{w_i}}$$

利用拉格朗日插值，在 D_i 的表达式中，隐含地包含一个由 Γ' 中的 $d-1$ 个点和 A 构成 $d-1$ 阶多项式 $q(x)$，使得 $D_i=g^{q(i)/w_i}$。在敌手 $\mathcal{A}$ 看来，敌手 $\mathcal{B}$ 按以上方式为身份 ω_i 产生的私钥与真实方案中的私钥是同分布的。

特别地，对于敌手 $\mathcal{A}$ 而言，身份 ω_i 所对应的合法私钥为 $d_{\omega_i}=\{D_i\}_{i\in\omega_i}=\left\{g^{q(i)/w_i}\right\}_{i\in\omega_i}$，因此敌手 $\mathcal{B}$ 为敌手 $\mathcal{A}$ 生成了合法的私钥 $d_{\omega_i}=\{D_i\}_{i\in\omega_i}$。

(3) 挑战。

敌手 $\mathcal{A}$ 向敌手 $\mathcal{B}$ 提交两个等长的挑战明文 M_0 和 M_1。敌手 $\mathcal{B}$ 随机选取 $\beta\leftarrow_R\{0,1\}$，计算 M_β 的密文：$C^*=(\omega^*,C'=M_\beta\cdot Z,\{C_i=B^{v_i}\}_{i\in\omega^*})$。下面对挑战密文 C^* 进行分类讨论。

①如果 $\mu=0$，那么 $Z=e(g,g)^{\frac{ab}{c}}$，令 $r'=\dfrac{b}{c}$，则有

$$C'=M_\beta\cdot Z=M_\beta\cdot e(g,g)^{\frac{ab}{c}}=M_\beta\cdot Y^{r'} \text{ 和 } C_i=B^{v_i}=g^{bv_i}=g^{\frac{b}{c}cv_i}=g^{r'cv_i}=(T_i)^{r'}$$

由此可见，当 $Z=e(g,g)^{\frac{ab}{c}}$ 时，挑战密文 C^* 是挑战消息 M_β 在挑战身份 ω^* 作用下的合法加密结果。

②如果 $\mu=1$，那么 $Z=e(g,g)^z$，令 $r'=\frac{b}{c}$，则有

$$C'=M_\beta\cdot e(g,g)^z=M_\beta\cdot e(g,g)^{\left(z-\frac{ab}{c}\right)+\frac{ab}{c}}$$
$$=M_\beta\cdot e(g,g)^{z-\frac{ab}{c}}\cdot e(g,g)^{\frac{ab}{c}}=M_\beta\cdot e(g,g)^{z-\frac{ab}{c}}\cdot Y^{r'}$$

由于 z 是随机的，所以在敌手 $\mathcal{A}$ 看来，C' 是 G_2 中的随机元素，不含有随机值 β 的信息。由此可见，当 $Z=e(g,g)^z$ 时，挑战密文 C^* 是任意随机消息 $M_\beta\cdot e(g,g)^{z-\frac{ab}{c}}\in G_2$ 在挑战身份 ω^* 作用下的合法加密结果。因此，挑战密文 C^* 中不包含随机数 β 的任意信息。

(4)阶段 2。

与第一阶段类似。

(5)猜测。

敌手 $\mathcal{A}$ 输出对 β 的猜测 β'。如果 $\beta'=\beta$，那么敌手 $\mathcal{B}$ 输出 $\mu'=0$，表示 $T\in\mathcal{P}_{\text{MDBDH}}$。如果 $\beta'\neq\beta$，那么敌手 $\mathcal{B}$ 输出 $\mu'=1$，表示 $T\in\mathcal{R}_{\text{MDBDH}}$。

当 $\mu=1$ 时，敌手 $\mathcal{A}$ 没有获得 β 的任何信息，因此 $\Pr[\beta'=\beta|\mu=1]=\frac{1}{2}$；此时，敌手 $\mathcal{B}$ 只能通过猜测的方式输出随机数 μ 的正确猜测 μ'，所以 $\Pr[\mu'=\mu|\mu=1]=\frac{1}{2}$。

当 $\mu=0$，敌手 $\mathcal{A}$ 得到消息 M_β 的加密密文，由于敌手 $\mathcal{A}$ 攻击 Fuzzy IBE 机制 CPA 安全性的优势为 ϵ，有 $\Pr[\beta'=\beta|\mu=0]=\frac{1}{2}+\epsilon$。此时，敌手 $\mathcal{B}$ 同样能以不可忽略的优势 ϵ 输出随机数 μ 的正确猜测 μ'，所以 $\Pr[\mu'=\mu|\mu=0]=\frac{1}{2}+\epsilon$。

综上所述，敌手 $\mathcal{B}$ 的优势为

$$\frac{1}{2}\Pr[\mu'=\mu|\mu=0]-\frac{1}{2}\Pr[\mu'=\mu|\mu=1]=\frac{1}{2}\left(\frac{1}{2}+\epsilon\right)-\frac{1}{2}\frac{1}{2}=\frac{\epsilon}{2}$$

定理 6-1 证毕。

6.2　密钥策略的属性基加密机制

本节介绍 KP-ABE 的形式化定义、安全模型和具体的实例化构造。

6.2.1　KP-ABE 的形式化定义

一个 KP-ABE 机制由 Setup、KeyGen、Enc 和 Dec 等算法组成。

(1) 初始化。

算法 Setup 由 KGC 执行，其输入是安全参数 κ 和属性总体 $\mathcal{U}$ 的描述，输出为系统参数 Params 和主私钥 msk。该算法可以表示为 $(\text{Params}, \text{msk}) \leftarrow \text{Setup}(1^\kappa)$。

系统参数 Params 中定义了身份空间 $\mathcal{ID}$、私钥空间 $\mathcal{SK}$、消息空间 $\mathcal{M}$ 等。此外，Params 是下述算法的公共输入，为了方便，在下述算法描述时将其省略。

(2) 密钥产生。

算法 KeyGen 是由 KGC 执行的随机化算法，其输入是系统参数 Params、主私钥 msk 及访问结构 $\mathbb{A}$（访问策略的具体表述），输出会话密钥 sk。该算法可以表示为 $\text{sk} \leftarrow \text{KeyGen}(\text{msk}, \mathbb{A})$。

(3) 加密。

算法 Enc 是随机化算法，其输入是消息 M、系统参数 Params 及属性集合 γ，输出密文 C。该算法可以表示为 $C \leftarrow \text{Enc}(\gamma, M)$。

(4) 解密。

算法 Dec 为确定性算法，输入系统参数 Params、会话密钥 sk（访问结构 $\mathbb{A}$ 对应的密钥）及密文 C（包含属性集合 γ），如果 $\gamma \in \mathbb{A}$（表示属性集合 γ 满足访问结构 $\mathbb{A}$），那么解密算法将解密密文 C 并返回消息 M。该算法可以表示为 $M \leftarrow \text{Dec}(\text{sk}, C)$。

KP-ABE 机制的正确性要求对于任意的消息 $M \in \mathcal{M}$、属性集合 γ 和访问结构 $\mathbb{A}$，当条件 $\gamma \in \mathbb{A}$ 成立时，有等式

$$M = \text{Dec}(\text{sk}, \text{Enc}(\gamma, M))$$

成立，其中，$(\text{Params}, \text{msk}) \leftarrow \text{Setup}(1^\kappa)$ 和 $\text{sk} \leftarrow \text{KeyGen}(\text{msk}, \mathbb{A})$。

6.2.2　KP-ABE 机制的 CPA 安全性

KP-ABE 机制的 CPA 安全性游戏包含挑战者 $\mathcal{C}$ 和敌手 $\mathcal{A}$ 两个参与者，具体的消息交互过程如下所示。

(1) 初始化。

挑战者 $\mathcal{C}$ 输入安全参数 κ，运行 $(\text{Params}, \text{msk}) \leftarrow \text{Setup}(1^\kappa)$，产生公开的系统参数 Params 和保密的主私钥 msk，并将 Params 发送给敌手 $\mathcal{A}$。

(2) 阶段 1（训练）。

在该阶段，敌手 $\mathcal{A}$ 可适应性地进行多项式有界次的私钥生成询问。

私钥生成询问：敌手 $\mathcal{A}$ 发出对任意访问结构 $\mathbb{A}$ 的私钥生成询问，挑战者 $\mathcal{C}$ 运行

密钥生成算法 $\mathrm{sk} \leftarrow \mathrm{KeyGen}(\mathrm{msk}, \mathbb{A})$，生成与 $\mathbb{A}$ 相对应的私钥 sk，并把它发送给敌手 $\mathcal{A}$。

(3)挑战。

敌手 $\mathcal{A}$ 输出两个等长的明文 $M_0, M_1 \in \mathcal{M}$ 和一个挑战属性集合 γ^*，其中 γ^* 不满足阶段 1 中的敌手提交的所有访问结构 $\mathbb{A}$（即 $\gamma^* \notin \mathbb{A}$）。挑战者 $\mathcal{C}$ 选取随机值 $\beta \leftarrow_R \{0,1\}$，计算挑战密文 $C_\beta^* = \mathrm{Enc}(\gamma^*, M_\beta)$，并将 C_β^* 发送给敌手 $\mathcal{A}$。

(4)阶段 2(训练)。

该阶段，敌手 $\mathcal{A}$ 能对任意访问结构 $\mathbb{A}$ 进行私钥生成询问，唯一的限制是挑战属性集合 γ^* 均不满足被询问的访问结构 $\mathbb{A}$。挑战者 $\mathcal{C}$ 以阶段 1 中的方式进行回应，这一过程可重复执行多项式有界次。

(5)猜测。

敌手 $\mathcal{A}$ 输出对挑战者 $\mathcal{C}$ 选取随机数 β 的猜测 $\beta' \in \{0,1\}$，如果 $\beta' = \beta$，那么敌手 $\mathcal{A}$ 攻击成功，即敌手 $\mathcal{A}$ 在该游戏中获胜。

敌手 $\mathcal{A}$ 在上述游戏中获胜的优势定义为关于安全参数 κ 的函数：

$$\mathrm{Adv}_{\text{KP-ABE},\mathcal{A}}^{\mathrm{CPA}}(\kappa) = \left|\Pr[\beta' = \beta] - \frac{1}{2}\right|$$

对于 KP-ABE 机制 $\Pi = (\mathrm{Setup}, \mathrm{KeyGen}, \mathrm{Enc}, \mathrm{Dec})$，上述游戏的形式化描述如下。

$\mathrm{Exp}_{\text{KP-ABE},\mathcal{A}}^{\mathrm{CPA}}(\kappa)$:

$(\mathrm{Params}, \mathrm{msk}) \leftarrow \mathrm{Setup}(\kappa)$;

$(M_0, M_1, \gamma^*) \leftarrow \mathcal{A}^{\mathcal{O}^{\mathrm{KeyGen}}(\cdot)}(\mathrm{Params})$;

$\beta \leftarrow_R \{0,1\},\ C_\beta^* = \mathrm{Enc}(\gamma^*, M_\beta)$;

$\beta' \leftarrow \mathcal{A}^{\mathcal{O}_{\neq\gamma^*}^{\mathrm{KeyGen}}(\cdot)}(\mathrm{Params}, C_\beta^*)$;

如果 $\beta' = \beta$，那么返回 1；否则，返回 0。

其中，$\mathcal{O}^{\mathrm{KeyGen}}(\cdot)$ 表示敌手 $\mathcal{A}$ 向挑战者提交关于任意访问结构 $\mathbb{A}$ 的私钥生成询问；$\mathcal{O}_{\neq\gamma^*}^{\mathrm{KeyGen}}(\cdot)$ 表示敌手 $\mathcal{A}$ 对不满足挑战属性集合 γ^* 的访问结构 $\mathbb{A}$ 向挑战者提交的私钥生成询问，即 $\gamma^* \notin \mathbb{A}$。

敌手 $\mathcal{A}$ 的优势定义为

$$\mathrm{Adv}_{\text{KP-ABE},\mathcal{A}}^{\mathrm{CPA}}(\kappa) = \left|\Pr[\mathrm{Exp}_{\text{KP-ABE},\mathcal{A}}^{\mathrm{CPA}}(\kappa) = 1] - \frac{1}{2}\right|$$

定义 6-2(KP-ABE 机制的 CPA 安全性)　如果任意的概率多项式时间敌手 $\mathcal{A}$ 在上述游戏中获胜的优势是可忽略的，那么称相应的 KP-ABE 机制是 CPA 安全的。

6.2.3　KP-ABE 机制的实例化构造

本节介绍 Goyal 等[31]提出的 KP-ABE 方案，在用户的私钥中指定访问策略，在密文中指定属性集合，只有当密文的属性集合满足私钥所指定的访问策略时才能解密。方案中的访问策略通过访问树来表达。

1) 访问树结构

访问树结构是 ABE 机制中用来表示访问控制策略的一种常见结构，可以视为对 (t,n) 门限访问结构的进一步扩展。在 KP-ABE 机制中，用户私钥的访问策略可以用访问树表示，具体做法是用树的内部节点表示门限结构(与门或者或门)，叶节点表示属性。

设 $\mathcal{T}$ 是一个访问树。$\mathcal{T}$ 中每个内部节点 x 表示一个门限结构，用 (k_x,num_x) 描述，其中 num_x 表示 x 的孩子节点的个数，k_x 表示门限值，$0<k_x \leqslant \mathrm{num}_x$，$k_x=1$ 表示或门，$k_x=\mathrm{num}_x$ 表示与门。叶节点 x 用来描述属性，其门限值 $k_x=1$。

在访问树结构上定义 3 个函数，分别为：$\mathrm{parent}(x)$，返回节点 x 的父节点；$\mathrm{att}(x)$，仅当 x 是叶节点时，返回该节点的属性描述信息；$\mathrm{index}(x)$，返回 x 在其兄弟节点中的编号。

设 $\mathcal{T}$ 是以 r 为根节点的访问树，用 $\mathcal{T}_x$ 表示以 x 为根的子树，$\mathcal{T}_r$ 就是 $\mathcal{T}$。如果一个属性集合 γ 满足访问树 $\mathcal{T}_x$，就表示为 $\mathcal{T}_x(\gamma)=1$，可以通过如下递归的方式计算 $\mathcal{T}_x(\gamma)$。

(1) 如果 x 是非叶节点：对 x 的所有孩子节点 x'，计算 $\mathcal{T}_{x'}(\gamma)$。当且仅当至少有 k_x 个孩子节点 x' 返回 $\mathcal{T}_{x'}(\gamma)=1$ 时，令 $\mathcal{T}_x(\gamma)=1$。

(2) 如果 x 是叶节点：当且仅当 x 表示的属性 $\mathrm{att}(x)$ 是属性集合 γ 中的元素时，令 $\mathcal{T}_x(\gamma)=1$，即当 $\mathrm{att}(x)\in\gamma$ 时，令 $\mathcal{T}_x(\gamma)=1$。

已知属性集合 γ 和访问树 $\mathcal{T}$，可以通过调用上述递归算法，验证 γ 是否满足 $\mathcal{T}$。如果满足，那么 γ 是授权集合，否则 γ 是非授权集合。

在如图 6-5 所示的访问树 $\mathcal{T}_r$ 中，对于属性集合 $\gamma_1=\{x_1,x_2,x_3,x_4,x_{10}\}$ 和 $\gamma_2=\{x_1,x_2,x_4,x_6\}$ 的验证过程如下所示。

$\gamma_1=\{x_1,x_2,x_3,x_4,x_{10}\}$

$\mathcal{T}(\gamma_1)=1$

计算 $\mathcal{T}_1(\gamma_1)\cup\mathcal{T}_2(\gamma_1)=1$

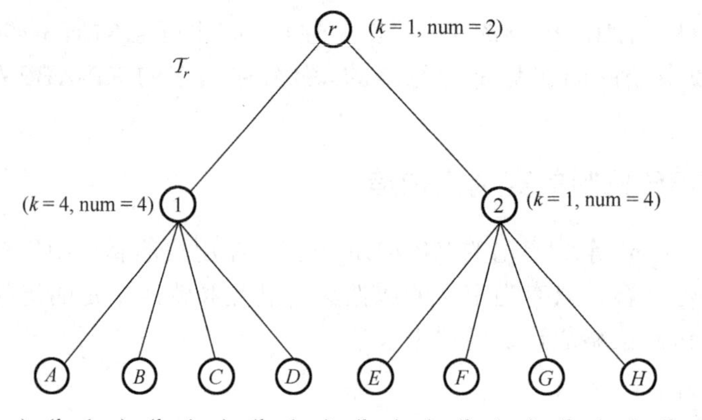

图 6-5　访问树结构

计算$\mathcal{T}_1(\gamma_1)=1$

计算$\mathcal{T}_A(\gamma_1)\cap\mathcal{T}_B(\gamma_1)\cap\mathcal{T}_C(\gamma_1)\cap\mathcal{T}_D(\gamma_1)=1$

由$\text{att}(A)=x_1\in\gamma_1$可知$\mathcal{T}_A(1)=1$

由$\text{att}(B)=x_2\in\gamma_1$可知$\mathcal{T}_B(1)=1$

由$\text{att}(C)=x_3\in\gamma_1$可知$\mathcal{T}_C(1)=1$

由$\text{att}(D)=x_4\in\gamma_1$可知$\mathcal{T}_D(1)=1$

计算$\mathcal{T}_2(\gamma_1)=0$

计算$\mathcal{T}_E(\gamma_1)\cup\mathcal{T}_F(\gamma_1)\cup\mathcal{T}_G(\gamma_1)\cup\mathcal{T}_H(\gamma_1)=0$

由$\text{att}(E)=x_5\notin\gamma_1$可知$\mathcal{T}_E(1)=0$

由$\text{att}(F)=x_6\notin\gamma_1$可知$\mathcal{T}_F(1)=0$

由$\text{att}(G)=x_7\notin\gamma_1$可知$\mathcal{T}_G(1)=0$

由$\text{att}(H)=x_8\notin\gamma_1$可知$\mathcal{T}_H(1)=0$

$\gamma_2=\{x_1,x_2,x_4,x_6\}$

$\mathcal{T}(\gamma_2)=1$

计算$\mathcal{T}_1(\gamma_2)\cup\mathcal{T}_2(\gamma_2)=1$

计算$\mathcal{T}_1(\gamma_2)=0$

计算$\mathcal{T}_A(\gamma_2)\cap\mathcal{T}_B(\gamma_2)\cap\mathcal{T}_C(\gamma_2)\cap\mathcal{T}_D(\gamma_2)=0$

由$\text{att}(A)=x_1\in\gamma_2$可知$\mathcal{T}_A(1)=1$

由$\text{att}(B)=x_2\in\gamma_2$可知$\mathcal{T}_B(1)=1$

由$\text{att}(C)=x_3\notin\gamma_2$可知$\mathcal{T}_C(1)=0$

由$\text{att}(D)=x_4\in\gamma_2$可知$\mathcal{T}_D(1)=1$

计算$\mathcal{T}_2(\gamma_2)=1$

计算$\mathcal{T}_E(\gamma_2)\cup\mathcal{T}_F(\gamma_2)\cup\mathcal{T}_G(\gamma_2)\cup\mathcal{T}_H(\gamma_2)=1$

由$\mathrm{att}(E)=x_5\notin\gamma_2$可知$\mathcal{T}_E(1)=0$

由$\mathrm{att}(F)=x_6\in\gamma_2$可知$\mathcal{T}_F(1)=1$

由$\mathrm{att}(G)=x_7\notin\gamma_2$可知$\mathcal{T}_G(1)=0$

由$\mathrm{att}(H)=x_8\notin\gamma_2$可知$\mathcal{T}_H(1)=0$

对于$\gamma_1=\{x_1,x_2,x_3,x_4,x_{10}\}$和$\gamma_2=\{x_1,x_2,x_4,x_6\}$，由上述验证操作可知上述属性集合都满足访问树$\mathcal{T}_r$。

2) 具体构造

令g是阶为大素数p的乘法循环群G_1的生成元，双线性映射$e:G_1\times G_1\to G_2$。$\mathcal{U}$为属性总体，同样使用Z_p^*中的前$|\mathcal{U}|$个元素$\{1,\cdots,|\mathcal{U}|\}$表示$\mathcal{U}$。

(1) 初始化。

$\mathrm{Setup}(\kappa)$:

$t_1,\cdots,t_{|\mathcal{U}|},y\leftarrow_R Z_p$;

$\mathrm{Params}=(T_1=g^{t_1},\cdots,T_{|\mathcal{U}|}=g^{t_{|\mathcal{U}|}},Y=e(g,g)^y)$;

$\mathrm{msk}=(t_1,\cdots,t_{|\mathcal{U}|},y)$。

(2) 加密（将接收方的属性集合γ作为公钥）。

$\mathrm{Enc}(M,\gamma)$:

$s\leftarrow_R Z_p$;

$C=(\gamma,C'=M\cdot Y^s,(C_i=T_i^s)_{i\in\gamma})$。

其中，$M\in G_2$。注意，属性集合γ出现在密文C中。

(3) 密钥生成$\mathrm{sk}\leftarrow\mathrm{KeyGen}(\mathcal{T},\mathrm{msk})$。

算法输入访问树$\mathcal{T}$和主私钥msk，输出解密密钥$\mathrm{sk}_{\mathcal{T}}$，其中当相应密文所拥有的属性集合$\gamma$满足$\mathcal{T}(\gamma)=1$时，$\mathrm{sk}_{\mathcal{T}}$能够解密由属性集合$\gamma$加密的密文。

算法首先从根节点r开始，自上而下地遍历访问树$\mathcal{T}$。为每一节点x（包括叶节点）建立一个随机多项式q_x，多项式的阶数取为$d_x=k_x-1$，其中k_x为节点x的门限值，以num_x表示x的子节点数，则$0<k_x\leqslant\mathrm{num}_x$。多项式的$d_x$个非常数项系数均为随机选取的，而常数项将分两类进行设置：若$x=r$，则令$q_r(0)=y$；否则，令$q_x(0)=q_{\mathrm{parent}(x)}(\mathrm{index}(x))$，即非根节点多项式的常数项系数是其父节点为该节点生成的分配份额，而根节点的常数项是主私钥的核心元素y。

当访问树$\mathcal{T}$中所有节点的多项式定义完成后，对于每一个叶节点x，计算相应

的秘密值 $D_i = g^{q_i(0)/t_i}$，其中，$i \in \text{att}(x)$。最后输出访问树 $\mathcal{T}$ 所对应的私钥 $\text{sk} = (\mathcal{T}, \{D_x\})$，其中 $x \in \mathcal{U}$。

注解 6-1　密钥生成算法通过建立门限秘密共享策略将主私钥核心元素 y 进行份额分配，从根节点出发自上而下地遍历访问树 $\mathcal{T}$ 并将相应的份额依次进行分配，直至叶节点，其中任意节点用于分配的秘密信息是来自其父节点为其产生的份额。特别地，访问树 $\mathcal{T}$ 决定了核心元素 y 的分配形式。

(4) 解密。

解密过程的实质是恢复加密密钥 $e(g,g)^{ys}$ 的过程，基于密文参数 $C_i = T_i^s = g^{st_i}$ 和各叶子节点的秘密值 $D_i = g^{q_i(0)/t_i}$，从叶节点出发自下而上地遍历访问树，依次恢复出所有节点拥有的上层节点分配的秘密份额(在指数上恢复出节点 x 的常数项 $q_x(0)$，即 $e(g,g)^{s\cdot q_x(0)}$)，直到根节点可以恢复出 $e(g,g)^{ys}$。

设 $\text{sk} = (\mathcal{T}, \{D_x\})$ 中包含访问树 $\mathcal{T}$，对 $\mathcal{T}$ 的节点 x 定义以下集合：① S_x 表示节点 x 的所有孩子节点组成的集合；② $S_x' = \{j \mid z \in S_x, j = \text{index}(z)\}$，即 x 的所有孩子节点的编号集合。

定义一个递归算法 $\text{DecryptNode}(C, \text{sk}, x)$，表示输入为密文 $C = (\gamma, C', \{C_i\}_{i\in\gamma})$、解密密钥 $\text{sk} = (\mathcal{T}, \{D_x\})$ 和访问树 $\mathcal{T}$ 的节点 x，输出为群 G_2 上的元素或 $\perp$。

令 $i = \text{att}(x)$，若 x 是叶节点，计算 $F_x = \text{DecryptNode}(C, \text{sk}, x)$，则有

$$F_x = \text{DecryptNode}(C, \text{sk}, x) = \begin{cases} e(D_x, C_i) = e(g^{q_x(0)/t_i}, g^{s\cdot t_i}) = e(g,g)^{s\cdot q_x(0)}, & i \in \gamma \\ \perp, & \text{其他} \end{cases}$$

若 x 是非叶节点，则对 $z \in S_x$ 的所有孩子节点 z，调用 $F_z = \text{DecryptNode}(C, \text{sk}, z)$。计算

$$\begin{aligned} F_x &= \prod_{z\in S_x} F_z^{\Delta_{j,S_x'}(0)} = \prod_{z\in S_x} \left(e(g,g)^{s\cdot q_z(0)}\right)^{\Delta_{j,S_x'}(0)} = \prod_{z\in S_x} \left(e(g,g)^{s\cdot q_{\text{parent}(z)}(\text{index}(z))}\right)^{\Delta_{j,S_x'}(0)} \\ &= \prod_{z\in S_x} e(g,g)^{s\cdot q_x(j)\cdot \Delta_{j,S_x'}(0)} = e(g,g)^{s\cdot q_x(0)} \end{aligned}$$

其中，最后一个等式由在指数上进行多项式插值得到。

由递归算法 $\text{DecryptNode}(C, \text{sk}, x)$ 可知解密算法如下。

$\text{Dec}(\text{sk}, C)$:

$F_r = \text{DecryptNode}(C, \text{sk}, r)$;

$M = C / F_r$。

这是因为 $F_r = \text{DecryptNode}(C, \text{sk}, r) = e(g,g)^{s\cdot q_r(0)} = e(g,g)^{s\cdot y} = Y^s$。

注解 6-2　在此方案中，用户的私钥由随机多项式和随机数确定，不同用户的私钥无法联合，从而达到了防止共谋攻击的目的。

注解 6-3　方案的公开参数 $\text{Params}=(T_1=g^{t_1},\cdots,T_{|\mathcal{U}|}=g^{t_{|\mathcal{U}|}},Y=e(g,g)^y)$ 与属性数量呈线性增长趋势，因此该方案仅适合小属性域。

3) 安全性证明

在选定属性集合的安全模型下，上述方案的安全性可归约到 DBDH 假设上。

定理 6-2　在选定属性集合的安全模型下，如果存在多项式时间敌手 $\mathcal{A}$ 能以不可忽略的优势 ϵ 攻破上述 KP-ABE 机制，那么存在另一敌手 $\mathcal{B}$ 能以显而易见的优势 $\epsilon/2$ 解决 DBDH 问题。

证明　DBDH 问题的挑战者选取群 G_1、G_2 及双线性映射 $e:G_1\times G_1\to G_2$，随机选取 $\mu\leftarrow_R\{0,1\}$，若 $\mu=0$，则设置 $T=(A,B,C,Z)=(g^a,g^b,g^c,e(g,g)^{abc})\in\mathcal{P}_{\text{DBDH}}$；若 $\mu=1$，则设置 $T=(A,B,C,Z)=(g^a,g^b,g^c,e(g,g)^z)\in\mathcal{R}_{\text{DBDH}}$，其中 a,b,c,z 均为 Z_p^* 上的均匀随机数且 $z\neq abc$。敌手 $\mathcal{B}$ 从挑战者处收到挑战元组 T 和公开参数 $\{g,G_1,G_2,e:G_1\times G_1\to G_2\}$ 后（g 是群 G_1 的生成元），通过与敌手 $\mathcal{A}$ 进行以下游戏，以判断挑战元素 $T\in\mathcal{P}_{\text{DBDH}}$ 还是 $T\in\mathcal{R}_{\text{DBDH}}$。假定属性总体 $\mathcal{U}$ 是公开的。

游戏开始前，敌手 $\mathcal{B}$ 首先获得敌手 $\mathcal{A}$ 提交的意欲挑战的属性集合 γ^*。

(1) 初始化。

敌手 $\mathcal{B}$ 产生公开参数：$Y=e(A,B)=e(g,g)^{ab}$（因此隐含地有 $y=ab$），对每一个属性 $i\in\mathcal{U}$，如果 $i\in\gamma^*$，那么随机选择 $r_i\leftarrow_R Z_p$，设置 $T_i=g^{r_i}$（因此隐含地设置 $t_i=r_i$）；如果 $i\notin\gamma^*$，那么随机选择 $v_i\leftarrow Z_p$，设置 $T_i=B^{v_i}=g^{bv_i}$（因此对于 $i\notin\gamma^*$ 隐含地设置 $t_i=bv_i$）。最后，将公开参数 $\text{Params}=(T_1,\cdots,T_{|\mathcal{U}|},Y)$ 发送给敌手 $\mathcal{A}$。特别地，敌手 $\mathcal{B}$ 隐含地设置了未知的主密钥 $\text{msk}=\{\{r_i\}_{i\in\gamma^*},\{bv_i\}_{i\notin\gamma^*},ab\}$。

(2) 阶段 1。

敌手 $\mathcal{A}$ 自适应地对不满足挑战属性集合 γ^* 的访问结构 $\mathcal{T}$（即 $\mathcal{T}(\gamma^*)=0$）进行私钥生成询问。敌手 $\mathcal{B}$ 首先定义以下两个过程：Polysat 和 PolyUnsat。

① $\text{Polysat}(\mathcal{T}_x,\gamma,\lambda_x)$ 用于为以 x 为根节点且 $\mathcal{T}_x(\gamma)=1$ 的访问子树 $\mathcal{T}_x$ 的每一节点创建多项式，它的输入为 $\mathcal{T}_x$、属性集合 γ 及整数 $\lambda_x\in Z_p$。

首先为根节点 x 定义阶为 d_x 的多项式 q_x，q_x 的常数项设置为 $q_x(0)=\lambda_x$，其他 d_x 个系数取为随机数；然后调用过程 $\text{Polysat}(\mathcal{T}_{x'},\gamma,q_x(\text{index}(x')))$ 为 x 的每个子节点 x' 设置多项式，其中，$q_{x'}(0)=q_x(\text{index}(x'))$。

② $\text{PolyUnsat}(\mathcal{T}_x,\gamma,g^{\lambda_x})$ 用于为以 x 为根节点且 $\mathcal{T}_x(\gamma)=0$ 的访问子树 $\mathcal{T}_x$ 的每一节点创建多项式，它的输入为 $\mathcal{T}_x$、属性集合 γ 及群元素 $g^{\lambda_x}\in G_1$（其中 $\lambda_x\in Z_p$ 是敌手 $\mathcal{B}$ 未知的参数）。

首先为根节点 x 定义次数为 d_x 的多项式 q_x，通过以下方式随机指定 d_x 个系数并隐含地指定 $q_x(0)=\lambda_x$，从而隐含地定义节点 x 的多项式 q_x。设 x' 是使得 $\mathcal{T}_{x'}(\gamma)=1$ 的

x 的子节点，Γ 是所有 x' 构成的集合。因为 $\mathcal{T}_x(\gamma)=0$，所以有 $|\Gamma|=h_x \leqslant d_x$。对于 Γ 中的每一个 x'，随机选取 $\lambda_{x'} \leftarrow_R Z_p$ 并令 $q_x(\text{index}(x'))=\lambda_{x'}$，设 Γ' 为剩余的 d_x-h_x 个 x 的子节点集合（Γ' 中 x 的子节点 x' 满足 $\mathcal{T}_{x'}(\gamma)=0$），随机选取 $v_{x'} \leftarrow_R Z_p$，并令 $q_x(\text{index}(x'))=v_{x'}$。

然后将访问树中剩余的节点按以下方式递归地定义多项式，其中 x' 是 x 的子节点。如果 $\mathcal{T}_{x'}(\gamma)=1$，那么调用 $\text{Polysat}(\mathcal{T}_{x'},\gamma,q_x(\text{index}(x')))$，其中，$q_x(\text{index}(x'))$ 是已知的。如果 $\mathcal{T}_{x'}(\gamma)=0$，那么令 $i=\text{index}(x')$，求 $g^{q_x(i)}=\prod_{x'\in\Gamma}(g^{\lambda_{x'}\Delta_{j,S}(i)})\prod_{x'\in\Gamma'}(g^{\beta_{x'}\Delta_{j,S}(i)})(g^{\lambda_x})^{\Delta_{0,S}(i)}$，调用 $\text{PolyUnsat}(\mathcal{T}_{x'},\gamma,g^{q_x(i)})$。同样在这个过程中，对于 x 的子节点 x'，隐含地有 $q_{x'}(0)=q_x(\text{index}(x'))$。

Polysat 和 PolyUnsat 的终止条件是遍历完 $\mathcal{T}$ 的每一个叶节点 x，此时为 x 建立的多项式为 0 次，即常数项。如果 $\mathcal{T}_x(\gamma)=1$，那么由 Polysat 可知，该常数项等于 $q_{\text{parent}(x)}(\text{index}(x))$。如果 $\mathcal{T}_x(\gamma)=0$，那么由 PolyUnsat 可知，该常数项等于 $g^{q_{\text{parent}(x)}(\text{index}(x))}$。

为了得到访问树 $\mathcal{T}$ 所对应的私钥，敌手 $\mathcal{B}$ 首先运行 $\text{PolyUnsat}(\mathcal{T},\gamma,g^a)$，为 $\mathcal{T}$ 的每个节点建立多项式，并隐含地设置 $q_r(0)=a$，也就是说，基于访问树 $\mathcal{T}$ 对 a 进行秘密分割。对于叶节点 x，令 $i=\text{att}(x)$，定义 x 对应的密钥成分为

$$D_x=\begin{cases} B^{q_x(0)/r_i}, & \text{att}(x)\in\gamma \\ (g^{q_x(0)})^{1/v_i}, & \text{att}(x)\notin\gamma \end{cases}$$

这是因为当 $\text{att}(x)\in\gamma$ 时，$D_x=B^{q_x(0)/r_i}=g^{bq_x(0)/r_i}=g^{Q_x(0)/t_i}$。当 $\text{att}(x)\notin\gamma$ 时，$D_x=(g^{q_x(0)})^{1/v_i}=g^{q_x(0)/v_i}=g^{bq_x(0)/(bv_i)}=g^{Q_x(0)/t_i}$。

因此敌手 $\mathcal{B}$ 隐含地为访问树 $\mathcal{T}$ 的每个节点定义了多项式 $Q_x(\cdot)=bq_x(\cdot)$，满足 $Q_r(0)=ab=y$，这里 y 为主密钥中的成分。敌手 $\mathcal{B}$ 按如上方式为 $\mathcal{T}$ 建立的私钥和原始方案中的私钥具有相同的分布。

(3) 挑战。

敌手 $\mathcal{A}$ 向敌手 $\mathcal{B}$ 提交两个等长的挑战消息 M_0 和 M_1。敌手 $\mathcal{B}$ 随机选 $\beta \leftarrow_R \{0,1\}$，计算 M_β 的密文：$C^*=(\gamma, C'=M_\beta\cdot Z, \{C_i=C^{r_i}\}_{i\in\gamma})$。下面对挑战密文 C^* 进行分类讨论。

①如果 $\mu=0$，即 $Z=e(g,g)^{abc}$，令 $s=c$，则有

$$C'=M_\beta\cdot Z=M_\beta\cdot e(g,g)^{abc}=M_\beta\cdot Y^s \text{ 和 } C_i=C^{r_i}=(g^c)^{r_i}=(g^{r_i})^c=T_i^s$$

由此可见，当 $Z=e(g,g)^{abc}$ 时，密文 C^* 是消息 M_β 在挑战属性集合 γ^* 作用下的合法加密结果。

②如果 $\mu=1$，那么 $Z=e(g,g)^z$，令 $s=c$，则有

$$C'=M_\beta\cdot e(g,g)^z=M_\beta\cdot e(g,g)^{(z-abc)+abc}=M_\beta\cdot e(g,g)^{z-abc}\cdot Y^s$$

由于 z 是随机的，所以在敌手 $\mathcal{A}$ 看来，C' 是 G_2 中的随机元素，不包含 M_β 的信息。由此可见，当 $Z=e(g,g)^z$ 时，密文 C^* 是任意随机消息 $M_\beta \cdot e(g,g)^{z-abc} \in G_2$ 在挑战属性集合 γ^* 作用下的合法加密结果。因此，密文 C^* 中不包含随机数 β 的任意信息。

(4) 阶段 2。

与阶段 1 类似。

(5) 猜测。

敌手 $\mathcal{A}$ 输出对 β 的猜测 β'。如果 $\beta'=\beta$，那么敌手 $\mathcal{B}$ 输出 $\mu'=0$，表示 $T\in\mathcal{P}_{\text{DBDH}}$。如果 $\beta'\neq\beta$，那么敌手 $\mathcal{B}$ 输出 $\mu'=1$，表示 $T\in\mathcal{R}_{\text{DBDH}}$。

当 $\mu=1$，敌手 $\mathcal{A}$ 从挑战密文 C^* 中没有获得 β 的任何信息，因此 $\Pr[\beta'=\beta \mid \mu=1]=\frac{1}{2}$；此时，敌手 $\mathcal{B}$ 只能以猜测的方式输出随机数 μ 的正确猜测 μ'，所以 $\Pr[\mu'=\mu \mid \mu=1]=\frac{1}{2}$。

当 $\mu=0$ 时，敌手 $\mathcal{A}$ 得到挑战消息 M_β 的加密密文 C^*，由于敌手 $\mathcal{A}$ 攻击上述 KP-ABE 机制 CPA 安全性的优势是 ϵ，那么有 $\Pr[\beta'=\beta|\mu=0]=\frac{1}{2}+\epsilon$。此时，敌手 $\mathcal{B}$ 同样能以不可忽略的优势 ϵ 输出随机数 μ 的正确猜测 μ'，所以 $\Pr[\mu'=\mu|\mu=0]=\frac{1}{2}+\epsilon$。

综上所述，敌手 $\mathcal{B}$ 的优势为

$$\frac{1}{2}\Pr[\mu'=\mu|\mu=0]-\frac{1}{2}\Pr[\mu'=\mu|\mu=1]=\frac{1}{2}\left(\frac{1}{2}+\epsilon\right)-\frac{1}{2}\frac{1}{2}=\frac{\epsilon}{2}$$

定理 6-2 证毕。

6.3　具有快速解密功能的 KP-ABE 机制

本节介绍 Hohenberger 和 Waters[34]提出的具有快速解密性质的 KP-ABE 机制。为了方便方案设计，本节描述一个小属性集合 $\mathcal{U}$，其中 $|\mathcal{U}|$ 是安全参数 κ 上的多项式，属性是整数 $\{1,2,\cdots,|\mathcal{U}|\}$。

6.3.1　具体构造

令 G_1 和 G_2 分别是阶为大素数 p 的乘法循环群，g 是群 G_1 的生成元，双线性映射 $e: G_1\times G_1\rightarrow G_2$。

(1) 初始化。

Setup(κ):

$h_1,\cdots,h_{|\mathcal{U}|} \leftarrow_R G_1$;

$\alpha \leftarrow_R Z_p$;

$\text{Params} = (G_1, G_2, e, p, g, e(g,g)^{\alpha}, h_1, \cdots, h_{|\mathcal{U}|})$;

$\text{msk} = \alpha$。

(2) 加密（将接收方的属性集合 γ 作为公钥）。

Enc(M,γ):

$s \leftarrow_R Z_p$;

$C = (\gamma, C' = M \cdot e(g,g)^{\alpha s}, \hat{C} = g^s, \{C_i = h_i^s\}_{i\in\gamma})$。

其中，$M \in G_2$。

(3) 密钥生成。

密钥生成算法以系统主私钥和 LSSS 的访问结构 $(\boldsymbol{M},\rho)$ 作为输入，其中 $\boldsymbol{M}$ 是规格为 $l\times n$ 的矩阵，函数 ρ 将矩阵 $\boldsymbol{M}$ 的行与属性相关联，即将 $\boldsymbol{M}$ 中的行 $i(i=1,\cdots,l)$ 映射到相应的属性值 $\rho(i)\in\mathcal{U}$。设 Γ 表示访问矩阵 $\boldsymbol{M}$ 中出现的属性集合，即 $\Gamma=\{d: \exists i\in[1,l], \rho(i)=d\}$，则 $\Gamma\subseteq\mathcal{U}$。

选取一个随机向量 $\boldsymbol{v}=(\alpha, y_2,\cdots,y_n)\in(Z_p)^n$ 用于共享主密钥 α。对于 i 从 1 到 l，计算 $\lambda_i=\boldsymbol{v}\cdot\boldsymbol{M}_i$，其中 $\boldsymbol{M}_i=(M_{i,1},M_{i,2},\cdots,M_{i,n})$ 是访问矩阵 $\boldsymbol{M}$ 的第 i 行。特别地，λ_i 为访问矩阵 $\boldsymbol{M}$ 中第 i 行对应属性 $\rho(i)$ 产生的共享份额。选取随机数 $r_1,\cdots,r_l\in Z_p$，设置相应的私钥 sk 为

$$\text{sk}=\begin{pmatrix} (D_1=g^{\lambda_1}\cdot h_{\rho(1)}^{r_1}, R_1=g^{r_1}, \forall d\in\Gamma/\rho(1), Q_{1,d}=h_d^{r_1}) \\ (D_2=g^{\lambda_2}\cdot h_{\rho(2)}^{r_2}, R_2=g^{r_2}, \forall d\in\Gamma/\rho(2), Q_{2,d}=h_d^{r_2}) \\ \vdots \\ (D_l=g^{\lambda_l}\cdot h_{\rho(l)}^{r_l}, R_l=g^{r_l}, \forall d\in\Gamma/\rho(l), Q_{l,d}=h_d^{r_l}) \end{pmatrix}$$

注解 6-4　在上述的私钥生成算法中使用了集合减号的表示方法，对于 Γ/x，其中，Γ 是一个集合，$x^*\in[l]$ 是一个元素，上述形式 Γ/x 的实际意思是 $\Gamma/\{x\}$，即如果 x 存在，那么移除集合 Γ 中的元素 x。

注解 6-5　基于 LSSS 构造 KP-ABE 机制时，密钥生成算法所输入的访问结构 $(\boldsymbol{M},\rho)$ 确定了创建该私钥的属性集合 Γ。对于基于属性集合 γ 生成的密文，从集合 $\gamma\cap\Gamma$ 中选取一定的属性（选取属性所组成的集合即是后文的 Δ），并通过选取属性的共享份额恢复出主私钥，完成解密操作。

(4) 解密。

解密算法输入访问结构 $(\boldsymbol{M},\rho)$ 对应的私钥 sk 和属性集合 γ 对应的密文 C。若属

性集合γ不满足访问结构，则输出$\perp$；否则，解密算法继续执行下述操作。

令集合$I \subseteq \{1,2,\cdots,l\}$和集合$\{\omega_i\}_{i\in I} \in Z_p$满足条件：①对于所有的$i \in I$，有$\rho(i) \in \gamma$；②$\sum_{i\in I} \omega_i \cdot \boldsymbol{M}_i = (1,0,0,\cdots,0)$。更具体地讲，令$I = \{\eta_1,\eta_2,\cdots,\eta_I\}$，那么有

$$\sum_{i\in I} \omega_i \cdot \boldsymbol{M}_i = \omega_{\eta_1} \cdot \boldsymbol{M}_{\eta_1} + \omega_{\eta_2} \cdot \boldsymbol{M}_{\eta_2} + \cdots + \omega_{\eta_I} \cdot \boldsymbol{M}_{\eta_I} = (1,0,0,\cdots,0)$$

定义$\varDelta = \{x : \exists i \in I, \rho(i) = x\}$，$I$是对应于某种密文解密方式的一个索引集合，$\varDelta$是与$I$中这些索引关联的属性集合（$\varDelta$是集合$I$中的索引所对应属性的集合），有多个这样的$I$满足上述约束，但此处希望最小化$I$的大小。注意到$\varDelta \subseteq \gamma$，其中$\gamma$是用于生成密文的属性集合，并且$\varDelta \subseteq \varGamma$，其中$\varGamma$是用于创建私钥的属性集合。集合$\varDelta$、$\gamma$和$\varGamma$间的关系如图 6-6 所示。

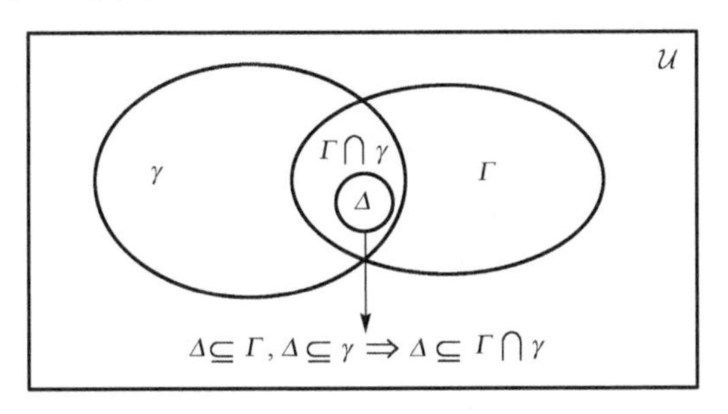

图 6-6　集合$\varDelta$、γ和$\varGamma$间的关系

接下来，定义函数$f(\cdot)$，它将一组属性映射为群G_1的元素：

$$f(\varDelta) = \prod_{x\in\varDelta} h_x$$

为了解密，首先将对私钥 sk 执行预处理操作。对于每个$i \in I$，计算

$$\tilde{D}_i = D_i \cdot \prod_{x\in\varDelta/\rho(i)} Q_{i,x} = g^{\lambda_i} f(\varDelta)^{r_i}$$

接下来，对密文$C = (\gamma, C' = M \cdot e(g,g)^{\alpha s}, \hat{C} = g^s, \{C_i = h_i^s\}_{i\in\gamma})$进行预处理操作，有

$$L = \prod_{x\in\varDelta} C_x = \prod_{x\in\varDelta} h_x^s = f(\varDelta)^s$$

然后通过下述计算恢复$e(g,g)^{\alpha s}$：

$$W = \frac{e\left(\hat{C}, \prod_{i\in I} \tilde{D}_i^{\omega_i}\right)}{e\left(\prod_{i\in I} R_i^{\omega_i}, L\right)} = \frac{e\left(g^s, \prod_{i\in I} g^{\lambda_i\omega_i} f(\varDelta)^{r_i\omega_i}\right)}{e\left(\prod_{i\in I} g^{r_i\omega_i}, f(\varDelta)^s\right)}$$

$$=\frac{e(g,g)^{\alpha s}\cdot e(g,f(\varDelta))^{s\sum_{i\in I}r_i\omega_i}}{e(g,f(\varDelta))^{s\sum_{i\in I}r_i\omega_i}}=e(g,g)^{\alpha s}$$

最后，解密算法通过计算 $M=\frac{C'}{W}$ 输出对应的消息 M。上述计算过程可知解密算法只需要计算两个配对操作。

6.3.2　安全性证明

假设 6-2(判定的双线性 Diffie-Hellman 指数(DBDHE)假设)　对于已知的公开参数 $\tilde{\mathbb{G}}=(p,g,G_1,G_2,e(\cdot))\leftarrow\tilde{\mathcal{G}}(1^\kappa)$ 和任意未知的指数 $\alpha,s\leftarrow_R Z_p$，令公共元组为 $T=(g,g^s,g^\alpha,g^{\alpha^2},\cdots,g^{\alpha^{q-1}},g^{\alpha^{q+1}},\cdots,g^{\alpha^{2q}})$，给定两个元组 $\mathcal{T}_1=(T,T_1)$ 和 $\mathcal{T}_0=(T,T_0)$，其中，$T_1=e(g,g)^{s\alpha^q}$ 和 $T_0\leftarrow_R G_T$，判定的双线性 Diffie-Hellman 指数问题的目标是区分上述两个元组 $\mathcal{T}_1$ 和 $\mathcal{T}_0$。

为了表述的方便，令 $x=g^s$ 和 $y_i=g^{(\alpha^i)}$。DBDHE 假设意味着任意的多项式时间算法 $\mathcal{A}$ 成功解决 DBDHE 问题的优势：

$$\begin{aligned}\mathrm{Adv}^{q\text{-DBDHE}}(\kappa)=&\Pr[\mathcal{A}(g,x,y_1,\cdots,y_{q-1},y_{q+1},\cdots,y_{2q},T_1)=1]\\&-\Pr[\mathcal{A}(g,x,y_1,\cdots,y_{q-1},y_{q+1},\cdots,y_{2q},T_0)=1]\end{aligned}$$

是可忽略的，其中概率来源于随机值 α 与 s 的选取和算法 $\mathcal{A}$ 的随机选择。

定理 6-3　在选定属性集合的安全模型下，若 q-DBDHE 问题是困难的，则在属性集合 $\mathcal{U}$ 上具有快速解密功能的 KP-ABE 机制拥有 CPA 安全性，其中 $q=|\mathcal{U}|+1$。

证明　假设 $\mathcal{U}$ 是一个属性全集，其中 $|\mathcal{U}|$ 是安全参数 κ 上的多项式。为了便于标记，令属性全集 $\mathcal{U}$ 中的每个属性都是唯一的介于 1 和 $|\mathcal{U}|$ 之间的整数。若存在一个概率多项式时间敌手 $\mathcal{A}$ 能以不可忽略的优势在下述游戏中获胜，那么就能够构造一个概率多项式时间敌手 $\mathcal{B}$ 以显而易见的优势解决 q-DBDHE 问题的困难性。特别地，用 $\mathbb{A}=(\boldsymbol{M},\rho)$ 表示访问结构。

在游戏开始之前，敌手 $\mathcal{A}$ 输出意欲挑战的属性集合 γ^*。

(1)初始化。

敌手 $\mathcal{B}$ 收到 q-DBDHE 问题的挑战元组：

$$(G_1,G_2,p,g,g^s,g^a,\cdots,g^{(a^{|\mathcal{U}|})},g^{(a^{|\mathcal{U}|+2})},\cdots,g^{(a^{2|\mathcal{U}|+2})},T)$$

其中，$T=e(g,g)^{sa^{(|\mathcal{U}|+1)}}$ 或 $T\leftarrow_R G_2$。

敌手 $\mathcal{B}$ 随机选取 $\alpha',z_1,\cdots,z_{|U|}\in Z_p$，并计算 $e(g,g)^\alpha=e(g,g)^{\alpha'}\cdot e(g^a,g^{a^{|\mathcal{U}|}})$（隐含地设置 $\alpha=\alpha'+a^{|\mathcal{U}|+1}$）；对于 $x\in[1,|\mathcal{U}|]$，计算

$$h_x = \begin{cases} g^{z_x}, & x \in \gamma^* \\ g^{z_x} g^{a^x}, & x \notin \gamma^* \end{cases}$$

最后，敌手$\mathcal{B}$输出系统公开参数$\text{Params} = (G_1, G_2, e, p, g, e(g,g)^{\alpha}, h_1, \cdots, h_{|\mathcal{U}|})$给敌手$\mathcal{A}$。注意，参数$\alpha'$和$z_1, \cdots, z_{|\mathcal{U}|}$的随机性确保所有参数是均匀分布的。

(2)阶段 1。

敌手$\mathcal{B}$初始化一个空表T和一个空集合D，并设置一个初始为 0 的计数器$j=0$。敌手$\mathcal{B}$回答敌手$\mathcal{A}$的下述询问。

①密钥生成询问$(\mathbb{A} = (\boldsymbol{M}, \rho))$：敌手$\mathcal{B}$设置$j = j+1$，并将访问结构$\mathbb{A}$解析为$(\boldsymbol{M}, \rho)$，其中$\boldsymbol{M}$是$l \times n$的矩阵，函数$\rho$将$\boldsymbol{M}$的行映射到相关属性。首先，敌手$\mathcal{B}$为访问结构$(\boldsymbol{M}, \rho)$生成一个有效私钥，但不一定是一个分布良好的私钥；然后，敌手$\mathcal{B}$通过对私钥进行重新随机化处理，以确保其分布是均匀随机的。

令$K \subseteq \{1, 2, \cdots, l\}$为矩阵$\boldsymbol{M}$所对应的属性位于挑战属性集合$\gamma^*$中的行集(即对于$i \in K$，有$\rho(i) \in \gamma^*$)，$K' \subseteq \{1, 2, \cdots, l\}$为矩阵$\boldsymbol{M}$对应的属性不在$\gamma^*$中的行集(即$K' = \{1, 2, \cdots, l\} / K$)。定义$Z_p$上的$n$维向量$\boldsymbol{v}$，其中$v_1 = 1$(即向量$\boldsymbol{v}$的第一个元素为 1)，且对于所有$i \in K$，有$\boldsymbol{v} \cdot \boldsymbol{M}_i = 0$成立(这里$\boldsymbol{M}_i$是矩阵$\boldsymbol{M}$第$i$行的$n$维向量)。特别地，如果$\gamma^*$不满足$\boldsymbol{M}$，那么向量$(1, 0, \cdots, 0)$不在$\boldsymbol{M}_i$张成的空间中。

密钥生成过程中，敌手$\mathcal{B}$需要对主私钥α根据访问结构$(\boldsymbol{M}, \rho)$进行秘密共享，共享过程敌手$\mathcal{B}$将借助向量$\boldsymbol{v}$实现。通过对向量$\alpha\boldsymbol{v}$进行秘密共享(即向量$\boldsymbol{v}$的所有元素都根据α按比例放大)，敌手$\mathcal{B}$将生成一个私钥，由于$v_1 = 1$，因此相当于对α的秘密共享。尽管上述过程所生成私钥的分布可能是不均匀的，但可以通过重新随机化的方式来解决这一问题。因此，相应的秘密共享份额λ_i，需要通过下述方式计算获得。

$$\text{对于 } i \in [1, l]\text{，需要计算 } \lambda_i = (\alpha\boldsymbol{v}) \cdot \boldsymbol{M}_i$$

注解 6-6　对于敌手$\mathcal{B}$而言，由于α是未知的，因此$\lambda_i = (\alpha\boldsymbol{v}) \cdot \boldsymbol{M}_i$是无法直接计算的，下面通过分类的形式完成计算。

由于$K \cup K' = \{1, 2, \cdots, l\}$，所以需要分类讨论。对于$i \in K$，若$\rho(i) \in \gamma^*$，则所有的分量都是单位元(特别地，密钥还没有被重新随机化，在后面的随机化过程加入h_x成分)。当$i \in K$时，有$\boldsymbol{v} \cdot \boldsymbol{M}_i = 0$，那么$\lambda_i = (\alpha\boldsymbol{v}) \cdot \boldsymbol{M}_i = 0$，因此有下述等式成立。

$$\text{对于 } i \in K \text{ 和 } x \in \Gamma / \rho(i)\text{，计算 } D_i = R_i = Q_{i,x} = g^0$$

其中，$\Gamma = \{d : \exists i \in [1, l], \rho(i) = d\}$是密钥生成算法所使用的属性集合。

对于$i \in K'$，首先计算$c_i = \boldsymbol{v} \cdot \boldsymbol{M}_i$(隐含地有$\lambda_i = (\alpha\boldsymbol{v}) \cdot \boldsymbol{M}_i = c_i \cdot \alpha = c_i(\alpha' + a^{|\mathcal{U}|+1})$)。为了计算这些核心元素，这里需要一种消除技术。令$R_i = g^{-c_i a^{(|\mathcal{U}|+1) - \rho(i)}}$，隐式地定义

了随机数 $r_i = -c_i a^{(|\mathcal{U}|+1)-\rho(i)}$。由于 $\rho(i)$ 介于 1 和 $|\mathcal{U}|$ 之间，$(|\mathcal{U}|+1)-\rho(i) \neq 0$，所以可以通过敌手 $\mathcal{B}$ 的挑战输入直接进行计算（$D_i = g^{c_i\alpha'} \cdot R_i^{z_i}$），由下述等式可知 D_i 是有效的。

$$\begin{aligned}
D_i &= g^{c_i\alpha'} \cdot R_i^{z_i} = g^{c_i\alpha'} \cdot g^{-z_i c_i a^{(|\mathcal{U}|+1)-\rho(i)}} \\
&= g^{c_i\alpha'} \cdot g^{c_i a^{(|\mathcal{U}|+1)}} \cdot g^{-z_i c_i a^{(|\mathcal{U}|+1)-\rho(i)}} \cdot g^{-c_i a^{(|\mathcal{U}|+1)}} \\
&= g^{c_i\alpha} \cdot (g^{z_i})^{r_i} \cdot (g^{a^{\rho(i)}})^{r_i} \\
&= g^{c_i\alpha} \cdot h_{\rho(i)}^{r_i}
\end{aligned}$$

其中，由 $r_i = -c_i a^{(|\mathcal{U}|+1)-\rho(i)}$ 可知 $-c_i a^{(|\mathcal{U}|+1)} = r_i a^{\rho(i)}$。

接下来，计算其他辅助参数。对于所有的属性 $x \in \Gamma / \rho(i)$，计算

$$Q_{i,x} = (h_x)^{r_i} = \begin{cases} (g^{z_x})^{r_i} = g^{-z_x c_i a^{(|\mathcal{U}|+1)-\rho(i)}}, & x \in \gamma^* \\ (g^{z_x})^{r_i} \cdot (g^{a^x})^{r_i} = g^{-z_x c_i a^{(|\mathcal{U}|+1)-\rho(i)}} g^{-c_i a^{(|\mathcal{U}|+1)-\rho(i)+x}}, & x \notin \gamma^* \end{cases}$$

其中，$g^{-z_x c_i a^{(|\mathcal{U}|+1)-\rho(i)}} = (g^{a^{(|\mathcal{U}|+1)-\rho(i)}})^{-z_x c_i}$ 和 $g^{-c_i a^{(|\mathcal{U}|+1)-\rho(i)+x}} = (g^{a^{(|\mathcal{U}|+1)-\rho(i)+x}})^{-c_i}$。对于 $Q_{i,x}$ 而言，由于 $\rho(i) \neq x$，意味着 $g^{-c_i a^{(|\mathcal{U}|+1)-\rho(i)+x}} \neq g^{-c_i a^{(|\mathcal{U}|+1)}}$，所以最后一部分是可计算的，并且 z_x 是由敌手 $\mathcal{B}$ 在初始化阶段选择的。

综上所述，敌手 $\mathcal{B}$ 已为访问结构 $\mathbb{A} = (\boldsymbol{M}, \rho)$ 构造了私钥 sk' 的有效形式。

$$\mathrm{sk}' = \begin{pmatrix} (D_1 = g^{\lambda_1} \cdot h_{\rho(1)}^{r_1}, R_1 = g^{r_1}, \forall d \in \Gamma/\rho(1), Q_{1,d} = h_d^{r_1}) \\ (D_2 = g^{\lambda_2} \cdot h_{\rho(2)}^{r_2}, R_2 = g^{r_2}, \forall d \in \Gamma/\rho(2), Q_{2,d} = h_d^{r_2}) \\ \vdots \\ (D_l = g^{\lambda_l} \cdot h_{\rho(l)}^{r_l}, R_l = g^{r_l}, \forall d \in \Gamma/\rho(l), Q_{l,d} = h_d^{r_l}) \end{pmatrix}$$

其中，对于 $i = 1, 2, \cdots, l$，当 $i \in K$ 时，有 $\lambda_i = 0$ 和 $r_i = 0$。当 $i \in K'$ 时，有 $\lambda_i = c_i(\alpha' + a^{|\mathcal{U}|+1})$ 和 $r_i = -c_i a^{(|\mathcal{U}|+1)-\rho(i)}$。

注解 6-7　虽然对于 $i \in K$，私钥 sk' 的所有分量 D_i、R_i 和 $Q_{i,x}$ 都是单位元，为了方便后面更新操作的描述，将其统一书写为上述标准形式。

虽然上述过程生成了私钥 sk' 的正确形式，并且是由 α 的共享信息生成的，但该私钥 sk' 不一定具有均匀的随机分布。敌手 $\mathcal{B}$ 通过选取的新随机值 $r_1', \cdots, r_l'$ 对私钥 sk' 的组件进行了重新随机化，并基于 $D_1', \cdots, D_l'$ 生成了关于 α 的新秘密共享。敌手 $\mathcal{B}$ 将对上述私钥 sk' 进行重新随机化操作：选取随机数 $y_2, \cdots, y_n \in Z_p$，构造向量 $\boldsymbol{y} = (0, y_2, y_3, \cdots, y_n)$。通过对 0 进行秘密共享以达到重新随机化私钥 sk' 的目的。对于 $i \in [1, l]$，首先计算 $\lambda_i' = \boldsymbol{y} \cdot \boldsymbol{M}_i$ 和 $D_i^{\#} = D_i \cdot g^{\lambda_i'}$；然后重新随机化所有关键组件中使用的参数 r_i。对于 $i \in [1, l]$，随机选取 $r_i' \in Z_p$，并计算

$$D_i' = D_i^{\#} \cdot h_{\rho(i)}^{r_i'} 、 R_i' = R_i \cdot g^{r_i'} \text{ 和 } \forall x \in \Gamma / \rho(i)$$

则有

$$Q_{i,x}' = Q_{i,x} \cdot h_x^{r_i'}$$

最后，敌手 $\mathcal{B}$ 输出访问策略 $(\boldsymbol{M}, \rho)$ 作用下的有效私钥：

$$\text{sk} = \begin{pmatrix} (D_1 = g^{\lambda_1+\lambda_1'} \cdot h_{\rho(1)}^{r_1+r_1'}, R_1 = g^{r_1+r_1'}, \forall d \in \Gamma/\rho(1), Q_{1,d} = h_d^{r_1+r_1'}) \\ (D_2 = g^{\lambda_2+\lambda_2'} \cdot h_{\rho(2)}^{r_2+r_2'}, R_1 = g^{r_2+r_2'}, \forall d \in \Gamma/\rho(2), Q_{2,d} = h_d^{r_2+r_2'}) \\ \vdots \\ (D_l = g^{\lambda_l+\lambda_l'} \cdot h_{\rho(l)}^{r_l+r_l'}, R_1 = g^{r_l+r_l'}, \forall d \in \Gamma/\rho(l), Q_{l,d} = h_d^{r_l+r_l'}) \end{pmatrix}$$

注解 6-8　随机值 $r_1', \cdots, r_l'$ 确保了私钥 sk 的随机性。此外，$\lambda_i' = \boldsymbol{y} \cdot \boldsymbol{M}_i$ 是 0 的共享份额，它的引入并不会影响私钥 sk 共享秘密值 α 的功能，而且保证 sk 拥有有效的私钥结构。

综上所述，敌手 $\mathcal{B}$ 基于访问策略 $(\boldsymbol{M}, \rho)$ 生成的有效私钥 sk 的分布与密钥生成算法以 $(\boldsymbol{M}, \rho)$ 为输入生成的私钥具有相同的分布。此外，敌手 $\mathcal{B}$ 将元组 $(j, \mathbb{A}, \text{sk})$ 记录到列表 T 中。

②收买询问 (i)：如果表 T 中存在第 i 条记录，那么敌手 $\mathcal{B}$ 获得相应的记录 $(i, \mathbb{A}, \text{sk})$，并设置 $D = D \cup \{\mathbb{A}\}$，然后将 sk 发送给敌手 $\mathcal{A}$。如果不存在这样的条目，那么返回 $\perp$。集合 D 用于记录敌手 $\mathcal{A}$ 询问过相应私钥的访问结构。

注解 6-9　第一个询问密钥生成询问，敌手 $\mathcal{B}$ 仅生成相应访问结构所对应的私钥，并将其保存到列表 T 中。敌手 $\mathcal{A}$ 通过第二个询问获得相应访问结构对应的私钥，敌手 $\mathcal{B}$ 使用集合 D 跟踪敌手 $\mathcal{A}$ 对访问结构的私钥生成询问情况。

(3) 挑战。

敌手 $\mathcal{A}$ 输出两个等长的挑战消息 M_0 和 M_1，敌手 $\mathcal{B}$ 随机选取 $b \leftarrow_R \{0,1\}$，通过下述方式构造挑战密文 C^* 并发送给敌手 $\mathcal{A}$。

$$C^* = (\gamma^*, C', \tilde{C}, (C_x)_{x \in S^*}) = (\gamma^*, M_b \cdot e(g, g^s)^{\alpha'} \cdot T, g^s, (g^s)^{z_x}{}_{x \in \gamma^*})$$

(4) 阶段 2。

敌手 $\mathcal{B}$ 采用与阶段 1 相同的方式响应敌手 $\mathcal{A}$ 的相关询问，但它拒绝回答满足挑战属性集合 γ^* 的访问结构 $(\boldsymbol{M}, \rho)$ 的收买查询，因为这将导致访问结构 $(\boldsymbol{M}, \rho)$ 添加到集合 D。

(5) 猜测。

最终，敌手 $\mathcal{A}$ 输出对随机数 b 的猜测值 b'。如果 $b' = b$，那么敌手 $\mathcal{B}$ 输出 1，意味着挑战元组的元素是 $T = e(g,g)^{a^{(|\mathcal{U}|+1)}s}$；否则它输出 0，意味着挑战元组的元素 T 是一个随机值。

当 $T = e(g,g)^{a^{(|\mathcal{U}|+1)}s}$ 时，有

$$\begin{aligned}C^* &= (\gamma^*, C', \tilde{C}, (C_x)_{x\in S^*}) = (\gamma^*, M_b \cdot e(g, g^s)^{\alpha'} \cdot T, g^s, (g^s)^{z_x}{}_{x\in\gamma^*}) \\ &= (\gamma^*, M_b \cdot e(g,g)^{\alpha' s} \cdot e(g,g)^{a^{(|\mathcal{U}|+1)}s}, g^s, (g^{z_x})^s{}_{x\in\gamma^*}) \\ &= (\gamma^*, M_b \cdot e(g,g)^{\alpha' s + a^{(|\mathcal{U}|+1)}s}, g^s, (h_x)^s{}_{x\in\gamma^*}) \\ &= (\gamma^*, M_b \cdot e(g,g)^{\alpha s}, g^s, (h_x)^s{}_{x\in\gamma^*})\end{aligned}$$

当$T \leftarrow_R G_T$时，$C^* = (\gamma^*, C', \tilde{C}, (C_x)_{x\in S^*})$是随机消息的合法加密密文，即$C^*$中不包含随机数$b$的任何信息。

综上所述，若存在多项式时间敌手$\mathcal{A}$能以不可忽略的优势攻破上述 KP-ABE 机制的 CPA 安全性，那么存在另一敌手$\mathcal{B}$能以相同的优势解决q-DBDHE 问题的困难性。

定理 6-3 证毕。

6.4　密文策略的属性基加密机制

6.4.1　CP-ABE 形式化定义

一个 CP-ABE 机制由 Setup、KeyGen、Enc 和 Dec 等算法组成。

(1) 初始化。

初始化为随机化算法，输入是安全参数κ和属性总体的描述，输出为系统参数 Params 和主密钥 msk。该算法可以表示为$(\text{Params}, \text{msk}) \leftarrow \text{Setup}(1^\kappa)$。

(2) 密钥产生。

密钥产生为随机化算法，输入是系统参数 Params、主密钥 msk 及属性集合γ，输出会话密钥 sk。该算法可以表示为$\text{sk} \leftarrow \text{KeyGen}(\text{msk}, \gamma)$。

(3) 加密。

加密为随机化算法，输入是消息M、系统参数 Params 及属性总体上的访问结构$\mathbb{A}$，输出密文C。密文C中隐含地包含访问结构$\mathbb{A}$。仅当接收方拥有满足访问结构的属性集合时才能解密该密文。该算法可以表示为$C \leftarrow \text{Enc}(\mathbb{A}, M)$。

(4) 解密。

解密为确定性算法，输入系统参数 Params、会话密钥 sk (属性集合γ对应的密钥) 及密文C (包含访问结构$\mathbb{A}$)，如果属性集合γ满足访问结构$\mathbb{A}$ (即$\gamma \in \mathbb{A}$)，那么解密算法将解密C并返回消息M。该算法可以表示为$M \leftarrow \text{Dec}(\text{sk}, C)$。

CP-ABE 机制的正确性要求对于任意的消息$M \in \mathcal{M}$、属性集合γ和访问结构$\mathbb{A}$，当条件$\gamma \in \mathbb{A}$成立时，有$M = \text{Dec}(\text{sk}, \text{Enc}(\mathbb{A}, M))$成立，其中$(\text{Params}, \text{msk}) \leftarrow \text{Setup}(1^\kappa)$和$\text{sk} \leftarrow \text{KeyGen}(\text{msk}, \gamma)$。

6.4.2　CP-ABE 机制的 CPA 安全性

CP-ABE 机制的 CPA 安全性游戏包含挑战者 $\mathcal{C}$ 和敌手 $\mathcal{A}$ 两个参与者，具体的消息交互过程如下所示。

(1) 初始化。

挑战者 $\mathcal{C}$ 输入安全参数 κ，运行 $(\text{Params}, \text{msk}) \leftarrow \text{Setup}(1^\kappa)$，产生公开的系统参数 Params 和保密的主密钥 msk，并将 Params 发送给敌手 $\mathcal{A}$。

(2) 阶段 1 (训练)。

该阶段，敌手 $\mathcal{A}$ 可适应性地进行多项式有界次的密钥生成询问。

密钥生成询问：敌手 $\mathcal{A}$ 发出对任意属性集合 γ 的密钥生成询问，挑战者 $\mathcal{C}$ 运行密钥生成算法 $\text{sk} \leftarrow \text{KeyGen}(\text{msk}, \gamma)$，生成与属性结合 γ 相对应的私钥 sk，并把它发送给敌手 $\mathcal{A}$。

(3) 挑战。

敌手 $\mathcal{A}$ 输出两个等长的明文 $M_0, M_1 \in \mathcal{M}$ 和一个挑战的访问结构 $\mathbb{A}^*$，其中敌手在阶段 1 中询问过的属性集合 γ 均不能满足此访问结构 $\mathbb{A}^*$ (即 $\gamma \notin \mathbb{A}^*$)。挑战者 $\mathcal{C}$ 选取随机值 $\beta \leftarrow_R \{0,1\}$，计算挑战密文 $C_\beta^* = \text{Enc}(\mathbb{A}^*, M_\beta)$，并将 C_β^* 发送给敌手 $\mathcal{A}$。

(4) 阶段 2 (训练)。

该阶段，敌手 $\mathcal{A}$ 能对任意属性集合 γ 进行私钥生成询问，唯一的限制是这些询问的属性集合 γ 均不满足挑战的访问结构 $\mathbb{A}^*$。挑战者 $\mathcal{C}$ 以阶段 1 中的方式进行回应，这一过程可以重复多项式有界次。

(5) 猜测。

敌手 $\mathcal{A}$ 输出对挑战者 $\mathcal{C}$ 选取随机数 β 的猜测 $\beta' \in \{0,1\}$，如果 $\beta' = \beta$，那么敌手 $\mathcal{A}$ 攻击成功，即敌手 $\mathcal{A}$ 在该游戏中获胜。

将敌手 $\mathcal{A}$ 在上述游戏中获胜的优势定义为关于安全参数 κ 的函数：

$$\text{Adv}_{\text{CP-ABE},\mathcal{A}}^{\text{CPA}}(\kappa) = \left| \Pr[\beta' = \beta] - \frac{1}{2} \right|$$

上述游戏的形式化描述如下。

$\text{Exp}_{\text{CP-ABE},\mathcal{A}}^{\text{CPA}}(\kappa)$:

$(\text{Params}, \text{msk}) \leftarrow \text{Setup}(\kappa)$;

$(M_0, M_1, \gamma^*) \leftarrow \mathcal{A}^{\mathcal{O}^{\text{KeyGen}}(\cdot)}(\text{Params})$;

$\beta \leftarrow_R \{0,1\}, C_\beta^* = \text{Enc}(\gamma^*, M_\beta)$;

$\beta' \leftarrow \mathcal{A}^{\mathcal{O}_{\notin \mathbb{A}^*}^{\text{KeyGen}}(\cdot)}(\text{Params}, C_\beta^*)$;

若 $\beta'=\beta$ ，则返回 1；否则，返回 0。

其中，$\mathcal{O}^{\text{KeyGen}}(\cdot)$ 表示敌手 $\mathcal{A}$ 向挑战者做任意属性集合 γ 的私钥生成询问；$\mathcal{O}^{\text{KeyGen}}_{\neq\mathbb{A}^*}(\cdot)$ 表示敌手 $\mathcal{A}$ 向挑战者做不满足挑战访问结构 $\mathbb{A}^*$ 的属性集合 γ 的私钥生成询问，其中 $\gamma\notin\mathbb{A}^*$ 。

敌手 $\mathcal{A}$ 的优势定义为

$$\text{Adv}^{\text{CPA}}_{\text{CP-ABE},\mathcal{A}}(\kappa)=\left|\Pr[\text{Exp}^{\text{CPA}}_{\text{CP-ABE},\mathcal{A}}(\kappa)=1]-\frac{1}{2}\right|$$

定义 6-3（CP-ABE 的 CPA 安全性） 如果任意的概率多项式时间敌手 $\mathcal{A}$ 在上述游戏中获胜的优势是可忽略的，那么称此 CP-ABE 加密机制是语义安全的。

6.4.3 CP-ABE 机制的实例化构造

本节介绍 Waters[32]提出的 CP-ABE 方案，该方案中的访问结构采用 LSSS 实现指数上的秘密分割。具体来说，每次加密时，选取一个随机指数 s ，根据 LSSS 将 s 分割为多个秘密份额，并将每个份额指定给一个属性。

1）方案构造

参数设置如下：g 是阶为素数 p 的群 G_1 的生成元，双线性映射 $e:G_1\times G_1\to G_2$ 。属性总体记为 $\mathcal{U}$ ，大小记为 $|\mathcal{U}|$ 。

在方案构造中，输入一个 LSSS 的访问矩阵 $\boldsymbol{M}$ ，然后根据 $\boldsymbol{M}$ 分发一个随机指数 $s\in Z_p$ 。

（1）初始化。

Setup(κ):

$h_1,\cdots,h_{|\mathcal{U}|}\leftarrow_R G_1$;

$\alpha,a\leftarrow_R Z_p$;

$\text{Params}=(g,e(g,g)^{\alpha},g^{a},h_1,\cdots,h_{|\mathcal{U}|})$;

$\text{msk}=g^{\alpha}$。

（2）加密。

加密算法的输入除了 Params 和待加密的消息 $M\in G_2$ ，还输入 LSSS 的相关参数 $(\boldsymbol{M},\rho)$ ，其中 $\boldsymbol{M}$ 是一个 $l\times n$ 矩阵，函数 ρ 为 $\boldsymbol{M}$ 的行指定相应的属性。

Enc(($\boldsymbol{M},\rho$), Params, M):

$\boldsymbol{v}=(s,y_2,\cdots,y_n)\leftarrow_R Z_p^n$;

$\lambda_i=\boldsymbol{v}\cdot\boldsymbol{M}_i(i=1,\cdots,l)$;

$r_1,\cdots,r_l \leftarrow_R Z_p$;

$$C=(C_0=M\cdot e(g,g)^{\alpha s},C'=g^s,(C_1=g^{a\lambda_1}h_{\rho(1)}^{-r_1},D_1=g^{r_1}),\cdots,(C_l=g^{a\lambda_l}h_{\rho(l)}^{-r_l},\ D_l=g^{r_l}))$$

其中，$\boldsymbol{v}=(s,y_2,\cdots,y_n)\leftarrow_R Z_p^n$ 用来分割加密指数 s；$\boldsymbol{M}_i(i=1,\cdots,l)$ 表示矩阵 $\boldsymbol{M}$ 的第 i 行；$\lambda_i=\boldsymbol{v}\cdot\boldsymbol{M}_i(i=1,\cdots,l)$ 是分割 s 得到的第 i 个份额；$C_i(i=1,\cdots,l)$ 将 λ_i 关联到第 $\rho(i)$ 个属性。

(3) 密钥产生 $\text{sk}\leftarrow\text{KeyGen}(\text{msk},\gamma)$。

$\text{KeyGen}(\text{msk},\gamma)$:

$t\leftarrow_R Z_p$;

$K=g^{\alpha}g^{at},L=g^t,K_x=h_x^t(\forall x\in\gamma)$;

$\text{sk}=(K,L,K_x(x\in\gamma))$。

其中，算法的输入为主密钥 msk 和属性集合 γ。

(4) 解密。

输入为访问结构 $\mathbb{A}=(\boldsymbol{M},\rho)$ 对应的密文 C、属性集合 γ 对应的私钥 sk，假定 γ 满足访问结构。定义 $I=(i:\rho(i)\in\gamma)\subset\{1,2,\cdots,l\}$，令 $\{\omega_i\in Z_p|i\in I\}$，使得如果 $\{\lambda_i\}$ 是秘密值 s 对应于 $\boldsymbol{M}$ 的有效份额，则 $\sum_{i\in I}\omega_i\lambda_i=s$。注意，$\omega_i$ 的选择不唯一。

$\text{Dec}(\text{sk},C)$:

返回 $C\cdot\dfrac{\prod_{i\in I}(e(C_i,L)\cdot e(D_i,K_{\rho(i)})^{\omega_i})}{e(C',K)}$。

这是因为 $\dfrac{\prod_{i\in I}(e(C_i,L)\cdot e(D_i,K_{\rho(i)})^{\omega_i})}{e(C',K)}=\dfrac{\prod_{i\in I}e(g,g)^{ta\lambda_i\omega_i}}{e(g,g)^{\alpha s}\cdot e(g,g)^{ast}}=\dfrac{1}{e(g,g)^{\alpha s}}$。

2) 安全性证明

假设 6-3（判定性并行双线性 Diffie-Hellman 指数（decisional parallel bilinear Diffie-Hellman exponent，q-DPBDHE）假设）　设 G_1、G_2 是两个阶为大素数 p 的乘法循环群，g 是 G_1 的生成元，双线性映射 $e:G_1\times G_1\rightarrow G_2$。对于任意的随机数 $a,s,b_1,\cdots,b_q\leftarrow Z_p$，已知参数 $y=\{g,g^s,g^a,\cdots,g^{(a^q)},g^{(a^{q+2})},\cdots,g^{(a^{2q})},\ \forall_{1\leqslant j\leqslant q}g^{s\cdot b_j},g^{a/b_j},\cdots,g^{(a^q/b_j)},g^{(a^{q+2}/b_j)},\cdots,g^{(a^{2q}/b_j)},\forall_{1\leqslant j,k\leqslant q,k\neq j}g^{a\cdot s\cdot b_k/b_j},\cdots,g^{(a^q\cdot s\cdot b_k/b_j)}\}$ 的前提下，q-DPBDHE 问题是区分 $e(g,g)^{a^{q+1}s}$ 与群 G_2 上的任意随机值 $R\leftarrow_R G_2$。

判定性 q-DPBDHE 假设表明不存在多项式时间算法以不可忽略的优势区分 $\mathcal{P}_{q\text{-DPBDHE}}=\{(y,e(g,g)^{a^{q+1}s})\}$ 和 $\mathcal{R}_{q\text{-DPBDHE}}=\{(y,R)\}$ 的分布，其中 R 是 G_2 中的随机元素。

定理 6-4　在选定访问结构模型下，如果存在多项式时间的敌手 $\mathcal{A}$ 以 ϵ 的优势攻破该方案，那么存在另一敌手 $\mathcal{B}$ 以 $\epsilon/2$ 的优势解决判定性 q-DPBDHE 假设。

证明　q-DPBDHE 问题的挑战者选取两个乘法循环群 G_1、G_2 及双线性映射 e: $G_1 \times G_1 \to G_2$，选取随机数 $a,s,b_1,\cdots,b_q \leftarrow_R Z_p$，生成公开参数

$$y=\{g,g^s,g^a,\cdots,g^{(a^q)},g^{(a^{q+2})},\cdots,g^{(a^{2q})},\quad \forall_{1\leqslant j\leqslant q} g^{s\cdot b_j},g^{a/b_j},\cdots,g^{(a^q/b_j)},g^{(a^{q+2}/b_j)},\cdots,g^{(a^{2q}/b_j)},$$

$$\forall_{1\leqslant j,k\leqslant q,k\neq j} g^{a\cdot s\cdot b_k/b_j},\cdots,g^{(a^q\cdot s\cdot b_k/b_j)}\}$$

随机选取 $\mu \leftarrow_R \{0,1\}$，若 $\mu=0$，取 $Z=e(g,g)^{a^{q+1}s}$，设置 $T=(y,Z)$；若 $\mu=1$，取 $Z\leftarrow_R G_2$，设置 $T=(y,Z)$。

敌手 $\mathcal{B}$ 收到挑战元组 T 和公开参数 $\{g,G_1,G_2,e:G_1\times G_1\to G_2\}$（其中 g 是群 G_1 的生成元）后，通过与敌手 $\mathcal{A}$ 进行以下游戏，以判断挑战元组 $T\in\mathcal{P}_{q\text{-DPBDHE}}$，还是 $T\in\mathcal{R}_{q\text{-DPBDHE}}$。

游戏开始前，敌手 $\mathcal{B}$ 首先获得敌手 $\mathcal{A}$ 意欲挑战的访问结构 $(\boldsymbol{M}^*,\rho^*)$，其中矩阵 $\boldsymbol{M}^*$ 有 n^* 列。

(1)初始化。

敌手 $\mathcal{B}$ 选取随机数 $\alpha'\leftarrow_R Z_p$，令 $e(g,g)^{\alpha}=e(g^a,g^{a^q})e(g,g)^{\alpha'}$，隐含地设置了 $\alpha=\alpha'+a^{q+1}$。g^a 直接使用挑战元组 T 中的元素。

敌手 $\mathcal{B}$ 按以下方式生成参数 $h_1,\cdots,h_{|\mathcal{U}|}$。对于每一个 x $(1\leqslant x\leqslant|\mathcal{U}|)$ 都选取一个对应的随机数 $z_x\leftarrow_R Z_p$，令 X 是使得 $\rho^*(i)=x$ 的索引 i 的集合。特别地，X 为挑战访问结构 $(\boldsymbol{M}^*,\rho^*)$ 中的矩阵 $\boldsymbol{M}^*$ 所对应的属性集合。

对于 x 从 1 到 $|\mathcal{U}|$，计算

$$h_x=g^{z_x}\prod_{i\in X}g^{aM^*_{i,1}/b_i}\cdot g^{a^2M^*_{i,2}/b_i}\cdots g^{a^{n^*}M^*_{i,n^*}/b_i}$$

其中，由 g^{z_x} 的随机性确保 h_x 是随机分布的；$\{M^*_{i,1},M^*_{i,2},\cdots,M^*_{i,n^*}\}$ 是矩阵 $\boldsymbol{M}^*$ 的第 i 行。如果 $X=\phi$，那么有 $h_x=g^{z_x}$。最后敌手 $\mathcal{B}$ 将公开参数 Params $=(g,e(g,g)^{\alpha},g^a,h_1,\cdots,h_{|\mathcal{U}|})$ 发送给敌手 $\mathcal{A}$。

(2)阶段 1。

敌手 $\mathcal{A}$ 对不满足矩阵 $\boldsymbol{M}^*$ 的属性集合 γ 适应性地提交私钥生成询问。敌手 $\mathcal{B}$ 选取随机数 $r\leftarrow_R Z_p$，令向量 $\boldsymbol{w}=(w_1,\cdots,w_{n^*})\in(Z_p)^{n^*}$ 满足条件：① $w_1=-1$；②对所有满足 $\rho^*(i)\in\gamma$ 的 i 有 $\boldsymbol{w}\cdot\boldsymbol{M}^*_i=0$ 成立（防止秘密被分割），此外由 LSSS 的定义可知这样的向量一定存在。令 $L=g^t=g^r\prod_{i=1,\cdots,n^*}(g^{a^{q+1-i}})^{w_i}$，隐含地定义了 $t=r+w_1a^q+w_2a^{q-1}+\cdots+w_{n^*}a^{q-n^*+1}$（其中 $w_1=-1$）。因此，通过计算 g^{at} 使得结果中包含了 $g^{-a^{q+1}}$，这样在构造 K 时就可以消掉未知项 g^{α}。敌手 $\mathcal{B}$ 计算 $K=g^{\alpha'}g^{ar}\prod_{i=2,\cdots,n^*}(g^{a^{q+2-i}})^{w_i}$。

$$K = g^{\alpha'} g^{ar} \prod_{i=2,\cdots,n^*} (g^{a^{q+2-i}})^{w_i} = g^{\alpha - a^{q+1}} g^{ar} \prod_{i=2,\cdots,n^*} (g^{a^{q+2-i}})^{w_i}$$
$$= g^{\alpha - a^{q+1}} g^{ar} g^{w_2 a^q} g^{w_3 a^{q-1}} \cdots g^{w_{n^*} a^{q+2-n^*}}$$
$$= g^{\alpha} g^{-a^{q+1}} g^{ar} g^{w_2 a^q} g^{w_3 a^{q-1}} \cdots g^{w_{n^*} a^{q+2-n^*}}$$
$$= g^{\alpha} g^{ar + w_2 a^q + w_3 a^{q-1} + \cdots + w_{n^*} a^{q+2-n^*} - a^{q+1}}$$
$$= g^{\alpha} g^{a(r - a^q + w_2 a^{q-1} + w_3 a^{q-2} + \cdots + w_{n^*} a^{q+1-n^*})}$$
$$= g^{\alpha} g^{at}$$

由上述等式可知，私钥元素 $K = g^{\alpha} g^{at}$ 的计算是有效的。

对于 $\forall x \in \gamma$，计算 K_x 时，首先考虑对于 $x \in \gamma$，不存在 i 使得 $\rho^*(i) = x$ 成立的情况。这时可以简单地令 $K_x = L^{z_x}$，其中，$K_x = L^{z_x} = (g^t)^{z_x} = (g^{z_x})^t = h_x^t$。

当 $x \in \gamma$ 且有 i 使得 $\rho^*(i) = x$ 时。由于敌手 $\mathcal{B}$ 不能模拟 g^{a^{q+1}/b_i}，那么必须保证 K_x 的计算表达式中不包含 g^{a^{q+1}/b_i} 的项。如前所述，X 是使得 $\rho^*(i) = x$ 成立的索引 i 的集合，敌手 $\mathcal{B}$ 计算 $K_x = L^{z_x} \prod_{i \in X} \prod_{j=1,\cdots,n^*} \left(g^{(a^j/b_i)r} \prod_{\substack{k=1,\cdots,n^* \\ k \neq j}} (g^{a^{q+1+j-k}/b_i})^{w_k} \right)^{M^*_{i,j}}$。

$$K_x = L^{z_x} \prod_{i \in X} \prod_{j=1,\cdots,n^*} \left(g^{(a^j/b_i)r} \prod_{\substack{k=1,\cdots,n^* \\ k \neq j}} (g^{a^{q+1+j-k}/b_i})^{w_k} \right)^{M^*_{i,j}}$$
$$= L^{z_x} \prod_{i \in X} \prod_{j=1,\cdots,n^*} \left(g^{(a^j/b_i)rM^*_{i,j}} \prod_{\substack{k=1,\cdots,n^* \\ k \neq j}} (g^{a^{q+1+j-k}/b_i})^{w_k M^*_{i,j}} \right)$$
$$= L^{z_x} \prod_{i \in X} \prod_{j=1,\cdots,n^*} \left(g^{(a^j/b_i)rM^*_{i,j}} \prod_{k=1,\cdots,n^*} (g^{a^{q+1+j-k}/b_i})^{w_k M^*_{i,j}} \right)$$
$$= g^{z_x t} \prod_{i \in X} (g^{aM^*_{i,1}/b_i} \cdot g^{a^2 M^*_{i,2}/b_i} \cdots g^{a^{n^*} M^*_{i,n^*}/b_i})^r (g^{aM^*_{i,1}/b_i} \cdot g^{a^2 M^*_{i,2}/b_i} \cdots g^{a^{n^*} M^*_{i,n^*}/b_i})^{w_1 a^q}$$
$$\cdot (g^{aM^*_{i,1}/b_i} \cdot g^{a^2 M^*_{i,2}/b_i} \cdots g^{a^{n^*} M^*_{i,n^*}/b_i})^{w_2 a^{q-1}} \cdots (g^{aM^*_{i,1}/b_i} \cdot g^{a^2 M^*_{i,2}/b_i} \cdots g^{a^{n^*} M^*_{i,n^*}/b_i})^{w_{n^*} a^{q-n^*+1}}$$
$$= g^{z_x} \left(\prod_{i \in X} g^{aM^*_{i,1}/b_i} \cdot g^{a^2 M^*_{i,2}/b_i} \cdots g^{a^{n^*} M^*_{i,n^*}/b_i} \right)^{r + w_1 a^q + w_2 a^{q-1} + \cdots + w_{n^*} a^{q-n^*+1}}$$
$$= \left(g^{z_x} \prod_{i \in X} g^{aM^*_{i,1}/b_i} \cdot g^{a^2 M^*_{i,2}/b_i} \cdots g^{a^{n^*} M^*_{i,n^*}/b_i} \right)^t$$
$$= h_x^t$$

特别地，上式中条件 $j \neq k$ 使得 K_x 的表达式中不包含关于 g^{a^{q+1}/b_i} 的项，为了方便计算，对 K_x 增加关于 g^{a^{q+1}/b_i} 的项(由于 $\boldsymbol{M}_i^* \cdot \boldsymbol{w}=0$，则有 $g^{a^{q+1}/b_i}\boldsymbol{M}_i^* \cdot \boldsymbol{w}=0$，因此这种形式的所有式子都能被消掉)，所以说虽然敌手 $\mathcal{B}$ 无法基于已知信息计算 g^{a^{q+1}/b_i}，但不影响其对 K_x 的计算。因此私钥元素 $K_x = h_x^t$ 的计算是有效的。

最后，敌手 $\mathcal{B}$ 输出属性集合 γ 所对应的私钥 $\mathrm{sk}=(K,L,K_x(x\in\gamma))$。

(3) 挑战。

敌手 $\mathcal{A}$ 向敌手 $\mathcal{B}$ 提交两个等长的挑战消息 M_0 和 M_1。敌手 $\mathcal{B}$ 随机选取 $\beta \leftarrow_R \{0,1\}$，计算 M_β 在挑战访问结构 $(\boldsymbol{M}^*,\rho^*)$ 作用下的挑战密文 $C^*=\{C_0,C',(C_1,D_1),\cdots,(C_{n^*},D_{n^*})\}$：

①计算 $C_0 = M_\beta \cdot Z \cdot e(g^s, g^{\alpha'})$ 和 $C'=g^s$（直接使用挑战元组 T 中的元素 g^s）；

② $(C_i,D_i)(i=1,\cdots,n^*)$ 的合法形式为

$$\boldsymbol{v}=(s,v_2,\cdots,v_l) \leftarrow_R (Z_p)^{n^*};$$

对于 $i=1,\cdots,n^*$

$$\lambda_i = \boldsymbol{v}\cdot \boldsymbol{M}_i;$$

$$r_i \leftarrow_R Z_p;$$

$$C_i = g^{a\lambda_i} h_{\rho(i)}^{-r_i} = h_{\rho(i)}^{-r_i} g^{asM_{i,1}} \prod_{j=2}^{n^*} g^{av_j M_{i,j}};$$

$$D_i = g^{r_i}$$

对于敌手 $\mathcal{B}$ 而言，由于 s 和 g^{as} 是未知的，因此无法对 C_i 和 D_i 进行直接计算，只能使用已知参数通过间接的方式生成。

在求 $(C_i,D_i)(i=1,\cdots,n^*)$ 时，敌手 $\mathcal{B}$ 从 Z_p 中随机选取 $y_2',\cdots,y_{n^*}'$，隐含地使用下面的向量来对 s 进行秘密分割：

$$\boldsymbol{v}=(s,sa+y_2',sa^2+y_3',\cdots,sa^{n-1}+y_{n^*}')=\boldsymbol{v}_1+\boldsymbol{v}_2\in (Z_p)^{n^*}$$

其中，$\boldsymbol{v}_1=(s,sa,sa^2,\cdots,sa^{n-1})$ 和 $\boldsymbol{v}_2=(0,y_2',y_3',\cdots,y_{n^*}')$。那么相应的秘密份额 λ_i 可以表示为

$$\lambda_i = \boldsymbol{v}\boldsymbol{M}_i = (\boldsymbol{v}_1+\boldsymbol{v}_2)\boldsymbol{M}_i = \boldsymbol{v}_1\boldsymbol{M}_i + \boldsymbol{v}_2\boldsymbol{M}_i = \lambda_i^1+\lambda_i^2$$

那么 C_i 中相应的 $g^{a\lambda_i}$ 可以表示为

$$g^{a\lambda_i} = g^{a(\lambda_i^1+\lambda_i^2)} = g^{a\lambda_i^1} g^{a\lambda_i^2} = g^{a\boldsymbol{v}_1\boldsymbol{M}_i} g^{a\boldsymbol{v}_2\boldsymbol{M}_i}$$

其中，$g^{a\boldsymbol{v}_1\boldsymbol{M}_i} = g^{a\sum_{j=1}^{n^*} v_1^j M_{i,j}} = g^{a\sum_{j=1}^{n^*} sa^{j-1}M_{i,j}} = g^{\sum_{j=1}^{n^*} sa^j M_{i,j}} = \prod_{j=1}^{n^*} g^{sa^j M_{i,j}}$（使用了敌手 $\mathcal{B}$ 未知的参数

g^{sa^j}，需要借助已知的 $g^{sa^j b_j/b_k}$ 计算 g^{sa^j}），$g^{av_2 \boldsymbol{M}_i} = g^{a\sum_{j=2}^{n^*} v_2^j M_{i,j}} = \prod_{j=2}^{n^*} (g^a)^{v_2^j M_{i,j}}$ $= \prod_{j=2}^{n^*} (g^a)^{y_j' M_{i,j}}$（都是敌手 $\mathcal{B}$ 已知的参数），那么有

$$C_i = g^{a\lambda_i} h_{\rho(i)}^{-r_i} = g^{av_1 \boldsymbol{M}_i} g^{av_2 \boldsymbol{M}_i} h_{\rho(i)}^{-r_i} = \prod_{j=1}^{n^*} g^{sa^j M_{i,j}} \prod_{j=2}^{n^*} (g^a)^{y_j' M_{i,j}} h_{\rho_{(i)}}^{-r_i}$$

由 $h_x = g^{z_x} \prod_{i \in X} g^{aM_{i,1}^*/b_i} \cdot g^{a^2 M_{i,2}^*/b_i} \cdots g^{a^{n^*} M_{i,n^*}^*/b_i}$ $(X = \{i \mid \rho(i) = x\})$ 可知

$$h_{\rho^*(i)} = g^{z_{\rho^*(i)}} \prod_{k \in X} \prod_{j=1}^{n^*} g^{a^j M_{k,j}^*/b_k} (X = \{i \mid \rho^*(k) = \rho^*(i)\})$$

定义 R_i 为满足条件 $k \neq i$ 和 $\rho^*(i) = \rho^*(k)$ 的所有行索引 k 的集合，即与第 i 行具有相同属性的其他行的行索引集合。那么有

$$\begin{aligned}
g^{av_1 \boldsymbol{M}_i} (h_{\rho^*(i)})^{-sb_i} &= g^{av_1 \boldsymbol{M}_i} \left(g^{z_{\rho^*(i)}} \prod_{k \in X} \prod_{j=1}^{n^*} g^{a^j M_{k,j}^*/b_k} \right)^{-sb_i} \\
&= \left(\prod_{j=1}^{n^*} g^{sa^j M_{i,j}} \right) g^{-sb_i z_{\rho^*(i)}} \left(\prod_{k \in X} \prod_{j=1}^{n^*} (g^{a^j sb_i/b_k})^{M_{k,j}^*} \right)^{-1} \\
&= g^{-sb_i z_{\rho^*(i)}} \left(\prod_{k \in R_i} \prod_{j=1}^{n^*} (g^{a^j sb_i/b_k})^{M_{k,j}^*} \right)^{-1} \quad (R_i = \{k \mid \rho^*(k) = \rho^*(i)\}, k \neq i)
\end{aligned}$$

特别地，上式中当 $k = i$ 时，有 $b_i / b_k = 1$，则未知的参数 g^{sa^j} 都被消去。

综上所述，敌手 $\mathcal{B}$ 选取随机数 $r_1', \cdots, r_{n^*}'$。对于 $i = 1, \cdots, n^*$，挑战密文 C^* 中的 (C_i, D_i) 按如下方式生成：

$$C_i = h_{\rho^*(i)}^{r_i'} \left(\prod_{j=2}^{n^*} (g^a)^{M_{i,j}^* y_j'} \right) \cdot (g^{b_i \cdot s})^{-z_{\rho^*(i)}} \cdot \left(\prod_{k \in R_i} \prod_{j=1}^{n^*} (g^{a^j \cdot s \cdot (b_i/b_k)})^{M_{k,j}^*} \right)^{-1} \text{ 和 } D_i = g^{-r_i'} g^{-sb_i}$$

对于 i 从 1 到 n^*，令 $r_i = sb_i - r_i'$，则有

$$\begin{aligned}
C_i &= h_{\rho^*(i)}^{r_i'} \left(\prod_{j=2}^{n^*} (g^a)^{M_{i,j}^* y_j'} \right) \cdot (g^{b_i \cdot s})^{-z_{\rho^*(i)}} \cdot \left(\prod_{k \in R_i} \prod_{j=1}^{n^*} (g^{a^j \cdot s \cdot (b_i/b_k)})^{M_{k,j}^*} \right)^{-1} \\
&= (h_{\rho^*(i)})^{r'} g^{av_2 \boldsymbol{M}_i} \cdot g^{av_1 \boldsymbol{M}_i} \cdot (h_{\rho^*(i)})^{-sb_i}
\end{aligned}$$

$$= g^{a\lambda_i} h_{\rho^*(i)}^{r'-sb_i}$$
$$= g^{a\lambda_i} h_{\rho^*(i)}^{-r_i}$$
$$D_i = g^{-r_i'} g^{sb_i} = g^{sb_i - r_i'} = g^{r_i}$$

下面对挑战密文 $C^* = \{C_0, C', (C_1, D_1), \cdots, (C_{n^*}, D_{n^*})\}$ 进行分类讨论。

①如果 $\mu = 0$，即 $Z = e(g,g)^{a^{q+1}s}$，那么有

$$C_0 = M_\beta \cdot Z \cdot e(g^s, g^{\alpha'}) = M_\beta \cdot e(g,g)^{a^{q+1}s} \cdot e(g^s, g^{\alpha'})$$
$$= M_\beta \cdot e(g,g)^{a^{q+1}s} \cdot e(g^s, g^{\alpha - a^{q+1}})$$
$$= M_\beta \cdot e(g,g)^{\alpha s}$$

由此可见，当 $Z = e(g,g)^{a^{q+1}s}$ 时，密文 C^* 是消息 M_β 在挑战访问结构 $(\boldsymbol{M}^*, \rho^*)$ 作用下的合法加密结果。

②如果 $\mu = 1$，那么 $Z \leftarrow_R G_2$（此时 Z 可以写为 $Z = e(g,g)^{a^{q+1}s+\eta}$，其中 $\eta \leftarrow_R Z_p^*$），则有

$$C_0 = M_\beta \cdot Z \cdot e(g^s, g^{\alpha'}) = M_\beta \cdot e(g,g)^{a^{q+1}s+\eta} \cdot e(g^s, g^{\alpha'})$$
$$= M_\beta \cdot e(g,g)^{a^{q+1}s} \cdot e(g^s, g^{\alpha - a^{q+1}}) \cdot e(g,g)^\eta$$
$$= M_\beta \cdot e(g,g)^\eta \cdot e(g,g)^{\alpha s}$$

由于 η 是随机的，所以在 $\mathcal{A}$ 看来，C_0 是 G_2 中的随机元素，不含有 M_β 的信息。由此可见，当 $Z = e(g,g)^z$ 时，密文 C^* 是任意随机消息 $M_\beta \cdot e(g,g)^\eta \in G_2$ 在挑战访问结构 $(\boldsymbol{M}^*, \rho^*)$ 作用下的合法加密结果。因此，C^* 中不包含随机数 β 的任意信息。

(4)阶段 2。

与阶段 1 类似。

(5)猜测。

敌手 $\mathcal{A}$ 输出对 β 的猜测 β'。如果 $\beta' = \beta$，那么敌手 $\mathcal{B}$ 输出 $\mu' = 0$，表示 $T \in \mathcal{P}_{q\text{-DPBDHE}}$。如果 $\beta' \neq \beta$，那么敌手 $\mathcal{B}$ 输出 $\mu' = 1$，表示 $T \in \mathcal{R}_{q\text{-DPBDHE}}$。

求敌手 $\mathcal{B}$ 的优势的方法与定理 6-1 和定理 6-2 相类似，为了避免重复，此处不再赘述。

定理 6-4 证毕。

6.5 多授权中心的属性基加密机制

为了抵抗合谋攻击，Rouselakis 和 Waters[35]提出了拥有多授权中心的 CP-ABE 机制。

6.5.1　具体构造

参数设置如下：g 是阶为素数 p 的群 G_1 的生成元，双线性映射是 $e:G_1\times G_1\to G_2$。属性总体记为 $\mathcal{U}$，大小记为 $|\mathcal{U}|$。在方案构造中，首先输入一个 LSSS 的访问矩阵 $(\boldsymbol{M},\tilde{\rho})$，然后根据 $(\boldsymbol{M},\tilde{\rho})$ 分发一个随机指数 $z\in Z_p$。在多属性环境下，每个属性均由一个特定的授权机构 $\theta\in U_\theta$ 控制（U_θ 表示所有授权机构集合），假设存在一个公共可计算函数 $T:\mathcal{U}\to U_\theta$ 将每个属性映射到唯一的授权机构。

(1) 全局初始化。

全局初始化算法 $\text{Params}\leftarrow\text{GlobalSetup}(\kappa)$ 将安全参数 κ 作为输入，选择阶数为素数 p 的双线性群 G，g 为该群的生成元。选择单向哈希函数 H 将用户的全局身份 $\text{GID}\in\mathcal{GID}$ 映射到群 G 上，同时选择单向哈希函数 F 映射字符串，如 F 将属性映射到群 G 上，这两个函数将在安全证明中被当作随机谕言机。此外，定义访问结构中使用的 U、U_θ 和 T，最后公开全局参数为 $\text{Params}=\{p,g,G,F,H,U,U_\theta,T\}$，其中，函数 T 将相应的属性映射为指定的授权机构。

(2) 授权机构初始化算法。

授权机构初始化算法 $\{\text{SK}_\theta,\text{PK}_\theta\}\leftarrow\text{AuthSetup}(\text{Params},\theta)$ 将全局公开参数 Params 和机构序列号 θ 作为输入，相应的授权机构随机选取 $\alpha_\theta,\gamma_\theta\leftarrow_R Z_p$，公开 $\text{PK}_\theta=\{e(g,g)^{\alpha_\theta},g^{\gamma_\theta}\}$ 作为公钥，将 $\text{SK}_\theta=\{\alpha_\theta,\gamma_\theta\}$ 作为私钥秘密保存。

(3) 密钥生成。

密钥生成算法 $(K_{\text{GID},u},K'_{\text{GID},u})\leftarrow\text{KeyGen}(\text{GID},\theta,u,\text{SK}_\theta,\text{Params})$ 的输入为用户全局身份 GID，授权机构的全局序列号 θ，需要申请密钥的属性 u，授权机构的私钥 SK_θ 和系统公开参数 Params，该算法输出相应的属性密钥 $\text{sk}_{\text{GID},u}=(K_{\text{GID},u},K'_{\text{GID},u})$。特别地，此处应满足 $u\in T^{-1}(\theta)$（其中 $T^{-1}(\theta)$ 表示全局序列号为 θ 的授权机构管理的属性集合），即该属性是由特定授权机构控制的。

$\text{KeyGen}(\text{GID},\theta,u,\text{SK}_\theta,\text{Params})$:

$t\leftarrow_R Z_p$;

$K_{\text{GID},u}=g^{\alpha_\theta}H(\text{GID})^{\gamma_\theta}F(u)^t$，$K'_{\text{GID},u}=g^t$;

输出 $(K_{\text{GID},u},K'_{\text{GID},u})$。

注解 6-10　授权机构基于私钥 SK_θ，使用自己的全局序列号 θ 和用户的全局身份 GID 为属性 u 生成对应的属性私钥 $\text{sk}_{\text{GID},u}=(K_{\text{GID},u},K'_{\text{GID},u})$。该过程与 IBE 机制相类似，区别在于增加了授权机构的全局序列号 θ。

(4) 加密。

加密算法 $C\leftarrow\text{Enc}(M,(\boldsymbol{M},\delta),\text{PK}_\theta,\text{Params})$ 的输入除了 Params、待加密的消息 M 和相应授权机构的公钥 PK_θ 外，还输入访问策略 $(\boldsymbol{M},\tilde{\rho})$，其中 $\boldsymbol{M}$ 是一个 $l\times n$ 矩阵，

函数 $\tilde{\rho}$ 将 $\boldsymbol{M}$ 的行指定到相应的属性。此外，定义函数 $\rho[l]\to U_\theta$ 为 $\rho(\cdot)=T(\tilde{\rho}(\cdot))$，也就是说，函数 ρ 将访问矩阵 $\boldsymbol{M}$ 的行映射到相应授权机构的全局序列号。

$\mathrm{Enc}(M,(\boldsymbol{M},\tilde{\rho}),\mathrm{PK}_\theta,\mathrm{Params})$:

$$\boldsymbol{v}=(z,v_1,\cdots,v_n)\leftarrow_R Z_p^n;$$

$$\boldsymbol{w}=(0,w_2,\cdots,w_n)\leftarrow_R Z_p^n;$$

$$\lambda_i=\boldsymbol{v}\cdot\boldsymbol{M}_i(i=1,\cdots,l);$$

$$\omega_i=\boldsymbol{w}\cdot\boldsymbol{M}_i(i=1,\cdots,l);$$

$$t_1,\cdots,t_l\leftarrow_R Z_p;$$

$$C=\left(C_0=M\cdot e(g,g)^z,\left\{\begin{matrix}C_{1,x}=e(g,g)^{\lambda_x}e(g,g)^{\alpha_{\rho(x)}t_x},\\ C_{2,x}=g^{-t_x},\\ C_{3,x}=g^{\gamma_{\rho(x)}t_x}g^{\omega_x},\\ C_{4,x}=F(\tilde{\rho}(x))^{t_x}\end{matrix}\right\}_{x\in[l]}\right)。$$

其中，向量 $\boldsymbol{v}$ 用来分割加密指数 z；向量 $\boldsymbol{w}$ 用来分割 0；$\boldsymbol{M}_i(i=1,\cdots,l)$ 表示矩阵 $\boldsymbol{M}$ 的第 i 行，$\lambda_i=\boldsymbol{v}\cdot\boldsymbol{M}_i(i=1,\cdots,l)$ 是分割 z 得到的第 i 个份额；$\omega_i=\boldsymbol{w}\cdot\boldsymbol{M}_i(i=1,\cdots,l)$ 是分割 0 得到的第 i 个份额。

(5) 解密。

令 $(\boldsymbol{M},\tilde{\rho})$ 为密文 C 的访问策略。对于矩阵 $\boldsymbol{M}$ 中向量 $(1,0,\cdots,0)$ 在其相应张成空间的行 x，如果解密者拥有相应属性 $\tilde{\rho}(x)$ 的私钥 $\mathrm{sk}_{\mathrm{GID},\tilde{\rho}(x)}=(K_{\mathrm{GID},\tilde{\rho}(x)},K'_{\mathrm{GID},\tilde{\rho}(x)})$，那么解密者就可以计算

$$\begin{aligned}&C_{1,x}\cdot e(K_{\mathrm{GID},\delta(x)},C_{2,x})\cdot e(H(\mathrm{GID}),C_{3,x})\cdot e(K'_{\mathrm{GID},\delta(x)},C_{4,x})\\ &=e(g,g)^{\lambda_x}e(g,g)^{\alpha_{\rho(x)}t_x}\cdot e(g^{\alpha_{\rho(x)}}H(\mathrm{GID})^{\gamma_{\rho(x)}}F(u)^t,g^{-t_x})\cdot e(H(\mathrm{GID}),g^{\gamma_{\rho(x)}t_x}g^{\omega_x})\cdot e(g^t,F(u)^{t_x})\\ &=e(g,g)^{\lambda_x}e(H(\mathrm{GID}),g)^{w_x}\end{aligned}$$

解密者随后计算满足条件 $\sum_x c_x\boldsymbol{M}_x=(1,0,\cdots,0)$ 的常数 $c_x\in Z_p$，这意味着存在向量 $\boldsymbol{c}=(c_1,c_2,\cdots,c_n)$ 满足 $\boldsymbol{cM}=(1,0,\cdots,0)$，然后计算

$$\begin{aligned}\prod_x(e(g,g)^{\lambda_x}\cdot e(H(\mathrm{GID}),g^{w_x}))^{c_x}&=\prod_x(e(g,g)^{\boldsymbol{v}\cdot\boldsymbol{M}_x}\cdot e(H(\mathrm{GID}),g^{\boldsymbol{w}\cdot\boldsymbol{M}_x}))^{c_x}\\ &=\prod_x e(g,g)^{\boldsymbol{v}\cdot\boldsymbol{M}_xc_x}\cdot e(H(\mathrm{GID}),g^{\boldsymbol{w}\cdot\boldsymbol{M}_xc_x})\\ &=e(g,g)^{\boldsymbol{v}\cdot\boldsymbol{Mc}}\cdot e(H(\mathrm{GID}),g^{\boldsymbol{w}\cdot\boldsymbol{Mc}})\\ &=e(g,g)^z\end{aligned}$$

上述等式成立，这是因为 $\lambda_x=\langle\boldsymbol{M}_x,\boldsymbol{v}\rangle$ 和 $w_x=\langle\boldsymbol{M}_x,\boldsymbol{w}\rangle$，其中 $\langle(1,0,\cdots,0),\boldsymbol{v}\rangle=z$ 和

$\langle(1,0,\cdots,0),\boldsymbol{w}\rangle=0$。特别地，$\langle\boldsymbol{A},\boldsymbol{B}\rangle$ 表示向量 $\boldsymbol{A}$ 和 $\boldsymbol{B}$ 的内积值。最后解密者可以通过计算 $M=\dfrac{C_0}{e(g,g)^z}$ 得到明文。

注解 6-11　当分属不同授权机构的多个属性通过共享属性私钥来进行合谋攻击时，由于用户的全局身份标识 GID 和授权机构的全局序列号 θ 均不相同，因此无法消除相应的干扰参数，也就无法恢复 $e(g,g)^z$。

(6) 重复随机化。

由于所有指数都是线性的，所以重复随机化技术适用于属性私钥和只使用公共参数的密文，即使这些算法所选取的随机数最初是不均匀的，通过重新随机化能够提供具有均匀分布的属性私钥和加密密文。

①属性密钥的重复随机化。拥有属性密钥 $(K_{\mathrm{GID},u},K'_{\mathrm{GID},u})$ 的用户可以通过随机选取 $t'\leftarrow_R Z_p$ 重构 $(K_{\mathrm{GID},u}F(u)^{t'},K'_{\mathrm{GID},u}g^{t'})$，那么对 (GID,u) 生成了一个新的属性密钥。

②密文的重复随机化。随机选取 $z'\leftarrow_R Z_p$，分别构造以 z' 与 0 为首要元素的新随机向量 $\boldsymbol{v}'=(z',v'_1,\cdots,v'_n)\leftarrow_R Z_p^n$ 和 $\boldsymbol{w}'=(0,w'_1,\cdots,w'_n)\leftarrow_R Z_p^n$，并为访问矩阵 $\boldsymbol{M}$ 中的每一行 $x=1,\cdots,l$ 挑选一个新的随机值 $t'_x\leftarrow_R Z_p$，然后对已知的密文

$$C=\left(C_0=M\cdot e(g,g)^z,\left\{\begin{array}{c}C_{1,x}=e(g,g)^{\lambda_x}e(g,g)^{\alpha_{\rho(x)}t_x},\\ C_{2,x}=g^{-t_x},\\ C_{3,x}=g^{y_{\rho(x)}t_x}g^{\omega_x},\\ C_{4,x}=F(\delta(x))^{t_x}\end{array}\right\}_{x\in[l]}\right)$$

通过下述计算进行重新随机化。

$$C'=\left(C'_0=C_0\cdot e(g,g)^{z'},\left\{\begin{array}{c}C'_{1,x}=C_{1,x}\cdot e(g,g)^{\langle \boldsymbol{M}_x,\boldsymbol{v}'\rangle}\cdot e(g,g)^{\alpha_{\rho(x)}t'_x},\\ C'_{2,x}=C_{2,x}\cdot g^{-t'_x},\\ C'_{3,x}=C_{3,x}\cdot g^{y_{\rho(x)}t'_x}\cdot g^{\langle \boldsymbol{M}_x,\boldsymbol{w}'\rangle},\\ C'_{4,x}=C_{4,x}\cdot F(\tilde{\rho}(x))^{t'_x}\end{array}\right\}_{x\in[l]}\right)$$

特别地，多授权中心属性基加密机制的运行过程如图 6-7 所示。

如图 6-7 所示，管理中心运行全局初始化算法 $\mathrm{Params}\leftarrow\mathrm{GlobalSetup}(\kappa)$ 生成全局参数 Params，然后基于 Params 和相关授权机构的序列号 θ 运行授权机构初始化算法 $\{\mathrm{SK}_\theta,\mathrm{PK}_\theta\}\leftarrow\mathrm{AuthSetup}(\mathrm{Params},\theta)$，为授权机构生成公私钥对 $\{\mathrm{SK}_\theta,\mathrm{PK}_\theta\}$。系统内的授权机构以它的全局标识 GID、序列号 θ、私钥 SK_θ 和属性 u 作为输入，运行密钥生成算法 $(K_{\mathrm{GID},u},K'_{\mathrm{GID},u})\leftarrow\mathrm{KeyGen}(\mathrm{GID},\theta,u,\mathrm{SK}_\theta,\mathrm{Params})$ 为其所管理的每个属性 u 生成相应的属性密钥 $\mathrm{sk}_{\mathrm{GID},u}=(K_{\mathrm{GID},u},K'_{\mathrm{GID},u})$。

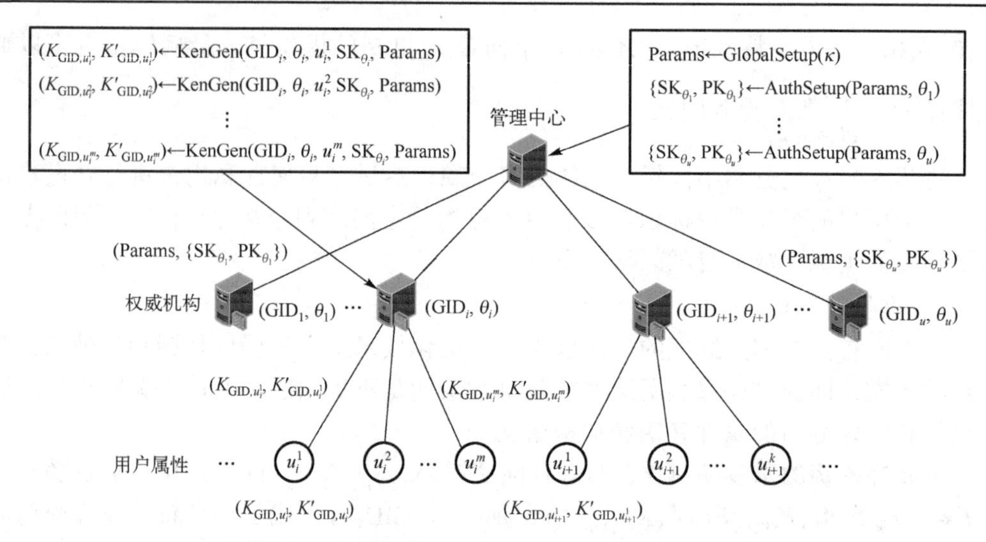

图 6-7　多授权中心属性基加密机制的运行过程

注解 6-12　在该系统中每个属性有且仅有一个授权机构，确保属性私钥中相关参数的唯一性。

6.5.2　安全性证明

假设 6-4（修改版的判定性并行双线性 Diffie-Hellman 指数（q-DPBDHE2）假设）设 G_1、G_2 是两个阶为素数 p 的乘法循环群，g 是 G_1 的生成元，双线性映射 $e:G_1\times G_1\to G_2$。对于任意的随机数 $a,s,b_1,\cdots,b_q\leftarrow Z_p$，已知参数 $D=\{g,g^s,g^a,\cdots,g^{a^q},g^{a^{q+2}},\cdots,g^{a^{2q}},\forall_{1\leqslant j\leqslant q}g^{ab_j},\cdots,g^{a^q b_j},g^{a^{q+2}b_j},\cdots,g^{a^{2q}/b_j},g^{s/b_1},g^{s/b_2},\cdots,g^{s/b_q},\forall_{1\leqslant j,k\leqslant q,k\neq j}g^{a\cdot s\cdot b_k/b_j},g^{a^2\cdot s\cdot b_k/b_j},\cdots,g^{a^{q+1}\cdot s\cdot b_k/b_j}\}$ 的前提下，q-DPBDHE2 问题是区分 $e(g,g)^{a^{q+1}s}$ 与群 G_2 上的任意随机值 $R\leftarrow_R G_2$。

判定性 q-DPBDHE2 假设表明不存在多项式时间算法以不可忽略的优势区分 $\mathcal{P}_{q\text{-DPBDHE2}}=\{(D,e(g,g)^{a^{q+1}s})\}$ 和 $\mathcal{R}_{q\text{-PDBDHE2}}=\{(D,R)\}$ 的分布，其中 D 是相应的公开参数，R 是 G_2 中的随机元素。

定理 6-5　令 $\boldsymbol{M}\in Z_p^{l\times n}$ 是访问策略为 $(\boldsymbol{M},\tilde{\rho})$ 的线性秘密共享方案的秘密共享矩阵，矩阵 $\boldsymbol{L}\in Z_p^{n\times n}$ 是满足下述条件的矩阵：①矩阵 $\boldsymbol{L}$ 的第一行为 $(1,0,\cdots,0)\in Z_p^n$；②矩阵 $\boldsymbol{L}$ 右下角矩阵 $\boldsymbol{L}'\in Z_p^{(n-1)\times(n-1)}$ 的秩为 $n-1$。那么使用矩阵 $\boldsymbol{M}$ 为秘密 $z\in Z_p$ 生成的分享份额 $\{\lambda_x\}_{x\in[l]}$ 与使用矩阵 $\boldsymbol{M}\cdot\boldsymbol{L}$ 为相同秘密 z 生成的分享份额 $\{\lambda'_x\}_{x\in[l]}$ 具有相同的分布。

证明　由 LSSS 的构造可知 $\{\lambda'_x=\boldsymbol{v}\cdot(\boldsymbol{ML})_x\}_{x\in[l]}$，其中 $\boldsymbol{v}$ 是第一个元素为秘密值 z 的随机共享向量，$(\boldsymbol{ML})_x$ 是矩阵 $\boldsymbol{ML}$ 的第 x 行。由 $\{\lambda'_x=\boldsymbol{v}\cdot(\boldsymbol{ML})_x\}_{x\in[l]}$ 可知 $\{\lambda'_x=\boldsymbol{M}_x\cdot$

$\boldsymbol{Lv}\}_{x\in[l]}$，其中 $\boldsymbol{Lv}$ 是矩阵 $\boldsymbol{L}$ 与向量 $\boldsymbol{v}$ 相乘后的结果。由于矩阵 $\boldsymbol{L}$ 的第一行为 $(1,0,\cdots,0)\in Z_p^n$，那么 $\boldsymbol{Lv}$ 的第一个元素是秘密值 z，此外剩下的 $n-1$ 个元素是 Z_p 中均匀随机的值，如第 i 个元素为 $zL_{i,1}+\langle \boldsymbol{L}'_i,\boldsymbol{v}'\rangle$，其中 $\boldsymbol{L}'_i$ 是矩阵 $\boldsymbol{L}'$ 的第 i 行，$\boldsymbol{v}'\in Z_p^{n-1}$ 是向量 $\boldsymbol{v}$ 的后 $n-1$ 个元素组成的向量。由于矩阵 $\boldsymbol{L}'$ 是满秩的，并且上述参数都是均匀随机的，所以 $\langle \boldsymbol{L}'_i,\boldsymbol{v}'\rangle$ 也是均匀随机的。因此，$\boldsymbol{Lv}$ 的分布与 z 的秘密共享向量 $\boldsymbol{v}$ 完全相同，所以说 $\{\lambda'_x\}_{x\in[l]}$ 与 $\{\lambda_x\}_{x\in[l]}$ 具有相同的分布。

定理 6-5 证毕。

引理 6-1　令 $\boldsymbol{M}\in Z_p^{l\times n}$ 是一个访问策略 $(\boldsymbol{M},\tilde{\rho})$ 的线性秘密共享方案的秘密共享矩阵；$\mathcal{C}\in[l]$ 是一个非授权的行集；$c\in\mathbb{N}$ 是 $\mathcal{C}$ 的行张成子空间的维度。那么用访问矩阵 $\boldsymbol{M}$ 生成秘密值 $z\in Z_p$ 的份额 $\{\lambda_x\}_{x\in[l]}$ 与使用访问矩阵 $\boldsymbol{M}'$ 生成相同秘密值 z 的份额 $\{\lambda'_x\}_{x\in[l]}$ 具有相同的分布，其中对于所有的 $(x,j)\in\mathcal{C}\times[n-c]$，有 $M'_{x,j}=0$，其中访问矩阵 $\boldsymbol{M}'$ 的构造如图 6-8 所示。

$$\boldsymbol{M}=\begin{bmatrix} M_{1,1} & M_{1,2} & \cdots & M_{1,n}\\ M_{2,1} & M_{2,2} & \cdots & M_{2,n}\\ M_{3,1} & M_{3,2} & \cdots & M_{3,n}\\ \vdots & \vdots & & \vdots\\ M_{l,1} & M_{l,2} & \cdots & M_{l,n}\end{bmatrix}\Rightarrow \boldsymbol{M}'=\left[\begin{array}{ccc|ccc} 0 & \cdots & 0 & M'_{1,n-c+1} & \cdots & M'_{1,n}\\ M'_{2,1} & \cdots & M_{2,n-c} & M'_{2,n-c+1} & \cdots & M'_{2,n}\\ 0 & \cdots & 0 & M'_{3,n-c+1} & \cdots & M'_{3,n}\\ \vdots & & \vdots & \vdots & & \vdots\\ M'_{l,1} & \cdots & M_{l,n-c} & M'_{l,n-c+1} & \cdots & M'_{l,n}\end{array}\right]$$

图 6-8　模拟器所使用访问矩阵的转换(其中属于收买授权机构的行被突出显示)

证明　为了将矩阵 $\boldsymbol{M}$ 转换为目标矩阵 $\boldsymbol{M}'$，将应用定理 6-5，让 $\boldsymbol{M}_1,\boldsymbol{M}_2,\cdots,\boldsymbol{M}_c$ 是 $\mathcal{C}$ 的前 c 个独立行。这些行构成了相关子空间的基(个数为 c)，它们可以通过线性代数运算在多项式时间内从 $\mathcal{C}$ 中计算出来。

接下来要把这个基的大小扩展到 n，这样就可以扩展到整个空间。第一步是将行 $\boldsymbol{U}=\{1,0,\cdots,0\}\in Z_p^n$ 添加到集合中。由于 $\mathcal{C}$ 是未经授权的行集，因此 $\boldsymbol{U}$ 不在它的张成子空间中，所以这是一个有效的选择。

接着继续选择 $n-c-1$ 个行，$\boldsymbol{V}_1,\boldsymbol{V}_2,\cdots,\boldsymbol{V}_{n-c-1}$，则 $\{\boldsymbol{U},\boldsymbol{V}_1,\boldsymbol{V}_2,\cdots,\boldsymbol{V}_{n-c-1},\boldsymbol{M}_1,\boldsymbol{M}_2,\cdots,\boldsymbol{M}_c\}$ 是 Z_p^n 的基。使用线性代数运算可以在多项式时间内完成。

最终构造矩阵

$$\boldsymbol{L}=(\boldsymbol{L}')^{-1}=\begin{pmatrix}\boldsymbol{U}\\ \boldsymbol{V}_1\\ \vdots\\ \boldsymbol{V}_{n-c-1}\\ \boldsymbol{M}_1\\ \vdots\\ \boldsymbol{M}_c\end{pmatrix}^{-1}\in Z_p^{n\times n}$$

利用定理 6-5，可知矩阵 $\boldsymbol{M}'=\boldsymbol{M}\cdot\boldsymbol{L}$ 能够提供共享份额 $\{\lambda_x\}$ 的相同分布。可以通过尝试计算逆矩阵来论证矩阵 $\boldsymbol{L}$ 满足定理 6-5 的要求，然而一个直接的方法是使用下面的顺时针反转公式。

$$\begin{bmatrix}\boldsymbol{A} & \boldsymbol{B}\\ \boldsymbol{C} & \boldsymbol{D}\end{bmatrix}^{-1}=\begin{bmatrix}\boldsymbol{A}^{-1}+\boldsymbol{A}^{-1}\boldsymbol{B}(\boldsymbol{D}-\boldsymbol{C}\boldsymbol{A}^{-1}\boldsymbol{B})^{-1} & -\boldsymbol{A}^{-1}\boldsymbol{B}(\boldsymbol{D}-\boldsymbol{C}\boldsymbol{A}^{-1}\boldsymbol{B})^{-1}\\ -(\boldsymbol{D}-\boldsymbol{C}\boldsymbol{A}^{-1}\boldsymbol{B})\boldsymbol{C}\boldsymbol{A}^{-1} & (\boldsymbol{D}-\boldsymbol{C}\boldsymbol{A}^{-1}\boldsymbol{B})^{-1}\end{bmatrix}$$

其中，$\boldsymbol{A}=[1]$；$\boldsymbol{B}=(0,0,\cdots,0)\in Z_p^{1\times(n-1)}$；$\boldsymbol{C}=(0,0,\cdots,0)^{\mathrm{T}}\in Z_p^{(n-1)\times 1}$；$\boldsymbol{D}$ 是矩阵 $\boldsymbol{L}'$ 的右下角子矩阵，该矩阵的尺寸为 $(n-1)\times(n-1)$。因此有

$$\boldsymbol{L}=\begin{bmatrix}1 & 0\cdots 0\\ 0 & \\ \vdots & \boldsymbol{D}^{-1}\\ 0 & \end{bmatrix}$$

由于 $\boldsymbol{D}$ 是满秩的，所以矩阵 $\boldsymbol{L}$ 满足定理 6-5 的要求。唯一需要证明的是，$\boldsymbol{M}'$ 具有所需的正确形式。也就是说，对于 $x\in\mathcal{C}$ 的所有行 $\boldsymbol{M}'_x$，有前 $n-c$ 个元素等于 0。那么对于固定的 $x\in\mathcal{C}$，$\boldsymbol{M}_x$ 是基础行 $\{\boldsymbol{W}_1,\boldsymbol{W}_2,\cdots,\boldsymbol{W}_c\}$ 的线性组合。因此 $\boldsymbol{M}_x=\sum_{i\in[c]}\gamma_i\boldsymbol{W}_i$，$\gamma_i$ 为 Z_p 中的常数。

对于满足条件 $n-c+1\leqslant k\leqslant n$ 的所有 k，有

$$\Big(\overbrace{0,\cdots,0}^{n-c},\overbrace{0,\cdots,0,1,0,\cdots,0}^{c}\Big)\cdot\boldsymbol{L}'=\boldsymbol{W}_k\Rightarrow\boldsymbol{W}_k\cdot(\boldsymbol{L}')^{-1}=\Big(\overbrace{0,\cdots,0}^{n-c},\overbrace{0,\cdots,0,1,0,\cdots,0}^{c}\Big)$$

其中，1 是向量的第 k 个元素。

因此，有 $\boldsymbol{M}'_x=\boldsymbol{M}_x\cdot\boldsymbol{L}=\sum_{i\in[c]}\gamma_i\boldsymbol{Z}_i$，其中 $\boldsymbol{Z}_i=\Big(\overbrace{0,\cdots,0}^{n-c},\overbrace{0,\cdots,0,1,0,\cdots,0}^{c}\Big)$，其中 1 是向量 $\boldsymbol{Z}_i$ 的第 i 个元素。$\boldsymbol{M}'_x$ 的前 $n-c$ 个元素均等于 0。

引理 6-1 证毕。

定理 6-6　若 q-DPBDHE2 假设成立，则在随机谕言机模型中，拥有挑战矩阵尺寸最多为 $q\times q$ 的概率多项式时间敌手攻破上述 CP-ABE 机制安全性的优势是可忽略的。

在下述安全性证明中，本节使用了在 CP-ABE 机制研究中具有独立意义的多种技术，首先允许模拟器隔离一组未经授权的行集，并在后续的安全性证明中忽略它，甚至在生成挑战密文时模拟器也可以忽略这些行。在安全证明中利用的另一项技术是将未知参数分割成两个不同的向量，在授权机构公钥的生成过程中，挑战策略第一列中的元素被编入 $e(g,g)^{\alpha_\theta}$ 组件中，而其余的则在 g^{γ_θ}。同样的技术也应用在挑战密文的生成上，秘密的共享向量 $\boldsymbol{v}$ 将只在第一个位置上持有秘密 $z=sa^{q+1}$，而零的共享向量 $\boldsymbol{w}$ 将在除第一个位置外的所有位置上持有未知项 $sa^q,sa^{q-1},\cdots,sa^2$。在生成

用户的密钥和生成挑战密文的过程中，所有这些项都被重新组合以得到一系列完整的 q 阶多项式。

证明　为了证明该定理，假设存在一个概率多项式时间敌手 $\mathcal{A}$ 能以不可忽略的优势攻破上述 CP-ABE 机制的安全性，那么就能构建一个概率多项式时间敌手 $\mathcal{B}$ 以敌手 $\mathcal{A}$ 为子程序解决 q-DPBDHE2 问题的困难性。具体过程如下所示。

(1) 全局参数生成。

敌手 $\mathcal{B}$ 首先从 q-DPBDHE2 的挑战者处得到挑战元组 (D,T)；然后生成公共参数 $\text{Params}=\{p,g,G,F,H,U,U_\theta,T\}$ 并发送给敌手 $\mathcal{A}$，其中两个随机谕言机 H 和 F 将由敌手 $\mathcal{B}$ 运行。

(2) 静态安全性。

根据静态安全性游戏，敌手 $\mathcal{A}$ 输出相应的列表 $\mathcal{C}_\Theta,\mathcal{N}_\Theta,\mathcal{Q}=\{(\text{GID}_i,S_i)\}_{i=1}^m,(M_0,M_1)\in G_T^2$ 和 $(\boldsymbol{M},\tilde{\rho})$，其中 GID 是全局标识符，$S$ 是属性值。由于是在随机谕言机模型中，敌手 $\mathcal{A}$ 还为 H 谕言机查询输出一个全局标识符序列 $\mathcal{L}_\mathcal{I}$，为 F 谕言机查询输出一个属性序列 $\mathcal{L}\subseteq\mathcal{U}$。不失一般性，假设 $\mathcal{Q}=\{(\text{GID}_i,S_i)\}_{i=1}^m$ 中存在的所有全局标识符和所有属性都在各自的相关询问中被查询过。

为了继续进行，敌手 $\mathcal{B}$ 将秘密共享矩阵 $\boldsymbol{M}$ 替换为来自引理 6-1 的矩阵 $\boldsymbol{M}'$。在敌手 $\mathcal{B}$ 计算新的共享矩阵 $\boldsymbol{M}'$ (如图 6-8 所示，其中 $\mathcal{C}=\mathcal{C}_\Theta$) 后，它将继续为敌手 $\mathcal{A}$ 计算所有输入。根据上述引理，如果 $\mathcal{B}$ 在模拟中使用 $\boldsymbol{M}'$ 而不是 $\boldsymbol{M}$，那么在这个游戏中敌手 $\mathcal{A}$ 的视图在信息理论上与使用给定的共享矩阵 $\boldsymbol{M}$ 是一样的，因此，共享份额将被正确分配。在其余的证明部分，令 $n'=n-c$。

(3) 授权机构公钥。

敌手 $\mathcal{B}$ 必须能够提供 $\theta\in\mathcal{N}_\Theta$ 中所有未被收买授权机构的公钥。为了做到这一点，它考虑了两种情况。

①如果相关的授权机构 θ 没有在挑战策略中，即 $\theta\notin\rho[l]$，那么敌手 $\mathcal{B}$ 选择 α_θ，$\gamma_\theta\leftarrow_R Z_p$，并输出相应的公钥 $(e(g,g)^{\alpha_\theta},g^{\gamma_\theta})$。

②对于每一个授权机构 $\theta\in\rho[l]\setminus\mathcal{C}_\Theta$ (其中 $\mathcal{C}_\Theta$ 为被收买授权机构的全局序列号集合)，令 $X=\{x|\rho(x)=\theta\}\subseteq[l]$。这是挑战策略中属于授权机构 θ 的行集。然后，敌手 $\mathcal{B}$ 选择 $\tilde{\alpha}_\theta,\tilde{\gamma}_\theta\leftarrow_R Z_p$ 并输出相应的公钥 $(e(g,g)^{\alpha_\theta},g^{\gamma_\theta})$，由下述计算过程可知敌手 $\mathcal{B}$ 隐含地设置了 $\alpha_\theta=\tilde{\alpha}_\theta+\sum_{x\in X}b_x a^{q+1}M'_{x,1}$ 和 $\gamma_\theta=\tilde{\gamma}_\theta+\sum_{x\in X}\sum_{j=2}^{n'}b_x a^{q+2-j}M'_{x,j}$。

$$(e(g,g)^{\alpha_\theta},g^{\gamma_\theta})=\left(e(g,g)^{\tilde{\alpha}_\theta}\prod_{x\in X}e(g^{b_x a},g^{a^q})^{M'_{x,1}},g^{\tilde{\gamma}_\theta}\prod_{x\in X}\prod_{j=2}^{n'}(g^{b_x a^{q+2-j}})^{M'_{x,j}}\right)$$

由于 $n'=n-c\leqslant q$ 和 $l\leqslant q$，所以敌手 $\mathcal{B}$ 可以使用假设中适当的项来计算这些项。

同时，$\tilde{\alpha}_\theta$ 和 $\tilde{\gamma}_\theta$ 的随机性决定了 $(e(g,g)^{\alpha_\theta}, g^{\gamma_\theta})$ 拥有合理的分布。

(4) H 谕言机查询。

如果被查询的全局标识符 GID 在 $\mathcal{L}_\mathcal{I}$ 但不在 $\{\mathrm{GID}_i\}_{i\in[m]}$，那么敌手 $\mathcal{B}$ 为 $H(\mathrm{GID})$ 随机输出一个群 G 上的元素。这些元素将不会被用在其他地方。

如果被查询的全局标识符对某些 i 来说等于 GID_i，并且没有行 x 满足 $\tilde{\rho}(x)\in S_i$（这个用户无权获得任何份额），那么敌手 $\mathcal{B}$ 选择 $\tilde{h}_i \leftarrow_R Z_p$，并输出

$$H(\mathrm{GID}_i)=g^{\tilde{h}_i}\cdot g^{a}\cdot g^{a^2}\cdots g^{a^{n'-1}}=g^{\tilde{h}_i}\prod_{k=2}^{n'}g^{a^{k-1}}$$

否则，对于某些行集 $X'\subseteq[l]$，有 $\tilde{\rho}(x)\in S_i$ 成立。根据限制条件，可知这些行的集合与属于被收买授权机构的行集一起是非授权的。这意味着存在一个向量 $\boldsymbol{d}_i\in Z_p^{1\times n}$，使得第一个元素是 $d_{i,1}=1$，并且它与上述任何行的内积等于零。

此外，由 $\boldsymbol{M}'$ 的构造可知被收买授权机构的行集张成了整个维度为 c 的子空间（引理 6-1）。因此，向量 $\boldsymbol{d}_i$ 与任意向量 $\left(\overbrace{0,\cdots,0}^{n'},\overbrace{0,\cdots,0,1,0,\cdots,0}^{c}\right)\in Z_p^{1\times n}$ 是正交的，这些向量在最后的 c 个位置中正好有一个是 1。这意味着在 $n-c+1\leqslant j\leqslant n$ 的情况下，$d_{i,j}=0$。因此规定行 $\boldsymbol{M}'_x$ 和向量 $\boldsymbol{d}_i$ 在前 $n'=n-c$ 个位置，有 $\langle\boldsymbol{M}'_x,\boldsymbol{d}_i\rangle=0$ 成立。特别地，将此内积表示为 $\overline{\langle\boldsymbol{M}'_x,\boldsymbol{d}_i\rangle}=0$。

在这种情况下，敌手 $\mathcal{B}$ 选择 $\tilde{h}_i \leftarrow_R Z_p$，并输出

$$H(\mathrm{GID}_i)=g^{\tilde{h}_i}\cdot(g^{a})^{d_{i,2}}\cdot(g^{a^2})^{d_{i,3}}\cdots(g^{a^{n'-1}})^{d_{i,n'}}=g^{\tilde{h}_i}\prod_{k=2}^{n'}(g^{a^{k-1}})^{d_{i,k}}$$

由上述分析可知，对于敌手 $\mathcal{A}$ 而言，随机谕言机的所有回复在 G 中都是均匀随机的，是正确的分布。

(5) F 谕言机查询。

令 $\theta=T(u)$ 表示所要查询属性 u 的授权机构。若 $\theta\notin\rho[l]$ 或 $\theta\in\mathcal{C}_\Theta$，敌手 $\mathcal{B}$ 输出 G 上的一个随机元素作为 $F(u)$ 的应答，同时存储相应的应答值，以便后续密钥查询中使用。

如果 $\theta\in\rho[l]$，则令 $X''=\{x\mid\rho(x)=\theta\}\setminus\{x\mid\tilde{\rho}(x)=u\}\subseteq[l]$。这是属于授权机构 θ 但没有 u 作为相应属性的行集。随后敌手选择 $\tilde{f}_u\leftarrow_R Z_p$，并输出

$$F(u)=g^{\tilde{f}_u}g^{\sum_{x\in X''}\sum_{j\in[n']}b_x a^{q+1-j}M'_{x,j}}=g^{\tilde{f}_u}\prod_{x\in X''}\prod_{j\in[n']}(g^{b_x a^{q+1-j}})^{M'_{x,j}}$$

(6) 密钥生成询问。

对于敌手 $\mathcal{A}$ 提交的关于 (GID_i,S_i) 的密钥询问，其中 $S_i\in\mathcal{U}$，敌手 $\mathcal{B}$ 必须为每一个属性 $u\in S_i$ 创建属性密钥 $\{K_{\mathrm{GID}_i,u},K'_{\mathrm{GID}_i,u}\}$，因此敌手 $\mathcal{B}$ 采取下述操作。

①$T(u)=\theta\notin\rho[l]$，也就是说，该属性的授权机构并不在挑战策略中。敌手 $\mathcal{B}$ 已知 α_θ 和 γ_θ，然后随机选取 $t\leftarrow_R Z_p$，敌手 $\mathcal{B}$ 输出相应的属性私钥 $\mathrm{sk}_{\mathrm{GID}_i,u}=(K_{\mathrm{GID}_i,u}, K'_{\mathrm{GID}_i,u})$，其中，$K_{\mathrm{GID}_i,u}=g^{\alpha_\theta}H(\mathrm{GID}_i)^{y_\theta}F(u)^t$ 和 $K'_{\mathrm{GID}_i,u}=g^t$。

②$T(u)=\theta\in\rho[l]$ 且 $S_i\cap\delta[l]=\varnothing$，在这种情况下，该属性的授权机构属于挑战策略，但该用户的属性都不在其中。由 H 和 F 谕言机的询问可知 $H(\mathrm{GID}_i)=g^{\tilde{h}_i}g^{\sum_{k=2}^{n'}a^{k-1}}$ 和 $F(u)=g^{\tilde{f}_u}g^{\sum_{x\in X}\sum_{j\in[n']}b_xa^{q+1-j}M'_{x,j}}$，其中，$X=\{x\mid\rho(x)=\theta\}$。敌手 $\mathcal{B}$ 输出相应的属性私钥 $\mathrm{sk}_{\mathrm{GID}_i,u}=(K_{\mathrm{GID}_i,u},K'_{\mathrm{GID}_i,u})$，其中，$K_{\mathrm{GID}_i,u}=g^{\tilde{\alpha}_\theta}H(\mathrm{GID}_i)^{\tilde{y}_\theta}(g^{y_\theta})^{\tilde{h}_i}(g^t)^{\tilde{f}_u}\prod_{x\in X}\prod_{j=2}^{n'}(g^{b_xa^{q+2-j}})^{-M'_{x,j}}$ $\cdot\prod_{x\in X}\prod_{k=2}^{n'}(g^{b_xa^{q+k}})^{-M'_{x,1}}$ 和 $K'_{\mathrm{GID}_i,u}=\prod_{k\in[n']}(g^{a_k})^{-1}$。

此时，敌手 $\mathcal{B}$ 隐含地设置 $t=-\sum_{k\in[n']}a^k$，并计算密钥：

$$
\begin{aligned}
K_{\mathrm{GID}_i,u}&=g^{\alpha_\theta}H(\mathrm{GID}_i)^{y_\theta}F(u)^t\\
&=g^{\sum_{x\in X}b_xa^{q+1}A'_{x,1}}g^{\sum_{x\in X}\sum_{j=2}^{n'}\sum_{k=2}^{n'}b_xa^{q+1+k-j}M'_{x,j}}g^{-\sum_{x\in X}\sum_{j\in[n']}\sum_{k\in[n']}b_xa^{q+1+k-j}M'_{x,j}}\cdot g^{\tilde{\alpha}_\theta}H(\mathrm{GID}_i)^{\tilde{y}_\theta}(g^{y_\theta})^{\tilde{h}_i}(g^t)^{\tilde{f}_u}\\
&=g^{-\sum_{x\in X}\sum_{j=2}^{n'}b_xa^{q+2-j}A'_{x,j}}g^{-\sum_{x\in X}\sum_{k=2}^{n'}b_xa^{q+k}M'_{x,1}}g^{\tilde{\alpha}_\theta}H(\mathrm{GID}_i)^{\tilde{y}_\theta}(g^{y_\theta})^{\tilde{h}_i}(g^t)^{\tilde{f}_u}\\
&=g^{\tilde{\alpha}_\theta}H(\mathrm{GID}_i)^{\tilde{y}_\theta}(g^{y_\theta})^{\tilde{h}_i}(g^t)^{\tilde{f}_u}\prod_{x\in X}\prod_{j=2}^{n'}(g^{b_xa^{q+2-j}})^{-M'_{x,j}}\prod_{x\in X}\prod_{k=2}^{n'}(g^{b_xa^{q+k}})^{-M'_{x,1}}
\end{aligned}
$$

$$
K'_{\mathrm{GID}_i,u}=g^t=\prod_{k\in[n']}(g^{a_k})^{-1}
$$

由于 t 不是均匀分布的，所以敌手 $\mathcal{B}$ 使用重复随机化算法对该密钥处理后再输出。

③$T(u)=\theta\in\rho[l]$ 且 $S_i\cap\delta[l]\neq\varnothing$。此时用户拥有挑战策略的一些份额。因此有 $H(\mathrm{GID}_i)=g^{\tilde{h}_i}g^{\sum_{k=2}^{n'}a^{k-1}d_{i,k}}$ 和 $F(u)=g^{\tilde{f}_u}g^{\sum_{x\in X''}\sum_{j\in[n']}b_xa^{q+1-j}M'_{x,j}}$。敌手 $\mathcal{B}$ 输出相应的属性私钥 $\mathrm{sk}_{\mathrm{GID}_i,u}=(K_{\mathrm{GID}_i,u},K'_{\mathrm{GID}_i,u})$，其中 $K_{\mathrm{GID}_i,u}=\prod_{x\in X\setminus X''}\prod_{j=2,k=2,j\neq k}^{n',n'}(g^{b_xa^{q+1+k-j}})^{-M'_{x,1}d_{i,k}}\prod_{x\in X}\prod_{j=2}^{n'}(g^{b_xa^{q+2-j}})^{-M'_{x,j}}$ $\cdot\prod_{x\in X}\prod_{k=2}^{n'}(g^{b_xa^{q+k}})^{-M'_{x,1}d_{i,k}}g^{\tilde{\alpha}_\theta}H(\mathrm{GID}_i)^{\tilde{y}_\theta}(g^{y_\theta})^{\tilde{h}_i}(g^t)^{\tilde{f}_u}$ 和 $K'_{\mathrm{GID}_i,u}=\prod_{k\in[n']}(g^{a_k})^{-d_{i,k}}$。

此时，隐含地设置 $t=-\sum_{k\in[n']}a^kd_{i,k}$ 并输出

$$K_{\mathrm{GID}_i,u}=g^{\alpha_\theta}H(\mathrm{GID}_i)^{y_\theta}F(u)^t$$

$$=g^{\sum_{x\in X}b_xa^{q+1}A'_{x,1}}g^{\sum_{x\in X}\sum_{j=2}^{n'}\sum_{k=2}^{n'}b_xa^{q+1+k-j}M'_{x,j}d_{i,k}}g^{-\sum_{x\in X''}\sum_{j\in[n']}\sum_{k\in[n']}b_xa^{q+1+k-j}M'_{x,j}d_{i,k}}\cdot g^{\tilde{\alpha}_\theta}H(\mathrm{GID}_i)^{\tilde{y}_\theta}(g^{y_\theta})^{\tilde{h}_i}(g^t)^{\tilde{f}_u}$$

$$=g^{-\sum_{x\in X\setminus X''}b_xa^{q+1}\overline{\langle A'_x,d_i\rangle}}g^{-\sum_{x\in X\setminus X''}\sum_{j=2,k=2,j\neq k}^{n',n'}b_xa^{q+1+k-j}M'_{x,j}d_{i,k}}g^{-\sum_{x\in X}\sum_{j=2}^{n'}b_xa^{q+2-j}M'_{x,j}d_{i,k}}$$

$$\cdot g^{\sum_{x\in X}\sum_{k=2}^{n'}b_xa^{q+k}M'_{x,1}d_{i,k}}g^{\tilde{\alpha}_\theta}H(\mathrm{GID}_i)^{\tilde{y}_\theta}(g^{y_\theta})^{\tilde{h}_i}(g^t)^{\tilde{f}_u}$$

$$=\prod_{x\in X\setminus X''}\prod_{j=2,k=2,j\neq k}^{n',n'}(g^{b_xa^{q+1+k-j}})^{-M'_{x,1}d_{i,k}}\prod_{x\in X}\prod_{j=2}^{n'}(g^{b_xa^{q+2-j}})^{-M'_{x,j}}\prod_{x\in X}\prod_{k=2}^{n'}(g^{b_xa^{q+k}})^{-M'_{x,1}d_{i,k}}$$

$$\cdot g^{\tilde{\alpha}_\theta}H(\mathrm{GID}_i)^{\tilde{y}_\theta}(g^{y_\theta})^{\tilde{h}_i}(g^t)^{\tilde{f}_u}$$

$$K'_{\mathrm{GID}_i,u}=g^t=\prod_{k\in[n']}(g^{a_k})^{-d_{i,k}}$$

如前面所述，敌手$\mathcal{B}$将这个密钥重新随机化后输出。

注解 6-13 $X\setminus X''=\{x\mid\delta(x)=u\}$包含挑战策略中映射到$u$的行。因此，如果$u\notin\tilde{\rho}[l]$，那么这个集合是空的，并且第二个等号之后的两个结果被消除。另外，如果$\tilde{\rho}\in\delta[l]$，那么H谕言机的应答是$\overline{\langle \boldsymbol{M}_x,\boldsymbol{d}_i\rangle}=0$。

(7)挑战。

挑战密文的第一部分计算为$C_0=M_b\cdot T$，其中$b\leftarrow_R\{0,1\}$是一个随机比特，T是挑战元组中的挑战项。因此，敌手$\mathcal{B}$隐含地设置$z=sa^{q+1}$。

敌手$\mathcal{B}$同样隐含地设置

$$\boldsymbol{\upsilon}=(sa^{q+1},0,\cdots,0)\in Z_p^n \text{ 和 } \boldsymbol{\omega}=\left(\overbrace{0,sa^q,\cdots,sa^{q-n'+2}}^{n'},0,\cdots,0\right)\in Z_p^n$$

那么对于一个属于收买授权威机构的行$x^*\in[l]$，有$\lambda_{x^*}=0$和$\omega_{x^*}=0$，因为这些行的前n'列都是0。因此对于这些行敌手$\mathcal{B}$随机选取$t_{x^*}\leftarrow_R Z_p$，并使用被收买授权机构的公钥$(e(g,g)^{\alpha_\theta},g^{\gamma_\theta})$进行计算：

$$C_{1,x^*}=e(g,g)^{\lambda_{x^*}}e(g,g)^{\alpha_{\rho(x^*)}t_{x^*}}=(e(g,g^{\alpha_{\rho(x^*)}}))^{t_{x^*}}$$

$$C_{2,x^*}=g^{-t_{x^*}}$$

$$C_{3,x^*}=g^{y_{\rho(x^*)}t_{x^*}}g^{\omega_{x^*}}=(g^{y_{\rho(x^*)}})^{t_{x^*}}$$

$$C_{4,x^*}=F(\delta(x^*))^{t_{x^*}}$$

另外，对于不属于收买授权机构的行x^*，有$\lambda_{x^*}=sa^{q+1}\cdot M'_{x^*,1}$和$\omega_{x^*}=\sum_{j=2}^{n'}sa^{q+2-j}M'_{x^*,j}$。对于这些中的每一行，敌手$\mathcal{B}$隐含地设置$t_{x^*}=-s/b_{x^*}$并计算：

$$C_{1,x^*} = e(g,g)^{\lambda_{x^*}} e(g,g)^{\alpha_{\rho(x^*)} t_{x^*}} = e(g,g)^{sa^{q+1} \cdot M'_{x^*,1}} e(g,g)^{-\sum_{x \in X} sb_x a^{q+1} M'_{x^*,j} / b_{x^*}}$$

$$= \prod_{x \in X \setminus \{x^*\}} e(g, g^{sb_x a^{q+1} / b_{x^*}})^{-M'_{x^*,1}}$$

$$C_{2,x^*} = g^{-t_{x^*}} = g^{s/b_{x^*}}$$

$$C_{3,x^*} = g^{y_{\rho(x^*)} t_{x^*}} g^{\omega_{x^*}} = g^{-\sum_{x \in X} \sum_{j=2}^{n'} sb_x a^{q+2-j} M'_{x^*,j} / b_{x^*}} \cdot g^{\sum_{k=2}^{n'} sa^{q+2-j} M'_{x^*,j}}$$

$$= \prod_{x \in X \setminus \{x^*\}} \prod_{j=2}^{n'} (g^{sb_x a^{q+2-j} / b_{x^*}})^{-M'_{x^*,j}}$$

$$C_{4,x^*} = F(\delta(x^*))^{t_{x^*}} = g^{-\sum_{x \in X''} \sum_{j \in [n']} sb_x a^{q+1-j} M'_{x^*,j} / b_{x^*}} = \prod_{x \in X''} \prod_{j \in [n']} (g^{sb_x a^{q+1-j} / b_{x^*}})^{-M'_{x^*,j}}$$

注意到 $x^* \notin X''$，因此，敌手 $\mathcal{B}$ 可以计算出 C_{4,x^*}。由于 $\boldsymbol{\upsilon}$、$\boldsymbol{\omega}$ 和 t_{x^*} 的分布不均匀，敌手 $\mathcal{B}$ 将上述密文进行重新随机化后输出。

(8) 猜测。

敌手 $\mathcal{A}$ 输出比特 b 的猜测 b'。若 $b' = b$，则敌手 $\mathcal{B}$ 输出 1，意味着挑战项是 $T = e(g,g)^{sa^{q+1}}$，敌手 $\mathcal{B}$ 完美地模拟了安全游戏；否则，敌手 $\mathcal{B}$ 输出 0，意味着挑战项 T 是 G_T 的一个随机群元素，敌手 $\mathcal{B}$ 产生了一个随机消息的加密。

因此，如果敌手 $\mathcal{A}$ 以超过可忽略的优势成功攻击，那么敌手 $\mathcal{B}$ 也是如此。

定理 6-6 证毕。

第 7 章　无证书公钥加密机制

传统公钥基础设施(PKI)中存在公钥证书的生成、存储和管理等问题，基于身份的密码机制虽然规避了上述不足，但是存在密钥托管的不足，即密钥生成中心掌握任意用户的完整密钥，可代替用户执行密文解密、签名验证等私有操作[36]。为了解决 PKI 中证书的复杂管理问题及身份基密码机制的密钥托管问题，Al-Riyami 和 Paterson[37]提出了无证书公钥密码学的新密码体制。本章将介绍无证书公钥加密(certificateless public key encryption，CL-PKE)机制的具体构造及安全性证明。

7.1　CL-PKE 形式化定义及安全模型

无证书公钥密码机制与基于身份的密码体制相类似，都消除了传统 PKI 中证书的生成、存储和管理等复杂操作，但需要一个第三方——密钥生成中心 KGC。在 CL-PKE 中，KGC 仅为用户生成了密钥的部分信息，完整的密钥由用户和 KGC 双方共同生成[37,38]，任何一方都无法独立完成用户密钥的生成。由于 KGC 无法获知任何用户的完整密钥，无须要求第三方是完全可信的，所以改进了基于身份密码体制中所存在的密钥托管问题。本节将介绍 CL-PKE 机制的形式化定义及安全模型。

7.1.1　形式化定义

一个 CL-PKE 机制通常由 Setup、Partial-Key-Extraction、Set-Secret-Value、Set-Private-Key、Set-Public-Key、Enc 和 Dec 算法组成。

(1)初始化算法。

初始化算法 Setup 是由 KGC 负责执行的随机化算法，输入是安全参数 κ，输出为系统公共参数 Params 和主密钥 msk。该算法可以表示为

$$(\text{Params}, \text{msk}) \leftarrow \text{Setup}(1^{\kappa})$$

系统参数 Params 中定义了 CL-PKE 机制的身份空间 $\mathcal{ID}$、私钥空间 $\mathcal{SK}$、消息空间 $\mathcal{M}$ 等。此外，Params 是下述算法的输入，为方便起见算法描述时将其省略。

(2)部分密钥生成算法。

部分密钥生成算法 Partial-Key-Extraction 是由 KGC 负责执行的随机化算法，输入用户的身份 $\text{id} \in \mathcal{ID}$ 和主密钥 msk，输出身份 id 所对应的部分私钥 d_{id}。该算法可

以表示为

$$d_{\mathrm{id}} \leftarrow \text{Partial-Key-Extraction}(\mathrm{id}, \mathrm{msk})$$

特别地，在多数情况下该算法在输出部分私钥的同时，也会生成用户的部分公钥 k_{id}，因此该算法也可以表示为

$$(d_{\mathrm{id}}, k_{\mathrm{id}}) \leftarrow \text{Partial-Key-Extraction}(\mathrm{id}, \mathrm{msk})$$

(3) 秘密值生成算法。

秘密值生成算法 Set-Secret-Value 是由用户负责执行的随机化算法，输入用户的身份 $\mathrm{id} \in \mathcal{ID}$，输出该身份 id 所对应的秘密值 s。该算法可以表示为

$$s \leftarrow \text{Set-Secret-Value}(\mathrm{id})$$

(4) 私钥生成算法。

私钥生成算法 Set-Private-Key 输入用户的部分密钥 d_{id} 和用户的秘密值 s，输出用户的私钥 $\mathrm{sk}_{\mathrm{id}}$。该算法由用户负责执行，其可以表示为

$$\mathrm{sk}_{\mathrm{id}} \leftarrow \text{Set-Private-Key}(d_{\mathrm{id}}, s)$$

(5) 公钥生成算法。

公钥生成算法 Set-Public-Key 输入用户的秘密值 s（和用户的部分公钥 k_{id}），输出用户的公钥 $\mathrm{pk}_{\mathrm{id}}$。该算法由用户负责执行，可以表示为

$$\mathrm{pk}_{\mathrm{id}} \leftarrow \text{Set-Public-Key}(k_{\mathrm{id}}, s)$$

(6) 加密算法。

加密算法 Enc 是随机化算法，输入是消息 $M \in \mathcal{M}$、系统参数 Params 和接收者的公钥 $\mathrm{pk}_{\mathrm{id}}$，输出密文 C。该算法由发送者执行，可以表示为

$$C = \mathrm{Enc}(\mathrm{pk}_{\mathrm{id}}, M)$$

(7) 解密算法。

解密算法 Dec 是确定性算法，输入私钥 $\mathrm{sk}_{\mathrm{id}}$ 及密文 C，输出相应的明文消息 M。该算法由接收者执行，可以表示为

$$M = \mathrm{Dec}(\mathrm{sk}_{\mathrm{id}}, C)$$

特别地，下面在 CL-PKE 的具体方案设计时，使用交互式的密钥生成算法 KeyGen 代替 Partial-Key-Extraction、Set-Secret-Value、Set-Private-Key 和 Set-Public-Key 等 4 个算法，即算法 KeyGen 实现了上述 4 个算法的功能。因此一个 CL-PKE 机制可以简写为

$$\Pi = (\mathrm{Setup}, \mathrm{KeyGen}, \mathrm{Enc}, \mathrm{Dec})$$

注解 7-1　由于算法 KeyGen 替代的 4 个算法由 KGC 和用户分别执行，该算法是一个交互式算法，即 KGC 与用户间通过交互生成用户的公私钥对 $(\mathrm{pk}_{\mathrm{id}}, \mathrm{sk}_{\mathrm{id}})$。

CL-PKE 机制的正确性要求对于任意的消息 $M \in \mathcal{M}$ 和用户身份 $\mathrm{id} \in \mathcal{ID}$，有等式

$$M = \mathrm{Dec}[\mathrm{sk}_{\mathrm{id}}, \mathrm{Enc}(\mathrm{pk}_{\mathrm{id}}, M)]$$

成立，其中 $(\mathrm{Params}, \mathrm{msk}) \leftarrow \mathrm{Setup}(1^{\kappa})$ 和 $(\mathrm{pk}_{\mathrm{id}}, \mathrm{sk}_{\mathrm{id}}) \leftarrow \mathrm{KeyGen}(\mathrm{id}, \mathrm{msk})$。

7.1.2　安全模型中的敌手分类

在无证书密码机制中，公私钥是由 KGC 与用户自己共同生成的，因此 KGC 并不掌握用户的完整私钥，那么在无证书密码机制中无须假设 KGC 是完全可信的，所以在现实环境中将存在下面两种类型的攻击方式：①恶意的用户，该类攻击者冒充合法用户替换相应的公钥，并对外公布替换后的新公钥，使得系统中的其他用户均认为该用户的公钥是新公布的，然后利用新公布的公钥对无证书密码机制进行攻击；②好奇且诚实的 KGC，该类攻击者利用掌握系统主密钥的优势为相应的用户生成部分密钥，然后利用该部分密钥对无证书密码机制进行攻击[39-42]。

根据上述攻击方式，将攻击敌手分为 $\mathcal{A}^1$ 和 $\mathcal{A}^2$ 两类。

(1) 第一类敌手 $\mathcal{A}^1$。

该类敌手无法掌握系统的主密钥，但其具有替换合法用户公钥的能力，则第一类敌手 $\mathcal{A}^1$ 为恶意的用户。此外，对该类敌手的限制如下所示。

①敌手 $\mathcal{A}^1$ 不能对挑战身份进行秘密值、私钥和部分密钥提取询问。特别地，敌手 $\mathcal{A}^1$ 无法获知其他任何用户的私钥信息。

②敌手 $\mathcal{A}^1$ 在挑战阶段之前不能替换挑战身份所对应的公钥。

(2) 第二类敌手 $\mathcal{A}^2$。

该类敌手可以掌握系统的主密钥，但其不具有替换合法用户公钥的能力，则第二类敌手 $\mathcal{A}^2$ 为好奇且诚实的 KGC。此外，对该类敌手的限制如下所示。

①敌手 $\mathcal{A}^2$ 不能对挑战身份进行秘密值和私钥提取询问(任意用户的部分密钥敌手 $\mathcal{A}^2$ 可自行计算)。

②敌手 $\mathcal{A}^2$ 不能替换任何用户的公钥。

7.1.3　CL-PKE 机制的 CPA 安全性

1. 第一类敌手的 CPA 安全性

如果不存在多项式时间敌手 $\mathcal{A}^1$ 能以不可忽略的优势在下述安全性游戏中获胜，那么相应的 CL-PKE 机制在第一类敌手 $\mathcal{A}^1$ 的适应性选择明文攻击下具有不可区分性。挑战者 $\mathcal{C}$ 和敌手 $\mathcal{A}^1$ 间的消息交互过程如下所示。

1) 初始化

挑战者 $\mathcal{C}$ 输入安全参数 κ，运行初始化算法 $\text{Setup}(1^{\kappa})$，产生公开的系统参数 Params 和保密的主私钥 msk，发送 Params 给敌手 $\mathcal{A}^1$。

2) 阶段 1(训练)

该阶段敌手 $\mathcal{A}^1$ 可适应性地执行多项式有界次的下述询问。

(1) 部分密钥提取询问。

挑战者 $\mathcal{C}$ 收到敌手 $\mathcal{A}^1$ 关于身份 id 的部分密钥提取询问，运行算法 $(d_{\text{id}},k_{\text{id}}) \leftarrow \text{Partial-Key-Extraction}(\text{id},\text{msk})$，返回相应的结果 d_{id} 和 k_{id} 给敌手 $\mathcal{A}^1$。

(2) 私钥生成询问。

挑战者 $\mathcal{C}$ 收到敌手 $\mathcal{A}^1$ 关于身份 id 的私钥提取询问，运行算法 $s \leftarrow \text{Set-Secret-Value}(\text{id})$ 和 $(d_{\text{id}},k_{\text{id}}) \leftarrow \text{Partial-Key-Extraction}(\text{id},\text{msk})$，返回相应的结果 $\text{sk}_{\text{id}} \leftarrow \text{Set-Private-Key}(d_{\text{id}},s)$ 给敌手 $\mathcal{A}^1$。

(3) 公钥提取询问。

挑战者 $\mathcal{C}$ 收到敌手 $\mathcal{A}^1$ 关于身份 id 的公钥提取询问，运行算法 $s \leftarrow \text{Set-Secret-Value}(\text{id})$ 和 $(d_{\text{id}},k_{\text{id}}) \leftarrow \text{Partial-Key-Extraction}(\text{id},\text{msk})$，返回相应的结果 $\text{pk}_{\text{id}} \leftarrow \text{Set-Public-Key}(k_{\text{id}},s)$ 给敌手 $\mathcal{A}^1$。

(4) 秘密值提取询问。

挑战者 $\mathcal{C}$ 收到敌手 $\mathcal{A}^1$ 关于身份 id 的秘密值提取询问，运行算法 $s \leftarrow \text{Set-Secret-Value}(\text{id})$，返回相应的秘密值 s 给敌手 $\mathcal{A}^1$。

(5) 公钥替换询问。

游戏进行过程中，敌手 $\mathcal{A}^1$ 可随时用已知信息 pk'_{id} 替换任意用户 id 的公钥 pk_{id}，那么系统内其他用户均认为用户 id 的公钥就是 pk'_{id}。

3) 挑战

敌手 $\mathcal{A}^1$ 输出两个等长的明文消息 $M_0, M_1 \in \mathcal{M}$ 和一个挑战身份 $\text{id}^* \in \mathcal{ID}$，限制是 id^* 不能在阶段 1 的任何部分密钥提取询问、私钥生成询问和秘密值提取询问中出现；此外敌手 $\mathcal{A}^1$ 未对身份 id^* 进行公钥替换询问。挑战者 $\mathcal{C}$ 选取随机值 $\beta \leftarrow_R \{0,1\}$，并计算挑战密文 $C_{\beta}^* = \text{Enc}(\text{pk}_{\text{id}^*}, M_{\beta})$，然后将 C_{β}^* 发送给敌手 $\mathcal{A}^1$，其中 pk_{id^*} 通过对挑战身份 id^* 执行公钥提取询问获得。

4) 阶段 2(训练)

该阶段敌手 $\mathcal{A}^1$ 进行与阶段 1 相类似的询问，但是询问必须遵循下列限制条件：敌手 $\mathcal{A}^1$ 不能对挑战身份 id^* 进行部分密钥提取询问、私钥生成询问和秘密值提取询问。

5) 猜测

敌手 $\mathcal{A}^1$ 输出对挑战者选取的随机比特 β 的猜测值 $\beta' \in \{0,1\}$，如果 $\beta' = \beta$，那么敌手 $\mathcal{A}^1$ 攻击成功，即敌手 $\mathcal{A}^1$ 在该游戏中获胜。

敌手 $\mathcal{A}^1$ 的优势定义为关于安全参数 κ 的函数：

$$\mathrm{Adv}_{\text{CL-PKE},\mathcal{A}^1}^{\text{CPA}}(\kappa) = \left|\Pr[\beta' = \beta] - \frac{1}{2}\right|$$

特别地，虽然在 CL-PKE 机制的构造时，使用密钥生成算法 KeyGen 替代了相应算法的功能，但是安全性游戏的描述中依然采用原始的方式，即敌手分别执行部分密钥提取询问、私钥生成询问、公钥提取询问和秘密值提取询问。在具体方案的安全性证明中，可以通过维护列表的方式基于密钥生成算法 KeyGen 回答上述询问。在下面的形式化游戏中采用密钥生成算法的描述形式。

上述安全性游戏的形式化描述如下所示。

$\mathrm{Exp}_{\text{CL-PKE},\mathcal{A}^1}^{\text{CPA}}(\kappa)$:

$(\text{Params}, \text{msk}) \leftarrow \text{Setup}(1^\kappa)$;

$(M_0, M_1, \text{id}^*) \leftarrow (\mathcal{A}^1)^{\mathcal{O}^{\text{KeyGen}}(\cdot)}(\text{Params})$，其中 $|M_0| = |M_1|$;

$C_\beta^* = \text{Enc}(\text{pk}_{\text{id}^*}, M_\beta)$，其中 $\beta \leftarrow_R \{0,1\}$;

$\beta' \leftarrow (\mathcal{A}^1)^{\mathcal{O}_{\neq \text{id}^*}^{\text{KeyGen}}(\cdot)}(\text{Params}, C_\beta^*)$;

若 $\beta' = \beta$，则输出 1；否则，输出 0。

其中，$\mathcal{O}^{\text{KeyGen}}(\cdot)$ 表示敌手 $\mathcal{A}^1$ 向挑战者 $\mathcal{C}$ 提交关于任意身份的部分密钥提取询问、私钥生成询问、公钥提取询问和秘密值提取询问；$\mathcal{O}_{\neq \text{id}^*}^{\text{KeyGen}}(\cdot)$ 表示除挑战身份 id^* 外敌手 $\mathcal{A}^1$ 向挑战者 $\mathcal{C}$ 提交关于任意身份的部分密钥提取询问、私钥生成询问和秘密值提取询问，且能对任何身份(包括挑战身份 id^*)进行公钥生成询问。

在交互式实验 $\mathrm{Exp}_{\text{CL-PKE},\mathcal{A}^1}^{\text{CPA}}(\kappa)$ 中，敌手 $\mathcal{A}^1$ 的优势定义为

$$\mathrm{Adv}_{\text{CL-PKE},\mathcal{A}^1}^{\text{CPA}}(\kappa) = \left|\Pr[\mathrm{Exp}_{\text{CL-PKE},\mathcal{A}^1}^{\text{CPA}}(\kappa) = 1] - \Pr[\mathrm{Exp}_{\text{CL-PKE},\mathcal{A}^1}^{\text{CPA}}(\kappa) = 0]\right|$$

2. 第二类敌手的 CPA 安全性

如果不存在多项式时间敌手 $\mathcal{A}^2$ 能以不可忽略的优势在下述安全性游戏中获胜，则相应的 CL-PKE 机制在第二类敌手 $\mathcal{A}^2$ 的适应性选择明文攻击下具有不可区分性。挑战者 $\mathcal{C}$ 和敌手 $\mathcal{A}^2$ 间的消息交互过程如下所示。

1) 初始化

挑战者 $\mathcal{C}$ 输入安全参数 κ，运行初始化算法 $\text{Setup}(1^\kappa)$，产生公开的系统参数

Params 和主私钥 msk，发送 Params 和 msk 给敌手 $\mathcal{A}^2$。特别地，敌手 $\mathcal{A}^2$ 掌握系统的主私钥 msk。

2) 阶段 1(训练)

由于敌手 $\mathcal{A}^2$ 已掌握系统主密钥 msk，因此无须进行部分密钥提取询问，此外敌手 $\mathcal{A}^2$ 不能进行公钥替换询问。在该阶段敌手 $\mathcal{A}^2$ 可适应性地执行多项式有界次的下述询问。

(1) 私钥提取询问。

挑战者 $\mathcal{C}$ 收到敌手 $\mathcal{A}^2$ 关于身份 id 的私钥提取询问，运行相应的算法 $s \leftarrow$ Set-Secret-Value(id) 和 $(d_{\text{id}}, k_{\text{id}}) \leftarrow$ Partial-Key-Extraction(id, msk)，返回相应的结果 $\text{sk}_{\text{id}} \leftarrow$ Set-Private-Key(d_{id}, s) 给敌手 $\mathcal{A}^2$。

(2) 公钥提取询问。

挑战者 $\mathcal{C}$ 收到敌手 $\mathcal{A}^2$ 关于身份 id 的公钥提取询问，运行相应的算法 $s \leftarrow$ Set-Secret-Value(id) 和 $(d_{\text{id}}, k_{\text{id}}) \leftarrow$ Partial-Key-Extraction(id, msk)，返回相应的结果 $\text{pk}_{\text{id}} \leftarrow$ Set-Public-Key(k_{id}, s) 给敌手 $\mathcal{A}^2$。

(3) 秘密值提取询问。

挑战者 $\mathcal{C}$ 收到敌手 $\mathcal{A}^2$ 关于身份 id 的秘密值提取询问，运行相应的算法 $s \leftarrow$ Set-Secret-Value(id)，返回相应的秘密值 s 给敌手 $\mathcal{A}^2$。

3) 挑战

敌手 $\mathcal{A}^2$ 输出两个等长的明文消息 $M_0, M_1 \in \mathcal{M}$ 和一个挑战身份 $\text{id}^* \in \mathcal{ID}$，限制是 id^* 不能在阶段 1 中的任何私钥提取询问和秘密值提取询问中出现。挑战者 $\mathcal{C}$ 随机选取一个比特值 $\beta \leftarrow_R \{0,1\}$，计算 $C_\beta^* = \text{Enc}(\text{pk}_{\text{id}^*}, M_\beta)$，并将挑战密文 C_β^* 发送给敌手 $\mathcal{A}^2$，其中 pk_{id^*} 通过对挑战身份 id^* 执行公钥提取询问获得。

4) 阶段 2(训练)

该阶段敌手 $\mathcal{A}^2$ 进行与阶段 1 相类似的询问，但是询问必须遵循下列限制条件：敌手 $\mathcal{A}^2$ 不能对挑战身份 id^* 进行私钥提取询问和秘密值提取询问。

5) 猜测

敌手 $\mathcal{A}^2$ 输出对挑战者选取的随机比特 β 的猜测 $\beta' \in \{0,1\}$，如果 $\beta' = \beta$，那么敌手 $\mathcal{A}^2$ 在该游戏中获胜。

敌手 $\mathcal{A}^2$ 的优势定义为关于安全参数 κ 的函数：

$$\text{Adv}_{\text{CL-PKE},\mathcal{A}^2}^{\text{CPA}}(\kappa) = \left|\Pr[\beta' = \beta] - \frac{1}{2}\right|$$

上述安全性游戏的形式化描述如下所示。

$\mathrm{Exp}_{\text{CL-PKE},\mathcal{A}^2}^{\text{CPA}}(\kappa)$：

$(\text{Params}, \text{msk}) \leftarrow \text{Setup}(1^\kappa)$;

$(M_0, M_1, \text{id}^*) \leftarrow (\mathcal{A}^2)^{\mathcal{O}^{\text{KeyGen}}(\cdot)}(\text{Params}, \text{msk})$，其中$|M_0| = |M_1|$;

$C_\beta^* = \text{Enc}(\text{pk}_{\text{id}^*}, M_\beta)$，其中$\beta \leftarrow_R \{0,1\}$;

$\beta' \leftarrow (\mathcal{A}^2)^{\mathcal{O}_{\neq \text{id}^*}^{\text{KeyGen}}(\cdot)}(\text{Params}, \text{msk}, C_\beta^*)$;

若$\beta' = \beta$，则输出 1；否则，输出 0。

在交互式实验$\mathrm{Exp}_{\text{CL-PKE},\mathcal{A}^2}^{\text{CPA}}(\kappa)$中，敌手$\mathcal{A}^2$的优势定义为

$$\mathrm{Adv}_{\text{CL-PKE},\mathcal{A}^2}^{\text{CPA}}(\kappa) = \left|\Pr[\mathrm{Exp}_{\text{CL-PKE},\mathcal{A}^2}^{\text{CPA}}(\kappa) = 1] - \Pr[\mathrm{Exp}_{\text{CL-PKE},\mathcal{A}^2}^{\text{CPA}}(\kappa) = 0]\right|$$

定义 7-1（CL-PKE 机制的 CPA 安全性） 对任意多项式时间敌手$\mathcal{A}^1$和$\mathcal{A}^2$，若其在上述两个游戏中获胜的优势$\mathrm{Adv}_{\text{CL-PKE},\mathcal{A}^1}^{\text{CPA}}(\kappa)$和$\mathrm{Adv}_{\text{CL-PKE},\mathcal{A}^2}^{\text{CPA}}(\kappa)$都是可忽略的，那么相应的 CL-PKE 机制具有 CPA 安全性。

7.1.4 CL-PKE 机制的 CCA 安全性

1. 第一类敌手的 CCA 安全性

如果不存在多项式时间敌手$\mathcal{A}^1$能以不可忽略的优势在下述安全性游戏中获胜，那么相应的 CL-PKE 机制在第一类敌手$\mathcal{A}^1$的适应性选择密文攻击下具有不可区分性。挑战者$\mathcal{C}$和敌手$\mathcal{A}^1$间的消息交互过程如下所示。

1）初始化

挑战者$\mathcal{C}$输入安全参数κ，运行初始化算法$\text{Setup}(1^\kappa)$，产生公开的系统参数 Params 和保密的主密钥 msk，发送 Params 给敌手$\mathcal{A}^1$。

2）阶段 1（训练）

在该阶段敌手$\mathcal{A}^1$可适应性地执行多项式有界次的下述询问。

（1）部分密钥提取询问。

挑战者$\mathcal{C}$收到敌手$\mathcal{A}^1$关于身份 id 的部分密钥提取询问，运行相应的算法$(d_{\text{id}}, k_{\text{id}}) \leftarrow \text{Partial-Key-Extraction}(\text{id}, \text{msk})$，返回相应的结果$d_{\text{id}}$给敌手$\mathcal{A}^1$。

（2）私钥提取询问。

挑战者$\mathcal{C}$收到敌手$\mathcal{A}^1$关于身份 id 的私钥提取询问，运行相应的算法$s \leftarrow \text{Set-Secret-Value}(\text{id})$和$(d_{\text{id}}, k_{\text{id}}) \leftarrow \text{Partial-Key-Extraction}(\text{id}, \text{msk})$，返回相应的结果$\text{sk}_{\text{id}} \leftarrow \text{Set-Private-Key}(d_{\text{id}}, s)$给敌手$\mathcal{A}^1$。

(3) 公钥提取询问。

挑战者 $\mathcal{C}$ 收到敌手 $\mathcal{A}^1$ 关于身份 id 的公钥提取询问，运行相应的算法 $s \leftarrow$ Set-Secret-Value(id) 和 $(d_{\text{id}}, k_{\text{id}}) \leftarrow$ Partial-Key-Extraction(id, msk)，返回相应的结果 $\text{pk}_{\text{id}} \leftarrow$ Set-Public-Key(k_{id}, s) 给敌手 $\mathcal{A}^1$。

(4) 秘密值提取询问。

挑战者 $\mathcal{C}$ 收到敌手 $\mathcal{A}^1$ 关于身份 id 的秘密值提取询问，运行相应的算法 $s \leftarrow$ Set-Secret-Value(id)，返回相应的秘密值 s 给敌手 $\mathcal{A}^1$。

(5) 公钥替换询问。

在游戏进行过程中，如果敌手 $\mathcal{A}^1$ 可随时用已知信息 pk'_{id} 替换任意用户 id 的公钥 pk_{id}，那么系统内其他用户均认为用户 id 的公钥就是 pk'_{id}。

(6) 解密询问。

挑战者 $\mathcal{C}$ 收到敌手 $\mathcal{A}^1$ 关于身份密文对 (id, C) 的解密询问，敌手 $\mathcal{A}^1$ 通过执行私钥生成询问获知相应的 sk_{id}，然后运行解密算法 $M = \text{Dec}(\text{sk}_{\text{id}}, C)$，返回相应的结果 M 给敌手 $\mathcal{A}^1$。

3) 挑战

敌手 $\mathcal{A}^1$ 输出两个等长的明文 $M_0, M_1 \in \mathcal{M}$ 和一个挑战身份 $\text{id}^* \in \mathcal{ID}$，限制是 id^* 不能在阶段 1 的任何部分密钥提取询问、私钥提取询问和秘密值提取询问中出现，此外敌手 $\mathcal{A}^1$ 未对身份 id^* 进行公钥替换询问。挑战者 $\mathcal{C}$ 选取随机值 $\beta \leftarrow_R \{0,1\}$，计算挑战密文 $C^*_\beta = \text{Enc}(\text{pk}_{\text{id}^*}, M_\beta)$，并将 C^*_β 发送给敌手 $\mathcal{A}^1$，其中 pk_{id^*} 通过对挑战身份 id^* 执行公钥提取询问获得。

4) 阶段 2(训练)

该阶段敌手 $\mathcal{A}^1$ 进行与阶段 1 相类似的相关询问，但是询问必须遵循下列限制条件：敌手 $\mathcal{A}^1$ 不能对挑战身份 id^* 进行部分密钥提取询问、私钥提取询问、公钥提取询问和秘密值提取询问，同时敌手 $\mathcal{A}^1$ 不能进行关于挑战身份和挑战密文对 (id^*, C^*_β) 的解密询问。

5) 猜测

敌手 $\mathcal{A}^1$ 输出对挑战者选取的随机比特 β 的猜测 $\beta' \in \{0,1\}$，如果 $\beta' = \beta$，那么敌手 $\mathcal{A}^1$ 在该游戏中获胜。

敌手 $\mathcal{A}^1$ 的优势定义为关于安全参数 κ 的函数：

$$\text{Adv}^{\text{CCA}}_{\text{CL-PKE},\mathcal{A}^1}(\kappa) = \left|\Pr[\beta' = \beta] - \frac{1}{2}\right|$$

上述安全性游戏的形式化描述如下所示。

$\mathrm{Exp}_{\text{CL-PKE},\mathcal{A}^1}^{\text{CCA}}(\kappa)$:

$(\text{Params}, \text{msk}) \leftarrow \text{Setup}(1^\kappa)$;

$(M_0, M_1, \text{id}^*) \leftarrow (\mathcal{A}^1)^{\mathcal{O}^{\text{KeyGen}}(\cdot), \mathcal{O}^{\text{Dec}}(\cdot)}(\text{Params})$，其中$|M_0| = |M_1|$;

$C_\beta^* = \text{Enc}(\text{pk}_{\text{id}^*}, M_\beta)$，其中$\beta \leftarrow_R \{0,1\}$;

$\beta' \leftarrow (\mathcal{A}^1)^{\mathcal{O}_{\neq \text{id}^*}^{\text{KeyGen}}(\cdot), \mathcal{O}_{\neq(\text{id}^*, C_\beta^*)}^{\text{Dec}}(\cdot)}(\text{Params}, C_\beta^*)$;

若$\beta' = \beta$，则输出 1；否则，输出 0。

其中，$\mathcal{O}^{\text{Dec}}(\cdot)$表示敌手$\mathcal{A}^1$向挑战者$\mathcal{C}$提交关于任意身份密文对$(\text{id}, C)$的解密询问，挑战者先执行对身份 id 私钥提取询问获知相应的私钥sk_{id}，再运行解密算法 Dec 用私钥sk_{id}对询问密文C进行解密；$\mathcal{O}_{\neq(\text{id}^*, C_\beta^*)}^{\text{Dec}}(\cdot)$表示敌手$\mathcal{A}^1$向挑战者$\mathcal{C}$提交除挑战身份和挑战密文对$(\text{id}^*, C_\beta^*)$以外的其他身份密文对$(\text{id}, C)$的解密询问，其中$(\text{id}, C) \neq (\text{id}^*, C_\beta^*)$。

在交互式实验$\mathrm{Exp}_{\text{CL-PKE},\mathcal{A}^1}^{\text{CCA}}(\kappa)$中，敌手$\mathcal{A}^1$的优势定义为

$$\mathrm{Adv}_{\text{CL-PKE},\mathcal{A}^1}^{\text{CCA}}(\kappa) = \left|\Pr[\mathrm{Exp}_{\text{CL-PKE},\mathcal{A}^1}^{\text{CCA}}(\kappa) = 1] - \Pr[\mathrm{Exp}_{\text{CL-PKE},\mathcal{A}^1}^{\text{CCA}}(\kappa) = 0]\right|$$

2. 第二类敌手的 CCA 安全性

如果不存在多项式时间的敌手$\mathcal{A}^2$能以不可忽略的优势在下述安全性游戏中获胜，那么 CL-PKE 机制在第二类敌手$\mathcal{A}^2$的适应性选择密文攻击下具有不可区分性。挑战者$\mathcal{C}$和敌手$\mathcal{A}^2$间的消息交互过程如下所示。

1) 初始化

挑战者$\mathcal{C}$输入安全参数κ，运行初始化算法$\text{Setup}(1^\kappa)$，产生公开的系统参数 Params 和主私钥 msk，发送 Params 和 msk 给敌手$\mathcal{A}^2$。

2) 阶段 1(训练)

由于敌手$\mathcal{A}^2$已掌握系统主密钥 msk，所以无须进行部分私钥提取询问，同时，敌手$\mathcal{A}^2$不能进行公钥替换询问。在该阶段敌手$\mathcal{A}^2$可适应性地执行多项式有界次的下述询问。

(1) 私钥提取询问。

挑战者$\mathcal{C}$收到敌手$\mathcal{A}^2$关于身份 id 的私钥提取询问，运行相应的算法$s \leftarrow$ Set-Secret-Value(id) 和$(d_{\text{id}}, k_{\text{id}}) \leftarrow$ Partial-Key-Extraction(id, msk)，返回相应的结果$\text{sk}_{\text{id}} \leftarrow$ Set-Private-Key(d_{id}, s)给敌手$\mathcal{A}^2$。

(2) 公钥提取询问。

挑战者 $\mathcal{C}$ 收到敌手 $\mathcal{A}^2$ 关于身份 id 的公钥提取询问，运行相应的算法 $s \leftarrow$ Set-Secret-Value(id) 和 $(d_{\text{id}}, k_{\text{id}}) \leftarrow$ Partial-Key-Extraction(id, msk)，返回相应的结果 $\text{pk}_{\text{id}} \leftarrow$ Set-Public-Key(k_{id}, s) 给敌手 $\mathcal{A}^2$。

(3) 秘密值提取询问。

挑战者 $\mathcal{C}$ 收到敌手 $\mathcal{A}^2$ 关于身份 id 的公钥提取询问，运行相应的算法 $s \leftarrow$ Set-Secret-Value(id)，返回相应的秘密值 s 给敌手 $\mathcal{A}^2$。

(4) 解密询问。

挑战者 $\mathcal{C}$ 收到敌手 $\mathcal{A}^2$ 关于身份密文对 (id, C) 的解密询问，敌手 $\mathcal{A}^2$ 通过执行对身份 id 的私钥提取询问获知相应的私钥 sk_{id}，然后运行解密算法 $M = \text{Dec}(\text{sk}_{\text{id}}, C)$，返回相应的结果 M 给敌手 $\mathcal{A}^2$。

3) 挑战

敌手 $\mathcal{A}^2$ 输出两个等长的明文 $M_0, M_1 \in \mathcal{M}$ 和一个挑战身份 $\text{id}^* \in \mathcal{ID}$，限制是 id^* 不能出现在阶段 1 的任何私钥提取询问中。挑战者 $\mathcal{C}$ 选取随机值 $\beta \leftarrow_R \{0,1\}$，计算挑战密文 $C_\beta^* = \text{Enc}(\text{pk}_{\text{id}^*}, M_\beta)$，并将 C_β^* 发送给敌手 $\mathcal{A}^2$，其中 pk_{id^*} 通过对挑战身份 id^* 执行公钥提取询问获得。

4) 阶段 2 (训练)

该阶段敌手 $\mathcal{A}^2$ 进行与阶段 1 相类似的相关询问，但是询问必须遵循下列限制条件：敌手 $\mathcal{A}^2$ 不能对挑战身份 id^* 进行私钥提取询问，同时敌手 $\mathcal{A}^2$ 不能进行关于挑战身份和挑战密文对 (id^*, C_β^*) 的解密询问。

5) 猜测

敌手 $\mathcal{A}^2$ 输出对挑战者选取的随机比特 β 的猜测值 $\beta' \in \{0,1\}$，如果 $\beta' = \beta$，那么敌手 $\mathcal{A}^2$ 在该游戏中获胜。

敌手 $\mathcal{A}^2$ 的优势定义为安全参数 κ 的函数：

$$\text{Adv}_{\text{CL-PKE},\mathcal{A}^2}^{\text{CCA}}(\kappa) = \left|\Pr[\beta' = \beta] - \frac{1}{2}\right|$$

上述安全性游戏的形式化描述如下所示。

$\text{Exp}_{\text{CL-PKE},\mathcal{A}^2}^{\text{CCA}}(\kappa)$:

$(\text{Params}, \text{msk}) \leftarrow \text{Setup}(\kappa)$;

$(M_0, M_1, \text{id}^*) \leftarrow (\mathcal{A}^2)^{\mathcal{O}^{\text{KeyGen}}(\cdot), \mathcal{O}^{\text{Dec}}(\cdot)}(\text{Params}, \text{msk})$，其中 $|M_0| = |M_1|$;

$C_\beta^* = \text{Enc}(\text{id}^*, M_\beta)$，其中 $\beta \leftarrow_R \{0,1\}$;

$\beta' \leftarrow (\mathcal{A}^2)^{\mathcal{O}^{\text{KeyGen}}_{\neq \text{id}^*}(\cdot), \mathcal{O}^{\text{Dec}}_{\neq (\text{id}^*, C^*_\beta)}(\cdot)}(C^*_\beta, \text{Params}, \text{msk});$

若 $\beta' = \beta$，则输出 1；否则，输出 0。

在交互式实验 $\text{Exp}^{\text{CCA}}_{\text{CL-PKE},\mathcal{A}^2}(\kappa)$ 中，敌手 $\mathcal{A}^2$ 的优势定义为

$$\text{Adv}^{\text{CCA}}_{\text{CL-PKE},\mathcal{A}^2}(\kappa) = \left|\Pr[\text{Exp}^{\text{CCA}}_{\text{CL-PKE},\mathcal{A}^2}(\kappa) = 1] - \Pr[\text{Exp}^{\text{CCA}}_{\text{CL-PKE},\mathcal{A}^2}(\kappa) = 0]\right|$$

定义 7-2（CL-PKE 机制的 CCA 安全性）　对任意的多项式时间敌手 $\mathcal{A}^1$ 和 $\mathcal{A}^2$，如果其在上述两个游戏中获胜的优势 $\text{Adv}^{\text{CCA}}_{\text{CL-PKE},\mathcal{A}^1}(\kappa)$ 和 $\text{Adv}^{\text{CCA}}_{\text{CL-PKE},\mathcal{A}^2}(\kappa)$ 都是可忽略的，那么相应的 CL-PKE 机制具有 CCA 安全性。

7.2　CCA 安全的 CL-PKE 机制

本节介绍 CCA 安全的 CL-PKE 机制的具体构造，其中秘密值生成、密钥生成和公钥生成等功能统一由密钥生成算法完成。

7.2.1　具体构造

1）系统初始化

系统建立算法 $(\text{Params}, \text{msk}) \leftarrow \text{Setup}(1^\kappa)$ 的具体过程描述如下所示。

$\text{Setup}(1^\kappa)$：

　计算$(q, G, P) \leftarrow \mathcal{G}(\kappa)$;

　选取 $H_1: \{0,1\}^* \to Z_q^*, H_2: G \to \{0,1\}^*, H_3: G \to Z_q^*$；

　随机选取 $s \leftarrow_R Z_q^*$，计算 $P_{\text{pub}} = sP$;

　输出 $\text{Params} = (q, G, P, P_{\text{pub}}, H_1, H_2, H_3)$ 和 $\text{msk} = s$。

其中，$\mathcal{G}(\kappa)$ 是群生成算法；G 是阶是大素数 q 的加法循环群；P 是群 G 的一个生成元；H 和 H' 是单向哈希函数。令消息空间为 $\mathcal{M} = \{0,1\}^*$，身份空间为 $\mathcal{ID}$。

特别地，在 CL-PKE 机制中由于身份并不参与机制的具体运算，所以并未对身份空间 $\mathcal{ID}$ 进行赋值，可以根据具体应用的要求定义 $\mathcal{ID}$ 的赋值空间。

2）密钥生成

对于任意的身份 $\text{id} \in \mathcal{ID}$，密钥生成算法 $(\text{sk}_{\text{id}}, \text{pk}_{\text{id}}) \leftarrow \text{KeyGen}(\text{id}, \text{msk})$ 的具体过程描述如下所示。

$\text{KeyGen}(\text{id}, \text{msk})$：

　用户随机选取 $x_{\text{id}} \leftarrow_R Z_q^*$，计算

$X_{id} = x_{id}P$

KGC随机选取 $r \leftarrow_R Z_q^*$，计算

$Y_{id} = rP$，$y_{id} = r + sH_1(\text{id}, X_{id}, Y_{id})$

输出 $\text{sk}_{id} = (x_{id}, y_{id})$ 和 $\text{pk}_{id} = (X_{id}, Y_{id})$。

用户收到 KGC 返回的部分密钥 (y_{id}, Y_{id}) 后，可以通过下述等式验证部分密钥 (y_{id}, Y_{id}) 的正确性。

$$y_{id}P = Y_{id} + P_{pub}H_1(\text{id}, X_{id}, Y_{id})$$

密钥生成算法的协议表述形式如下所示。

(1) 用户 id 选取 $x_{id} \leftarrow_R Z_q^*$，并计算 $X_{id} = x_{id}P$，发送 (id, X_{id}) 给 KGC。

(2) 收到用户的密钥生成请求消息 (id, X_{id}) 后，KGC 选取随机数 $r \leftarrow_R Z_q^*$，计算

$$Y_{id} = rP, \quad y_{id} = r + \text{msk}H_1(\text{id}, X_{id}, Y_{id})$$

并发送相应的应答消息 (y_{id}, Y_{id}) 给用户。

(3) 收到 KGC 的应答消息 (y_{id}, Y_{id}) 后，用户 id 设置公钥 $\text{pk}_{id} = (X_{id}, Y_{id})$ 和私钥 $\text{sk}_{id} = (x_{id}, y_{id})$。

3) 加密算法

对于任意的明文消息 $M \in \mathcal{M}$ 和公钥 $\text{pk}_{id} = (X_{id}, Y_{id})$，加密算法 $C \leftarrow \text{Enc}(\text{pk}_{id}, M)$ 的具体过程描述如下所示。

$\text{Enc}(\text{pk}_{id}, M)$:

随机选取 $u \leftarrow_R Z_q^*$;

计算

$$U = uP, \ e = H_2(u(X_{id} + Y_{id} + H_1(\text{id}, X_{id}, Y_{id})P_{pub})) \oplus M$$

计算

$$V = uX_{id} + u\alpha[Y_{id} + H_1(\text{id}, X_{id}, Y_{id})P_{pub}]$$

其中，$\alpha = H_3(\text{id}, U, e)$。

输出 $C = (U, V, e)$。

4) 解密算法

对于身份 id 对应的私钥 $\text{sk}_{id} = (x_{id}, y_{id})$ 和密文 $C = (U, V, e, S)$，解密算法 $M \leftarrow \text{Dec}(\text{sk}_{id}, C)$ 的具体过程描述如下所示。

$\text{Dec}(\text{sk}_{id}, C)$:

计算 $\alpha = H_3(\text{id}, U, e)$;

若等式 $V = x_{id}U + \alpha y_{id}U$ 成立，则输出 $M = H_2(U(x_{id} + y_{id})) \oplus e$;

否则，终止并输出 $\perp$。

7.2.2 正确性

上述 CL-PKE 机制的密文合法性验证和解密操作的正确性将从下述等式获得。

$$\begin{aligned} x_{\mathrm{id}}U + \alpha y_{\mathrm{id}}U &= x_{\mathrm{id}}uP + \alpha y_{\mathrm{id}}uP = ux_{\mathrm{id}}P + u\alpha[r + sH_1(\mathrm{id}, X_{\mathrm{id}}, Y_{\mathrm{id}})]P \\ &= uX_{\mathrm{id}} + u\alpha[Y_{\mathrm{id}} + H_1(\mathrm{id}, X_{\mathrm{id}}, Y_{\mathrm{id}})P_{\mathrm{pub}}] = V \\ U(x_{\mathrm{id}} + y_{\mathrm{id}}) &= uP[x_{\mathrm{id}} + r + sH_1(\mathrm{id}, X_{\mathrm{id}}, Y_{\mathrm{id}})] \\ &= u[X_{\mathrm{id}} + Y_{\mathrm{id}} + H_1(\mathrm{id}, X_{\mathrm{id}}, Y_{\mathrm{id}})P_{\mathrm{pub}}] \end{aligned}$$

7.2.3 安全性证明

假设 7-1(判定性 Diffie-Hellman(decisional Diffie-Hellman，DDH)假设)　对于已知的元组 $\mathbb{G} = (q, G, P) \leftarrow \mathcal{G}(1^\kappa)$，给定任意的元组 (P, aP, bP, abP) 和 (P, aP, bP, cP)，对于未知的指数 $a, b, c \in Z_q^*$，DDH 问题的目标是判断等式 $abP = cP$ 是否成立。DDH 假设意味着任意的 PPT 算法 $\mathcal{A}$ 成功解决 DDH 问题的优势

$$\mathrm{Adv}_{\mathcal{A}}^{\mathrm{DDH}}(\kappa) = \Pr[\mathcal{A}(P, aP, bP, abP) = 1] - \Pr[\mathcal{A}(P, aP, bP, cP) = 1]$$

是可忽略的，其中概率来源于 a、b 和 c 在 Z_q^* 上的随机选取与算法 $\mathcal{A}$ 的随机选取。

特别地，实际安全性证明中 DDH 假设的元组形式可以写为 (g_1, g_2, U_1, U_2)，当该元组满足条件 $\log_{g_1} U_1 = \log_{g_2} U_2$ 时，称其是 DH 元组；否则，称其为非 DH 元组。

定理 7-1　若存在一个多项式时间敌手 $\mathcal{A}^1$ 能以不可忽略的优势 ε_1 攻破上述 CL-PKE 机制的 CCA 安全性，则存在一个模拟器 $\mathcal{S}$ 能以显而易见的优势 $\mathrm{Adv}_{\text{CL-PKE},\mathcal{S}}^{\mathrm{DDH}}(\kappa, \lambda)$ 解决 DDH 问题的困难性，其中上述优势满足：

$$\mathrm{Adv}_{\text{CL-PKE},\mathcal{S}}^{\mathrm{DDH}}(\kappa, \lambda) \geqslant \frac{\varepsilon_1}{\mathrm{e}(q_d + q_s + 1)}$$

其中，e 是自然对数底数；q_d 是解密询问的次数；q_s 是私钥生成询问的次数。

证明　游戏开始之前，模拟器 $\mathcal{S}$ 收到 DDH 困难问题的挑战者所发送的挑战元组 $\mathcal{T}_\nu = (P, aP, bP, T_\nu)$ 和公开参数 (q, G, P)，其中 $T_\nu = abP$ 或 $T_\nu \leftarrow_R G$（此时可以将 T_ν 表示为 $T_\nu = cP$，$c \in Z_q^*$ 且 $c \neq ab$）。此外，模拟器 $\mathcal{S}$ 维护 4 个初始为空的列表 $\mathcal{L}_1$、$\mathcal{L}_{\mathrm{pk}}$、$\mathcal{L}_{\mathrm{sk}}$ 和 $\mathcal{L}_{\mathrm{D}}$，它们用于记录游戏执行过程中敌手 $\mathcal{A}^1$ 提交的相关询问的应答值，并且初始时各列表均为空。除此之外，模拟器 $\mathcal{S}$ 选取一个身份 id^* 作为挑战身份的猜测(该身份也可以在游戏进行过程中适应性地随机选取，在敌手的询问过程中，根据敌手 $\mathcal{A}^1$ 的询问情况模拟器 $\mathcal{S}$ 自适应地猜测相应的挑战身份 id^*)。

1) 初始化

模拟器 $\mathcal{S}$ 运行初始化算法 $(\mathrm{Params}, \mathrm{msk}) \leftarrow \mathrm{Setup}(1^\kappa)$ 获得相应的系统公开参数

$\text{Params} = (q, G, P, P_{\text{pub}}, H_1, H_2, H_3)$ 和主私钥 msk，秘密保存 msk 的同时发送 Params 给敌手 $\mathcal{A}^1$，其中 H_2 和 H_3 是单向哈希函数，H_1 是随机谕言机。

2) 阶段 1（训练）

该阶段敌手 $\mathcal{A}^1$ 可适应性地进行多项式有界次的下述询问。

(1) 公钥提取询问。

敌手 $\mathcal{A}^1$ 以身份 id 作为输入向模拟器 $\mathcal{S}$ 提出关于身份 id 的公钥提取询问。

若列表 $\mathcal{L}_{\text{pk}}$ 中存在相应的元组 $(\text{id}, X_{\text{id}}, Y_{\text{id}})$，则模拟器 $\mathcal{S}$ 返回 $\text{pk}_{\text{id}} = (X_{\text{id}}, Y_{\text{id}})$ 并作为该询问的应答；否则，模拟器 $\mathcal{S}$ 执行下述操作。

①若 $\text{id} = \text{id}^*$，令 $X_{\text{id}^*} = aP$（隐含地设定 $x_{\text{id}^*} = a$），并选取满足条件 $(\cdot,\cdot,\cdot,\cdot,h_1^{\text{id}^*}) \notin \mathcal{L}_1$（防止哈希函数 H_1 碰撞的产生）和 $(\cdot,\cdot,\cdot,rP,\cdot) \notin \mathcal{L}_2$ 的随机值 $r, h_1^{\text{id}^*} \leftarrow Z_q^*$，计算 $Y_{\text{id}^*} = rP$ 和 $y_{\text{id}^*} = r + \text{msk} \cdot h_1^{\text{id}^*}$（模拟器 $\mathcal{S}$ 掌握主密钥 msk）；分别添加相应的元组 $(\text{id}, X_{\text{id}^*}, Y_{\text{id}^*})$、$(\text{id}^*, X_{\text{id}^*}, Y_{\text{id}^*}, h_1^{\text{id}^*})$ 和 $(\text{id}^*, x_{\text{id}^*}, y_{\text{id}^*})$ 到列表 $\mathcal{L}_{\text{pk}}$、$\mathcal{L}_1$ 与 $\mathcal{L}_{\text{sk}}$ 中，返回 $\text{pk}_{\text{id}} = (X_{\text{id}^*}, Y_{\text{id}^*})$ 作为该询问的应答。

注解 7-2　模拟器 $\mathcal{S}$ 仅掌握挑战身份 id^* 对应私钥 $\text{sk}_{\text{id}} = (x_{\text{id}^*}, y_{\text{id}^*})$ 中的部分元素 y_{id^*}（$x_{\text{id}^*} = a$ 是未知的），即模拟器无法获知挑战身份所对应的完整私钥。

②若 $\text{id} \neq \text{id}^*$，模拟器 $\mathcal{S}$ 随机选取 $x_{\text{id}}, y_{\text{id}}, h_1^{\text{id}} \leftarrow Z_q^*$，计算 $X_{\text{id}} = x_{\text{id}}P$ 和 $Y_{\text{id}} = y_{\text{id}}P - h_1^{\text{id}}P_{\text{pub}}$，分别添加相应的元组 $(\text{id}, X_{\text{id}}, Y_{\text{id}})$、$(\text{id}, x_{\text{id}}, y_{\text{id}})$ 和 $(\text{id}, X_{\text{id}}, Y_{\text{id}}, h_1^{\text{id}})$ 到列表 $\mathcal{L}_{\text{pk}}$、$\mathcal{L}_{\text{sk}}$ 和 $\mathcal{L}_1$ 中，返回 $\text{pk}_{\text{id}} = (X_{\text{id}}, Y_{\text{id}})$ 作为该询问的应答。

(2) 谕言机 H_1 询问。

敌手 $\mathcal{A}^1$ 以 $(\text{id}, X_{\text{id}}, Y_{\text{id}})$ 作为输入向模拟器 $\mathcal{S}$ 提出 H_1 询问。

若列表 $\mathcal{L}_1$ 中存在相应的元组 $(\text{id}, X_{\text{id}}, Y_{\text{id}}, h_1^{\text{id}})$，则模拟器 $\mathcal{S}$ 返回 h_1^{id} 作为该询问的应答；否则，模拟器 $\mathcal{S}$ 对身份 id 进行公钥提取询问（在公钥询问中相应的元组 $(\text{id}, X_{\text{id}}, Y_{\text{id}}, h_1^{\text{id}})$ 将被添加到列表 $\mathcal{L}_1$ 中），然后从列表 $\mathcal{L}_1$ 中找到相应的元组 $(\text{id}, X_{\text{id}}, Y_{\text{id}}, h_1^{\text{id}})$，返回 h_1^{id} 作为该询问的应答。

(3) 私钥提取询问。

敌手 $\mathcal{A}^1$ 以身份 id 作为输入向模拟器 $\mathcal{S}$ 提出关于身份 id 的私钥提取询问。

①若 $\text{id} = \text{id}^*$，模拟器 $\mathcal{S}$ 终止并返回无效符号 $\perp$（禁止敌手 $\mathcal{A}^1$ 对挑战身份进行私钥提取询问）。

②若 $\text{id} \neq \text{id}^*$，模拟器 $\mathcal{S}$ 执行下述操作：若列表 $\mathcal{L}_{\text{sk}}$ 中存在相应的元组 $(\text{id}, x_{\text{id}}, y_{\text{id}})$，则模拟器 $\mathcal{S}$ 返回 $\text{sk}_{\text{id}} = (x_{\text{id}}, y_{\text{id}})$ 作为相应的询问应答；否则，模拟器 $\mathcal{S}$ 对身份 id 进行公钥提取询问（在公钥询问中身份 id 所对应的元组 $(\text{id}, x_{\text{id}}, y_{\text{id}})$ 将被添加到列表 $\mathcal{L}_{\text{sk}}$ 中），然后从列表 $\mathcal{L}_{\text{sk}}$ 中找到相应的元组 $(\text{id}, x_{\text{id}}, y_{\text{id}})$，并返回 $\text{sk}_{\text{id}} = (x_{\text{id}}, y_{\text{id}})$ 作为该询问的应答。

(4) 解密询问。

对于敌手 $\mathcal{A}^1$ 提交的关于身份密文对 (id, C) 的解密询问。若 $\text{id} = \text{id}^*$，则模拟器 $\mathcal{S}$ 终

止并退出。否则，模拟器$\mathcal{S}$运行私钥提取算法获知身份id对应的私钥$\mathrm{sk}_{\mathrm{id}}=(x_{\mathrm{id}},y_{\mathrm{id}})$，然后借助解密谕言机$\mathcal{O}^{\mathrm{Dec}}(\cdot)$返回相应的明文$M$给敌手，即$M=\mathcal{O}^{\mathrm{Dec}}(\mathrm{sk}_{\mathrm{id}},C)$。

(5) 替换询问。

敌手$\mathcal{A}^1$能够随时以其掌握的随机信息$\mathrm{pk}'_{\mathrm{id}}=(X'_{\mathrm{id}},Y'_{\mathrm{id}})$替换任何身份id的公钥$\mathrm{pk}_{\mathrm{id}}=(X_{\mathrm{id}},Y_{\mathrm{id}})$。

3) 挑战

该阶段，敌手$\mathcal{A}^1$提交挑战身份$\mathrm{id}'\in\mathcal{ID}$和两个等长的消息$M_0,M_1\in\mathcal{M}$给$\mathcal{S}$，模拟器$\mathcal{S}$执行下述操作。

(1) 若$\mathrm{id}'\neq\mathrm{id}^*$，则模拟器$\mathcal{S}$终止退出，并返回无效符号$\perp$(模拟器未能准确猜中敌手的挑战身份)。

(2) 若$\mathrm{id}'=\mathrm{id}^*$，令$U^*=bP$（隐含地设置$u=b$），模拟器$\mathcal{S}$选取随机值$S^*\leftarrow\{0,1\}^{l_t}$，并计算

$$e^*=H_2(T_\nu+y_{\mathrm{id}^*}U^*)\oplus M_\beta \text{ 和 } V^*=T_\nu+\alpha y_{\mathrm{id}^*}U^*$$

式中，$\alpha=H_3(\mathrm{id}^*,U,e)$。

(3) 令$C^*_\beta=(U^*,e^*,V^*)$，将生成的挑战密文C^*_β返回给敌手$\mathcal{A}^1$。

4) 阶段 2(训练)

收到挑战密文C^*_β之后，敌手$\mathcal{A}^1$可对除了挑战身份id^*的任何身份$\mathrm{id}\neq\mathrm{id}^*$进行多项式有界次的私钥提取询问和部分密钥提取询问；此外，可以对除挑战身份和挑战密文对$(\mathrm{id}^*,C^*_\beta)$之外的任何身份密文对$(\mathrm{id},C)\neq(\mathrm{id}^*,C^*_\beta)$进行多项式有界次的解密询问。

5) 猜测

敌手$\mathcal{A}^1$输出对模拟器$\mathcal{S}$选取的随机数β的猜测$\beta'\in\{0,1\}$。若$\beta=\beta'$，则敌手$\mathcal{A}^1$在该游戏中获胜。

下面将根据输入元组$\mathcal{T}_\nu=(P,aP,bP,T_\nu)$是否是DH元组分两类讨论CL-PKE机制的安全性。

引理 7-1　若输入元组$\mathcal{T}_\nu=(P,aP,bP,T_\nu)$是一个DH元组，即$T_\nu=abP$，并且敌手$\mathcal{A}^1$能以不可忽略的优势$\varepsilon_1$攻破上述CL-PKE机制的安全性，则存在一个模拟器$\mathcal{S}$能以显而易见的优势$\mathrm{Adv}^{\mathrm{DDH}}_{\text{CL-PKE},\nu=1,\mathcal{S}}(\kappa,\lambda)$解决DDH问题，其中

$$\mathrm{Adv}^{\mathrm{DDH}}_{\text{CL-PKE},\nu=1,\mathcal{S}}(\kappa,\lambda)\geqslant\frac{\varepsilon_1}{\mathrm{e}(q_d+q_s+1)}$$

证明　当模拟器$\mathcal{S}$的输入元组$\mathcal{T}_\nu=(P,aP,bP,T_\nu)$是DH元组时，由下述等式可知上述交互式实验的模拟过程与实际过程完全等价，即模拟器$\mathcal{S}$将消息M_β的加密密文发送给敌手$\mathcal{A}^1$，其中随机数$\beta\leftarrow_R\{0,1\}$是由模拟器$\mathcal{S}$随机选取的。

$$
\begin{aligned}
e^* &= H_2(T_v + y_{\mathrm{id}^*}U^*) \oplus M_\beta = H_2(abP + y_{\mathrm{id}^*}bP) \oplus M_\beta \\
&= H_2(b(aP + y_{\mathrm{id}^*}P)) \oplus M_\beta = H_2(b(x_{\mathrm{id}^*}P + y_{\mathrm{id}^*}P)) \oplus M_\beta \\
&= H_2(u(X_{\mathrm{id}^*}P + Y_{\mathrm{id}^*} + H_1(\mathrm{id}^*, X_{\mathrm{id}^*}, Y_{\mathrm{id}^*})P_{\mathrm{pub}})) \oplus M_\beta \\
V^* &= T_v + \alpha y_{\mathrm{id}^*}U^* = abP + \alpha y_{\mathrm{id}^*}U^* \\
&= bX_{\mathrm{id}^*} + \alpha b y_{\mathrm{id}^*}P \\
&= uX_{\mathrm{id}^*} + u\alpha(Y_{\mathrm{id}^*} + H_1(\mathrm{id}^*, X_{\mathrm{id}^*}, Y_{\mathrm{id}^*})P_{\mathrm{pub}})
\end{aligned}
$$

令事件 $\mathcal{E}_0$ 表示敌手 $\mathcal{A}^1$ 提交的挑战身份 id' 满足 $\mathrm{id}' = \mathrm{id}^*$；事件 $\mathcal{E}_1$ 表示模拟器 $\mathcal{S}$ 在询问阶段未终止；事件 $\mathcal{E}_2$ 表示模拟器 $\mathcal{S}$ 在挑战阶段未终止。

在上述交互式实验中，敌手 $\mathcal{A}^1$ 共对 $q_d + q_s + 1$ 个身份进行了相应的操作，其中在解密询问中敌手选取了 q_d 个不同的身份，在私钥提取询问中选取了 q_s 个不同的身份，挑战阶段提交了一个挑战身份 id^*。由于模拟器 $\mathcal{S}$ 可以在与敌手 $\mathcal{A}^1$ 的交互过程中适应性地选取挑战身份，即根据敌手的具体询问情况选择相应的挑战身份猜测 id^*，因此可知

$$
\Pr[\mathcal{E}_0] = \vartheta = \frac{1}{q_d + q_s + 1}
$$

根据交互式实验的具体模拟过程，可知

$$
\Pr[\mathcal{E}_1] = (1-\vartheta)^{q_d + q_s}, \quad \Pr[\mathcal{E}_2] = \vartheta
$$

注解 7-3　由于游戏中已明确禁止敌手 $\mathcal{A}^1$ 提交关于挑战身份 id^* 的私钥提取询问，此处无须讨论敌手 $\mathcal{A}^1$ 对挑战身份 id^* 提交私钥提取询问的概率。

因此，模拟器 $\mathcal{S}$ 在上述交互式实验中未终止且敌手 $\mathcal{A}^1$ 未提交关于挑战身份 id^* 的私钥生成询问的概率可以表示为

$$
\Pr[\mathcal{E}_1 \wedge \mathcal{E}_2] = \left(1 - \frac{1}{q_d + q_s + 1}\right)^{q_d + q_s} \frac{1}{q_d + q_s + 1}
$$

综上所述，若敌手 $\mathcal{A}^1$ 能以不可忽略的优势 ε_1 攻破 CL-PKE 机制泄露容忍的 CCA 安全性，并且模拟器 $\mathcal{S}$ 在上述模拟试验中未终止，同时敌手 $\mathcal{A}^1$ 未提交关于挑战身份 id^* 的私钥生成询问，则在忽略私钥泄露的情况下，模拟器 $\mathcal{S}$ 能以显而易见的优势 $\mathrm{Adv}^{\mathrm{DDH}}_{\mathrm{CL\text{-}PKE}, \nu=1, \mathcal{S}}(\kappa, \lambda)$ 解决 DDH 假设，其中

$$
\begin{aligned}
\mathrm{Adv}^{\mathrm{DDH}}_{\mathrm{CL\text{-}PKE}, \nu=1, \mathcal{S}}(\kappa, \lambda) &= \left(1 - \frac{1}{q_d + q_s + 1}\right)^{q_d + q_s} \frac{\varepsilon_1}{q_d + q_s + 1} \\
&\geqslant \frac{\varepsilon_1}{\mathrm{e}(q_d + q_s + 1)}
\end{aligned}
$$

引理 7-1 证毕。

引理 7-2　若输入元组 $\mathcal{T}_v=(P,aP,bP,T_v)$ 是一个非 DH 元组，即 $T_v=cP$，则模拟器 $\mathcal{S}$ 以 $1/2$ 的概率解决 DDH 问题。

证明　当模拟器 $\mathcal{S}$ 的输入元组 $\mathcal{T}_v=(P,aP,bP,T_v)$ 是非 DH 元组时，模拟器 $\mathcal{S}$ 返回给敌手 $\mathcal{A}^1$ 明文空间中任意消息的加密密文，即挑战密文 C_β^* 中不包含模拟器 $\mathcal{S}$ 选取随机数 $\beta\leftarrow_R\{0,1\}$ 的任何信息，因此敌手 $\mathcal{A}^1$ 只能随机返回相应的猜测值 $\beta'\in\{0,1\}$。

因此，当 $\mathcal{T}_v=(P,aP,bP,T_v)$ 是一个非 DH 元组时，模拟器 $\mathcal{S}$ 能以 $1/2$ 的概率解决 DDH 困难性问题。

引理 7-2 证毕。

由引理 7-1 和引理 7-2 可知，若多项式时间敌手 $\mathcal{A}^1$ 能以优势 ε_1 攻破上述 CL-PKE 机制的 CCA 安全性，则模拟器 $\mathcal{S}$ 解决 DDH 困难性问题的优势为

$$\mathrm{Adv}_{\text{CL-PKE},\mathcal{S}}^{\mathrm{DDH}}(\kappa,\lambda)\geqslant\frac{\varepsilon_1}{\mathrm{e}(q_d+q_s+1)}$$

综上所述，根据引理 7-1 和引理 7-2 的结论可知，若 DDH 问题是难解的，则对于任意的多项式时间敌手 $\mathcal{A}^1$，上述构造是 CCA 安全的 CL-PKE 机制。

定理 7-1 证毕。

定理 7-2　若存在一个多项式时间敌手 $\mathcal{A}^2$ 能以不可忽略的优势 ε_2 攻破上述 CL-PKE 机制泄露容忍的 CCA 安全性，则存在一个模拟器 $\mathcal{S}$ 能以显而易见的优势 $\mathrm{Adv}_{\text{CL-PKE},\mathcal{S}}^{\mathrm{DDH}}(\kappa,\lambda)$ 解决 DDH 问题的困难性，其中上述优势满足

$$\mathrm{Adv}_{\text{CL-PKE},\mathcal{S}}^{\mathrm{DDH}}(\kappa,\lambda)\geqslant\frac{\varepsilon_2}{\mathrm{e}(q_d+q_s+1)}$$

式中，q_d 是解密询问的次数；q_s 是私钥生成询问的次数。

定理 7-2 与定理 7-1 证明过程的唯一区别是在定理 7-2 的初始化阶段，模拟器 $\mathcal{S}$ 会发送主密钥 msk 给敌手 $\mathcal{A}^2$。在定理 7-1 的证明中，由于 DDH 困难问题的相关元组并未嵌入到主密钥中，因此模拟器 $\mathcal{S}$ 完全掌握主私钥 msk，即模拟器 $\mathcal{S}$ 具备将掌握的主密钥 msk 发送给敌手的能力，所以可以使用与定理 7-1 相类似的证明方法对定理 7-2 进行证明，此处不再赘述定理 7-2 的详细证明过程。

由定理 7-1 和定理 7-2 可知，对于任意的多项式时间敌手 $\mathcal{A}=\{\mathcal{A}^1,\mathcal{A}^2\}$，上述构造是 CCA 安全的 CL-PKE 机制。

7.3　具有密钥更新功能的 CL-PKE 机制

在现实环境中，边信道、冷启动等泄露攻击导致用户私钥信息的泄露[39-42]，对

用户私钥的随机性造成影响。为了弥补 CL-PKE 中信息泄露对私钥随机性的影响，将介绍具有密钥更新功能的 CCA 安全的 CL-PKE 机制，通过更新操作生成具有足够随机性的新私钥。

7.3.1　具体构造

1) 系统初始化

系统建立算法 $(\text{Params},\text{msk}) \leftarrow \text{Setup}(1^\kappa)$ 的具体过程描述如下所示。

$\text{Setup}(1^\kappa)$:

计算 $(q,G,P) \leftarrow \mathcal{G}(1^\kappa)$;

选取 $\text{KDF}: G \to Z_q^* \times Z_q^*$;

选取 $H,H_1,H_3:\{0,1\}^* \to Z_q^*$ 和 $H_2:\{0,1\}^* \to \{0,1\}^{l_m}$;

随机选取 $s \leftarrow_R Z_q^*$，计算 $P_{\text{pub}} = sP$;

输出 $\text{Params} = (q,G,P,P_{\text{pub}},H,H_1,H_2,H_3,\text{KDF})$ 和 $\text{msk} = s$。

其中， $\text{KDF}: G \to Z_q^* \times Z_q^*$ 是安全的密钥衍射函数，当输入空间具有足够的熵时，该函数可以视为强随机性提取器。

2) 用户密钥生成

对于任意的身份 $\text{id} \in \text{ID}$ ，密钥生成算法 $(\text{sk}_{\text{id}},\text{pk}_{\text{id}}) \leftarrow \text{KeyGen}(\text{id},\text{msk})$ 的具体过程描述如下所示。

$\text{KeyGen}(\text{id},\text{msk})$:

用户随机选取 $x_{\text{id}},m_{\text{id}} \leftarrow_R Z_q^*$，计算

$$X_{\text{id}} = x_{\text{id}}P，\ M_{\text{id}} = m_{\text{id}}P$$

KGC随机选取 $\alpha,\beta \leftarrow_R Z_q^*$，计算

$$Y_{\text{id}} = \alpha P，\ N_{\text{id}} = \beta P，\ y_{\text{id}} = \alpha + sh_{\text{id}}，\ n_{\text{id}} = \beta + sh_{\text{id}}$$

其中，$h_{\text{id}} = H_1(\text{id},X_{\text{id}},Y_{\text{id}},M_{\text{id}},N_{\text{id}})$。

输出密钥 $\text{sk}_{\text{id}} = (x_{\text{id}},y_{\text{id}},m_{\text{id}},n_{\text{id}})$;

公钥 $\text{pk}_{\text{id}} = (X_{\text{id}},Y_{\text{id}},M_{\text{id}},N_{\text{id}})$。

用户收到 KGC 返回的部分密钥 $(Y_{\text{id}},y_{\text{id}},N_{\text{id}},n_{\text{id}})$ 后，可以通过下述等式验证部分密钥的正确性。

$$y_{\text{id}}P = Y_{\text{id}} + P_{\text{pub}}H_1(\text{id},X_{\text{id}},Y_{\text{id}},M_{\text{id}},N_{\text{id}}) \text{ 和 } n_{\text{id}}P = N_{\text{id}} + P_{\text{pub}}H_1(\text{id},X_{\text{id}},Y_{\text{id}},M_{\text{id}},N_{\text{id}})$$

密钥生成算法中用户 id 与 KGC 间的消息交互过程如下所示。

(1)用户 id 选取 $x_{\mathrm{id}},m_{\mathrm{id}} \leftarrow_R Z_q^*$，并计算 $X_{\mathrm{id}}=x_{\mathrm{id}}P$ 和 $M_{\mathrm{id}}=m_{\mathrm{id}}P$，发送 $(\mathrm{id},X_{\mathrm{id}},M_{\mathrm{id}})$ 给 KGC。

(2)收到用户的请求消息 $(\mathrm{id},X_{\mathrm{id}},M_{\mathrm{id}})$ 后，KGC 选取随机数 $\alpha,\beta \leftarrow_R Z_q^*$，并计算

$$Y_{\mathrm{id}}=\alpha P,\quad N_{\mathrm{id}}=\beta P$$

$$y_{\mathrm{id}}=\alpha+sH_1(\mathrm{id},X_{\mathrm{id}},Y_{\mathrm{id}},M_{\mathrm{id}},N_{\mathrm{id}}),\quad n_{\mathrm{id}}=\beta+sH_1(\mathrm{id},X_{\mathrm{id}},Y_{\mathrm{id}},M_{\mathrm{id}},N_{\mathrm{id}})$$

最后，发送相应的应答消息 $(Y_{\mathrm{id}},y_{\mathrm{id}},N_{\mathrm{id}},n_{\mathrm{id}})$ 给用户 id。

(3)收到 KGC 的应答消息 $(Y_{\mathrm{id}},y_{\mathrm{id}},N_{\mathrm{id}},n_{\mathrm{id}})$ 后，用户 id 设置公钥 $\mathrm{pk}_{\mathrm{id}}$ 和私钥 $\mathrm{sk}_{\mathrm{id}}$，其中，$\mathrm{sk}_{\mathrm{id}}=(x_{\mathrm{id}},y_{\mathrm{id}},m_{\mathrm{id}},n_{\mathrm{id}})$ 和 $\mathrm{pk}_{\mathrm{id}}=(X_{\mathrm{id}},Y_{\mathrm{id}},M_{\mathrm{id}},N_{\mathrm{id}})$。

注解 7-4 由于无证书密码体制易遭受第一类敌手的公钥替换攻击，在上述构造中，用户与 KGC 间以消息交互的形式生成用户的密钥，该方法能有效地防止攻击者进行公钥替换攻击。KGC 并非独立地生成用户的部分密钥，而是使用了用户选取随机数的承诺值(该承诺值同时是用户的部分公钥)，因此当第一类敌手攻击者进行公钥替换攻击时，公钥的改变会影响到部分密钥的变化。主密钥对于第一类敌手而言是未知的，部分公钥的改变将导致相应验证等式无法成立。

3) 密钥更新

对于原始私钥 $\mathrm{sk}_{\mathrm{id}}=(x_{\mathrm{id}},y_{\mathrm{id}},m_{\mathrm{id}},n_{\mathrm{id}})$，密钥更新算法 $\mathrm{sk}'_{\mathrm{id}} \leftarrow \mathrm{Update}(\mathrm{sk}_{\mathrm{id}})$ 的具体过程描述如下所示。

$\mathrm{Update}(\mathrm{sk}_{\mathrm{id}})$:

随机选取 $a,b \leftarrow_R Z_q^*$，计算

$$x'_{\mathrm{id}}=x_{\mathrm{id}}+a,\ y'_{\mathrm{id}}=y_{\mathrm{id}}-a,\ m'_{\mathrm{id}}=m_{\mathrm{id}}+b,\ n'_{\mathrm{id}}=n_{\mathrm{id}}-b$$

输出 $\mathrm{sk}'_{\mathrm{id}}=(x'_{\mathrm{id}},y'_{\mathrm{id}},m'_{\mathrm{id}},n'_{\mathrm{id}})$，满足 $\mathrm{sk}'_{\mathrm{id}}\neq \mathrm{sk}_{\mathrm{id}}$ 和 $|\mathrm{sk}'_{\mathrm{id}}|=|\mathrm{sk}_{\mathrm{id}}|$。

更新后的私钥 $\mathrm{sk}'_{\mathrm{id}}=(x'_{\mathrm{id}},y'_{\mathrm{id}},m'_{\mathrm{id}},n'_{\mathrm{id}})$ 与密钥生成算法所产生的私钥具有相同的分布，即对于任意的敌手而言，$\mathrm{sk}'_{\mathrm{id}}$ 和 $\mathrm{sk}_{\mathrm{id}}$ 都是私钥空间上的均匀分布。特别地，对于任意的更新索引 $t=1,2,3,\cdots$，有

$$x^t_{\mathrm{id}}=x_{\mathrm{id}}+\sum_{i=1}^{t}a_i,\ y^t_{\mathrm{id}}=y_{\mathrm{id}}-\sum_{i=1}^{t}a_i,\ m^t_{\mathrm{id}}=m_{\mathrm{id}}+\sum_{i=1}^{t}b_i,\ n^t_{\mathrm{id}}=n_{\mathrm{id}}-\sum_{i=1}^{t}b_i$$

对应的更新私钥是 $\mathrm{sk}^t_{\mathrm{id}}=(x^t_{\mathrm{id}},y^t_{\mathrm{id}},m^t_{\mathrm{id}},n^t_{\mathrm{id}})$，满足 $\mathrm{sk}^t_{\mathrm{id}}\neq \mathrm{sk}_{\mathrm{id}}$ 和 $|\mathrm{sk}^t_{\mathrm{id}}|=|\mathrm{sk}_{\mathrm{id}}|$。

4) 加密算法

对于明文消息 $M\in\mathcal{M}$ 和公钥 $\mathrm{pk}_{\mathrm{id}}=(X_{\mathrm{id}},Y_{\mathrm{id}},M_{\mathrm{id}},N_{\mathrm{id}})$，加密算法 $C\leftarrow \mathrm{Enc}(\mathrm{pk}_{\mathrm{id}},M)$ 的具体过程描述如下所示。

$\mathrm{Enc}(\mathrm{pk}_{\mathrm{id}}, M)$:

随机选取$r_1, r_2 \leftarrow_R Z_q^*$，计算

$$U_1 = r_1 P, \quad U_2 = r_2 P$$

随机选取$\eta \leftarrow_R Z_q^*$，计算

$$W = r_1(X_{\mathrm{id}} + Y_{\mathrm{id}} + h_{\mathrm{id}} P_{\mathrm{pub}}) + r_2 \eta (M_{\mathrm{id}} + N_{\mathrm{id}} + h_{\mathrm{id}} P_{\mathrm{pub}})$$

其中，$h_{\mathrm{id}} = H_1(\mathrm{id}, X_{\mathrm{id}}, Y_{\mathrm{id}}, M_{\mathrm{id}}, N_{\mathrm{id}})$。

计算

$$e = H_2(W) \oplus M, \quad V = r_2 \mu (X_{\mathrm{id}} + Y_{\mathrm{id}} + h_{\mathrm{id}} P_{\mathrm{pub}}) + r_1 (M_{\mathrm{id}} + N_{\mathrm{id}} + h_{\mathrm{id}} P_{\mathrm{pub}})$$

其中，$\mu = H(U_1, U_2, e, \eta)$。

计算

$$v = r_1 k_1 H_3(e) + r_2 k_2$$

其中，$(k_1, k_2) = \mathrm{KDF}(V)$。

输出$C = (U_1, U_2, e, v, \eta)$。

5) 解密算法

对于索引为 $t = 1, 2, 3, \cdots$ 的私钥 $\mathrm{sk}_{\mathrm{id}}^t = (x_{\mathrm{id}}^t, y_{\mathrm{id}}^t, m_{\mathrm{id}}^t, n_{\mathrm{id}}^t)$ 和密文 $C = (U_1, U_2, e, v, \eta)$，解密算法 $M \leftarrow \mathrm{Dec}(\mathrm{sk}_{\mathrm{id}}^j, C)$ 的具体过程描述如下所示。

$\mathrm{Dec}(\mathrm{sk}_{\mathrm{id}}^j, C)$:

计算

$$V' = \mu (x_{\mathrm{id}}^t + y_{\mathrm{id}}^t) U_2 + (m_{\mathrm{id}}^t + n_{\mathrm{id}}^t) U_1$$

其中，$\mu = H(U_1, U_2, e, \eta)$。

计算

$$(k_1', k_2') = \mathrm{KDF}(V')$$

若$vP \neq k_1' H_3(e) U_1 + k_2' U_2$，则终止并输出$\perp$。

否则计算

$$W' = (x_{\mathrm{id}}^t + y_{\mathrm{id}}^t) U_1 + \eta (m_{\mathrm{id}}^t + n_{\mathrm{id}}^t) U_2$$

输出$M = H_2(W') \oplus e$，并执行密钥更新算法$\mathrm{sk}_{\mathrm{id}}^{t+1} \leftarrow \mathrm{Update}(\mathrm{sk}_{\mathrm{id}}^t)$。

7.3.2　正确性

上述 CL-PKE 机制的密文合法性验证和解密操作的正确性将由下述等式获得。

$$\begin{aligned} W' &= (x_{\mathrm{id}}^t + y_{\mathrm{id}}^t) U_1 + \eta (m_{\mathrm{id}}^t + n_{\mathrm{id}}^t) U_2 \\ &= r_1 (x_{\mathrm{id}}^t + \alpha + s h_{\mathrm{id}}) P + \eta r_2 (m_{\mathrm{id}}^t + \beta + s h_{\mathrm{id}}) P \\ &= r_1 (X_{\mathrm{id}}^t + Y_{\mathrm{id}}^t + h_{\mathrm{id}} P_{\mathrm{pub}}) + r_2 \eta (M_{\mathrm{id}}^t + N_{\mathrm{id}}^t + h_{\mathrm{id}} P_{\mathrm{pub}}) = W \end{aligned}$$

$$\begin{aligned} V' &= \mu(x_{\mathrm{id}}^t + y_{\mathrm{id}}^t)U_2 + (m_{\mathrm{id}}^t + n_{\mathrm{id}}^t)U_1 \\ &= r_2\mu(x_{\mathrm{id}}^t + \alpha + sh_{\mathrm{id}})P + r_1(m_{\mathrm{id}}^t + \beta + sh_{\mathrm{id}})P \\ &= r_2\mu(X_{\mathrm{id}}^t + Y_{\mathrm{id}}^t + h_{\mathrm{id}}P_{\mathrm{pub}}) + r_1(M_{\mathrm{id}}^t + N_{\mathrm{id}}^t + h_{\mathrm{id}}P_{\mathrm{pub}}) = V \end{aligned}$$

7.3.3 安全性证明

本节在 7.2 节 CL-PKE 机制的基础上构造了具有密钥更新功能的 CCA 安全的 CL-PKE 机制，因此可以使用与定理 7-1 相类似的方法对下述定理进行形式化证明。

定理 7-3 若存在一个敌手 $\mathcal{A}^1$ 能以不可忽略的优势攻破上述 CL-PKE 机制的 CCA 安全性，则存在一个模拟器 $\mathcal{S}$ 能以显而易见的优势解决 DDH 问题的困难性。

定理 7-4 若存在一个敌手 $\mathcal{A}^2$ 能以不可忽略的优势攻破上述 CL-PKE 机制泄露容忍的 CCA 安全性，则存在一个模拟器 $\mathcal{S}$ 能以显而易见的优势解决 DDH 问题的困难性。

此处省略上述具有密钥更新功能的 CL-PKE 机制 CCA 安全性的证明过程，建议读者自行给出具体的证明过程。

第 8 章　哈希证明系统

2002 年，Cramer 和 Shoup[43]将标准模型下高效的选择密文安全的公钥加密的设计思想凝练抽象为哈希证明系统(hash proof system，HPS)，HPS 作为一个重要的密码学工具被用来构造 CCA 安全的公钥密码机制，本章详细介绍 HPS 的相关知识，在回顾 HPS 形式化定义的基础上给出具体的实例。特别地，为了方便介绍 HPS 在抗泄露公钥加密机制构造方面的应用，本章还介绍抗泄露公钥加密机制的形式化定义及相应的安全模型。

8.1　哈希证明系统

HPS 可抽象为从集合 $\mathcal{C}$ 到集合 $\mathcal{K}$ 的哈希函数，对于集合 $\mathcal{C}$ 和定义在集合 $\mathcal{C}$ 上的 NP 语言 $\mathcal{L}$，要求区分 $\mathcal{L}$ 中的一个随机元素和 $\mathcal{C}\setminus\mathcal{L}$ 中的一个随机元素是计算困难的。HPS 具有两个完美特性，即投影性和平滑性。投影性是指哈希族中的每个哈希函数，对于 $x\in\mathcal{L}$，有两种方式计算每个点的哈希函数值，它们分别是一个公开算法 $\mathrm{Pub}(\cdot)$ 和一个秘密算法 $\mathrm{Priv}(\cdot)$，其中公开算法 $\mathrm{Pub}(\cdot)$ 以公钥 pk 作为输入；秘密算法 $\mathrm{Priv}(\cdot)$ 以私钥 sk 作为输入。平滑性是指给定公钥，对于 $x\in\mathcal{L}$ 和 $x\in\mathcal{C}\setminus\mathcal{L}$ 两种情况，哈希函数的输出是统计不可区分的。

更一般地讲，令 $\mathcal{C}$ 是一个实例集合，$\mathcal{L}$ 是集合 $\mathcal{C}$ 中由某二元关系 $\mathcal{R}$ 定义的一个真子集，即 $x\in\mathcal{L}$ 当且仅当存在 $w\in W$ 使得 $(x,w)\in\mathcal{R}$，那么 $(\mathcal{C},\mathcal{L},W,\mathcal{R})$ 构成了一个语言系统，$\mathcal{L}$ 为语言集合，W 为证据集合。$\mathcal{L}$ 中的实例常称为有效实例，$\mathcal{L}$ 之外的实例称为无效实例，通常要求语言系统上存在子集成员不可区分问题，即一个随机的有效实例和一个随机的无效实例是计算不可区分的。

8.1.1　平滑投影哈希函数

设 $\mathcal{SK}$、$\mathcal{PK}$、$\mathcal{K}$ 分别是私钥集合、公钥集合及封装密钥集合。$\mathcal{C}$ 和 $\mathcal{V}\in\mathcal{C}$ 分别为密文集合和有效密文集合。

设 $\Lambda_{\mathrm{sk}}:\mathcal{C}\to\mathcal{K}$ 是以 $\mathrm{sk}\in\mathcal{SK}$ 为索引的、把密文映射为对称密钥的哈希函数。对于哈希函数 $\Lambda_{(\cdot)}$，若存在投影 $\mu:\mathcal{SK}\to\mathcal{PK}$，使得 $\mu(\mathrm{sk})\in\mathcal{PK}$ 定义了 $\Lambda_{\mathrm{sk}}:\mathcal{C}\to\mathcal{K}$ 在有效密文集合 $\mathcal{V}\in\mathcal{C}$ 上的取值，即每个有效密文 $C\in\mathcal{V}$，$K=\Lambda_{\mathrm{sk}}(C)$ 的值由 $\mathrm{pk}=\mu(\mathrm{sk})$ 和 C 唯一确定，则称哈希函数 $\Lambda_{(\cdot)}$ 是投影的。尽管可能有许多不同的私钥对应于同一个公钥 pk，但是在有效密文集合上函数 $\Lambda_{\mathrm{sk}}(\cdot)$ 的取值由公钥 pk 完全确定。另外，

在无效密文集合 $\mathcal{C}\setminus\mathcal{V}$ 上函数 $\Lambda_{\mathrm{sk}}(\cdot)$ 的取值是不能完全确定的。若对所有的无效密文 $\tilde{C}\in\mathcal{C}\setminus\mathcal{V}$，有

$$\mathrm{SD}((\mathrm{pk},\Lambda_{\mathrm{sk}}(\tilde{C})),(\mathrm{pk},K))\leqslant\varepsilon$$

其中，$\mathrm{sk}\leftarrow_R\mathcal{SK}$、$K\leftarrow_R\mathcal{K}$ 和 $\mathrm{pk}=\mu(\mathrm{sk})$，则称此哈希函数 $\Lambda_{\mathrm{sk}}(\cdot)$ 是 ε- 通用的（ε-universal）。

8.1.2　HPS 的定义及安全属性

HPS 包含了 3 个多项式时间算法，即 $\Pi_{\mathrm{HPS}}=(\mathrm{Gen},\mathrm{Pub},\mathrm{Priv})$，其中，$\mathrm{Gen}(1^\kappa)$ 是随机化算法，用于生成系统的一个实例 $(\mathrm{group},\mathcal{K},\mathcal{C},\mathcal{V},\mathcal{SK},\mathcal{PK},\Lambda_{(\cdot)},\mu)$，其中，group 包含公开参数。$\mathrm{Pub}(\cdot)$ 是确定性的公开求值算法，当已知一个证据 w（证明 $C\in\mathcal{V}$ 是有效的）时，用于对有效密文 C 进行解封装。具体地说，当输入为 $\mathrm{pk}=\mu(\mathrm{sk})$、有效密文 $C\in\mathcal{V}$ 及证据 w 时，$\mathrm{Pub}(\cdot)$ 输出封装密钥 $K=\Lambda_{\mathrm{sk}}(C)$。$\mathrm{Priv}(\cdot)$ 是确定性的秘密值求解算法，用于已知 $\mathrm{sk}\in\mathcal{SK}$ 但不知道证据 w 时，对有效密文 C 进行解封装。具体地说，当输入为私钥 $\mathrm{sk}\in\mathcal{SK}$ 和有效密文 $C\in\mathcal{V}$ 时，$\mathrm{Priv}(\cdot)$ 输出封装密钥 $K=\Lambda_{\mathrm{sk}}(C)$。

为了方便理解，下面换一种方式给出 HPS 的形式化定义，图 8-1 为 HPS 的工作原理[44]。

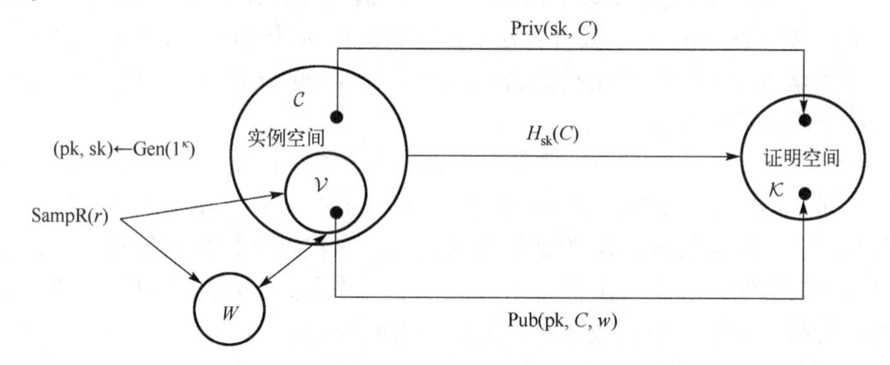

图 8-1　HPS 的工作原理

（1）密钥生成算法 $(\mathrm{pk},\mathrm{sk})\leftarrow\mathrm{Gen}(1^\kappa)$ 输出一对密钥 $(\mathrm{pk},\mathrm{sk})$，sk 与 pk 之间存在多对一的映射关系，即 $\mathrm{pk}=\mu(\mathrm{sk})$。每个 sk 都定义了一个哈希函数 $\Lambda_{\mathrm{sk}}:\mathcal{C}\to\mathcal{K}$，其中 $\mathcal{C}$ 是实例空间，$\mathcal{K}$ 是证明空间。

（2）私有求值算法 $K\leftarrow\mathrm{Priv}(\mathrm{sk},C)$ 的输入是私钥 sk，可高效地计算 $K=\Lambda_{\mathrm{sk}}(C)$，其中，$C$ 是 $\mathcal{C}$ 中的任意实例。

（3）当公开求值算法 $K\leftarrow\mathrm{Pub}(\mathrm{pk},C,w)$ 的输入 C 属于语言 $\mathcal{L}$ 时，可在没有私钥 sk 的情况下根据 pk 和 $C\in\mathcal{L}$ 相对应的证据 w 计算出哈希函数值 $K=\Lambda_{\mathrm{sk}}(C)$。

在 HPS 中，要求子集成员问题是计算困难的，即对于随机的有效密文 $C_0 \in \mathcal{V}$ 和随机的无效密文 $C_1 \in \mathcal{C} \setminus \mathcal{V}$，$C_0$ 和 C_1 是计算不可区分的。对于多项式时间的敌手 $\mathcal{A}$，区分密文 C_0 和 C_1 的优势 $\mathrm{Adv}_{\mathrm{HPS},\mathcal{A}}^{\mathrm{SM}}(\kappa)$ 是可忽略的，$\mathrm{Adv}_{\mathrm{HPS},\mathcal{A}}^{\mathrm{SM}}(\kappa)$ 的定义如下：

$$\mathrm{Adv}_{\mathrm{HPS},\mathcal{A}}^{\mathrm{SM}}(\kappa) = \left|\Pr_{C_0 \in \mathcal{V}}[\mathcal{A}(\mathcal{C},\mathcal{V},C_0)] - \Pr_{C_1 \in \mathcal{C}\setminus\mathcal{V}}[\mathcal{A}(\mathcal{C},\mathcal{V},C_1)]\right|$$

其中，集合 $\mathcal{C}$ 和 $\mathcal{V}$ 由函数 $\mathrm{Gen}(1^\kappa)$ 生成。特别地，$\mathrm{Gen}(1^\kappa)$ 在输出密钥对 $(\mathrm{pk},\mathrm{sk})$ 的同时输出相应的系统公开参数。

定义 8-1（通用性）　若语言系统 $(\mathcal{C},\mathcal{L},W,\mathcal{R})$ 上的 HPS $\Pi_{\mathrm{HPS}} = (\mathrm{Gen},\mathrm{Pub},\mathrm{Priv})$ 满足以下两个条件，则称其为 1-通用的（1-universal）。

(1) 对于 $\mathrm{Gen}(1^\kappa)$ 的所有可能输出，投影哈希函数 $\Lambda_{\mathrm{sk}}: \mathcal{C} \to \mathcal{K}$ 是 $\varepsilon(\kappa)$-通用的，其中，$\varepsilon(\kappa)$ 是一个可忽略的函数。

(2) 相应的子集成员问题是困难的。

定义 8-2（投影性）　对于语言系统 $(\mathcal{C},\mathcal{L},W,\mathcal{R})$ 上的 HPS $\Pi_{\mathrm{HPS}} = (\mathrm{Gen},\mathrm{Pub},\mathrm{Priv})$，若对于任意的 $C \in \mathcal{L}$，有 $\Lambda_{\mathrm{sk}}(C) = \mathrm{Pub}(\mathrm{pk},C,w)$（其中 $\mathrm{pk} = \mu(\mathrm{sk})$）成立，则称其具有投影性。

HPS 的投影性表明，当哈希函数 $\Lambda_{\mathrm{sk}}(C)$ 的输入为语言 $\mathcal{L}$ 中的元素时，其输出由对应的公钥和元素本身唯一确定，与私钥无关。

定义 8-3（随机性）　对于语言系统 $(\mathcal{C},\mathcal{L},W,\mathcal{R})$ 上的 HPS $\Pi_{\mathrm{HPS}} = (\mathrm{Gen},\mathrm{Pub},\mathrm{Priv})$，对于任意的 $C \notin \mathcal{L}$，函数 $\Lambda_{\mathrm{sk}}(C)$ 的输出是均匀分布的。

HPS 的随机性表明当哈希函数 $\Lambda_{\mathrm{sk}}(C)$ 的输入不在语言 $\mathcal{L}$ 中时，其输出一个随机分布。

图 8-2 是 HPS 的简单应用，具体过程如下所示。

(1) 验证者 Verifier 运行密钥生成算法 $(\mathrm{pk},\mathrm{sk}) \leftarrow \mathrm{Gen}(1^\kappa)$，生成一对公私钥 $(\mathrm{pk},\mathrm{sk})$，将 pk 公开，sk 秘密保存。

(2) 证明者 Prover 运行公开求值算法 $\mathrm{Pub}(\mathrm{pk},C,w)$ 计算哈希值 K 并将其发送给 Verifier。

(3) Verifier 利用私钥 sk 计算哈希值 $K' = \mathrm{Priv}(\mathrm{sk},C)$ 并与 Prover 发送过来的进行比对，若 $K' = K$，则接受；否则，拒绝。

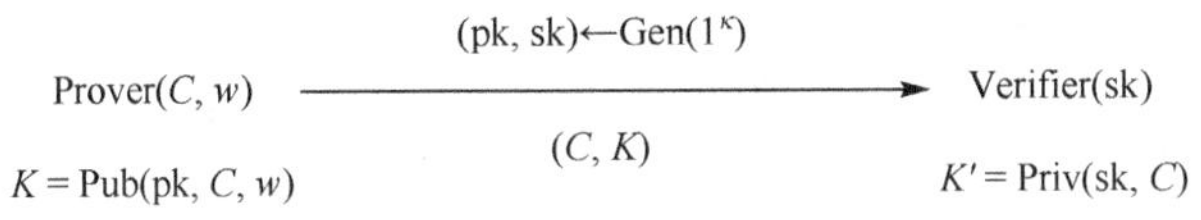

(pk, sk)←Gen(1^κ)

Prover(C, w) ————→ Verifier(sk)

(C, K)

K = Pub(pk, C, w)　　　　K' = Priv(sk, C)

图 8-2　HPS 的简单应用

上述过程显然是非交互的，下面讨论上述证明系统的安全性质。

(1) 完备性。

当$C \in \mathcal{L}$时，HPS 的投影性保证了 Prover 给出的证明 Verifier 都会接受。

(2) 合理性。

当$C \notin \mathcal{L}$时，HPS 的随机性保证了即使 Prover 拥有无穷的计算能力，其输出正确哈希值的概率是可忽略的。

(3) 零知识性。

由于 Verifier 本身拥有私钥 sk，它接收到的证明自己能够独立计算出来，证明的零知识性显然成立。

(4) 指定验证者。

只有拥有相应的私钥 sk 才有能力验证一个证明的真伪。

注解 8-1　HPS 中的证明者是高效的，即证明者在拥有相应证据时，可以快速地计算出证明。

注解 8-2　私钥与实例的无关性，即使验证者拥有相应的私钥，也无法判定给定的实例是否属于相应的语言$\mathcal{L}$。

注解 8-3　在设计可证明安全的密码方案中，特别是在公钥加密方案的一个主要技术难点是私钥往往嵌入在底层的困难问题中，导致归约算法通常并不掌握私钥，但归约算法必须回答敌手关于私钥的询问，例如，ElGamal 类型的加密方案在证明 CCA 安全性时，因为私钥嵌入了底层的 Diffie-Hellman 困难问题，归约算法不掌握对应的私钥。然而，HPS 另辟蹊径，直接绕过该难点，实质就在于私钥与实例无关，归约算法始终拥有私钥，因此可以轻松地回答关于私钥的任意询问。

8.1.3　基于 DDH 困难性假设的 HPS 构造

(1) $(\text{Params}, \text{pk}, \text{sk}) \leftarrow \text{Gen}(1^{\kappa})$。

令G是阶为素数p的乘法循环群，g_1和g_2是群G的两个生成元；$\text{Inj}: G \to Z_q$是高效可计算的单向映射，对于$n \in \mathbb{N}$和$\boldsymbol{u} = (u_1, \cdots, u_n) \in G^n$，定义运算$\overline{\text{Inj}}(\boldsymbol{u}) = (\text{Inj}(u_1), \cdots, \text{Inj}(u_n))$。类似地，$\overline{\text{Inj}}(\cdot)$也是单向映射。令$\text{group} = \{p, g_1, g_2, G, n\}$、$\mathcal{C} = G \times G$和$\mathcal{V} = \{(g_1^r, g_2^r): r \in Z_q\}$。令$\mathcal{K} = Z_q^n$、$\mathcal{SK} = (Z_q \times Z_q)^n$和$\mathcal{PK} = (G \times G)^n$。

对于私钥$\text{sk} = (x_{i,1}, x_{i,2})_{i \in [n]}$，定义$\text{pk} = (\text{pk}_i)_{i \in [n]} = \mu(\text{sk}) = (g_1^{x_{i,1}} g_2^{x_{i,2}})_{i \in [n]}$。对于密文$C = (u_1, u_2) \in \mathcal{C}$，定义$\Lambda_{\text{sk}}(C) = \overline{\text{Inj}}(u_1^{x_{i,1}} u_2^{x_{i,2}})_{i \in [n]}$。

输出系统公开参数$\text{Params} = (\text{group}, \mathcal{K}, \mathcal{C}, \mathcal{V}, \mathcal{SK}, \mathcal{PK}, \Lambda_{(\cdot)}, \mu)$。

(2) $K \leftarrow \text{Pub}(\text{pk}, C, r)$。

对于密文$C = (g_1^r, g_2^r) \in \mathcal{V}$和相应的证据$r \in Z_p$，并计算$K = \overline{\text{Inj}}(\text{pk}_1^r, \cdots, \text{pk}_n^r)$，最后输出封装密钥$K$。

(3) $K \leftarrow \text{Priv}(\text{sk}, C)$。

对于密文$C = (u_1, u_2) \in \mathcal{C}$，计算$K = \Lambda_{\text{sk}}(C) = \overline{\text{Inj}}(u_1^{x_{i,1}} u_2^{x_{i,2}})_{i \in [n]}$，输出封装密钥$K$。

8.2　基于 HPS 的抗泄露公钥加密机制

本节还将介绍基于 HPS 的抗泄露 PKE 机制的通用构造方法。

8.2.1　PKE 机制的抗泄露 CPA 安全性

泄露容忍的 CPA 安全性要求即使任意的敌手 $\mathcal{A}$ 获得了 PKE 机制私钥的部分信息，该机制依然保持其原有的语义安全性，其中敌手 $\mathcal{A}$ 的泄露攻击通过赋予敌手访问泄露谕言机 $\mathcal{O}_{\text{sk}}^{\kappa,\lambda}(\cdot)$ 的能力来模拟。假定敌手 $\mathcal{A}$ 能够适应性地询问泄露谕言机 $\mathcal{O}_{\text{sk}}^{\kappa,\lambda}(\cdot)$，即敌手 $\mathcal{A}$ 通过提交任意高效可计算的泄露函数 $f_i:\{0,1\}^*\rightarrow\{0,1\}^{\lambda_i}$ 获得谕言机 $\mathcal{O}_{\text{sk}}^{\kappa,\lambda}(\cdot)$ 返回的相应泄露信息 $f_i(\text{sk})$，其中，λ_i 是函数输出的长度，sk 是私钥。如果敌手 $\mathcal{A}$ 提交给泄露谕言机 $\mathcal{O}_{\text{sk}}^{\kappa,\lambda}(\cdot)$ 的所有函数的输出长度总和至多为 λ，则称敌手 $\mathcal{A}$ 是 λ 有限的密钥泄露敌手，其能够获得关于私钥 sk 的最大泄露长度是 λ。

有界泄露模型要求在密码机制的整个生命周期内，所有泄露函数 $f_i(\cdot)$ 的输出长度总和不能超过系统预先设定的关于安全参数 κ 的泄露界 $\lambda=\lambda(\kappa)$，即有 $\sum_{i=1}^{t}|f_i(\text{sk})|\leqslant\lambda(\kappa)$，其中，$t$ 表示敌手提交的泄露询问的总次数。

设 $\Pi=(\text{KeyGen},\text{Enc},\text{Dec})$ 是一个消息空间为 $\mathcal{M}$ 的 PKE 机制，$\mathcal{SK}$ 与 $\mathcal{PK}$ 分别表示由 $\text{KeyGen}(1^\kappa)$ 生成的私钥集合和公钥集合。在泄露容忍的 CPA 安全性游戏中挑战者 $\mathcal{C}$ 和敌手 $\mathcal{A}$ 间的消息交互过程如下所示[45,46]。

(1) 初始化。

挑战者 $\mathcal{C}$ 输入安全参数 κ，运行密钥生成算法 $\text{KeyGen}(1^\kappa)$，产生公钥 pk 和私钥 sk，秘密保存 sk 的同时将 pk 发送给敌手 $\mathcal{A}$。

(2) 阶段 1 (训练)。

该阶段敌手 $\mathcal{A}$ 可进行多项式有界次关于私钥 sk 的泄露询问，获得关于私钥 sk 的相关泄露信息 $f_i(\text{sk})$。

泄露询问：敌手 $\mathcal{A}$ 以高效可计算的泄露函数 $f_i:\{0,1\}^*\rightarrow\{0,1\}^{\lambda_i}$ 作为输入，向挑战者 $\mathcal{C}$ 发出对私钥 sk 的泄露询问。挑战者 $\mathcal{C}$ 运行泄露谕言机 $\mathcal{O}_{\text{sk}}^{\kappa,\lambda}(\cdot)$，产生关于私钥 sk 的泄露信息 $f_i(\text{sk})$，并把 $f_i(\text{sk})$ 发送给敌手 $\mathcal{A}$。虽然敌手可进行多项式有界次的泄露询问，但在整个询问过程中私钥 sk 的泄露总量不能超过系统设定的泄露界 λ，即 $\sum_{i=1}^{t}|f_i(\text{sk})|\leqslant\lambda(\kappa)$ 成立，其中，t 表示敌手 $\mathcal{A}$ 提交的泄露询问的总次数。

(3) 挑战。

游戏执行过程中由敌手 $\mathcal{A}$ 决定训练阶段的结束时间。在挑战阶段，敌手 $\mathcal{A}$ 输出两个等长的明文消息 $M_0, M_1 \in \mathcal{M}$。挑战者 $\mathcal{C}$ 选取随机值 $\beta \leftarrow_R \{0,1\}$，计算挑战密文 $C_\beta^* = \text{Enc}(\text{pk}, M_\beta)$，并将 C_β^* 发送给敌手 $\mathcal{A}$。

(4) 猜测。

敌手 $\mathcal{A}$ 输出对挑战者 $\mathcal{C}$ 选取随机数 β 的猜测值 $\beta' \in \{0,1\}$，如果 $\beta' = \beta$，那么敌手 $\mathcal{A}$ 攻击成功，即敌手 $\mathcal{A}$ 在该游戏中获胜。

敌手 $\mathcal{A}$ 在上述游戏中获胜的优势定义为

$$\text{Adv}_{\text{PKE},\mathcal{A}}^{\text{LR-CPA}}(\kappa,\lambda) = \left|\Pr[\beta' = \beta] - \frac{1}{2}\right|$$

特别地，图 8-3 为 PKE 机制的抗泄露 CPA 安全性游戏的消息交互过程。

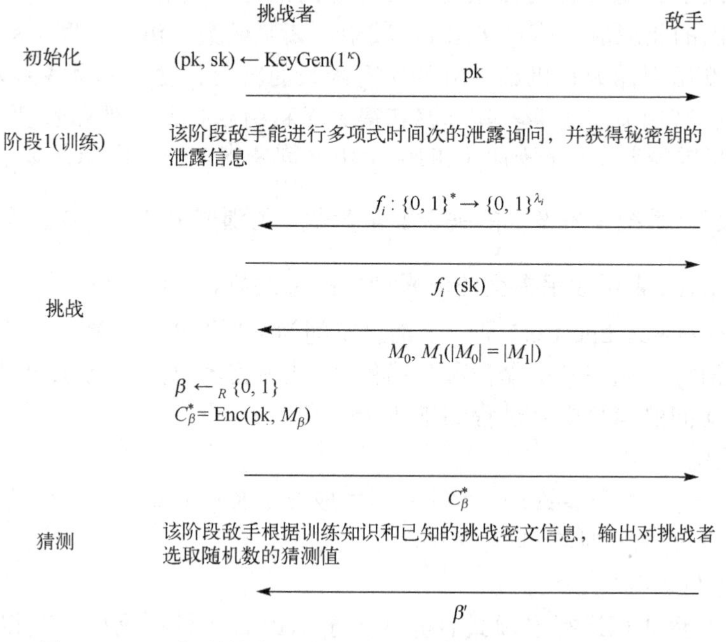

图 8-3　PKE 机制的抗泄露 CPA 安全性游戏的消息交互过程

定义 8-4（PKE 机制的抗泄露 CPA 安全性）　对任意 λ 有限的密钥泄露敌手 $\mathcal{A}$，若其在上述游戏中获胜的优势 $\text{Adv}_{\text{PKE},\mathcal{A}}^{\text{LR-CPA}}(\kappa,\lambda)$ 是可忽略的，那么对于任意的泄露参数 λ，相应的 PKE 机制 $\Pi = (\text{KeyGen}, \text{Enc}, \text{Dec})$ 具有泄露容忍的 CPA 安全性。

特别地，当 $\lambda = 0$ 时，即泄露谕言机 $\mathcal{O}_{\text{sk}}^{\kappa,\lambda}(\cdot)$ 不揭露关于私钥 sk 的任何信息，此时定义 8-4 即为 PKE 机制原始的 CPA 安全性定义。该定义及后面的相关定义中，不允许敌手在获得挑战密文之后继续访问泄露谕言机 $\mathcal{O}_{\text{sk}}^{\kappa,\lambda}(\cdot)$，否则敌手可以将解密算法、挑战密文和两个挑战消息 M_0 和 M_1 编码到一个函数，使得敌手很容易猜测出随机值 β，从而赢得游戏。除非特别说明，一般情况下泄露信息均来自挑战阶段之前。

上述安全性游戏的形式化描述如下所示。

$\text{Exp}_{\text{PKE},\mathcal{A}}^{\text{LR-CPA}}(\kappa,\lambda)$:

$(\text{sk},\text{pk}) \leftarrow \text{KeyGen}(1^\kappa)$;

$(M_0, M_1, \text{state}) \leftarrow \mathcal{A}_1^{\mathcal{O}_{\text{sk}}^{\kappa,\lambda}(\cdot)}(\text{pk})$，其中$|M_0| = |M_1|$;

$C_\beta^* = \text{Enc}(\text{pk}, M_\beta)$，$\beta \leftarrow_R \{0,1\}$;

$\beta' \leftarrow \mathcal{A}_2(C_\beta^*, \text{pk}, \text{state})$;

若 $\beta' = \beta$ ，则输出 1；否则，输出 0。

其中，state 表示相应的状态信息，包括敌手 $\mathcal{A}$ 掌握的所有信息及产生的所有随机数；$\mathcal{O}_{\text{sk}}^{\kappa,\lambda}(\cdot)$ 表示泄露谕言机，敌手 $\mathcal{A}$ 可以借助泄露谕言机 $\mathcal{O}_{\text{sk}}^{\kappa,\lambda}(\cdot)$ 获得关于私钥 sk 的泄露信息。将敌手 $\mathcal{A} = (\mathcal{A}_1, \mathcal{A}_2)$ 划分为两个子敌手，分别具有不同的计算能力，敌手 $\mathcal{A}_1$ 是第一阶段的敌手，具有访问泄露谕言机 $\mathcal{O}_{\text{sk}}^{\kappa,\lambda}(\cdot)$ 的能力，并为第二阶段的敌手 $\mathcal{A}_2$ 输出辅助的状态信息 state ；敌手 $\mathcal{A}_2$ 不能访问泄露谕言机 $\mathcal{O}_{\text{sk}}^{\kappa,\lambda}(\cdot)$ ，输出对挑战者 $\mathcal{C}$ 选取随机数 β 的猜测值 β' ，即敌手 $\mathcal{A}_2$ 在辅助信息 state 和挑战密文 C_β^* 的帮助下输出对挑战者选取随机数 β 的猜测值 β' ，若 $\beta' = \beta$ ，则称敌手 $\mathcal{A}$ 在该游戏中获胜。

在交互式实验 $\text{Exp}_{\text{PKE},\mathcal{A}}^{\text{LR-CPA}}(\kappa,\lambda)$ 中，敌手 $\mathcal{A}$ 获胜的优势定义为

$$\text{Adv}_{\text{PKE},\mathcal{A}}^{\text{LR-CPA}}(\kappa,\lambda) = \left|\Pr[\text{Exp}_{\text{PKE},\mathcal{A}}^{\text{LR-CPA}}(\kappa,\lambda) = 1] - \Pr[\text{Exp}_{\text{PKE},\mathcal{A}}^{\text{LR-CPA}}(\kappa,\lambda) = 0]\right|$$

8.2.2　PKE 机制的抗泄露 CCA 安全性

在泄露容忍的 CCA 安全性游戏中，除了执行关于私钥的泄露询问，敌手还可以适应性地询问解密谕言机 $\mathcal{O}^{\text{Dec}}(\cdot)$ ，它向解密谕言机输入密文，解密谕言机 $\mathcal{O}^{\text{Dec}}(\cdot)$ 为它输出相应的明文。此外，用 $\mathcal{O}_{\neq C^*}^{\text{Dec}}(\cdot)$ 表示除特定密文 C^* 外解密谕言机可以对其他任意密文进行解密操作，即在解密询问中敌手不能向解密谕言机 $\mathcal{O}_{\neq C^*}^{\text{Dec}}(\cdot)$ 提出对密文 C^* 的解密询问。

抗泄露 CCA 安全性游戏同样包括挑战者 $\mathcal{C}$ 和敌手 $\mathcal{A}$ 两个参与者，在该游戏中敌手获得挑战密文之后可对除挑战密文之外的任何密文执行解密询问。挑战者 $\mathcal{C}$ 和敌手 $\mathcal{A}$ 间具体的消息交互过程如下所示[45,46]。

(1) 初始化。

挑战者 $\mathcal{C}$ 输入安全参数 κ ，运行密钥生成算法 $\text{KeyGen}(1^\kappa)$ ，产生公钥 pk 和私钥 sk ，秘密保存 sk 的同时将 pk 发送给敌手 $\mathcal{A}$ 。

(2) 阶段 1（训练）。

该阶段敌手 $\mathcal{A}$ 可适应性地进行多项式有界次关于私钥 sk 的泄露询问和针对任

意密文 C 的解密询问。通过上述询问敌手 $\mathcal{A}$ 分别获得关于私钥 sk 的泄露信息 $f_i(\text{sk})$ 和密文 C 的解密结果 $M/\perp$。

①泄露询问。敌手 $\mathcal{A}$ 以高效可计算的泄露函数 $f_i:\{0,1\}^* \to \{0,1\}^{\lambda_i}$ 作为输入，向挑战者 $\mathcal{C}$ 发出对私钥 sk 的泄露询问。挑战者 $\mathcal{C}$ 运行泄露谕言机 $\mathcal{O}_{\text{sk}}^{\kappa,\lambda}(\cdot)$，产生私钥 sk 的泄露信息 $f_i(\text{sk})$，并把 $f_i(\text{sk})$ 发送给敌手 $\mathcal{A}$，这一过程可以重复多项式有界次。在整个泄露询问中私钥 sk 的泄露总量不能超过系统设定的泄露界 λ，即 $\sum_{i=1}^{t}|f_i(\text{sk})| \leqslant \lambda$ 成立，其中，t 表示敌手 $\mathcal{A}$ 提交的泄露询问的总次数。

②解密询问。敌手发送关于密文 C 的解密询问。挑战者 $\mathcal{C}$ 运行解密算法 Dec，使用私钥 sk 解密密文 C，并将相应的解密结果 $M/\perp$ 发送给敌手 $\mathcal{A}$。

(3) 挑战。

在挑战阶段，敌手 $\mathcal{A}$ 输出两个等长的明文消息 $M_0, M_1 \in \mathcal{M}$。挑战者 $\mathcal{C}$ 选取随机值 $\beta \leftarrow_R \{0,1\}$，计算挑战密文 $C_\beta^* = \text{Enc}(\text{pk}, M_\beta)$，并将 C_β^* 发送给敌手 $\mathcal{A}$。

(4) 阶段 2（训练）。

该阶段敌手 $\mathcal{A}$ 不能进行泄露询问，但可以对除了挑战密文 C_β^* 的其他任意密文进行解密询问。

解密询问：敌手 $\mathcal{A}$ 发送关于密文 $C(C \neq C_\beta^*)$ 的解密询问，挑战者 $\mathcal{C}$ 运行解密算法 Dec，使用私钥 sk 解密密文 C，并将相应的解密结果 $M/\perp$ 返回给敌手 $\mathcal{A}$。

(5) 猜测。

敌手 $\mathcal{A}$ 输出对挑战者 $\mathcal{C}$ 选取随机数 β' 的猜测值 $\beta' \in \{0,1\}$，如果 $\beta' = \beta$，那么敌手 $\mathcal{A}$ 攻击成功，即敌手 $\mathcal{A}$ 在该游戏中获胜。

敌手 $\mathcal{A}$ 在上述游戏中获胜的优势定义为关于安全参数 κ 和泄露参数 λ 的函数：

$$\text{Adv}_{\text{PKE},\mathcal{A}}^{\text{LR-CCA}}(\kappa,\lambda) = \left|\Pr[\beta' = \beta] - \frac{1}{2}\right|$$

特别地，图 8-4 为 PKE 机制的抗泄露 CCA 安全性游戏的消息交互过程。

定义 8-5（PKE 机制的抗泄露 CCA 安全性）　对于 PKE 机制，若任意 λ 有限的密钥泄露敌手 $\mathcal{A}$ 在上述游戏中获胜的优势 $\text{Adv}_{\text{PKE},\mathcal{A}}^{\text{LR-CCA}}(\kappa,\lambda)$ 是可忽略的，则对于任意的泄露参数 λ，相应的 PKE 机制具有泄露容忍的 CCA 安全性。

特别地，当 $\lambda = 0$ 时，定义 8-5 即为 PKE 机制的原始 CCA 安全性定义。

上述游戏的形式化描述如下所述。

$\text{Exp}_{\text{PKE},\mathcal{A}}^{\text{LR-CCA}}(\kappa,\lambda)$:

　$(\text{sk},\text{pk}) \leftarrow \text{KeyGen}(1^\kappa)$;

　$(M_0, M_1, \text{state}) \leftarrow \mathcal{A}_1^{\mathcal{O}_{\text{sk}}^{\lambda,\kappa}(\cdot),\mathcal{O}^{\text{Dec}}(\cdot)}(\text{pk})$，其中 $|M_0| = |M_1|$;

$C_\beta^* = \mathrm{Enc}(\mathrm{pk}, M_\beta)$，$\beta \leftarrow_R \{0,1\}$；

$\beta' \leftarrow \mathcal{A}_2^{\mathcal{O}^{\mathrm{Dec}}_{\neq C_\beta^*}(\cdot)}(\mathrm{pk}, C_\beta^*, \mathrm{state})$；

若 $\beta' = \beta$，则输出 1；否则，输出 0。

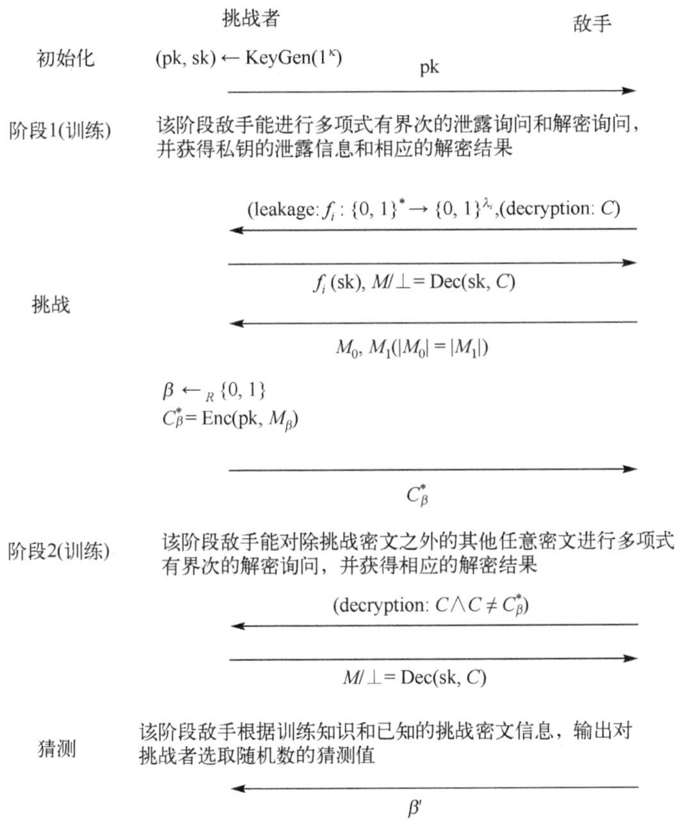

挑战者　敌手

初始化　$(\mathrm{pk}, \mathrm{sk}) \leftarrow \mathrm{KeyGen}(1^\kappa)$　pk →

阶段1(训练)　该阶段敌手能进行多项式有界次的泄露询问和解密询问，并获得私钥的泄露信息和相应的解密结果

← (leakage: f_i : $\{0, 1\}^* \to \{0, 1\}^{\lambda_i}$,(decryption: C)

→ $f_i(\mathrm{sk})$, $M/\perp = \mathrm{Dec}(\mathrm{sk}, C)$

挑战　← $M_0, M_1(|M_0| = |M_1|)$

$\beta \leftarrow_R \{0, 1\}$

$C_\beta^* = \mathrm{Enc}(\mathrm{pk}, M_\beta)$

→ C_β^*

阶段2(训练)　该阶段敌手能对除挑战密文之外的其他任意密文进行多项式有界次的解密询问，并获得相应的解密结果

← (decryption: $C \wedge C \neq C_\beta^*$)

→ $M/\perp = \mathrm{Dec}(\mathrm{sk}, C)$

猜测　该阶段敌手根据训练知识和已知的挑战密文信息，输出对挑战者选取随机数的猜测值

← β'

图 8-4　PKE 机制的抗泄露 CCA 安全性游戏的消息交互过程

在交互式实验 $\mathrm{Exp}_{\mathrm{PKE},\mathcal{A}}^{\mathrm{LR\text{-}CCA}}(\kappa,\lambda)$ 中，敌手 $\mathcal{A}$ 获胜的优势为

$$\mathrm{Adv}_{\mathrm{PKE},\mathcal{A}}^{\mathrm{LR\text{-}CCA}}(\kappa,\lambda) = \left|\Pr[\mathrm{Exp}_{\mathrm{PKE},\mathcal{A}}^{\mathrm{LR\text{-}CCA}}(\kappa,\lambda)=1] - \Pr[\mathrm{Exp}_{\mathrm{PKE},\mathcal{A}}^{\mathrm{LR\text{-}CCA}}(\kappa,\lambda)=0]\right|$$

8.2.3　抗泄露公钥加密机制的通用构造

设 HPS $\Pi_{\mathrm{HPS}} = (\mathrm{Gen}, \mathrm{Pub}, \mathrm{Priv})$ 是 ε_1-通用的，其中，$\mathrm{Gen}(1^\kappa)$ 生成系统的一个实例 $(\mathrm{group}, \mathcal{K}, \mathcal{C}, \mathcal{V}, \mathcal{SK}, \mathcal{PK}, \Lambda_{(\cdot)}, \mu)$，作为 PKE 机制的公开参数。设 $\lambda = \lambda(\kappa)$ 是泄露的上界，$\mathrm{Ext}: \mathcal{K} \times \{0,1\}^{l_t} \to \{0,1\}^{l_m}$ 是平均情况下的 $(\log|\mathcal{K}| - \lambda, \varepsilon_2)$ 强随机性提取器，ε_1 和 ε_2 是安全参数 κ 上可忽略的值。抗泄露公钥加密机制通用构造描述如下所示。

(1)初始化。

Init(κ):

$(\text{group}, \mathcal{K}, \mathcal{C}, \mathcal{V}, \mathcal{SK}, \mathcal{PK}, \Lambda_{(\cdot)}, \mu) \leftarrow \text{Gen}(1^{\kappa})$

$\text{Ext}: \mathcal{K} \times \{0,1\}^{l_t} \to \{0,1\}^{l_m}$;

输出$(\text{group}, \mathcal{K}, \mathcal{C}, \mathcal{V}, \mathcal{SK}, \mathcal{PK}, \Lambda_{(\cdot)}, \mu, \text{Ext})$。

(2)密钥生成。

KeyGen(κ):

$\text{sk} \leftarrow_R \mathcal{SK}$;

$\text{pk} = \mu(\text{sk}) \in \mathcal{PK}$;

输出(sk, pk)。

(3)加密过程。

Enc(pk, M):

$C \leftarrow_R \mathcal{V}$，$C \in \mathcal{V}$的证据$w$;

$s \leftarrow_R \{0,1\}^{l_t}$;

$v = \text{Ext}(\text{Pub}(\text{pk}, C, w), s) \oplus M$;

输出$\text{CT} = (C, s, v)$。

其中，$M \in \{0,1\}^m$。

(4)解密过程。

Dec(CT, sk):

输出$v \oplus \text{Ext}(\Lambda_{\text{sk}}(C), s)$。

其中，$\text{CT} = (C, s, v)$。方案的正确性由$\Lambda_{\text{sk}}(C) = \text{Pub}(\text{pk}, C, w)$获得。方案的安全性(即抗密钥泄露性)由HPS的$\varepsilon_1$-通用性获得，即对所有的$C \leftarrow_R \mathcal{C} \setminus \mathcal{V}$，下述不等式成立：

$$\text{SD}((\text{pk}, \Lambda_{\text{sk}}(C)), (\text{pk}, K)) \leqslant \varepsilon_1$$

其中，$\text{sk} \leftarrow_R \mathcal{SK}$，$K \leftarrow_R \mathcal{K}$且$\text{pk} = \mu(\text{sk})$。因此，已知公钥pk及关于私钥的任意$\lambda$比特的泄露信息，$\Lambda_{\text{sk}}(C)$的分布与平均最小熵为$\log|\mathcal{K}| - \lambda$的均匀分布是$\varepsilon_1$-接近的。对$\Lambda_{\text{sk}}(C)$及$s \leftarrow_R \{0,1\}^{l_t}$使用平均的$(\log|\mathcal{K}| - \lambda, \varepsilon_2)$-强随机性提取器$\text{Ext}: \mathcal{K} \times \{0,1\}^{l_t} \to \{0,1\}^{l_m}$，保证了明文被隐藏。

由强随机性提取器的安全性可知，只要有关系式$m \leqslant \log|\mathcal{K}| - \lambda - \Omega\left(\log\left(\frac{1}{\varepsilon_2}\right)\right)$成立，$\text{Ext}: \mathcal{K} \times \{0,1\}^{l_t} \to \{0,1\}^{l_m}$可以提取到几乎均匀的$l_m$个比特。考虑到$\varepsilon_2$关于安全参数$\kappa$是可忽略的(即$\log\left(\frac{1}{\varepsilon_2}\right) = \omega\log(\kappa)$)，当泄露量$\lambda$满足条件$\lambda \leqslant \log|\mathcal{K}| - l_m - \omega\log(\kappa)$时，该方案是在抵抗$\lambda$有限的密钥泄露攻击下是语义安全的，其中$l_m$是明文长度。

定理 8-1　设 HPS $\Pi_{\text{HPS}}=(\text{Gen},\text{Pub},\text{Priv})$ 是 ε_1-通用的，对于任意的 $\lambda\leqslant\log|\mathcal{K}|-l_m-\omega\log(\kappa)$（$\kappa$ 是安全参数，l_m 是明文长度），上述抗泄露公钥加密机制的通用构造在抵抗 $\lambda(\kappa)$ 有限的密钥泄露攻击下是语义安全的。

具体地说，如果 HPS 是 ε_1-通用的，那么 Ext 是平均情况下的 $(\log|\mathcal{K}|-\lambda,\varepsilon_2)$ 强提取器，若敌手 $\mathcal{A}=(\mathcal{A}_1,\mathcal{A}_2)$ 是攻击上述通用构造的 $\lambda(\kappa)$ 有限的密钥泄露敌手，并能以显而易见的优势 $\text{Adv}_{\Pi,\mathcal{A}}^{\text{Leakage}}(\kappa)$ 攻破上述 PKE 机制泄露容忍的 CCA 安全性，那么存在敌手 $\mathcal{B}$ 能以不可忽略的优势

$$\text{Adv}_{\text{HPS},\mathcal{B}}^{\text{SM}}(\kappa)\geqslant\frac{1}{2}\text{Adv}_{\Pi,\mathcal{A}}^{\text{Leakage}}(\kappa)-\varepsilon_1-\varepsilon_2$$

解决 HPS 子集成员问题。

证明　敌手 $\mathcal{B}$ 已知 $\mathcal{S}\in\{\mathcal{V},\mathcal{C}\setminus\mathcal{V}\}$，为了确定 $\mathcal{S}$ 是 $\mathcal{V}$ 还是 $\mathcal{C}\setminus\mathcal{V}$，与敌手 $\mathcal{A}$ 进行以下游戏 $\text{Exp}_{\Pi,\mathcal{A}}^{\text{Leakage}}(\mathcal{S},\beta)$。

(1) 运行算法 $\text{Gen}(1^\kappa)$ 生成系统的一个实例 $(\text{group},\mathcal{K},\mathcal{C},\mathcal{V},\mathcal{SK},\mathcal{PK},\Lambda_{(\cdot)},\mu)$，选择 $\text{sk}\leftarrow_R\mathcal{SK}$，令 $\text{pk}=\mu(\text{sk})\in\mathcal{PK}$。

(2) $(M_0,M_1,\text{state})\leftarrow\mathcal{A}_1^{\text{Leakage(sk)}}(\text{pk})$，满足 $|M_0|=|M_1|$。

(3) 随机选取 $C\leftarrow_R\mathcal{S}$，$s\leftarrow_R\{0,1\}^t$，求 $v=\text{Ext}(\Lambda_{\text{sk}}(C),s)\oplus M_\beta$。

(4) $\beta'\leftarrow\mathcal{A}_2((C,s,v),\text{state})$。

(5) 返回 β'。

任意敌手 $\mathcal{A}$ 攻击实例 $(\text{group},\mathcal{K},\mathcal{C},\mathcal{V},\mathcal{SK},\mathcal{PK},\Lambda_{(\cdot)},\mu)$ 的优势为

$$\begin{aligned}\text{Adv}_{\Pi,\mathcal{A}}^{\text{Leakage}}(\kappa)&=\left|\Pr[\text{Exp}_{\Pi,\mathcal{A}}^{\text{Leakage}}(0)=1]-\Pr[\text{Exp}_{\Pi,\mathcal{A}}^{\text{Leakage}}(1)=1]\right|\\&=\left|\Pr[\text{Exp}_{\Pi,\mathcal{A}}^{\text{Leakage}}(\mathcal{V},0)=1]-\Pr[\text{Exp}_{\Pi,\mathcal{A}}^{\text{Leakage}}(\mathcal{V},1)=1]\right|\\&\leqslant\left|\Pr[\text{Exp}_{\Pi,\mathcal{A}}^{\text{Leakage}}(\mathcal{V},0)=1]-\Pr[\text{Exp}_{\Pi,\mathcal{A}}^{\text{Leakage}}(\mathcal{C}\setminus\mathcal{V},0)=1]\right|\\&\quad+\left|\Pr[\text{Exp}_{\Pi,\mathcal{A}}^{\text{Leakage}}(\mathcal{C}\setminus\mathcal{V},0)=1]-\Pr[\text{Exp}_{\Pi,\mathcal{A}}^{\text{Leakage}}(\mathcal{C}\setminus\mathcal{V},1)=1]\right|\\&\quad+\left|\Pr[\text{Exp}_{\Pi,\mathcal{A}}^{\text{Leakage}}(\mathcal{C}\setminus\mathcal{V},1)=1]-\Pr[\text{Exp}_{\Pi,\mathcal{A}}^{\text{Leakage}}(\mathcal{V},1)=1]\right|\end{aligned}$$

对于任意的 $C\in\mathcal{V}$ 及其证据 w，有 $\Lambda_{\text{sk}}(C)=\text{Pub}(\text{pk},C,w)$ 成立，即 $\text{Exp}_{\Pi,\mathcal{A}}^{\text{Leakage}}(\mathcal{V},\beta)$ 与 $\text{Exp}_{\Pi,\mathcal{A}}^{\text{Leakage}}(\beta)$ 一样。$\left|\Pr[\text{Exp}_{\Pi,\mathcal{A}}^{\text{Leakage}}(\mathcal{V},0)=1]-\Pr[\text{Exp}_{\Pi,\mathcal{A}}^{\text{Leakage}}(\mathcal{C}\setminus\mathcal{V},0)=1]\right|$ 和 $\left|\Pr[\text{Exp}_{\Pi,\mathcal{A}}^{\text{Leakage}}(\mathcal{C}\setminus\mathcal{V},1)=1]-\Pr[\text{Exp}_{\Pi,\mathcal{A}}^{\text{Leakage}}(\mathcal{V},1)=1]\right|$ 均表示敌手 $\mathcal{B}$ 解决 HPS 中子集成员问题的优势，均为 $\text{Adv}_{\text{HPS},\mathcal{B}}^{\text{SM}}(\kappa)$。下面将求解式 $\left|\Pr[\text{Exp}_{\Pi,\mathcal{A}}^{\text{Leakage}}(\mathcal{C}\setminus\mathcal{V},0)=1]-\Pr[\text{Exp}_{\Pi,\mathcal{A}}^{\text{Leakage}}(\mathcal{C}\setminus\mathcal{V},1)=1]\right|$ 的上界。

断言 8-1　对于任意的多项式时间敌手 $\mathcal{A}$，有

$$\left|\Pr[\mathrm{Exp}_{\Pi,\mathcal{A}}^{\mathrm{Leakage}}(\mathcal{C}\setminus\mathcal{V},0)=1]-\Pr[\mathrm{Exp}_{\Pi,\mathcal{A}}^{\mathrm{Leakage}}(\mathcal{C}\setminus\mathcal{V},1)=1]\right|\leqslant 2(\varepsilon_1+\varepsilon_2)$$

证明　哈希证明系统保证对于任意的 $C\in\mathcal{C}\setminus\mathcal{V}$，当 pk 和 C 已知时，$\Lambda_{\mathrm{sk}}(C)$ 的值在集合 $\mathcal{K}$ 上是 ε_1-接近于均匀分布的，即

$$\mathrm{SD}((\mathrm{pk},C,\Lambda_{\mathrm{sk}}(C)),(\mathrm{pk},C,K))\leqslant\varepsilon_1$$

其中，$\mathrm{sk}\leftarrow_R\mathcal{SK}$、$K\leftarrow_R\mathcal{K}$ 和 $\mathrm{pk}=\mu(\mathrm{sk})$。

敌手可以通过访问泄露谕言机获得额外的 λ 比特的信息，下面用 aux 表示泄露谕言机的输出，它是关于公钥 pk 和私钥 sk 的函数。然而 aux 的分布完全由 pk、C 和 $\Lambda_{\mathrm{sk}}(C)$ 决定：已知 pk、C 和 $\Lambda_{\mathrm{sk}}(C)$，可以从私钥的边缘分布中随机选取私钥 sk′，这样选取的私钥和 pk、C 及 $\Lambda_{\mathrm{sk}}(C)$ 是一致的，然后计算 $\mathrm{aux}=\mathrm{aux}(\mathrm{pk},\mathrm{sk}')$。下面将泄露表示为 pk、$C$ 和 $\Lambda_{\mathrm{sk}}(C)$ 的函数，即 $\mathrm{aux}=\mathrm{aux}(\mathrm{pk},C,\Lambda_{\mathrm{sk}}(C))$。因为将同一函数用到两个分布上，不会增加这两个分布的统计距离，所以

$$\mathrm{SD}((\mathrm{pk},C,\Lambda_{\mathrm{sk}}(C),\mathrm{aux}(\mathrm{pk},C,\Lambda_{\mathrm{sk}}(C))),(\mathrm{pk},C,K,\mathrm{aux}(\mathrm{pk},C,K)))\leqslant\varepsilon_1$$

其中，$\mathrm{sk}\leftarrow_R\mathcal{SK}$、$K\leftarrow_R\mathcal{K}$ 和 $\mathrm{pk}=\mu(\mathrm{sk})$。将强随机性提取器 Ext 用在 $\Lambda_{\mathrm{sk}}(C)$，得

$$\mathrm{SD}((\mathrm{pk},C,\mathrm{Ext}(\Lambda_{\mathrm{sk}}(C),s),\mathrm{aux}),(\mathrm{pk},C,K,s,\mathrm{aux}))\leqslant\varepsilon_1$$

再考虑 $(\mathrm{pk},C,K,\mathrm{aux}(\mathrm{pk},C,K))$ 的分布。因为 aux 的长度为 λ 比特，因此有

$$\tilde{H}_\infty(K\mid\mathrm{pk},C,\mathrm{aux})\geqslant\tilde{H}_\infty(K\mid\mathrm{pk},C)-\lambda=\log|\mathcal{K}|-\lambda$$

对 K 应用强随机性提取器 Ext，有

$$\mathrm{SD}((\mathrm{pk},C,\mathrm{Ext}(K,s),s,\mathrm{aux}),(\mathrm{pk},C,y,s,\mathrm{aux}))\leqslant\varepsilon_2$$

其中，$s\leftarrow_R\{0,1\}^t$ 是随机选取的种子；$y\leftarrow_R\{0,1\}^m$。

由三角不等式可知：

$$\mathrm{SD}((\mathrm{pk},C,\mathrm{Ext}(\Lambda_{\mathrm{sk}}(C),s),s,\mathrm{aux}),(\mathrm{pk},C,y,s,\mathrm{aux}))\leqslant\varepsilon_1+\varepsilon_2$$

其中，$\mathrm{sk}\leftarrow_R\mathcal{SK}$、$y\leftarrow_R\{0,1\}^m$、$s\leftarrow_R\{0,1\}^t$ 和 $\mathrm{pk}=\mu(\mathrm{sk})$。

所以实验 $\mathrm{Exp}_{\Pi,\mathcal{A}}^{\mathrm{Leakage}}(\mathcal{C}\setminus\mathcal{V},\beta)$ 中，挑战密文中的 v 是以统计距离 $\varepsilon_1+\varepsilon_2$ 接近于均匀分布的。$\mathrm{Exp}_{\Pi,\mathcal{A}}^{\mathrm{Leakage}}(\mathcal{C}\setminus\mathcal{V},\beta)$ 在 $\beta=0$ 和 $\beta=1$ 两种情况下仅 v 不同，由三角不等式可知，敌手的视图分布在两种情况下的统计距离至多为 $2(\varepsilon_1+\varepsilon_2)$。所以有

$$\left|\Pr[\mathrm{Exp}_{\Pi,\mathcal{A}}^{\mathrm{Leakage}}(\mathcal{C}\setminus\mathcal{V},0)=1]-\Pr[\mathrm{Exp}_{\Pi,\mathcal{A}}^{\mathrm{Leakage}}(\mathcal{C}\setminus\mathcal{V},1)=1]\right|\leqslant 2(\varepsilon_1+\varepsilon_2)$$

断言 8-1 证毕。

所以 $\mathrm{Adv}_{\Pi,\mathcal{A}}^{\mathrm{Leakage}}(\kappa)\leqslant 2\cdot\mathrm{Adv}_{\mathrm{HPS},\mathcal{B}}^{\mathrm{SM}}(\kappa)+2(\varepsilon_1+\varepsilon_2)$，由此得

$$\mathrm{Adv}_{\mathrm{HPS},\mathcal{B}}^{\mathrm{SM}}(\kappa) \geqslant \frac{1}{2}\mathrm{Adv}_{\Pi,\mathcal{A}}^{\mathrm{Leakage}}(\kappa) - \varepsilon_1 - \varepsilon_2$$

定理 8-1 证毕。

8.3　可更新的哈希证明系统

在现实环境中，敌手能够对密码机制发起连续的泄露攻击，因此具有连续泄露容忍性的密码机制更接近实际环境的应用需求。为了构造抗连续泄露的 PKE 机制，文献[47]提出了可更新哈希证明系统(updatable hash proof system，UHPS)的新密码原语，并基于该工具研究了 PKE 机制的抗连续泄露容忍性。

首先定义 UHPS 的概念，它是 HPS 的一个变体。由于需要在连续泄露环境下使用 UHPS 来构建 PKE 方案，公钥应具有更新能力。然而，公钥更新能力会打破 HPS 底层子集成员问题的困难性，为了应用子集不可区分性，所有的私钥都必须以某种模式更新，这可能会带来新的问题，因为敌手可能会通过请求连续泄露来攻击这种模式。因此，需定义 UHPS 中一些关键的不可区分性，以解决这些潜在的问题。

与 HPS 相类似，UHPS 基于一组哈希函数 $\mathcal{H}=\{\mathcal{H}_{\mathrm{sk}}:\mathcal{C}\to\mathcal{K}\}_{\mathrm{sk}\in\mathcal{SK}}$，以及从 $\mathcal{SK}$ 到 $\mathcal{PK}$ 的高效可计算的投影函数 $\varphi:\mathcal{SK}\to\mathcal{PK}$，对于特定集合 $\mathcal{V}\in\mathcal{C}$，对于任意的 $\mathrm{sk}_1,\mathrm{sk}_2\in\mathcal{SK}$，$\forall x\in\mathcal{V}$ 当且仅当 $\mathcal{H}_{\mathrm{sk}_1}(x)=\mathcal{H}_{\mathrm{sk}_2}(x)$ 时，有 $\varphi(\mathrm{sk}_1)=\varphi(\mathrm{sk}_2)$ 成立。此外，对于每个 $x\in\mathcal{V}$，存在一个证据 $w\in\mathcal{W}$ 证明元素 x 属于集合 $\mathcal{V}$。对于任意 $x\notin\mathcal{V}$，当 $\mathrm{sk}\leftarrow\mathcal{SK}$ 时，通常要求 $H_\infty(\mathcal{H}_{\mathrm{sk}}(x)|\varphi(\mathrm{sk}))$ 足够大，且这在 UHPS 中被形式化为通用性。

通过代数运算为公钥提供更新能力，并要求 UHPS 具有密钥同态的性质，即 $\mathcal{SK}$ 和 $\mathcal{K}$ 是具有运算“+”的高效可计算有限群，对于 $\mathrm{sk}_1,\mathrm{sk}_2\in\mathcal{SK}$ 和 $x\in\mathcal{C}$，有 $\mathcal{H}_{\mathrm{sk}_1+\mathrm{sk}_2}(x)=\mathcal{H}_{\mathrm{sk}_1}(x)+\mathcal{H}_{\mathrm{sk}_2}(x)$ 成立。那么能够通过添加满足条件 $\mathcal{H}_{\mathrm{sk}^*}(x)=0$ (其中 $x\in\mathcal{V}$)的特定密钥 sk^* 来更新密钥 sk。对于 $x\in\mathcal{V}$，由于 $\mathcal{H}_{\mathrm{sk}+\mathrm{sk}^*}(x)=\mathcal{H}_{\mathrm{sk}}(x)+\mathcal{H}_{\mathrm{sk}^*}(x)=\mathcal{H}_{\mathrm{sk}}(x)$，所以有 $\varphi(\mathrm{sk}+\mathrm{sk}^*)=\varphi(\mathrm{sk})$，这表明新密钥和旧密钥映射到相同的公钥。更一般地讲，实现密钥更新功能的底层核心原理为构建私钥与公钥间的多对一映射关系，那么用户私钥空间中的多个值对应于相同的公钥，密钥更新操作完成私钥空间中各元素间的转变，并且多对一保证了用户更新私钥的正确性。用户密钥更新的底层本质原理如图 8-5 所示。

由 8.2.3 节的结论可知，基于 UHPS 能够得到抗连续泄露 PKE 加密机制的通用构造方法，为了避免重复，此处不再详细叙述。

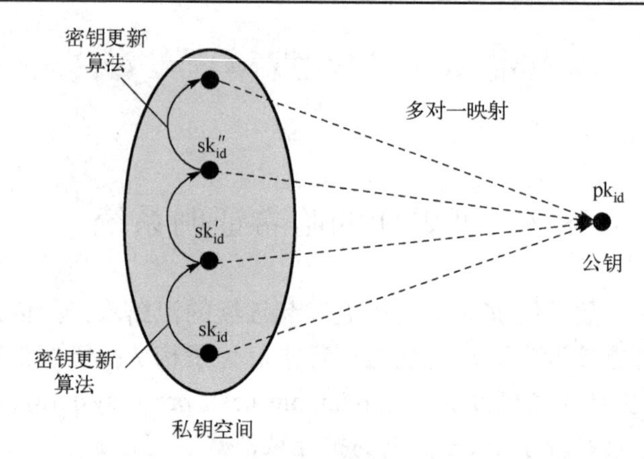

图 8-5　用户密钥更新的底层本质原理

第 9 章　基于身份的哈希证明系统

HPS 自 Cramer 和 Shoup[43]提出以来，在密码学领域得到了广泛的关注和应用，是一个非常实用的密码基础工具。Alwen 等[48]将 HPS 的概念推广到身份基密码机制中，提出了一个新的密码学原语，称为身份基哈希证明系统(identity-based hash proof system，IB-HPS)，并以 IB-HPS 作为底层基础工具设计了 CPA 安全的抗泄露 IBE 机制的通用构造。为了进一步推广上述抗泄露 IBE 机制通用构造的结论，Chow 等[49]构造了 3 个 IB-HPS 的具体实例。后来，为了丰富 IB-HPS 的性能，Chen 等[50]设计了具有匿名性的 IB-HPS 实例。Zhou 等[51,52]在 IB-HPS 的基础上提出了称为可更新身份基哈希证明系统(updatable identity-based hash proof system，U-IB-HPS)的新密码原语，同时以 U-IB-HPS 为底层技术提出了 CCA 安全的连续泄露容忍的 IBE 机制和身份基混合加密机制的通用构造，并基于底层密码技术的安全性对上述通用构造的 CCA 安全性分别进行了形式化证明。同时，在 Chen 等[53]认证密钥协商协议的基础上提出了连续泄露容忍的身份基密钥协商协议的通用构造。

9.1　身份基哈希证明系统

本节详细介绍 IB-HPS 的形式化定义及安全属性。

9.1.1　IB-HPS 的形式化定义

一个 IB-HPS 包含 5 个 PPT 算法 Setup、KeyGen、Encap、Encap^* 和 Decap。算法的具体描述如下所示。

(1) $(\text{mpk},\text{msk})\leftarrow\text{Setup}(1^\kappa)$。

初始化算法 Setup 以系统安全参数 κ 为输入，输出相应的系统公开参数 mpk 和主密钥 msk，其中 mpk 定义了系统的用户身份空间 $\mathcal{ID}$、封装密钥空间 $\mathcal{K}$、封装密文空间 $\mathcal{C}$ 和用户私钥空间 $\mathcal{SK}$。此外，mpk 是其他算法 KeyGen、Encap、Encap^* 和 Decap 的隐含输入。为了方便起见，下述算法的输入列表未将其标识。

(2) $d_{\text{id}}\leftarrow\text{KeyGen}(\text{msk},\text{id})$。

对于输入的任意身份 $\text{id}\in\mathcal{ID}$，密钥生成算法 KeyGen 以主密钥 msk 作为输入，输出身份 id 所对应的私钥 d_{id}。特别地，每次运行该算法，概率性的密钥生成算法基于不同的随机数生成用户私钥。

(3) $(C,k) \leftarrow \mathrm{Encap}(\mathrm{id})$。

对于输入的任意身份 $\mathrm{id} \in \mathcal{ID}$，有效密文封装算法 Encap 输出对应的封装密文 $C \in \mathcal{C}$ 及其对应的封装密钥 k。

(4) $C^* \leftarrow \mathrm{Encap}^*(\mathrm{id})$。

对于输入的任意身份 $\mathrm{id} \in \mathcal{ID}$，无效密文封装算法 Encap^* 输出对应的无效封装密文 $C^* \in \mathcal{C}$。特别地，密钥生成算法 KeyGen、有效密文封装算法 Encap 和无效密文封装算法 Encap^* 都是概率性算法。

(5) $k' \leftarrow \mathrm{Decap}(d_{\mathrm{id}}, C)$。

对于确定性的解封装算法，输入身份 id 所对应的封装密文 C（或 C^*）和私钥 d_{id}，输出相应的解封装密钥 k'。特别地，解封装算法对于输入的任意密文(可能是有效密文 C，也有可能是无效密文 C^*)，均输出封装密钥空间 $\mathcal{K}$ 上的解封装结果 k'。

9.1.2 IB-HPS 的安全属性

一个 IB-HPS 需满足正确性、通用性、平滑性及有效封装密文与无效封装密文的不可区分性。

(1) 正确性。

对于任意的身份 $\mathrm{id} \in \mathcal{ID}$，有

$$\Pr[k \neq k' \mid (C,k) \leftarrow \mathrm{Encap}(\mathrm{id}), k' \leftarrow \mathrm{Decap}(d_{\mathrm{id}}, C)] \leqslant \mathrm{negl}(\kappa)$$

成立，其中 $(\mathrm{mpk}, \mathrm{msk}) \leftarrow \mathrm{Setup}(1^\kappa)$ 和 $d_{\mathrm{id}} \leftarrow \mathrm{KeyGen}(\mathrm{msk}, \mathrm{id})$。

(2) 通用性。

对于 $(\mathrm{mpk}, \mathrm{msk}) \leftarrow \mathrm{Setup}(1^\kappa)$ 和任意的身份 $\mathrm{id} \in \mathcal{ID}$，当一个 IB-HPS 满足下面两个性质时，称该 IB-HPS 是 δ-通用的。

①对于 $d_{\mathrm{id}} \leftarrow \mathrm{KeyGen}(\mathrm{msk}, \mathrm{id})$，有 $H_\infty(d_{\mathrm{id}}) \geqslant \delta$。

②对于身份 id 对应的任意两个不同的私钥 d_{id}^1 和 d_{id}^2（$d_{\mathrm{id}}^1 \neq d_{\mathrm{id}}^2$），有

$$\Pr[\mathrm{Decap}(C^*, d_{\mathrm{id}}^1) = \mathrm{Decap}(C^*, d_{\mathrm{id}}^2)] \leqslant \mathrm{negl}(\kappa)$$

其中，$C^* \leftarrow \mathrm{Encap}^*(\mathrm{id})$。

通用性表明 IB-HPS 的用户私钥具有一定的不可预测性，并且对于同一身份的不同私钥解封装同一个无效密文得到相同解封装结果的概率是可忽略的。也就是说，身份所对应的一个无效密文用与该身份相对应的不同私钥去解封装，将得到互不相同的解封装结果。

(3) 平滑性。

对于任意身份 $\mathrm{id} \in \mathcal{ID}$ 的私钥 d_{id}（其中 $d_{\mathrm{id}} \leftarrow \mathrm{KeyGen}(\mathrm{msk}, \mathrm{id})$），若有 $\mathrm{SD}((C^*, k'), (C^*, \tilde{k})) \leqslant \mathrm{negl}(\kappa)$ 成立，则称该 IB-HPS 是平滑的，其中，$C^* \leftarrow \mathrm{Encap}^*(\mathrm{id})$、$k' \leftarrow \mathrm{Decap}(d_{\mathrm{id}}, C^*)$ 和 $\tilde{k} \leftarrow_R \mathcal{K}$。

平滑性表明无效封装密文的解封装输出与封装密钥空间中的任意随机值是不可区分的。换句话讲，无效密文的解封装输出对任意敌手而言是完全均匀随机的。

在平滑性的基础上，下面讨论泄露平滑性。令函数 $f:\{0,1\}^* \to \{0,1\}^\lambda$ 是一个高效可计算的泄露函数，若有关系 $\mathrm{SD}((C^*, f(d_{\mathrm{id}}), k'), (C^*, f(d_{\mathrm{id}}), \tilde{k})) \leqslant \mathrm{negl}(\kappa)$ 成立，则相应的 IB-HPS 具有抗泄露攻击的平滑性，简称泄露平滑的 IB-HPS，其中 C^*、k' 和 $\tilde{k}$ 的取值与平滑性定义相同。此外，$f(d_{\mathrm{id}})$ 表示用户私钥 d_{id} 的泄露信息。特别地，对于 λ 比特的泄露信息，敌手可以通过一次泄露询问获得，也可以通过多次的泄露询问获得，但泄露信息的最大长度是 λ 比特。

(4) 有效封装密文与无效封装密文的不可区分性。

有效封装算法 Encap 生成的密文称为有效封装密文，无效封装算法 Encap^* 输出的密文称为无效封装密文。对于 IB-HPS 而言，有效封装密文与无效封装密文是不可区分的，即使敌手能够获得任意身份(包括挑战身份)的用户私钥。

有效封装密文与无效封装密文的不可区分性游戏包括挑战者 $\mathcal{C}$ 和敌手 $\mathcal{A}$ 两个参与者，具体的消息交互过程如下所示。

①初始化。挑战者 $\mathcal{C}$ 运行初始化算法 $(\mathrm{mpk}, \mathrm{msk}) \leftarrow \mathrm{Setup}(1^\kappa)$，发送系统公开参数 mpk 给敌手 $\mathcal{A}$，并秘密保存主私钥 msk。

②阶段 1。敌手 $\mathcal{A}$ 能够适应性地对身份空间 $\mathcal{ID}$ 的任意身份 $\mathrm{id} \in \mathcal{ID}$ 进行密钥生成询问(包括挑战身份)，挑战者 $\mathcal{C}$ 通过运行密钥生成算法 $d_{\mathrm{id}} \leftarrow \mathrm{KeyGen}(\mathrm{msk}, \mathrm{id})$ 返回相应的私钥 d_{id} 给敌手 $\mathcal{A}$。

注解 9-1　与 IBE 机制的 CPA 和 CCA 安全模型最大的区别是：在这里敌手 $\mathcal{A}$ 能对包括挑战身份在内的任意身份进行密钥生成询问。

③挑战。对于挑战身份 $\mathrm{id}^* \in \mathcal{ID}$，挑战者 $\mathcal{C}$ 首先计算

$$(C_1, k) \leftarrow \mathrm{Encap}(\mathrm{id}^*) \text{ 和 } C_0 \leftarrow \mathrm{Encap}^*(\mathrm{id}^*)$$

然后，发送挑战密文 C_β 给敌手 $\mathcal{A}$，其中 $\beta \leftarrow_R \{0,1\}$。

④阶段 2。该阶段与阶段 1 相类似，敌手 $\mathcal{A}$ 能够适应性地对任意身份 $\mathrm{id} \in \mathcal{ID}$ 进行密钥生成询问(包括挑战身份)，获得挑战者 $\mathcal{C}$ 返回的相应应答 $d_{\mathrm{id}} \leftarrow \mathrm{KeyGen}(\mathrm{msk}, \mathrm{id})$。

⑤输出。敌手 $\mathcal{A}$ 输出对 β 的猜测值 β'。若 $\beta' = \beta$，则称敌手 $\mathcal{A}$ 在该游戏中获胜，并且挑战者 $\mathcal{C}$ 输出 $\omega = 1$，意味着挑战者 $\mathcal{C}$ 能够区分有效封装密文和无效封装密文；否则，挑战者 $\mathcal{C}$ 输出 $\omega = 0$。

特别地，上述两个测试阶段，对于同一身份 $\mathrm{id} \in \mathcal{ID}$ 的密钥生成询问，挑战者通过列表记录返回相同的私钥 $d_{\mathrm{id}} \leftarrow \mathrm{KeyGen}(\mathrm{msk}, \mathrm{id})$ 给敌手。具体构造中，由于 KeyGen 是随机性算法，同一身份不同时刻的私钥是不相同的。

在上述有效封装密文与无效封装密文的区分性实验中，敌手 $\mathcal{A}$ 获胜的优势定义为

$$\mathrm{Adv}_{\text{IB-HPS}}^{\text{VI-IND}}(\kappa)=\left|\Pr[\mathcal{A}\text{ wins}]-\frac{1}{2}\right|$$

其中，概率来自挑战者和敌手对随机数的选取及敌手的选择。对于任意的 PPT 敌手 $\mathcal{A}$，其在上述游戏中获胜的优势是可忽略的，即有 $\mathrm{Adv}_{\text{IB-HPS}}^{\text{VI-IND}}(\kappa)\leqslant \mathrm{negl}(\kappa)$ 成立。

9.1.3 IB-HPS 中通用性、平滑性及泄露平滑性间的关系

下面将讨论 IB-HPS 中通用性、平滑性及泄露平滑性之间的关系，其中定理 9-1 表明当参数满足相应的限制条件时任意一个通用的 IB-HPS 是泄露平滑的。定理 9-2 表明基于平均情况的强随机性提取器可以将平滑的 IB-HPS 转变成泄露平滑的 IB-HPS。

定理 9-1 假设封装密钥空间为 $\mathcal{K}=\{0,1\}^{l_k}$ 的 IB-HPS 是 δ-通用的，那么它也是泄露平滑的，其中，泄露参数满足 $\lambda\leqslant\delta-l_k-\omega(\log\kappa)$，$\omega(\log\kappa)$ 表示计算过程中产生的额外泄露。

定理 9-1 可由剩余哈希引理[54]和广义的剩余哈希引理[54]得到。

下面基于平均情况的强随机性提取器，设计由平滑 IB-HPS 构造泄露平滑 IB-HPS 的通用转换方法。令 $\Pi'=(\mathrm{Setup}',\mathrm{KeyGen}',\mathrm{Encap}',\mathrm{Encap}'^{*},\mathrm{Decap}')$ 是封装密钥空间为 $\mathcal{K}=\{0,1\}^{l'_k}$，身份空间为 $\mathcal{ID}$ 的平滑性 IB-HPS；令 $\mathrm{Ext}:\{0,1\}^{l'_k}\times\{0,1\}^{l_t}\to\{0,1\}^{l_k}$ 是平均情况的 $(l'_k-\lambda,\varepsilon)$-强随机性提取器，其中，$\lambda$ 是泄露参数，ε 在安全参数 κ 上是可忽略的值。那么泄露平滑的 IB-HPS 的通用构造 $\Pi=(\mathrm{Setup},\mathrm{KeyGen},\mathrm{Encap},\mathrm{Encap}^{*},\mathrm{Decap})$ 的表述如下所示。

① $(\mathrm{mpk},\mathrm{msk})\leftarrow\mathrm{Setup}(1^{\kappa})$。输出 $(\mathrm{mpk},\mathrm{msk})$，其中，$(\mathrm{mpk},\mathrm{msk})\leftarrow\mathrm{Setup}'(1^{\kappa})$。

② $d_{\mathrm{id}}\leftarrow\mathrm{KeyGen}(\mathrm{msk},\mathrm{id})$。输出 d_{id}，其中，$d_{\mathrm{id}}\leftarrow\mathrm{KeyGen}'(\mathrm{msk},\mathrm{id})$。

③ $(C,k)\leftarrow\mathrm{Encap}(\mathrm{id})$。计算 $(C',k')\leftarrow\mathrm{Encap}'(\mathrm{id})$。随机选取 $S\leftarrow_R\{0,1\}^{l_t}$，并计算 $k=\mathrm{Ext}(k',S)$。输出封装密文 C 及相对应的封装密钥 k，其中 $C=(C',S)$。

④ $C^{*}\leftarrow\mathrm{Encap}^{*}(\mathrm{id})$。随机选取 $S\leftarrow_R\{0,1\}^{l_t}$，并计算 $C'\leftarrow\mathrm{Encap}'^{*}(\mathrm{id})$。输出封装密文 $C^{*}=(C',S)$。

⑤ $k\leftarrow\mathrm{Decap}(d_{\mathrm{id}},C)$。计算 $k'\leftarrow\mathrm{Decap}'(d_{\mathrm{id}},C)$ 和 $k=\mathrm{Ext}(k',S)$。输出解封装结果 k。

定理 9-2 若 Π' 是平滑的 IB-HPS，且 Ext 是平均情况的 $(l'_k-\lambda,\varepsilon)$-强随机性提取器，则当 $\lambda\leqslant l'_k-l_k-\omega(\log\kappa)$ 时，上述通用转换可以生成一个 λ-泄露平滑性 IB-HPS。

证明 机制 $\Pi=(\mathrm{Setup},\mathrm{KeyGen},\mathrm{Encap},\mathrm{Encap}^{*},\mathrm{Decap})$ 的正确性、通用性及有效封装密文与无效封装密文的不可区分性均可以由底层 IB-HPS Π' 的相应性质获得。下面将详细证明泄露平滑性。

令 $f:\{0,1\}^{*}\to\{0,1\}^{\lambda}$ 是输出长度为 λ 的任意泄露函数。此外，定义一个函数 $f'(C^{*},k')$，它通过输入私钥 d_{id} 运行解封装算法 Decap 从无效密文 C^{*} 中输出相应的

解封装 k'，同时输出私钥的泄露信息 $f(d_{\text{id}})$，也就是说

$$f'(C^*,k') \equiv \{\text{输出}k' = \text{Decap}(d_{\text{id}},C^*)\text{和}f(d_{\text{id}})\}$$

定义敌手的视图为 $(C^*,f(d_{\text{id}}),k)$，其中 $k = \text{Ext}(k',S)$ 和 $k' = \text{Decap}(d_{\text{id}},C^*)$，即解封装算法的输出 k' 同时也是强随机性提取器 Ext 的输入。

对于确定的 $(\text{mpk},\text{msk}) \leftarrow \text{Setup}(1^\kappa)$ 和任意的身份 id，有

$$\begin{aligned}(C^*,f(d_{\text{id}}),k) &\equiv (C^*,f(d_{\text{id}}),k = \text{Ext}(k',S))\\ &\equiv (C^*,f'(C^*,k'),k = \text{Ext}(k',S))\\ &\approx (C^*,f'(C^*,U),k = \text{Ext}(U,S))\\ &\approx (C^*,f'(C^*,U),\tilde{k})\\ &\approx (C^*,f'(C^*,k'),\tilde{k})\\ &\equiv (C^*,f(d_{\text{id}}),\tilde{k})\end{aligned}$$

其中，$d_{\text{id}} = \text{KeyGen}(\text{id},\text{msk})$、$C^* = \text{Encap}^*(\text{id})$、$k' = \text{Decap}(C^*,d_{\text{id}})$、$U \leftarrow_R \{0,1\}^{l'_k}$ 和 $\tilde{k} \leftarrow_R \{0,1\}^{l_k}$。此外，$S \leftarrow_R \{0,1\}^{l_t}$ 是强随机性提取器的种子。

第一个约等号和第三个约等号成立是基于底层 IB-HPS 的平滑性；强随机性提取器 Ext 的安全性保证了第二个约等号成立。因此，可以得到

$$\text{SD}((C^*,f(d_{\text{id}}),k),(C^*,f(d_{\text{id}}),\tilde{k})) \leqslant \text{negl}(\kappa)$$

底层的 $\text{Ext}:\{0,1\}^{l'_k} \times \{0,1\}^{l_t} \to \{0,1\}^{l_k}$ 是平均情况的 $(l'_k - \lambda,\varepsilon)$-强随机性提取器，所以有 $\lambda \leqslant l'_k - l_k - \omega(\log\kappa)$ 成立。

综上所述，当泄露参数满足 $\lambda \leqslant l'_k - l_k - \omega(\log\kappa)$ 时，任意平滑的 IB-HPS 可以借助平均情况的强随机性提取器转化为泄露平滑的 IB-HPS。

定理 9-2 证毕。

9.2 抗泄露的 IB-HPS 实例

针对实际应用对泄露攻击的抵抗需求，本节将介绍抗泄露 IB-HPS 的构造方法及安全性证明技巧。

9.2.1 具体构造

（1）$(\text{Params},\text{msk}) \leftarrow \text{Setup}(1^\kappa)$。

运行群生成算法 $\mathcal{G}(1^\kappa)$ 输出相应的元组 $(p,G,g,G_T,e(\cdot))$，其中，G 是阶为大素数 p 的乘法循环群，g 是群 G 的生成元，$e:G \times G \to G_T$ 是高效可计算的双线性映射。令 $\text{Ext}:G_T \times \{0,1\}^{l_s} \to \{0,1\}^{l_k}$ 是平均情况的 $(\log p - l_k - \omega(\log\kappa),\varepsilon)$-强随机性提取器，其中，$\{0,1\}^{l_k}$ 是封装密钥空间，ε 是安全参数 κ 上可忽略的值。

随机选取 $u,h,y \leftarrow_R G$ 和 $\alpha,\beta \leftarrow_R Z_p^*$，并计算 $e(g,g)^{\alpha}$ 和 $e(g,y)^{\beta}$。最后公开系统参数 $\text{Params}=\{p,G,g,G_T,e(\cdot),u,h,e(g,g)^{\alpha},e(g,y)^{\beta},\text{Ext}\}$，秘密保存主私钥 $\text{msk}=(g^{\alpha}, y^{-\beta})$。特别地，身份空间为 $\mathcal{ID}=Z_p^*$（意味着 $\text{id}\neq 0$），封装密钥空间为 $\mathcal{K}=\{0,1\}^{l_k}$。

(2) $d_{\text{id}} \leftarrow \text{KeyGen}(\text{msk},\text{id})$。

随机选取 $r,t \leftarrow_R Z_p^*$，并计算 $d_1=g^{\alpha}y^{-\beta t}(u^{\text{id}}h)^r$、$d_2=g^{-r}$ 和 $d_3=t$。输出身份 id 所对应的私钥 $d_{\text{id}}=(d_1,d_2,d_3)$。

(3) $(C,k)\leftarrow \text{Encap}(\text{id})$。

随机选取 $z\leftarrow_R Z_p^*$，并计算

$$c_1=g^z、\ c_2=(u^{\text{id}}h)^z \text{ 和 } c_3=e(g,y)^{\beta z}$$

随机选取 $S\leftarrow_R \{0,1\}^{l_s}$，计算 $k=\text{Ext}(e(g,g)^{\alpha z},S)$。最后输出有效封装密文 $C=(c_1,c_2,c_3,S)$ 及相应的封装密钥 k。

(4) $C^*\leftarrow \text{Encap}^*(\text{id})$。

随机选取 $z,z'\leftarrow_R Z_p^*(z\neq z')$ 和 $S\leftarrow_R \{0,1\}^{l_s}$，计算

$$c_1=g^z、\ c_2=(u^{\text{id}}h)^z \text{ 和 } c_3=e(g,y)^{\beta z'}$$

输出无效封装密文 $C^*=(c_1,c_2,c_3,S)$。

(5) $k'\leftarrow \text{Decap}(d_{\text{id}},C)$。

计算 $W=e(c_1,d_1)e(c_2,d_2)c_3^{d_3}$ 和 $k'=\text{Ext}(W,S)$。输出密文 C 对应的解封装密钥 k'。

9.2.2　正确性

由下述等式即可获得上述 IB-HPS 实例的正确性。

$$\begin{aligned}W&=e(c_1,d_1)e(c_2,d_2)c_3^{d_3}\\&=e(g^z,g^{\alpha}y^{-\beta t}(u^{\text{id}}h)^r)e((u^{\text{id}}h)^z,g^{-r})e(g,y)^{\beta zt}\\&=e(g,g)^{\alpha z}\end{aligned}$$

9.2.3　通用性

对于身份 id 的私钥 $d_{\text{id}}=(d_1,d_2,d_3)=(g^{\alpha}y^{-\beta t}(u^{\text{id}}h)^r,g^{-r},t)$ 及相应的无效封装算法 Encap^* 输出的无效封装密文 $C^*=(c_1,c_2,c_3)=(g^z,(u^{\text{id}}h)^z,e(g,y)^{\beta z'})$，由解封装算法 $k'\leftarrow \text{Decap}(d_{\text{id}},C^*)$ 可知：

$$\begin{aligned}W'&=e(c_1,d_1)e(c_2,d_2)c_3^{d_3}\\&=e(g^z,g^{\alpha}y^{-\beta t}(u^{\text{id}}h)^r)e((u^{\text{id}}h)^z,g^{-r})e(g,y)^{\beta z't}\\&=e(g,g)^{\alpha z}e(g,y)^{\beta t(z'-z)}\end{aligned}$$

由此可见，无效封装密文 $C^*=(c_1,c_2,c_3)$ 的解封装结果 $k'=\text{Ext}(W',S)$ 中包含了相

应私钥 $d_{\text{id}}=(d_1,d_2,d_3)$ 的底层随机数 t。对于同一个身份 id 的不同私钥 d_{id} 和 d'_{id} 是由不同的底层随机数 t 和 t' 生成的，所以对于任意的敌手而言，同一身份 id 的不同私钥 d_{id} 和 d'_{id} 对同一无效密文 $C'=(c_1,c_2,c_3)$ 的解封装结果的视图是各不相同的，即有下述关系成立：

$$\Pr[\text{Decap}(C^*,d_{\text{id}})=\text{Decap}(C^*,d'_{\text{id}})]\leqslant \text{negl}(\kappa)$$

9.2.4　平滑性

对于身份 id 的私钥 d_{id} 及相应的无效封装算法 Encap^* 输出的无效封装密文 $C^*=(c_1,c_2,c_3)$，由通用性可知相应的解封装结果为 $k'=\text{Ext}(e(g,g)^{\alpha z}e(g,y)^{\beta t(z'-z)},S)$。对于敌手而言，参数 α、β、t、z 和 z' 都是从 Z_p^* 中均匀随机选取的。换句话讲，在敌手看来 k' 是封装密钥空间 $\mathcal{K}=\{0,1\}^{l_k}$ 上的均匀随机值，因为强随机性提取器 Ext 的输入 $e(g,g)^{\alpha z}e(g,y)^{\beta t(z'-z)}$ 是一个随机值。综上所述，有下述关系

$$\text{SD}((C^*,k'),(C^*,\tilde{k}))\leqslant \text{negl}(\kappa)$$

成立，其中，$\tilde{k}\leftarrow_R \{0,1\}^{l_k}$。换句话讲，在 IB-HPS 中，对于任意的无效封装密文，解封装算法输出封装密钥空间上的一个随机值。

9.2.5　泄露容忍的平滑性

令 $f:\{0,1\}^*\to\{0,1\}^\lambda$ 是任意高效可计算的泄露函数。定义函数 $f'(C^*,W)$ 在输出关于私钥 d_{id} 泄露信息 $f(d_{\text{id}})$ 的同时，返回无效密文 C^* 在私钥 d_{id} 作用下的解封装结果 $k\leftarrow\text{Decap}(d_{\text{id}},C^*)$（相应操作 $k=\text{Ext}(W,S)$ 包含在该算法中）。

由强随机性提取器 Ext 的安全性可知，有下述关系成立：

$$\begin{aligned}(C^*,f(d_{\text{id}}),k)&\equiv(C^*,f(d_{\text{id}}),k=\text{Ext}(W,S))\\&\equiv(C^*,f'(C^*,W),k=\text{Ext}(W,S))\\&\approx(C^*,f'(C^*,U^*),k=\text{Ext}(U^*,S))\\&\approx(C^*,f'(C^*,U^*),\tilde{k})\\&\approx(C^*,f'(C^*,W),\tilde{k})\\&\equiv(C^*,f(d_{\text{id}}),\tilde{k})\end{aligned}$$

综上所述，对于任意的 $\tilde{k}\leftarrow_R\{0,1\}^{l_k}$，有下述关系成立。

$$\text{SD}((C^*,f(d_{\text{id}}),k'),(C^*,f(d_{\text{id}}),\tilde{k}))\leqslant\text{negl}(\kappa)$$

9.2.6　有效封装密文与无效封装密文的不可区分性

定理 9-3　对于上述 IB-HPS 实例，如果存在一个 PPT 敌手 $\mathcal{A}$ 在多项式时间内

能以不可忽略的优势 $\mathrm{Adv}_{\mathrm{IB\text{-}HPS},\mathcal{A}}^{\mathrm{VI\text{-}IND}}(\kappa)$ 区分有效封装密文与无效封装密文，那么就能够构造一个敌手 $\mathcal{B}$ 在多项式时间内以优势 $\mathrm{Adv}_{\mathcal{B}}^{\mathrm{DBDH}}(\kappa)\geqslant \mathrm{Adv}_{\mathrm{IB\text{-}HPS},\mathcal{A}}^{\mathrm{VI\text{-}IND}}(\kappa)$ 攻破经典的 DBDH 困难性假设。

证明 敌手 $\mathcal{B}$ 与敌手 $\mathcal{A}$ 开始有效封装密文与无效封装密文区分游戏之前，敌手 $\mathcal{B}$ 从 DBDH 假设的挑战者处获得一个 DBDH 挑战元组 (g,g^a,g^b,g^c,T_ω) 及相应的公开元组 $(p,G,g,G_T,e(\cdot))$，其中，$a,b,c,c'(c\neq c')\leftarrow Z_{cp}^*$、$T_1=e(g,g)^{abc}$ 和 $T_0=e(g,g)^{abc'}$。敌手 $\mathcal{A}$ 与敌手 $\mathcal{B}$ 间的消息交互过程如下所示。

(1) 初始化。

初始化阶段敌手 $\mathcal{B}$ 执行下述操作。

令 $y=g^a$，随机选取 $m,n\leftarrow_R Z_p^*$，计算 $u=(g^a)^m$ 和 $h=g^n$（有 $u^{\mathrm{id}}h=g^{a\cdot\mathrm{id}\cdot m+n}$）。随机选取 $\alpha^*,t^*\leftarrow_R Z_p^*$，通过下述计算隐含地设置了 $\beta=b$ 和 $\alpha=abt^*+\alpha^*$。

$$e(g,g)^\alpha=e(g^a,g^b)^{t^*}e(g,g)^{\alpha^*} \text{ 和 } e(g,y)^\beta=e(g^a,g^b)$$

发送公开参数 $\mathrm{Params}=\{p,G,g,G_T,e(\cdot),u,h,e(g,g)^\alpha,e(g,y)^\beta,\mathrm{Ext}\}$ 给敌手 $\mathcal{A}$，其中 $\mathrm{Ext}:G_T\times\{0,1\}^{l_s}\to\{0,1\}^{l_k}$ 是平均情况的强随机性提取器。

特别地，α^* 和 t^* 是由敌手 $\mathcal{B}$ 从 Z_p^* 中均匀随机选取的，a 和 b 由 DBDH 挑战者从 Z_p^* 中均匀随机选取的。因此，对于敌手 $\mathcal{A}$，Params 中的所有公开参数都是均匀随机的，即模拟游戏与真实环境中的游戏是不可区分的。

(2) 阶段 1（训练）。

敌手 $\mathcal{A}$ 能够适应性地对身份空间 $\mathcal{ID}$ 的任意身份 $\mathrm{id}\in\mathcal{ID}$ 进行密钥提取询问，敌手 $\mathcal{B}$ 生成关于身份 id 的私钥 d_{id}。

对于任意的身份 id，敌手 $\mathcal{B}$ 随机选取 $\tilde{r},t\leftarrow_R Z_p^*$ 并满足 $t\neq t^*$，输出 id 相对应的私钥：

$$d_{\mathrm{id}}=(d_1,d_2,d_3)=\left(g^{\alpha^*}(g^b)^{\frac{-(t^*-t)n}{m\cdot\mathrm{id}}}(u^{\mathrm{id}}h)^{\tilde{r}},g^{-\tilde{r}}(g^b)^{\frac{t^*-t}{m\cdot\mathrm{id}}},t\right)$$

对于任意的选取 $\tilde{r}\leftarrow_R Z_p^*$，存在 $r\in Z_p^*$，满足条件 $r=\tilde{r}-\dfrac{b(t^*-t)}{m\cdot\mathrm{id}}$（其中 $\tilde{r}$ 的随机性确保了 r 的随机性），则有

$$\begin{aligned}
g^{\alpha^*}(g^b)^{\frac{-(t^*-t)n}{m\cdot\mathrm{id}}}(u^{\mathrm{id}}h)^{\tilde{r}}&=g^{\alpha^*}(g^b)^{\frac{-(t^*-t)n}{m\cdot\mathrm{id}}}(u^{\mathrm{id}}h)^{r+\frac{b(t^*-t)}{m\cdot\mathrm{id}}}\\
&=g^{\alpha^*}(g^b)^{\frac{-(t^*-t)n}{m\cdot\mathrm{id}}}(g^{a\cdot\mathrm{id}\cdot m+n})^{\frac{b(t^*-t)}{m\cdot\mathrm{id}}}(u^{\mathrm{id}}h)^r\\
&=g^{\alpha^*}(g^b)^{\frac{-(t^*-t)n}{m\cdot\mathrm{id}}}g^{ab(t^*-t)}g^{\frac{nb(t^*-t)}{m\cdot\mathrm{id}}}(u^{\mathrm{id}}h)^r\\
&=g^{\alpha^*+abt^*}g^{-abt}g(u^{\mathrm{id}}h)^r
\end{aligned}$$

$$=g^{\alpha}y^{-\beta t}(u^{\mathrm{id}}h)^{r}$$

$$g^{-\tilde{r}}(g^{b})^{\frac{t^{*}-t}{m\cdot\mathrm{id}}}=g^{-\left(\tilde{r}-\frac{b(t^{*}-t)}{m\cdot\mathrm{id}}\right)}=g^{-r}$$

因此，敌手 $\mathcal{B}$ 输出了身份 id 关于随机数 r 和 t 的有效私钥 d_{id}。

(3) 挑战。

敌手 $\mathcal{A}$ 输出了身份 id^*。敌手 $\mathcal{B}$ 首先计算 $c_1=g^c$、$c_2=(g^c)^{m\cdot\mathrm{id}^*+n}$ 和 $c_3=T_\omega$，然后输出挑战密文 $C^*=(c_1,c_2,c_3)$ 给敌手 $\mathcal{A}$，其中，$(u^{\mathrm{id}^*}h)^c=(g^c)^{m\cdot\mathrm{id}^*+n}$。

下面分两类情况讨论挑战密文 $C^*=(c_1,c_2,c_3)$。

①当 $T_\omega=e(g,g)^{abc}$ 时，有 $c_3=e(g,g)^{abc}=e(g,y)^{\beta c}$，因此，当 $T_\omega=e(g,g)^{abc}$ 时，挑战密文 $C^*=(c_1,c_2,c_3)$ 是关于挑战身份 id^* 的有效封装密文。

②当 $T_\omega=e(g,g)^{abc'}$ 时，有 $c_3=e(g,g)^{abc'}=e(g,y)^{\beta c'}$，因此，当 $T_\omega\leftarrow_R G_T$ 时，挑战密文 $C^*=(c_1,c_2,c_3)$ 是关于挑战身份 id^* 的无效封装密文。

(4) 阶段 2（训练）。

与阶段 1 相类似，敌手 $\mathcal{A}$ 能够适应性地对任意身份 $\mathrm{id}\in\mathcal{ID}$ 进行密钥生成询问（包括挑战身份 id^*），敌手 $\mathcal{B}$ 按与阶段 1 相同的方式返回相应的应答 d_{id}。

(5) 输出。

若敌手 $\mathcal{A}$ 输出 1，则敌手 $\mathcal{B}$ 输出 $\omega=1$，意味着敌手 $\mathcal{B}$ 能够解决 DBDH 假设；否则，敌手 $\mathcal{B}$ 输出 $\omega=0$。

综上所述，如果敌手 $\mathcal{A}$ 能以不可忽略的优势 $\mathrm{Adv}_{\text{IB-HPS},\mathcal{A}}^{\text{VI-IND}}(\kappa)$ 区分有效封装密文与无效封装密文，并且敌手 $\mathcal{B}$ 将敌手 $\mathcal{A}$ 以子程序的形式运行，那么敌手 $\mathcal{B}$ 能以显而易见优势 $\mathrm{Adv}_{\mathcal{B}}^{\text{DBDH}}(\kappa)\geqslant\mathrm{Adv}_{\text{IB-HPS},\mathcal{A}}^{\text{VI-IND}}(\kappa)$ 攻破经典的 DBDH 困难性假设。

定理 9-3 证毕。

9.3　抗泄露的 U-IB-HPS 实例

为了给 IB-HPS 提供附加的密钥更新功能，本节将介绍抗泄露 U-IB-HPS 的构造方法及安全性证明技巧。与 IB-HPS 相比，U-IB-HPS 提供了用户私钥的周期性更新功能。

9.3.1　具体构造

(1) $(\mathrm{Params},\mathrm{msk})\leftarrow\mathrm{Setup}(1^\kappa)$。

运行群生成算法 $\mathcal{G}(1^\kappa)$ 输出相应的元组 $(p,G,g,G_T,e(\cdot))$，其中，G 是阶为大素数 p 的乘法循环群，g 是群 G 的生成元，$e:G\times G\rightarrow G_T$ 是高效可计算的双线性映射。令 $\mathrm{Ext}:G_T\times\{0,1\}^{l_s}\rightarrow\{0,1\}^{l_k}$ 是平均情况的 $(\log p-l_k-\omega(\log\kappa),\varepsilon)$-强随机性提取器，其中，$\{0,1\}^{l_k}$ 是封装密钥空间，ε 是安全参数 κ 上可忽略的值。

对于满足条件 $n \geqslant 2$ 的任意整数 $n \in \mathbb{N}$，随机选取 $u,h,y \leftarrow_R G$、$\alpha \leftarrow_R Z_p^*$ 和 $\boldsymbol{X} = (x_1,\cdots,x_n) \leftarrow_R (Z_p^*)^n$，并计算

$$e(g,g)^{\alpha}, e(g,y)^{x_1}, \cdots, e(g,y)^{x_n}$$

令 $\text{Params} = \{g, G, G_T, e(\cdot), u, h, e(g,g)^{\alpha}, e(g,y)^{x_1}, \cdots, e(g,y)^{x_n}, \text{Ext}\}$ 为系统公开参数，$\text{msk} = (g^{\alpha}, y^{x_1}, \cdots, y^{x_n})$ 为系统主私钥并秘密保存。

(2) $d_{\text{id}} \leftarrow \text{KeyGen}(\text{msk}, \text{id})$。

随机选取 $r \leftarrow_R Z_p^*$ 和 $\boldsymbol{Y} = (y_1,\cdots,y_n) \leftarrow_R (Z_p^*)^n$ 满足条件 $\prod_{i=1}^{n} e(g,y)^{x_i y_i} \neq 1$（这意味着 $\langle \boldsymbol{X}, \boldsymbol{Y} \rangle \neq 0$），否则，需要重新选取相应的随机向量 $\boldsymbol{Y} = (y_1,\cdots,y_n)$。然后计算

$$d_1 = g^{\alpha} y^{-\langle \boldsymbol{X},\boldsymbol{Y} \rangle} (u^{\text{id}} h)^r \text{、} d_2 = g^{-r} \text{ 和 } d_3 = \boldsymbol{Y}$$

最后，输出身份 id 所对应的私钥 $d_{\text{id}} = (d_1, d_2, d_3)$。

(3) $d'_{\text{id}} \leftarrow \text{Update}(d_{\text{id}})$。

随机选取 $r' \leftarrow_R Z_p^*$ 和 $(v_2,\cdots,v_n) \leftarrow_R (Z_p^*)^{n-1}$，令 $v_1 = 0$ 和 $\boldsymbol{V} = (v_1, v_2, \cdots, v_n)$ 且满足条件 $\prod_{i=2}^{n} e(g,y)^{x_i v_i} = 1$；否则，需要重新选择相应的随机值 $v_2,\cdots,v_n$，然后计算

$$d'_1 = g^{\alpha} y^{-\langle \boldsymbol{X},\boldsymbol{Y} \rangle} (u^{\text{id}} h)^{r+r'} \text{、} d'_2 = g^{-(r+r')} \text{ 和 } d'_3 = \boldsymbol{Y} + \boldsymbol{V}$$

特别地，$\prod_{i=2}^{n} e(g,y)^{x_i v_i} = e(g,y)^{\sum_{i=2}^{n} x_i v_i} = e(g,y)^{\langle \boldsymbol{X}', \boldsymbol{V}' \rangle} = 1$，其中，$\boldsymbol{X}' = (x_2,\cdots,x_n)$ 和 $\boldsymbol{V}' = (v_2,\cdots,v_n)$。最后，输出 $d'_{\text{id}} = (d'_1, d'_2, d'_3)$ 为 d_{id} 的更新私钥。

(4) $(C,k) \leftarrow \text{Encap}(\text{id})$。

随机选取 $z \leftarrow_R Z_p^*$，并计算 $c_1 = g^z$、$c_2 = (u^{\text{id}} h)^z$ 和 $E = (e(g,y)^{x_i z})_{i=1,\cdots,n}$。随机选取 $S \leftarrow_R \{0,1\}^{l_s}$，计算 $k = \text{Ext}(e(g,g)^{\alpha z}, S)$。输出有效封装密文 $C = (c_1, c_2, E, S)$ 及相应的封装密钥 k，其中，$E = (e_1,\cdots,e_n)$。

(5) $C^* \leftarrow \text{Encap}^*(\text{id})$。

随机选取 $z, z' \leftarrow_R Z_p^* (z \neq z')$ 和 $S \leftarrow_R \{0,1\}^{l_s}$，并计算

$$c_1 = g^z \text{、} c_2 = (u^{\text{id}} h)^z \text{、} e_1 = e(g,y)^{x_1 z'} \text{ 和 } (e_i = e(g,y)^{x_i z})_{i=2,\cdots,n}$$

特别地，对于任意的 $z, z' \leftarrow_R Z_p^*$ 且 $z \neq z'$，有关系 $z' = z + \eta$ 成立。下面为了证明方便，使用 $z' = z + \eta$，其中 $\eta \in Z_p^*$。则在无效密文中有 $e_1 = e(g,y)^{x_1 z} e(g,y)^{x_1 \eta}$。最后输出无效封装密文 $C^* = (c_1, c_2, E, S)$，其中，$E = (e_1,\cdots,e_n)$。

(6) $k' \leftarrow \text{Decap}(d_{\text{id}}, C)$。

计算 $W=e(c_1,d_1)e(c_2,d_2)\prod_{i=1}^{n}e_i^{y_i}$ 和 $k'=\mathrm{Ext}(W,S)$，并输出密文 C 对应的解封装密钥 k'。

9.3.2　正确性

对于原始私钥 $d_{\mathrm{id}}=(d_1,d_2,d_3)$，由下述等式即可获得上述 U-IB-HPS 实例的正确性。

$$\begin{aligned}
W &= e(c_1,d_1)e(c_2,d_2)\prod_{i=1}^{n}e_i^{y_i} \\
&= e(g^z,g^{\alpha}y^{-\langle \boldsymbol{X},\boldsymbol{Y}\rangle}(u^{\mathrm{id}}h)^r)e((u^{\mathrm{id}}h)^z,g^{-r})\prod_{i=1}^{n}e(g,y)^{zx_iy_i} \\
&= e(g^z,g)^{\alpha z}e(g^z,y^{-\langle \boldsymbol{X},\boldsymbol{Y}\rangle})e(g^z,(u^{\mathrm{id}}h)^r)e((u^{\mathrm{id}}h)^z,g^{-r})e(g,y)^{z\sum_{i=1}^{n}x_iy_i} \\
&= e(g,g)^{\alpha z}e(g^z,y^{-\langle \boldsymbol{X},\boldsymbol{Y}\rangle})e(g,y)^{z\langle \boldsymbol{X},\boldsymbol{Y}\rangle} \\
&= e(g,g)^{\alpha z}
\end{aligned}$$

对于更新私钥 $d'_{\mathrm{id}}=(d'_1,d'_2,d'_3)$，由下述等式即可获得上述 U-IB-HPS 实例的正确性。

$$\begin{aligned}
W &= e(c_1,d'_1)e(c_2,d'_2)\prod_{i=1}^{n}e_i^{y_i} \\
&= e(g^z,g^{\alpha}y^{-\langle \boldsymbol{X},\boldsymbol{Y}\rangle}(u^{\mathrm{id}}h)^{r+r'})e((u^{\mathrm{id}}h)^z,g^{-(r+r')})\prod_{i=1}^{n}e(g,y)^{zx_i(y_i+v_i)} \\
&= e(g,g)^{\alpha z}e(g^z,y^{-\langle \boldsymbol{X},\boldsymbol{Y}\rangle})e(g^z,(u^{\mathrm{id}}h)^{r+r'})e((u^{\mathrm{id}}h)^z,g^{-(r+r')})e(g,y)^{z\sum_{i=1}^{n}x_i(y_i+v_i)} \\
&= e(g,g)^{\alpha z}e(g^z,y^{-\langle \boldsymbol{X},\boldsymbol{Y}\rangle})e(g,y)^{z\left(\sum_{i=1}^{n}x_iy_i+\sum_{i=1}^{n}x_iv_i\right)} \\
&= e(g,g)^{\alpha z}e(g^z,y^{-\langle \boldsymbol{X},\boldsymbol{Y}\rangle})e(g,y)^{z\sum_{i=1}^{n}x_iy_i}e(g,y)^{z\sum_{i=1}^{n}x_iv_i} \\
&= e(g,g)^{\alpha z}e(g,y)^{z\sum_{i=2}^{n}x_iv_i} \\
&= e(g,g)^{\alpha z}e(g,y)^{z\langle \boldsymbol{X}',\boldsymbol{V}'\rangle} \\
&= e(g,g)^{\alpha z}
\end{aligned}$$

其中，$e(g,y)^{\langle \boldsymbol{X}',\boldsymbol{V}'\rangle}=1$。

9.3.3　通用性

对于身份 id 的原始私钥 $d_{\mathrm{id}}=(d_1,d_2,d_3)=(g^{\alpha}y^{-\langle \boldsymbol{X},\boldsymbol{Y}\rangle}(u^{\mathrm{id}}h)^r,g^{-r},\boldsymbol{Y})$ 及相应封装算法 Encap* 输出的无效封装密文 $C^*=(c_1,c_2,E,S)=(g^z,(u^{\mathrm{id}}h)^z,(e_1,e_2,\cdots,e_n),S)$，由解封装算法 $k'\leftarrow \mathrm{Decap}(d_{\mathrm{id}},C^*)$ 可知：

$$
\begin{aligned}
W'&=e(c_1,d_1)e(c_2,d_2)\prod_{i=1}^{n}e_i^{y_i}\\
&=e(g^z,g^{\alpha}y^{-\langle \boldsymbol{X},\boldsymbol{Y}\rangle}(u^{\mathrm{id}}h)^r)e((u^{\mathrm{id}}h)^z,g^{-r})e(g,y)^{zx_1y_1}e(g,y)^{\eta x_1y_1}\prod_{i=2}^{n}e(g_1,g_2)^{zx_iy_i}\\
&=e(g,g)^{\alpha z}e(g^z,y^{-\langle \boldsymbol{X},\boldsymbol{Y}\rangle})e(g^z,(u^{\mathrm{id}}h)^r)e((u^{\mathrm{id}}h)^z,g^{-r})e(g,y)^{\eta x_1y_1}e(g,y)^{z\sum_{i=1}^{n}x_iy_i}\\
&=e(g,g)^{\alpha z}e(g,y)^{\eta x_1y_1}e(g^z,y^{-\langle \boldsymbol{X},\boldsymbol{Y}\rangle})e(g,y)^{z\langle \boldsymbol{X},\boldsymbol{Y}\rangle}\\
&=e(g,g)^{\alpha z}e(g,y)^{\eta x_1y_1}
\end{aligned}
$$

其中，$z'=z+\eta$ 和 $\eta\in Z_p^*$。

由此可见，无效封装密文 $C^*=(c_1,c_2,c_3)$ 的解封装结果 $k'=\mathrm{Ext}(W',S)$ 中包含了相应私钥 $d_{\mathrm{id}}=(d_1,d_2,d_3)$ 的底层随机数 y_1。对于同一个身份 id 的不同私钥 d_{id} 和 d'_{id} 是由不同的底层随机数 y_1 和 y'_1 生成的，因此，对于任意的敌手，同一身份 id 的不同私钥 d_{id} 和 d'_{id} 对同一无效密文 $C^*=(c_1,c_2,E,S)$ 的解封装视图是各不相同的，即有下述关系成立：

$$\Pr[\mathrm{Decap}(C^*,d_{\mathrm{id}})=\mathrm{Decap}(C^*,d'_{\mathrm{id}})]\leqslant \mathrm{negl}(\kappa)$$

9.3.4　平滑性

对于身份 id 的私钥 d_{id} 及相应的无效封装算法 Encap* 输出的无效封装密文 $C^*=(c_1,c_2,E,S)$，由通用性可知解封装结果为 $k'=\mathrm{Ext}(e(g,g)^{\alpha z}e(g,y)^{\eta x_1y_1},S)$。对于敌手，参数 α、x_1、y_1、z 和 z' 都是从 Z_p^* 中均匀随机选取的。换句话讲，在敌手看来 k' 是封装密钥空间 $\mathcal{K}=\{0,1\}^{l_k}$ 上的均匀随机值，因为强随机性提取器 Ext 的输入 $e(g,g)^{\alpha z}e(g,y)^{\eta x_1y_1}$ 是一个随机值。综上所述，有下述关系

$$\mathrm{SD}((C^*,k'),(C^*,\tilde{k}))\leqslant \mathrm{negl}(\kappa)$$

成立，其中 $\tilde{k}\leftarrow_R\{0,1\}^{l_k}$。

9.3.5　泄露容忍的平滑性

令 $f:\{0,1\}^*\to\{0,1\}^{\lambda}$ 是任意高效可计算的泄露函数。定义函数 $f'(C,W)$ 在输出关

于私钥 d_{id} 泄露信息 $f(d_{\mathrm{id}})$ 的同时，返回无效密文 $C^*=(c_1,c_2,E,S)$ 在私钥 d_{id} 作用下的解封装结果 $k\leftarrow \mathrm{Decap}(d_{\mathrm{id}},C^*)$（相应操作 $k=\mathrm{Ext}(W,S)$ 包含在该算法中）。

由强随机性提取器 Ext 的安全性可知，有下述关系成立：

$$
\begin{aligned}
(C^*,f(d_{\mathrm{id}}),k) &\equiv (C^*,f(d_{\mathrm{id}}),k=\mathrm{Ext}(W,S)) \\
&\equiv (C^*,f'(C^*,W),k=\mathrm{Ext}(W,S)) \\
&\approx (C^*,f'(C^*,U^*),k=\mathrm{Ext}(U^*,S)) \\
&\approx (C^*,f'(C^*,U^*),\tilde{k}) \\
&\approx (C^*,f'(C^*,W),\tilde{k}) \\
&\equiv (C^*,f(d_{\mathrm{id}}),\tilde{k})
\end{aligned}
$$

综上所述，对于任意的 $\tilde{k}\leftarrow_R \{0,1\}^{l_k}$，有下述关系成立。

$$
\mathrm{SD}((C^*,f(d_{\mathrm{id}}),k'),(C^*,f(d_{\mathrm{id}}),\tilde{k}))\leqslant \mathrm{negl}(\kappa)
$$

9.3.6　有效封装密文与无效封装密文的不可区分性

定理 9-4　对于上述 U-IB-HPS 实例，如果存在一个 PPT 敌手 $\mathcal{A}$ 在多项式时间内能以不可忽略的优势 $\mathrm{Adv}_{\text{U-IB-HPS},\mathcal{A}}^{\text{VI-IND}}(\kappa)$ 区分有效封装密文与无效封装密文，那么就能构造一个敌手 $\mathcal{B}$ 在多项式时间内能以优势 $\mathrm{Adv}_{\text{IB-HPS},\mathcal{B}}^{\text{VI-IND}}(\kappa)\geqslant \mathrm{Adv}_{\text{U-IB-HPS},\mathcal{A}}^{\text{VI-IND}}(\kappa)$ 攻破 9.2 节基础 IB-HPS 的有效密文和无效密文的不可区分性。

证明　敌手 $\mathcal{B}$ 与敌手 $\mathcal{A}$ 开始游戏前，敌手 $\mathcal{B}$ 从相应的挑战者处获得 9.2 节基础 IB-HPS 的公开参数 $\mathrm{Params}=\{q,G,g,G_T,e(\cdot),u,h,e(g,g)^{\alpha},e(g,y)^{\beta},\mathrm{Ext}\}$。敌手 $\mathcal{A}$ 与敌手 $\mathcal{B}$ 间的消息交互过程如下所示。

(1) 初始化。

初始化阶段敌手 $\mathcal{B}$ 执行下述操作。

令 $e(g,y)^{x_1}=e(g,y)^{\beta}$（隐含地设置 $x_1=\beta$），然后随机选取 $(x_2,\cdots,x_n)\leftarrow_R (Z_p^*)^{n-1}$，对于 $i=2,\cdots,n$，计算 $e(g,y)^{x_i}$。特别地，隐含地设置 $\boldsymbol{X}=(\beta,x_2,\cdots,x_n)$。令 $\mathrm{Params}=\{g,G,G_T,e(\cdot),u,h,e(g,g)^{\alpha},e(g,y)^{x_1},\cdots,e(g,y)^{x_n},\mathrm{Ext}\}$ 为系统公开参数，并将其发送给敌手 $\mathcal{A}$。

(2) 阶段 1（训练）。

敌手 $\mathcal{A}$ 能够适应性地对任意身份 id 进行密钥生成询问，敌手 $\mathcal{B}$ 生成身份 id 的相应私钥 d_{id}。

敌手 $\mathcal{B}$ 首先从相应的挑战者处获得基础 IB-HPS 中关于身份 id 的私钥：

$$
\tilde{d}_{\mathrm{id}}=(\tilde{d}_1,\tilde{d}_2,\tilde{d}_3)=(g^{\alpha}y^{-\beta t}(u^{\mathrm{id}}h)^{r},g^{-r},t)
$$

其中，$\tilde{r},t\leftarrow_R Z_p^*$。

然后，随机选取$(y_2,\cdots,y_n)\leftarrow_R (Z_p^*)^{n-1}$，令$y_1=t$和$\boldsymbol{Y}=(t,y_2,\cdots,y_n)$，且满足条件$\prod_{i=1}^{n}e(g,y)^{x_iy_i}=e(g,y)^{\sum_{i=1}^{n}x_iy_i}=e(g,y)^{\langle \boldsymbol{X},\boldsymbol{Y}\rangle}\neq 1$（隐含地设置了$\langle \boldsymbol{X},\boldsymbol{Y}\rangle\neq 0$），否则，需要重新选取相应的随机数$(y_2,\cdots,y_n)$。计算

$$d_1=\tilde{d}_1 y^{-\sum_{i=2}^{n}x_iy_i} \text{ 和 } d_2=\tilde{d}_2$$

那么有

$$d_1=\tilde{d}_1 y^{-\sum_{i=2}^{n}x_iy_i}=g^{\alpha}y^{-\beta t}(u^{\mathrm{id}}h)^r y^{-\sum_{i=2}^{n}x_iy_i}=g^{\alpha}y^{-\left(\beta t+\sum_{i=2}^{n}x_iy_i\right)}(u^{\mathrm{id}}h)^r=g^{\alpha}y^{-\langle \boldsymbol{X},\boldsymbol{Y}\rangle}(u^{\mathrm{id}}h)^r$$

因此，敌手$\mathcal{B}$输出了身份id关于随机数r和t的有效私钥$d_{\mathrm{id}}=(d_1,d_2,\boldsymbol{Y})$。

(3)挑战。

敌手$\mathcal{A}$输出了挑战身份id^*。首先敌手$\mathcal{B}$从相应的挑战者处获得IB-HPS中挑战身份id^*所对应的挑战密文

$$\tilde{C}^*=(\tilde{c}_1,\tilde{c}_2,\tilde{c}_3,\tilde{S})=(g^z,(u^{\mathrm{id}^*}h)^z,e(g,y)^{\beta z}\text{或}e(g,y)^{\beta z'},\tilde{S})$$

然后，对于$i=2,\cdots,n$，计算$e_i=e(g^z,y)^{x_i}$，并设置$c_1=\tilde{c}_1=g^z$，$c_2=\tilde{c}_2=(u^{\mathrm{id}^*}h)^z$，$E=(e(g,y)^{\beta z}\text{或}e(g,y)^{\beta z'},e(g^z,y)^{x_2},\cdots,e(g^z,y)^{x_n})$和$S=\tilde{S}$。

最后，敌手$\mathcal{B}$输出挑战密文$C^*=(c_1,c_2,E,S)$给敌手$\mathcal{A}$。由上述计算可清晰地获知，如果$\tilde{C}^*=(\tilde{c}_1,\tilde{c}_2,\tilde{c}_3,\tilde{S})$是底层IB-HPS的有效封装密文，即$\tilde{C}^*=(g^z,(u^{\mathrm{id}^*}h)^z,e(g,y)^{\beta z})$，那么对应的挑战密文$C^*=(c_1,c_2,E)$是相应U-IB-HPS的有效封装密文；否则，$\tilde{C}^*=(\tilde{c}_1,\tilde{c}_2,\tilde{c}_3,\tilde{S})$是底层IB-HPS的无效封装密文，即$\tilde{C}^*=(g^z,(u^{\mathrm{id}^*}h)^z,e(g,y)^{\beta z'},\tilde{S})$，那么挑战密文$C^*=(c_1,c_2,E,S)$是相应U-IB-HPS的无效封装密文。

(4)阶段2(训练)。

与阶段1相类似，敌手$\mathcal{A}$能够适应性地对任意身份$\mathrm{id}\in\mathcal{ID}$进行密钥生成询问(包括挑战身份$\mathrm{id}^*$)，敌手$\mathcal{B}$按与阶段1相同的方式返回相应的应答$d_{\mathrm{id}}$。

(5)输出。

若敌手$\mathcal{A}$输出1，则敌手$\mathcal{B}$输出1，意味着敌手$\mathcal{B}$能够区分底层IB-HPS的有效密文和无效密文；否则，敌手$\mathcal{B}$输出0。

综上所述，如果敌手$\mathcal{A}$能以不可忽略的优势$\mathrm{Adv}_{\text{U-IB-HPS},\mathcal{A}}^{\text{VI-IND}}(\kappa)$区分U-IB-HPS的有效封装密文与无效封装密文，并且敌手$\mathcal{B}$将敌手$\mathcal{A}$以子程序的形式运行，那么敌手$\mathcal{B}$能以显而易见优势$\mathrm{Adv}_{\text{IB-HPS},\mathcal{B}}^{\text{VI-IND}}(\kappa)\geqslant \mathrm{Adv}_{\text{U-IB-HPS},\mathcal{A}}^{\text{VI-IND}}(\kappa)$区分底层IB-HPS的有效封装密文与无效封装密文。由定理9-3已知，如果存在敌手能够区分底层IB-HPS的有效封装密文与无效封装密文，那么DBDH假设的困难性将被构造的敌手攻破。因此，

在上述 U-IB-HPS 中，即使用户私钥能被周期性地更新，有效封装密文与无效封装密文依然是不可区分的。

定理 9-4 证毕。

9.3.7 重复随机性

密钥更新算法基于随机值 r' 和随机向量 $\boldsymbol{V}$ 生成了相应的更新密钥 d'_{id}，对于敌手而言，由于 r' 与 $\boldsymbol{V}$ 分别是从 Z_p^* 和 $(Z_p^*)^n$ 中均匀随机选取的，因此有

$$\text{SD}(d_{\text{id}}, d'_{\text{id}}) \leqslant \text{negl}(\kappa)$$

综上所述，对于任意的 PPT 敌手，原始密钥 d_{id} 和更新密钥 d'_{id} 是不可区分的。

9.3.8 更新的不变性

对于身份 id 的更新私钥 $d'_{\text{id}} = (d'_1, d'_2, \boldsymbol{Y}') = (g^{\alpha} y^{-\langle \boldsymbol{X},\boldsymbol{Y}\rangle} (u^{\text{id}} h)^{r+r'}, g^{-(r+r')}, \boldsymbol{Y}+\boldsymbol{V})$ 及封装算法 Encap* 输出的无效封装密文 $C^* = (c_1, c_2, E) = (g^z, (u^{\text{id}} h)^z, (e_1, e_2, \cdots, e_n))$，由解封装算法 $k' \leftarrow \text{Decap}(d'_{\text{id}}, C^*)$ 可知：

$$\begin{aligned}
W &= e(c_1, d'_1) e(c_2, d'_2) \prod_{i=1}^{n} e_i^{y'_i} \\
&= e(g^z, g^{\alpha} y^{-\langle \boldsymbol{X},\boldsymbol{Y}\rangle} (u^{\text{id}} h)^{r+r'}) e((u^{\text{id}} h)^z, g^{-(r+r')}) e(g, y)^{z' x_1 y_1} \prod_{i=2}^{n} e(g, y)^{z x_i (y_i + v_i)} \\
&= e(g^z, g)^{\alpha z} e(g^z, y^{-\langle \boldsymbol{X},\boldsymbol{Y}\rangle}) e(g, y)^{\eta x_1 y_1} e(g, y)^{z \sum_{i=1}^{n} x_i y_i} e(g, y)^{z \sum_{i=2}^{n} x_i v_i} \\
&= e(g, g)^{\alpha z} e(g, y)^{\eta x_1 y_1} e(g^z, y^{-\langle \boldsymbol{X},\boldsymbol{Y}\rangle}) e(g, y)^{z \langle \boldsymbol{X},\boldsymbol{Y}\rangle} e(g, y)^{z x_1 v_1 + z \sum_{i=2}^{n} x_i v_i} \\
&= e(g, g)^{\alpha z} e(g, y)^{\eta x_1 y_1} e(g, y)^{z \sum_{i=2}^{n} x_i v_i} \\
&= e(g, g)^{\alpha z} e(g, y)^{\eta x_1 y_1} e(g, y)^{\langle \boldsymbol{X}', \boldsymbol{V}'\rangle} \\
&= e(g, g)^{\alpha z} e(g, y)^{\eta x_1 y_1}
\end{aligned}$$

其中，$z' = z + \eta$、$\eta \in Z_p^*$ 和 $v_1 = 0$。

由通用性可知，对于身份 id 的原始私钥 $d_{\text{id}} = (d_1, d_2, d_3) = (g^{\alpha} y^{-\langle \boldsymbol{X},\boldsymbol{Y}\rangle} (u^{\text{id}} h)^r, g^{-r}, \boldsymbol{Y})$ 及相应的无效封装密文 $C^* = (c_1, c_2, E, S) = (g^z, (u^{\text{id}} h)^z, (e_1, e_2, \cdots, e_n), S)$，由解封装算法 $k' \leftarrow \text{Decap}(d_{\text{id}}, C^*)$ 可知：

$$W' = e(c_1, d_1) e(c_2, d_2) \prod_{i=1}^{n} e_i^{y_i} = e(g, g)^{\alpha z} e(g, y)^{\eta x_1 y_1}$$

综上所述，对于任意多项式时间敌手，任意身份 id 所对应的原始私钥 d_{id} 和更新

私钥 d_{id}^{j} 对相应无效密文 $C^{*}=(c_1,c_2,E,S)$ 的解封装视图是不变的，即有

$$\mathrm{Decap}(C^{*},d_{\mathrm{id}})=\mathrm{Ext}(W',S)=\mathrm{Decap}(C^{*},d_{\mathrm{id}}^{j})$$

9.4　高效的数据安全传输协议

随着物联网、云计算和大数据等新型环境下通信技术的不断成熟，5G 移动通信技术已在多个领域中得到了广泛应用。在传统基于云的物联网环境中，传感设备会收集大量数据并上传到云服务器进行集中处理和存储，然而，由于云服务器和传感设备所处的位置较远，传统方式尚不能满足实时服务的低时延应用需求(如车联网、健康监控等)，同时移动设备在处理类似业务时也受限于存储和计算能力的限制。面向移动设备的多样化、低时延的服务需求，如何把移动网络融入深层业务，提升网络带宽利用率已成为通信领域的热门研究方向，研究者开始探索设计能够在用户边缘提供实时服务的网络架构。相对传统集中通用计算，边缘计算是将工作负载部署在用户边缘的一种计算方式。近年来，由于 5G、物联网等业务和应用场景的发展越来越快，包括智能终端设备越来越多，若将所有的业务处理全部放在云计算中心，很难满足大规模智能终端的实时响应需求。用户对业务处理的时效性需求促生了计算业务向用户边缘端下沉的应用需求，边缘计算的部署使得业务计算离用户或者数据源更近，确保计算业务得到实时的处理，确保业务处理过程拥有低时延特征。鉴于边缘计算在业务处理时效性等方面的优势，边缘计算已在云计算、物联网、工业互联网等领域得到了大规模的使用。

为了满足移动用户对服务过程的低时延需求，在边缘计算的基础上本节提出了移动边缘计算(mobile edge computing，MEC)的网络架构，MEC 可以将网络服务环境部署在用户边缘，用户可选择距离自己最近的服务器为其提供服务，通过减少物理距离的方式提高传输效率，同时也降低了在传输过程中发生网络拥塞的可能性，符合移动用户对网络通信服务的移动性和低时延的应用需求[3]。然而，在满足上述即时通信需求的同时，MEC 将面临如何高效地实现移动用户与服务器间数据的安全传输问题。

在现实环境中，边信道、电磁分析、冷启动等各种各样泄露攻击的普遍存在使得攻击者能够通过泄露攻击获得数据传输协议参与者内部秘密的部分泄露信息，导致在传统理想安全模型下可证明安全的数据传输协议不再保持其所声称的安全性。为了进一步增强实用性，需要研究能够抵抗泄露攻击的数据传输协议，使其满足现实环境抵抗泄露攻击的实际应用需求。针对上述问题及安全性需求，基于泄露平滑的 IB-HPS 和抗泄露的身份基签名(identity-based signature，IBS)机制提出数据安全传输协议的通用构造方法，并基于底层密码工具的安全性对该协议的不可伪造性、匿名性、机密性和泄露容忍性等性质进行了形式化证明及分析。

9.4.1　预备知识

定义 9-1(统计距离)　设 X 和 Y 是取值于有限域 Ω 上的两个随机变量，X 和 Y 之间的统计距离定义为

$$\mathrm{SD}(X,Y)=\frac{1}{2}\sum_{x\in\Omega}\left|\Pr[X=x]-\Pr[Y=x]\right|$$

定义 9-2(最小熵)　随机变量 X 的最小熵是 $H_\infty(X)=-\log(\max_x \Pr[X=x])$，其中对数以 2 为底。

最小熵 $H_\infty(X)$ 刻画了随机变量 X 的不可预测性。换句话讲，随机变量 X 的最小熵 $H_\infty(X)$ 是变量 X 由最佳猜测者 $\mathcal{A}$ 猜中的最大概率，即

$$H_\infty(X)=-\log(\max_{\mathcal{A}} \Pr[\mathcal{A}(\Omega)=X])$$

定义 9-3(平均最小熵)　当已知变量 Y 时，变量 X 的平均最小熵是 $\tilde{H}_\infty(X\mid Y)=-\log(E_{y\leftarrow_R Y}(2^{-H_\infty(X|Y=y)}))$。

$\tilde{H}_\infty(X\mid Y)$ 刻画了当已知变量 Y 时，变量 X 的不可预测性。换句话讲，变量 X 的平均最小熵 $\tilde{H}_\infty(X\mid Y)$ 是在当变量 Y 已知时，变量 X 由最佳猜测者 $\mathcal{A}$ 猜中的最大概率，即

$$\tilde{H}_\infty(X\mid Y)=-\log(\max_{\mathcal{A}} \Pr[\mathcal{A}(Y)=X])$$

定义 9-4(随机性提取器)　设函数 $\mathrm{Ext}:\{0,1\}^{l_n}\times\{0,1\}^{l_t}\to\{0,1\}^{l_m}$ 是高效可计算的，对于满足条件 $X\in\{0,1\}^{l_n}$ 与 $\tilde{H}_\infty(X\mid Y)\geqslant k$ 的任意随机变量 X 和 Y，若有

$$\mathrm{SD}((\mathrm{Ext}(X,S),S,Y),(U,S,Y))\leqslant\varepsilon$$

成立，其中 S 是空间 $\{0,1\}^{l_t}$ 上的均匀随机变量(S 是提取器的随机性种子)，U 是空间 $\{0,1\}^{l_m}$ 上的均匀随机值，那么称函数 $\mathrm{Ext}:\{0,1\}^{l_n}\times\{0,1\}^{l_t}\to\{0,1\}^{l_m}$ 是平均情况下的 (k,ε)-强随机性提取器。

注解 9-2　强随机性提取器在随机性种子的作用下，从具有一定平均最小熵的随机变量中提取出具有高熵的随机变量，该变量与相应空间中的均匀随机值是不可区分的。在现实环境中，完全随机的种子有时是很难获得的。二源提取器无须随机性种子的协助，就能够从两个随机变量中提取出均匀随机值。

定义 9-5(二源提取器)　设函数 $\mathrm{Ext}_2:\{0,1\}^{l_1}\times\{0,1\}^{l_2}\to\{0,1\}^{l_3}$ 是高效可计算的，对于满足条件 $H_\infty(X_1)\geqslant l_1$ 和 $H_\infty(X_2)\geqslant l_2$ 的任意随机变量 $X_1\in\{0,1\}^{l_1}$、$X_2\in\{0,1\}^{l_2}$ 和 $U\in\{0,1\}^{l_3}$，如果有

$$\mathrm{SD}((\mathrm{Ext}(X_1,X_2),X_1,X_2),(U,X_1,X_2))\leqslant\varepsilon \text{ 和 } l_3\geqslant l_1+l_2-\omega(\log\kappa)$$

成立，那么称函数 $\mathrm{Ext}_2:\{0,1\}^{l_1}\times\{0,1\}^{l_2}\to\{0,1\}^{l_3}$ 是二源提取器。

注解 9-3　二源提取器从具有一定最小熵的两个随机变量中提取出具有高熵的

随机变量，该变量与相应空间中的均匀随机值是不可区分的。

定义 9-6(安全框架)　$(M,m,\tilde{m},\eta)$-安全框架是具有下述属性的一对随机化程序 Sketch(SS) 和 Recover(Rec)，其中，框架程序 SS 的输入是 $\omega \in M$，返回 $s \in \{0,1\}^*$，即 $\text{SS}(\omega)=s$；恢复程序 Rec 则以 $\omega' \in M$ 和 $s \in \{0,1\}^*$ 作为输入，以 ω 作为输出，其中，$\{0,1\}^*$ 表示任意长的随机字符串。

(1) 正确性。

若有 $\text{SD}(\omega,\omega') \leqslant \eta$ 成立，则有 $\text{Rec}(\omega',\text{SS}(\omega))=\omega$。

(2) 安全性。

对于输入空间 M 上的任意分布 $\varpi \in M$，若 $H_\infty(\varpi) \geqslant m$ 成立，则 $\tilde{H}_\infty(\varpi \mid \text{SS}(\omega)) \geqslant \tilde{m}$。

定义 9-7(模糊提取器)　满足下述性质的随机程序 Generate(Gen) 和 Reproduce (Rep) 称为 (M,m,l,η,ε)-模糊提取器 $F_{\text{Ext}}=(\text{Gen},\text{Rep})$，其中，生成程序 Gen 的输入是 $\omega \in M$，输出一个随机串 $T \in \{0,1\}^l$ 和一个任意长度的辅助串 $P \in \{0,1\}^*$，即 $\text{Gen}(\omega)=(T,P)$；再生程序 Rep 则以 $\omega' \in M$ 和 $P \in \{0,1\}^*$ 作为输入，输出空间 M 上的值。

(1) 正确性。

已知 $\text{Gen}(\omega)=(T,P)$，对于 $\omega,\omega' \in M$，若 $\text{SD}(\omega,\omega') \leqslant \eta$ 成立，则 $\text{Rep}(\omega',P)=\omega$。

(2) 安全性。

已知 $\text{Gen}(\omega)=(T,P)$，对于空间 M 上的任意分布 ω，若 $H_\infty(\omega) \geqslant m$ 成立，则 $\text{SD}((T,P),(U_l,P)) \leqslant \varepsilon$，其中，$U_l$ 为 $\{0,1\}^l$ 上的均匀随机分布。

特别地，M 表示模糊提取器 $F_{\text{Ext}}=(\text{Gen},\text{Rep})$ 的输入空间；m 表示 M 中随机变量的最小熵；l 表示算法 Gen 输出值的长度，η 表示算法 Rep 中模糊输入值与算法 Gen 中真实输入值间统计距离的最大值，ε 表示算法 Gen 的输出与均匀随机值间统计距离的最大值，且 ε 在安全参数范围内是可忽略的。

定义 9-8(模糊提取器的构造)　若 (SS, Rec) 是 $(M,m,\tilde{m},\eta)$-安全框架，Ext 是平均情况的 (η,ε)-强随机性提取器，则图 9-1 中的通用构造 $F_{\text{Ext}}=(\text{Gen},\text{Rep})$ 是 (M,m,l,η,ε)-模糊提取器。

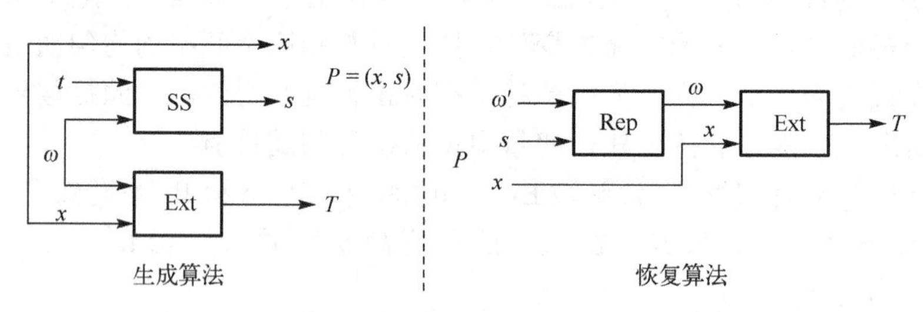

图 9-1　模糊提取器 $F_{\text{Ext}}=(\text{Gen},\text{Rep})$ 的构造

$\text{Gen}(\omega,t,x)$：令 $P=(\text{SS}(\omega),x)$，$T=\text{Ext}(\omega,x)$，输出 (T,P)。

$\text{Rep}(\omega',(s,x))$：恢复 $\omega=\text{Rec}(\omega',s)$，输出 $T=\text{Ext}(\omega,x)$。其中，ω 和 ω' 是输入空

间 M 中的随机值，且满足条件 $\mathrm{SD}(\omega,\omega') \leqslant \eta$ 。

特别地，有关安全框架及模糊提取器的具体定义和构造详见文献[55]。此外，文献[56]详细介绍了抗泄露的单向函数、相关定义及构造方法。篇幅所限且为了避免重复，上述内容此处不再赘述。

9.4.2　系统框架

如图 9-2 所示，移动边缘计算(MEC)结构从下往上可划分为三层，其中第一层是终端层，主要包括传感器、车载单元、摄像头、可穿戴设备等物联网环境中的智能终端设备，该层的特点是计算能力相对较弱和存储空间相对较少；第二层是边缘网络层，由一定数量的边缘服务器组成，它们主要完成第一层智能终端所产生海量数据的预处理，避免了大量数据的远距离传输，提高了数据的处理效率和传输速率，该层的特点是拓扑结构动态变化和数据类型广；第三层是存储和控制层，主要包括云中心、系统注册中心(registration center，RC)、数据中心等设施，具有强大的计算和存储能力，完成第二层边缘服务器尚未完成的后续计算及数据处理工作，依据工作安排及任务需求对边缘服务器的部署策略和调度算法进行调整，负责整个边缘计算网络的管理。

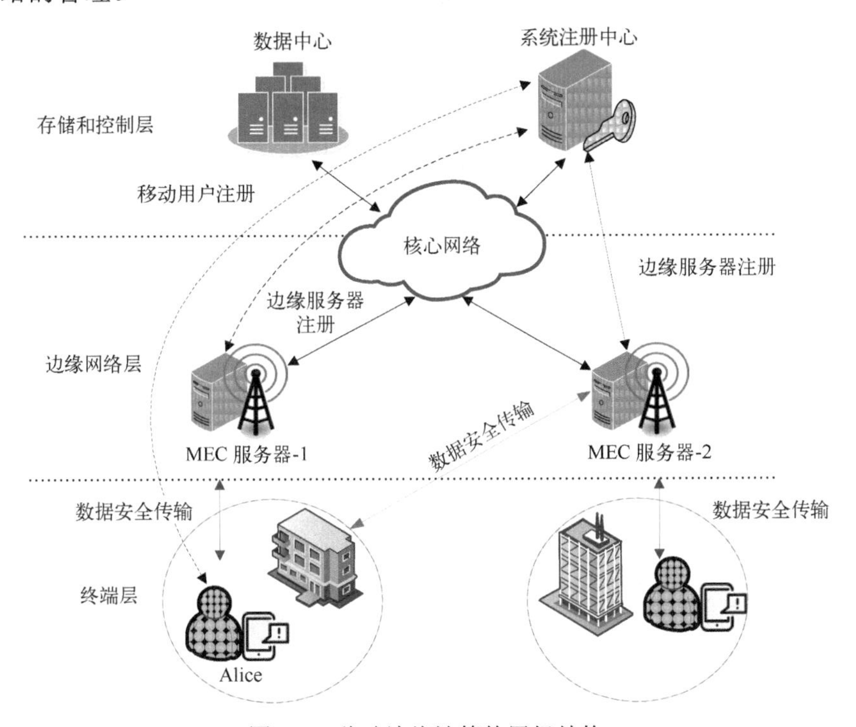

图 9-2　移动边缘计算的层级结构

进一步对边缘计算框架中各层设备进行抽象，MEC 框架共分为 3 个参与实体，分别是移动用户、MEC 服务器和注册中心(RC)，各部分内容如下所示。

(1) RC 初始化系统并生成公共参数。此外，移动用户和边缘服务器的注册由 RC 管理。一般情况下 RC 是由政府执行的，可以认为它是一个值得信任的机构。因此 RC 只负责响应移动用户和边缘服务器的注册请求，并为其生成必要的部分公私钥信息，无须全程在线。

(2) 移动用户通过边缘服务器将数据存储到云数据中心，在数据存储之前移动用户应在 RC 注册，并获得相应的公开参数。

(3) 边缘服务器在为移动用户提供服务之前，需要向 RC 进行注册并获得相应的公共参数。

9.4.3 安全属性

满足 MEC 系统架构安全性要求的身份认证协议应满足以下安全属性。

(1) 不可伪造性。

任何敌手都不能伪造任何用户的身份认证信息，即使他/她可以访问相应的公开信息，也可以获取非目标用户的隐私信息。因此，不可伪造性保证了身份验证消息的有效性，代表了消息发送方身份的合法性。

(2) 匿名性。

匿名性可以确保敌手无法获得关于发送者真实身份的任何信息，即使捕获了相应的通信消息。在实际应用中，匿名性应该是动态的，每次通信使用的假名是不相同的。然而，现有的大多数方案通常使用假名而不是真实身份来进行所有的通信，实际上这并不是匿名的，由于假名的使用次数较多，攻击者一般可以使用假名来完成相应的攻击，如跟踪、流量分析等。

(3) 机密性。

机密性使得敌手无法从传输消息的密文中获得相应消息的任何信息。也就是说，在 MEC 中，移动用户的数据只能在所授权的时间、所授权的地点暴露给所授权的边缘服务器，对于未被授权者，这些数据是不可获得的。

(4) 相互认证。

相互认证能够确保移动用户和边缘服务器的合法性，该安全属性被用来为通信信息提供可靠性。在 MEC 中，相互认证可以保证通信双方身份的合法性，保证通信的安全性。

(5) 前/后向安全性。

对于任何一个概率多项式时间敌手，即使在当前会话中泄露了移动用户的隐私信息，也无法捕捉到移动用户与边缘服务器之前或之后的通信内容。在 MEC 中，前向保密和后向保密可以保证移动用户与边缘服务器之间的通信是新鲜的，通信之间没有相关性；甚至是攻击者得到了移动用户与边缘服务器的长期密钥也不能计算出之前或之后的通信过程的会话密钥。

(6) 不可链接性。

任何人都不能将任意两个通信会话关联到同一移动用户上。在 MEC 中，不可链接性保证了移动用户与边缘服务器之间的通信是不相关的。

(7) 泄露容忍性。

泄露攻击的出现使得抗泄露性已成为当前 MEC 下数据传输协议的必备安全属性。当敌手在对数据传输协议发起泄露攻击时，即使相应秘密信息的随机性受到一定的影响，但泄露容忍性能够确保相关通信数据的安全性。

9.4.4　多接收者的高效数据传输协议

本节将基于泄露平滑的 IB-HPS 和抗泄露的 IBS 机制等基础工具，提出一个拥有多接收者的数据传输协议的通用构造。特别是，若将底层的 IB-HPS 替换为泄露平滑的 U-IB-HPS，那么相应的数据传输协议就可以抵抗连续的泄露攻击。

1. 具体构造

令 $\Pi=(\text{Setup},\text{KeyGen},\text{Encap},\text{Encap}^*,\text{Decap})$ 是泄露平滑的 IB-HPS，且相应的封装密钥空间为 $\mathcal{K}=Z_q^*$，泄露参数为 λ_1；$\Pi'=(\text{Setup}',\text{KeyGen}',\text{Sign}',\text{Verify}')$ 是存在性不可伪造的抗泄露的 IBS 机制，且相应的泄露参数为 λ_2；$\tilde{\Pi}=(\text{Enc},\text{Dec})$ 是语义安全的对称加密机制，其相应的对称密钥空间为 $\tilde{\mathcal{K}}=Z_q^*$；$F_{\text{Ext}}=(\text{Gen},\text{Rep})$ 是安全的模糊提取器。

1) 系统初始化

初始化阶段主要完成系统环境的建立，即 RC 通过以下计算为数据传输协议生成系统公开参数。

计算

$$(\text{mpk},\text{msk})\leftarrow\Pi.\text{Setup}(1^\kappa) \text{ 和 } (\text{Params},\text{msk}')\leftarrow\tilde{\Pi}.\text{Setup}(1^\kappa)$$

最后，RC 输出 $(\text{mpk},\text{Params},\tilde{\Pi},F_{\text{Ext}})$ 作为系统公共参数，秘密保存 (msk,msk') 并将其作为主密钥。

2) 用户注册

该阶段主要完成用户向数据传输系统的注册，即移动用户和边缘服务器在数据发送前分别向 RC 注册。

(1) 为了实现通信过程的匿名性，真实身份为 $\text{id}_S\in\{0,1\}^l$ 的移动用户选择满足条件 $\text{SD}(\text{id}_S,\text{id}'_S)\leqslant\text{negl}(\kappa)$ 的随机身份 id'_S，并进行下述操作。

移动用户首先随机选取 $a_S\leftarrow_R Z_q^*$ 和 $h_S\leftarrow_R\{0,1\}^l$，并计算

$$(A_S, B_S = \langle b_S, h_S \rangle) \leftarrow F_{\mathrm{Ext}}.\mathrm{Gen}(\mathrm{id}_S, a_S, h_S)$$

然后将$(\mathrm{id}_S, \mathrm{id}'_S, A_S, B_S = \langle b_S, h_S \rangle)$发送给 RC，其中$A_S$是移动用户真实身份$\mathrm{id}_S$的唯一凭证。收到移动用户的注册请求后，RC 进行下述操作。

计算$A'_S \leftarrow F_{\mathrm{Ext}}.\mathrm{Rep}(\mathrm{id}'_S, b_S, h_S)$。若$A_S = A'_S$成立，则计算

$$\mathrm{sk}_S \leftarrow \Pi'.\mathrm{Setup}'(A_S, \mathrm{msk}')$$

RC 将相应的注册信息(id_S, A_S)存储到本地数据库中，同时将相应的私钥sk_S返回给移动用户。

(2) 收到边缘服务器的注册请求后，RC 计算$\mathrm{sk}_R \leftarrow \Pi.\mathrm{Setup}(\mathrm{id}_R, \mathrm{msk})$，并将相应的私钥$\mathrm{sk}_R$返回给边缘服务器。

需要注意的是，移动用户需要生成抗泄露 IBS 机制的私钥sk_S来创建传输消息的合法性验证签名，边缘服务器需要生成泄露平滑的 IB-HPS 的私钥sk_R，用于恢复加密消息的对称密钥。

3) 数据传输

该阶段由身份为id_S的移动用户执行。根据边缘计算中的数据传输需求，移动用户首先确定n个边缘服务器$\mathrm{id}_i (i = 1, \cdots, n)$，并用其接收数据$M$。移动用户执行如下操作。

(1) 对于$i = 1, \cdots, n$，计算

$$(c_i, k_i) \leftarrow \Pi.\mathrm{Encap}(\mathrm{id}_i)$$

(2) 选取秘密值$k \leftarrow_R Z_q^*$，并构造一个n阶多项式$f(x) = k + \prod_{i=1}^{n}(x - k_i)$，将其展开后可以表示为

$$f(x) = k + \prod_{i=1}^{n}(x - k_i) = a_0 + a_1 x + a_2 x^2 + \cdots + a_{n-1} x^{n-1} + x^n$$

其中，$a_i \in Z_q^* (i = 0, 1, \cdots, n-1)$。令$A = (a_0, a_1, \cdots, a_{n-1})$。

(3) 选择满足条件$\mathrm{SD}(\mathrm{id}_S, \mathrm{id}''_S) \leqslant \mathrm{negl}(\kappa)$的随机身份$\mathrm{id}''_S$，并计算

$$c \leftarrow \tilde{\Pi}.\mathrm{Enc}(k, M \| \mathrm{id}''_S \| B_S)$$

(4) 令$C = (c, c_1, \cdots, c_n)$，计算

$$\delta \leftarrow \Pi'.\mathrm{Sign}'(\mathrm{sk}_S, C \| A)$$

(5) 最后将传输消息(C, δ, A)发送给指定的n个边缘服务器，且相应的身份分别为$\mathrm{id}_i (i = 1, \cdots, n)$。

特别地，若移动用户需要向不同的边缘服务器发送不同的数据$M_i (i = 1, \cdots, n)$，

则无须建立n阶多项式$f(x)$，直接用相应的封装密钥k_i对数据$M_i \| \mathrm{id}''_S \| B_S$进行加密，那么有$d_i \leftarrow \tilde{\Pi}.\mathrm{Enc}(k_i, M_i \| \mathrm{id}''_S \| B_S)$，相应的密文为$C=(d,c_1,\cdots,c_n)$，其中，$d=(d_1,\cdots,d_n)$。

4) 数据恢复

当接收到数据(C,δ,A)时，身份为id_i的边缘服务器执行以下操作。

(1) 基于$A=(a_0,a_1,\cdots,a_{n-1})$恢复$n$阶多项式：

$$f(x)=a_0+a_1x+a_2x^2+\cdots+a_{n-1}x^{n-1}+x^n$$

(2) 计算

$$k_i \leftarrow \Pi.\mathrm{Decap}(\mathrm{sk}_i, c_i)$$

(3) 计算

$$k' \leftarrow f(k_i) \text{ 和 } M \| \mathrm{id}''_S \| B_S = \langle b_S, h_S \rangle \leftarrow \tilde{\Pi}.\mathrm{Dec}(k', c)$$

(4) 计算

$$A_S \leftarrow F_{\mathrm{Ext}}.\mathrm{Rep}(\mathrm{id}''_S, b_S, h_S)$$

(5) 查找令牌A_S是否在RC公布的撤销列表L_R中，若$A_S \in L_R$，则A_S已被撤销，那么边缘服务器将忽视所接收到的消息；否则，验证等式$\Pi'.\mathrm{Verify}'(\mathrm{sk}_S, C \| A, \delta)=1$是否成立，若成立，则表明收到的数据$M_i$是有效的。

5) 发送者的匿名性撤销

当接收者发现发送者存在恶意的数据发送行为时，发送相应的消息$(A_S, B_S=\langle b_S, h_S \rangle)$给RC，用于撤销发送者的匿名性。RC首先验证接收者提交的撤销请求的有效性，然后将发送方的真实身份id_S添加到撤销列表L_R中。特别地，RC通过检索本地数据库中的相应记录(id_i, A_i)，若有关系$A_i \leftarrow F_{\mathrm{Ext}}.\mathrm{Rep}(\mathrm{id}_i, b_S, h_S)$和$A_i = A_S$成立，则将相应的身份信息$\mathrm{id}_i$添加到撤销列表$L_R$中。

2. 安全性分析

1) 不可伪造性

定理 9-5 对于任意的概率多项式时间敌手$\mathcal{A}$，上述数据传输协议的通信消息是不可伪造的。

证明 在上述方案中，传输数据的不可伪造性是由底层的抗泄露IBS机制所提供的，也就是说，如果存在一个概率多项式时间敌手$\mathcal{A}$，它可以破坏上述数据传输协议的不可伪造性，即产生伪造的通信消息，那么就可以构建一个概率多项式时间敌手$\mathcal{B}$，它可以输出底层抗泄露IBS机制的一个有效伪造签名。

敌手$\mathcal{A}$与敌手$\mathcal{B}$间的消息交互过程如下所示，其中敌手$\mathcal{B}$从底层抗泄露IBS机制的挑战者处获得数字签名机制的公共参数 Params 。在接下来的游戏中，敌手$\mathcal{A}$将伪造成与敌手$\mathcal{B}$交互的数据发送者。

(1) 初始化。

令 $\Pi=(\text{Setup},\text{KeyGen},\text{Encap},\text{Encap}^*,\text{Decap})$ 是泄露平滑的 IB-HPS； $\tilde{\Pi}=(\text{Enc},\text{Dec})$ 是语义安全的对称加密机制； $F_{\text{Ext}}=(\text{Gen},\text{Rep})$ 是安全的模糊提取器。

敌手$\mathcal{B}$计算 $(\text{mpk},\text{msk})\leftarrow\Pi.\text{Setup}(1^\kappa)$ ，并发送公开参数 $(\text{mpk},\text{Params},\tilde{\Pi},F_{\text{Ext}})$ 给敌手$\mathcal{A}$ 。

(2) 询问。

该阶段，敌手$\mathcal{A}$可自适应地提交下述询问。

①密钥生成询问。当收到敌手$\mathcal{A}$对身份 id 的密钥生成询问时，首先敌手$\mathcal{B}$随机选取 $a_{\text{id}}\leftarrow_R Z_q^*$ 和 $h_{\text{id}}\leftarrow_R\{0,1\}^l$ ，并计算 $(A_{\text{id}},B_{\text{id}}=\langle b_{\text{id}},h_{\text{id}}\rangle)\leftarrow F_{\text{Ext}}.\text{Gen}(\text{id},a_{\text{id}},h_{\text{id}})$ ；然后敌手$\mathcal{B}$以 A_{id} 为输入向抗泄露 IBS 机制的挑战者提交密钥生成询问，并获得相应的应答 sk_{id} (由协议设计可知，该私钥是由凭证 A_{id} 生成的)；最后，敌手$\mathcal{B}$发送私钥 sk_{id} 给敌手$\mathcal{A}$ 。

②泄露询问。当收到敌手$\mathcal{A}$对身份 id 的私钥 sk_{id} 关于高效可计算函数 $f_i(\cdot)$ 的泄露询问时，敌手$\mathcal{B}$将私钥 sk_{id} 对应的泄露信息 $f_i(\text{sk}_{\text{id}})$ 返回给敌手$\mathcal{A}$，其中， sk_{id} 可以使用与密钥生成询问中相同的方法获得。

③传输消息生成询问。当收到敌手$\mathcal{A}$关于身份消息集合 $(\text{id}_S,R=(\text{id}_1,\cdots,\text{id}_n),M)$ 的传输消息生成询问时(其中 id_S 是发送者身份， $R=(\text{id}_1,\cdots,\text{id}_n)$ 是接收者集合)，敌手$\mathcal{B}$将进行以下计算。

对于 $i=1,\cdots,n$ ，计算 $(c_i,k_i)\leftarrow\Pi.\text{Encap}(\text{id}_i)$ 。选取秘密值 $k\leftarrow_R Z_q^*$，并构造一个 n 阶多项式 $f(x)=k+\prod_{i=1}^{n}(x-k_i)$ ，将其展开后可以表示为

$$f(x)=k+\prod_{i=1}^{n}(x-k_i)=a_0+a_1x+a_2x^2+\cdots+a_{n-1}x^{n-1}+x^n$$

其中， $a_i\in Z_q^*(i=0,1,\cdots,n-1)$ 。令 $A=(a_0,a_1,\cdots,a_{n-1})$ 。

随机选取 $a_S\leftarrow_R Z_q^*$ 和 $h_S\leftarrow_R\{0,1\}^l$ ，并计算

$$(A_S,B_S=\langle b_S,h_S\rangle)\leftarrow F_{\text{Ext}}.\text{Gen}(\text{id}_S,a_S,h_S)$$

选择满足条件 $\text{SD}(\text{id}_S,\text{id}''_S)\leqslant\text{negl}(\kappa)$ 的随机身份 id''_S ，并计算

$$c\leftarrow\tilde{\Pi}.\text{Enc}(k,M\|\text{id}'_S\|B_S)$$

令 $C=(c,c_1,\cdots,c_n)$ ，敌手$\mathcal{B}$以 $(A_S,C\|A)$ 为输入向抗泄露 IBS 机制的挑战者提交签名生成询问，并获得相应的应答值 δ 。最后敌手$\mathcal{B}$将生成的传输消息 (C,A,δ) 发送敌手$\mathcal{A}$ 。

(3) 伪造。

当收敌手 $\mathcal{A}$ 收到关于发送方 id_S^* 和接收方 $R^* = (\text{id}_1^*, \cdots, \text{id}_n^*)$ 的伪造通信消息 (C^*, A^*, δ^*) 时，其中，$C^* = (c^*, c_1^*, \cdots, c_n^*)$，敌手 $\mathcal{B}$ 执行以下操作。

①基于 A^* 恢复 n 阶多项式 $f(x) = a_0 + a_1 x + a_2 x^2 + \cdots + a_{n-1} x^{n-1} + x^n$。

②对于身份 $\text{id}_i^* \in R^*$，计算

$$\text{sk}_i^* \leftarrow \Pi.\text{KeyGen}(\text{id}_i^*, \text{msk}) \text{ 和 } k_i \leftarrow \Pi.\text{Decap}(\text{sk}_i^*, c_i)$$

③计算

$$k' \leftarrow f(k_i) \text{ 和 } M^* \| \text{id}_S^* \| B_S^* = \langle b_S^*, h_S^* \rangle \leftarrow \tilde{\Pi}.\text{Dec}(k', c^*)$$

④计算

$$A_S^* \leftarrow F_{\text{Ext}}.\text{Rep}(\text{id}_S^*, b_S^*, h_S^*)$$

⑤敌手 $\mathcal{B}$ 发送 δ^* 作为身份消息对 $(A_S^*, C^* \| A^*)$ 的伪造签名给底层 IBS 机制的挑战者。

由上述游戏交互可知，如果敌手 $\mathcal{A}$ 提交了传输协议的合法传输消息 (C^*, A^*, δ^*)，那么敌手 $\mathcal{B}$ 向底层 IBS 机制的挑战者提交了关于身份消息对 $(A_S^*, C^* \| A^*)$ 的有效伪造签名 δ^*。综上所述，如果敌手 $\mathcal{A}$ 能以显而易见的优势攻破上述数据传输协议的消息不可伪造性，那么敌手 $\mathcal{B}$ 就能以同样的优势攻破底层 IBS 机制的签名不可伪造性。综上所述，上述数据传输协议具有不可伪造性。

定理 9-5 证毕。

2) 匿名性

定理 9-6　对于任意的概率多项式时间敌手 $\mathcal{A}$，若 $F_{\text{Ext}} = (\text{Gen}, \text{Rep})$ 是安全的模糊提取器，那么上述数据传输协议的消息发送者具有身份匿名性。

证明　在上述消息传输协议中，发送者的匿名性是由底层模糊提取器 $F_{\text{Ext}} = (\text{Gen}, \text{Rep})$ 的安全性所保证的，如果存在一个概率多项式时间敌手 $\mathcal{A}$，它可以破坏上述数据传输协议中发送者的匿名性，那么就可以构造一个概率多项式时间敌手 $\mathcal{B}$，它可以攻破底层模糊提取器 F_{Ext} 的安全性。

敌手 $\mathcal{A}$ 与敌手 $\mathcal{B}$ 间的消息交换过程如下所示，其中敌手 $\mathcal{B}$ 从 F_{Ext} 的挑战者处获取相关算法 Gen 和 Rep 的具体定义。在接下来的游戏中，敌手 $\mathcal{A}$ 将假装是与敌手 $\mathcal{B}$ 交互的数据发送者。

(1) 初始化。

令 $\Pi = (\text{Setup}, \text{KeyGen}, \text{Encap}, \text{Encap}^*, \text{Decap})$ 是泄露平滑的 IB-HPS；$\Pi' = (\text{Setup}', \text{KeyGen}', \text{Sign}', \text{Verify}')$ 是存在性不可伪造的抗泄露 IBS 机制；$\tilde{\Pi} = (\text{Enc}, \text{Dec})$ 是语义安全的对称加密机制。

敌手 $\mathcal{B}$ 计算 $(\text{mpk}, \text{msk}) \leftarrow \Pi.\text{Setup}(1^\kappa)$ 和 $(\text{Params}, \text{msk}') \leftarrow \tilde{\Pi}.\text{Setup}(1^\kappa)$，并发送公

开参数 $(\text{mpk}, \text{Params}, \tilde{\Pi}, F_{\text{Ext}})$ 给敌手 $\mathcal{A}$，其中 $F_{\text{Ext}} = (\text{Gen}, \text{Rep})$。

(2) 询问阶段 1。

在这个阶段，敌手 $\mathcal{A}$ 可以自适应地提交下述询问。

①密钥生成询问。当收到敌手 $\mathcal{A}$ 对身份 id 的密钥生成询问时，敌手 $\mathcal{B}$ 随机选取 $a_{\text{id}} \leftarrow_R Z_q^*$ 和 $h_{\text{id}} \leftarrow_R \{0,1\}^l$，计算

$$(A_{\text{id}}, B_{\text{id}} = \langle b_{\text{id}}, h_{\text{id}} \rangle) \leftarrow F_{\text{Ext}} \cdot \text{Gen}(\text{id}, a_{\text{id}}, h_{\text{id}}) \text{ 和 } \text{sk}_{\text{id}} \leftarrow \Pi'.\text{Setup}'(A_{\text{id}}, \text{msk}')$$

然后，敌手 $\mathcal{B}$ 发送身份 id 的相应私钥 sk_{id} 给敌手 $\mathcal{A}$。

②泄露询问。当收到敌手 $\mathcal{A}$ 对身份 id 的私钥 sk_{id} 关于高效可计算函数 $f_i(\cdot)$ 的泄露询问时，敌手 $\mathcal{B}$ 将私钥 sk_{id} 对应的泄露信息 $f_i(\text{sk}_{\text{id}})$ 返回给敌手 $\mathcal{A}$，其中 sk_{id} 可以通过与密钥生成询问相同的方法获得。

③传输消息生成询问。当收到敌手 $\mathcal{A}$ 关于身份消息集合 $(\text{id}_S, R = (\text{id}_1, \cdots, \text{id}_n), M)$ 的传输消息生成询问时(其中 id_S 是发送者身份，$R = (\text{id}_1, \cdots, \text{id}_n)$ 是接收者集合)，敌手 $\mathcal{B}$ 进行以下计算。

对于 $i = 1, \cdots, n$，计算 $(c_i, k_i) \leftarrow \Pi.\text{Encap}(\text{id}_i)$。选取随机秘密值 $k \leftarrow_R Z_q^*$，并构造一个 n 阶多项式 $f(x) = k + \prod_{i=1}^{n}(x - k_i)$，将其展开后可以表示为

$$f(x) = k + \prod_{i=1}^{n}(x - k_i) = a_0 + a_1 x + a_2 x^2 + \cdots + a_{n-1} x^{n-1} + x^n$$

其中，$a_i \in Z_q^* (i = 0, 1, \cdots, n-1)$。令 $A = (a_0, a_1, \cdots, a_{n-1})$。

随机选取 $a_S \leftarrow_R Z_q^*$ 和 $h_S \leftarrow_R \{0,1\}^l$，计算

$$(A_S, B_S = \langle b_S, h_S \rangle) \leftarrow F_{\text{Ext}} \cdot \text{Gen}(\text{id}_S, a_S, h_S) \text{ 和 } \text{sk}_S \leftarrow \Pi'.\text{Setup}'(A_S, \text{msk}')$$

选择满足条件 $\text{SD}(\text{id}_S, \text{id}_S'') \leqslant \text{negl}(\kappa)$ 的随机身份 id_S''，并计算

$$c \leftarrow \tilde{\Pi}.\text{Enc}(k, M \| \text{id}_S'' \| B_S)$$

令 $C = (c, c_1, \cdots, c_n)$，计算 $\delta \leftarrow \Pi'.\text{Sign}'(\text{sk}_S, C \| A)$。最后敌手 $\mathcal{B}$ 将相应的传输消息 (C, A, δ) 发送给敌手 $\mathcal{A}$。

(3) 挑战。

当敌手 $\mathcal{B}$ 收到敌手 $\mathcal{A}$ 提交的挑战元组 $(\text{id}_1^*, \text{id}_2^*, R^*, M^*)$ 后，通过下述计算生成发送者 id_β^* 对接收者集合 $R^* = (R_1^*, \cdots, R_n^*)$ 和数据 M^* 的传输消息 (C^*, A^*, δ^*)。

随机选取 $\beta \leftarrow_R \{1,2\}$、$a_\beta^* \leftarrow_R Z_q^*$ 和 $h_\beta^* \leftarrow_R \{0,1\}^l$，发送身份 $(\text{id}_\beta^*, a_\beta^*, h_\beta^*)$ 给 F_{Ext} 的挑战者，并获得应答 $(A_\beta^*, B_\beta^* = \langle b_\beta^*, h_\beta^* \rangle)$，然后计算 $\text{sk}_\beta^* \leftarrow \Pi'.\text{Setup}'(A_\beta^*, \text{msk}')$。

对于 $i = 1, \cdots, n$，计算 $(c_i^*, k_i^*) \leftarrow \Pi.\text{Encap}(\text{id}_i^*)$。选取随机秘密值 $k^* \leftarrow_R Z_q^*$，并构造一个 n 阶多项式 $f(x) = k^* + \prod_{i=1}^{n}(x - k_i^*)$，将其展开后可以表示为

$$f(x)=k^*+\prod_{i=1}^{n}(x-k_i^*)=a_0^*+a_1^*x+a_2^*x^2+\cdots+a_{n-1}^*x^{n-1}+x^n$$

其中，$a_i^* \in Z_q^*(i=0,1,\cdots,n-1)$。令 $A^*=(a_0^*,a_1^*,\cdots,a_{n-1}^*)$。

选择满足条件 $\mathrm{SD}(\mathrm{id}_\beta^*,\mathrm{id}_\beta'') \leqslant \mathrm{negl}(\kappa)$ 的随机身份 id_β''，并计算

$$c^* \leftarrow \tilde{\Pi}.\mathrm{Enc}\left(k^*,M^*\left\|\mathrm{id}_\beta''\right\|B_\beta^*\right)$$

令 $C^*=(c^*,c_1^*,\cdots,c_n^*)$，计算 $\delta^* \leftarrow \Pi'.\mathrm{Sign}'(\mathrm{sk}_\beta^*,C^* \| A^*)$。最后敌手 $\mathcal{B}$ 将相应的传输消息 (C^*,A^*,δ^*) 发送给敌手 $\mathcal{A}$。

(4) 询问阶段 2。

在该阶段，敌手 $\mathcal{A}$ 可以提出与测试阶段 1 相同的问题，但在该阶段敌手 $\mathcal{A}$ 不能提交关于挑战身份 id_1^* 和 id_2^* 的密钥生成查询。此外，敌手 $\mathcal{A}$ 从未提交关于 $(\mathrm{id}_1^*,R^*,M^*)$ 和 $(\mathrm{id}_2^*,R^*,M^*)$ 的传输消息生成询问。

(5) 猜测。

最后，敌手 $\mathcal{A}$ 输出 β' 作为 β 的猜测值。如果 $\beta'=\beta$，那么敌手 $\mathcal{B}$ 输出 1，这意味着 $\left(A_\beta^*,B_\beta^*=\left\langle b_\beta^*,h_\beta^*\right\rangle\right)$ 是底层模糊提取器 F_{Ext} 的真实输出；否则，敌手 $\mathcal{B}$ 输出 0 表示 (A_β^*,B_β^*) 是一个随机值。特别地，如果 (A_β^*,B_β^*) 是 F_{Ext} 的真实输出，那么 (C^*,A^*,δ^*) 是关于挑战身份消息集合 $(\mathrm{id}_\beta^*,R^*,M^*)$ 的合法传输消息；否则，(C^*,A^*,δ^*) 是关于随机消息身份集合 (id^*,R^*,M^*) 的合法传输消息，其中，$\mathrm{id}_\beta^* \neq \mathrm{id}^*$。

由上述游戏交互可知，若敌手 $\mathcal{A}$ 能以不可忽略的优势攻破上述传输协议中发送者的匿名性，那么敌手 $\mathcal{B}$ 能以相同的优势攻破底层模糊提取器 $F_{\mathrm{Ext}}=(\mathrm{Gen},\mathrm{Rep})$ 的安全性。综上所述，在上述数据传输协议中发送者具有匿名性。

定理 9-6 证毕。

3) 机密性

定理 9-7　对于任意的概率多项式时间敌手 $\mathcal{A}$，若 $\tilde{\Pi}=(\mathrm{Enc},\mathrm{Dec})$ 是语义安全的对称加密机制，那么上述数据传输协议的通信消息具有机密性，即任意敌手均无法从通信消息获知传输数据的任何信息。

证明　在上述数据传输协议中，传输数据的机密性是由底层语义安全的对称加密机制 $\tilde{\Pi}=(\mathrm{Enc},\mathrm{Dec})$ 提供的，如果存在一个概率多项式时间敌手 $\mathcal{A}$，它能破坏上述数据传输协议的机密性，那么我们就可以构建一个概率多项式时间敌手 $\mathcal{B}$，它可以攻破底层对称加密机制 $\tilde{\Pi}=(\mathrm{Enc},\mathrm{Dec})$ 的语义安全性。

敌手 $\mathcal{A}$ 与敌手 $\mathcal{B}$ 间的消息交换过程如下所示，其中，敌手 $\mathcal{B}$ 从 $\tilde{\Pi}$ 的挑战者处获取相关算法 Enc 和 Dec 的具体定义。在接下来的游戏中，敌手 $\mathcal{A}$ 将假装是与敌手 $\mathcal{B}$ 交互的数据发送者。

(1) 初始化。

令 $\Pi = (\mathrm{Setup}, \mathrm{KeyGen}, \mathrm{Encap}, \mathrm{Encap}^*, \mathrm{Decap})$ 是泄露平滑的 IB-HPS；$\Pi' = (\mathrm{Setup}', \mathrm{KeyGen}', \mathrm{Sign}', \mathrm{Verify}')$ 是存在性不可伪造的抗泄露 IBS 机制；$F_{\mathrm{Ext}} = (\mathrm{Gen}, \mathrm{Rep})$ 是安全的模糊提取器。

敌手 $\mathcal{B}$ 计算 $(\mathrm{mpk}, \mathrm{msk}) \leftarrow \Pi.\mathrm{Setup}(1^\kappa)$ 和 $(\mathrm{Params}, \mathrm{msk}') \leftarrow \tilde{\Pi}.\mathrm{Setup}(1^\kappa)$，并发送公开参数 $(\mathrm{mpk}, \mathrm{Params}, \tilde{\Pi}, F_{\mathrm{Ext}})$ 给敌手 $\mathcal{A}$，其中 $\tilde{\Pi} = (\mathrm{Enc}, \mathrm{Dec})$。

(2) 询问阶段 1。

在该阶段，敌手 $\mathcal{A}$ 可以自适应地提交下述询问。

①密钥生成询问。当收到敌手 $\mathcal{A}$ 对身份 id 的密钥生成询问时，首先敌手 $\mathcal{B}$ 随机选取 $a_{\mathrm{id}} \leftarrow_R Z_q^*$ 和 $h_{\mathrm{id}} \leftarrow_R \{0,1\}^l$，发送 $(\mathrm{id}, a_{\mathrm{id}}, h_{\mathrm{id}})$ 给 F_{Ext} 的挑战者，并获得应答 $\left(A_{\mathrm{id}}, B_{\mathrm{id}} = \langle b_{\mathrm{id}}, h_{\mathrm{id}} \rangle\right)$；然后计算 $\mathrm{sk}_{\mathrm{id}} \leftarrow \Pi'.\mathrm{Setup}'(A_{\mathrm{id}}, \mathrm{msk}')$；最后，敌手 $\mathcal{B}$ 发送相应私钥 $\mathrm{sk}_{\mathrm{id}}$ 给敌手 $\mathcal{A}$。

②泄露询问。当收到敌手 $\mathcal{A}$ 对身份 id 的私钥关于函数 $f_i(\cdot)$ 的泄露询问时，敌手 $\mathcal{B}$ 将私钥 $\mathrm{sk}_{\mathrm{id}}$ 对应的泄露信息 $f_i(\mathrm{sk}_{\mathrm{id}})$ 返回给敌手 $\mathcal{A}$，其中，$\mathrm{sk}_{\mathrm{id}}$ 可以通过与密钥生成询问相同的方法获得。

③传输消息生成询问。当收到敌手 $\mathcal{A}$ 关于身份消息集合 $(\mathrm{id}_S, R = (\mathrm{id}_1, \cdots, \mathrm{id}_n), M)$ 的传输消息生成询问时(其中，id_S 是发送者身份，$R = (\mathrm{id}_1, \cdots, \mathrm{id}_n)$ 是接收者集合)，敌手 $\mathcal{B}$ 进行以下计算。

对于 $i = 1, \cdots, n$，计算 $(c_i, k_i) \leftarrow \Pi.\mathrm{Encap}(\mathrm{id}_i)$。选取随机的秘密值 $k \leftarrow_R Z_q^*$，并构造一个 n 阶多项式 $f(x) = k + \prod_{i=1}^{n}(x - k_i)$，将其展开后可以表示为

$$f(x) = k + \prod_{i=1}^{n}(x - k_i) = a_0 + a_1 x + a_2 x^2 + \cdots + a_{n-1}x^{n-1} + x^n$$

其中，$a_i \in Z_q^*(i = 0, 1, \cdots, n-1)$。令 $A = (a_0, a_1, \cdots, a_{n-1})$。

随机选取 $a_S \leftarrow_R Z_q^*$ 和 $h_S \leftarrow_R \{0,1\}^l$，计算

$$\left(A_S, B_S = \langle b_S, h_S \rangle\right) \leftarrow F_{\mathrm{Ext}}.\mathrm{Gen}(\mathrm{id}_S, a_S, h_S) \text{ 和 } \mathrm{sk}_S \leftarrow \Pi'.\mathrm{Setup}'(A_S, \mathrm{msk}')$$

选择满足条件 $\mathrm{SD}(\mathrm{id}_S, \mathrm{id}_S'') \leqslant \mathrm{negl}(\kappa)$ 的随机身份 id_S''，并计算

$$c \leftarrow \tilde{\Pi}.\mathrm{Enc}(k, M \| \mathrm{id}_S'' \| B_S)$$

令 $C = (c, c_1, \cdots, c_n)$，计算 $\delta \leftarrow \Pi'.\mathrm{Sign}'(\mathrm{sk}_S, C \| A)$。最后敌手 $\mathcal{B}$ 将相应的传输消息 (C, A, δ) 发送给敌手 $\mathcal{A}$。

(3) 挑战。

当敌手 $\mathcal{B}$ 收到敌手 $\mathcal{A}$ 提交的挑战元组 $(\mathrm{id}_S^*, R^*, M_0^*, M_1^*)$ 后，通过下述计算生成发

送者 id_S^* 对接收者集合 $R^*=(R_1^*,\cdots,R_n^*)$ 和传输数据 $M_\beta^*(\beta\leftarrow_R\{0,1\})$ 的相应通信消息 (C^*,A^*,δ^*)。

随机选取 $a_S^*\leftarrow_R Z_q^*$ 和 $h_S^*\leftarrow_R\{0,1\}^l$，并计算

$$\left(A_S^*,B_S^*=\left\langle b_S^*,h_S^*\right\rangle\right)\leftarrow F_{\mathrm{Ext}}.\mathrm{Gen}(\mathrm{id}_S^*,a_S^*,h_S^*)\text{ 和 }\mathrm{sk}_S^*\leftarrow\Pi'.\mathrm{Setup}'(A_S^*,\mathrm{msk}')$$

对于 $i=1,\cdots,n$，计算 $(c_i^*,k_i^*)\leftarrow\Pi.\mathrm{Encap}(\mathrm{id}_i^*)$。选取随机秘密值 $k^*\leftarrow_R Z_q^*$，并构造一个 n 阶多项式 $f(x)=k^*+\prod_{i=1}^{n}(x-k_i^*)$，将其展开后可以表示为

$$f(x)=k^*+\prod_{i=1}^{n}(x-k_i^*)=a_0^*+a_1^*x+a_2^*x^2+\cdots+a_{n-1}^*x^{n-1}+x^n$$

其中，$a_i^*\in Z_q^*(i=0,1,\cdots,n-1)$。令 $A^*=(a_0^*,a_1^*,\cdots,a_{n-1}^*)$。

选择满足条件 $\mathrm{SD}(\mathrm{id}_S^*,\mathrm{id}_S'')\leqslant\mathrm{negl}(\kappa)$ 的随机身份 id_S''，发送挑战消息 $\mathcal{M}_0=(M_0^*\|\mathrm{id}_S''\|B_S^*)$ 和 $\mathcal{M}_1=(M_1^*\|\mathrm{id}_S''\|B_S^*)$ 给对称加密机制 $\tilde{\Pi}=(\mathrm{Enc},\mathrm{Dec})$ 的挑战者，并获得相应的挑战应答 c_β^*。

令 $C_\beta^*=(c_\beta^*,c_1^*,\cdots,c_n^*)$，计算 $\delta^*\leftarrow\Pi'.\mathrm{Sign}'(\mathrm{sk}_S^*,C^*\|A^*)$。最后，敌手 $\mathcal{B}$ 将相应的传输消息 (C_β^*,A^*,δ^*) 发送给敌手 $\mathcal{A}$。

(4) 询问阶段 2。

在该阶段，敌手 $\mathcal{A}$ 可以提出与测试阶段 1 相同的问题，但敌手 $\mathcal{A}$ 不能提交关于挑战身份 id_S^* 的密钥生成查询。另外，敌手 $\mathcal{A}$ 从未提交关于 $(\mathrm{id}_S^*,R^*,M_0^*)$ 和 $(\mathrm{id}_S^*,R^*,M_1^*)$ 的传输消息生成询问。

(5) 猜测。

最后，敌手 $\mathcal{A}$ 输出 β' 作为 β 的猜测值，敌手 $\mathcal{B}$ 输出 β' 给相应的挑战者。

特别地，如果 c_β^* 是关于 $\mathcal{M}_1=(M_1^*\|\mathrm{id}_S''\|B_S^*)$ 的加密密文，那么 (C^*,A^*,δ^*) 是关于挑战身份消息集合 $(\mathrm{id}_S^*,R^*,M_1^*)$ 的合法传输消息；否则，(C^*,A^*,δ^*) 是关于挑战身份消息集合 $(\mathrm{id}_S^*,R^*,M_0^*)$ 的合法传输消息。

由上述游戏交互可知，如果敌手 $\mathcal{A}$ 能以不可忽略的优势攻破上述传输协议中传输消息的机密性，那么敌手 $\mathcal{B}$ 能以相同的优势攻破底层对称加密机制 $\tilde{\Pi}=(\mathrm{Enc},\mathrm{Dec})$ 的语义安全性。综上所述，上述数据传输协议具有机密性。

定理 9-7 证毕。

4) 可追溯性

RC 可以用对应的临时身份 id_S' 检索发送者的真实身份，更详细地讲，当有恶意发送者使用临时身份 $(\mathrm{id}_S',B=\langle b,h\rangle)$ 时，RC 能将身份令牌 $A_S\leftarrow F_{\mathrm{Ext}}\mathrm{Rep}(\mathrm{id}_S',b_S,h_S)$ 作为索引，搜索注册列表获知相应的真实身份 id_S，并将其添加到相应的撤销列表中。

而在传统方案中，当恶意数据发送者出现时，发送者的真实身份无法通过临时身份恢复。因此，在他们的构造中恶意用户是无法控制的。

5) 前后向安全性

在上述数据传输协议的通用构造中，底层的泄露平滑的 IB-HPS 和抗泄露的 IBS 机制是概率性密码原语。也就是说，随机数的使用使发送方和接收方之间的每一次通信都是新鲜的，可以保证两者之间不存在相关性。

6) 泄露容忍性

在上述传输协议的通用构造中，泄露平滑的 IB-HPS 和抗泄露的 IBS 机制分别具有泄露容忍性，其中，IB-HPS 可以确保相应的通信消息能够抵抗泄露攻击，抗泄露的 IBS 机制为合法性验证元素提供了抵抗泄露攻击的能力。然而，如果敌手捕获了相应私钥的一定量泄露信息，那么传统协议不能保持其所声称的安全性。

7) 动态匿名性

发送方在真实身份的基础上生成了临时身份，并将基于上述临时身份实现匿名通信。此外，发送方生成不同的临时身份，实现通信中临时身份的新鲜性，从而保证通信过程使用了互不相同的临时身份。因此，上述数据传输协议具有动态匿名性。

8) 不可链接性

在上述传输协议的通用构造中，发送者的请求消息是 $(\mathrm{id}_S, B_i = \langle b_i, h_i \rangle, M_i, \delta_i)$。由于请求消息是基于新鲜的随机数生成的，所以攻击者无法将两条消息关联到同一个发送者。因此，上述数据传输协议满足不可链接性。

9.5　抗泄露的 IBS 机制

在上述数据传输协议的通用构造中，具有泄露容忍性的 IBS 机制是其底层的核心键密码原语，因此本节将给出抗泄露 IBS 机制的具体构造 $\Pi = (\mathrm{Setup}, \mathrm{KeyGen}, \mathrm{Sign}, \mathrm{Verify})$。

9.5.1　具体构造

(1) $(\mathrm{Params}, \mathrm{msk}) \leftarrow \mathrm{Setup}(1^\kappa)$。

运行群生成算法 $\mathcal{G}(1^\kappa)$ 输出相应的元组 (p, g, G)，其中，G 是阶为大素数 p 的乘法循环群，g 是群 G 的生成元。令 $\mathrm{Ext}_2 : Z_p^* \times Z_p^* \to Z_p^*$ 是安全的二源随机性提取器，$\mathrm{Fun} : G \to \{0,1\}^{l_m}$ 是抗泄露的单向哈希函数。随机选取 $\alpha \leftarrow_R Z_p^*$ 和 $g_2 \leftarrow_R G$，并计算 $g_1 = g^\alpha$。随机选取 $u', m' \leftarrow_R G$，选取长度分别为 l_u 与 l_m 的两个向量 $\boldsymbol{U} = (u_i) \leftarrow_R (G)^{l_u}$ 和 $\boldsymbol{M} = (m_i) \leftarrow_R (G)^{l_m}$。

最后输出系统公开参数 $\text{Params}=\{p,G,g,g_1,g_2,u',m',\boldsymbol{U},\boldsymbol{M},\text{Ext}_2,\text{Fun}\}$，并秘密保存主私钥 $\text{msk}=g_2^{\alpha}$。

(2) $\text{sk}_{\text{id}} \leftarrow \text{KeyGen}(\text{msk},\text{id})$。

令 id 为 l_u 比特长的身份信息，$\text{id}[i]$ 表示身份 id 中的第 i 位，$\mathcal{U}\subseteq\{1,2,\cdots,l_u\}$ 表示 $\text{id}[i]=1$ 的所有下标 i 组成的集合。id 的私钥的生成过程如下所示。

随机选取 $r\leftarrow_R Z_p^*$，并计算 $d_1=g_2^{\alpha}\left(u'\prod_{i\in\mathcal{U}}u_i\right)^r$ 和 $d_2=g^r$。输出身份 id 对应的私钥 $\text{sk}_{\text{id}}=(d_1,d_2)$。

(3) $\delta\leftarrow\text{Sign}(\text{sk}_{\text{id}},M)$。

令 M 为 l_m 比特长的待加密信息，$M[i]$ 表示消息 M 中的第 i 位，$\mathcal{M}\subseteq\{1,2,\cdots,l_m\}$ 表示 $M[i]=1$ 的所有下标 i 组成的集合。

随机选取 $z_1,z_2\leftarrow_R Z_p^*$，计算 $z=\text{Ext}_2(z_1,z_2)$，然后计算

$$\sigma_1=g_2^{\alpha}\left(u'\prod_{i\in\mathcal{U}}u_i\right)^r\left(m'\prod_{i\in\mathcal{M}}m_i\right)^z、\ \sigma_2=g^r \text{ 和 } \sigma_3=g^z$$

输出消息 M 的相应签名 $\delta=(\sigma_1,\sigma_2,\sigma_3)$。

(4) $0/1\leftarrow\text{Verify}(\text{id},\delta)$。

计算 $W=e(g_1,g_2)e\left(u'\prod_{i\in\mathcal{U}}u_i,\sigma_2\right)e\left(m'\prod_{i\in\mathcal{M}}m_i,\sigma_3\right)$。若 $\text{Fun}(e(\sigma_1,g))=\text{Fun}(W)$ 成立，则输出 1，表示 $\delta=(\sigma_1,\sigma_2,\sigma_3)$ 是关于消息 M 的有效签名；否则，输出 0。

9.5.2　正确性

由下述等式即可获得上述 IBS 机制的正确性。

$$\begin{aligned}
e(\sigma_1,g)&=e\left(g_2^{\alpha}\left(u'\prod_{i\in\mathcal{U}}u_i\right)^r\left(m'\prod_{j\in\mathcal{M}}m_j\right)^z,g\right)\\
&=e(g_2^{\alpha},g)\,e\left(\left(u'\prod_{i\in\mathcal{U}}u_i\right)^r,g\right)e\left(\left(m'\prod_{j\in\mathcal{M}}m_j\right)^z,g\right)\\
&=e(g_1,g_2)e\left(u'\prod_{i\in\mathcal{U}}u_i,g^r\right)e\left(m'\prod_{j\in\mathcal{M}}m_j,g^z\right)\\
&=e(g_1,g_2)e\left(u'\prod_{i\in\mathcal{U}}u_i,\sigma_2\right)e\left(m'\prod_{j\in\mathcal{M}}m_j,\sigma_3\right)
\end{aligned}$$

9.5.3　泄露容忍的不可伪造性

本节将基于 CDH 困难性假设，在标准模型中证明上述 IBS 机制选择消息攻击

下的存在不可伪造性。

定理 9-8 对于任意的概率多项式时间敌手$\mathcal{A}$，如果其能以不可忽略的概率输出上述抗泄露 IBS 机制的有效伪造签名，那么存在一个敌手$\mathcal{B}$能以显而易见的优势解决 CDH 困难问题。

证明 设敌手$\mathcal{B}$的输入为 CDH 假设的公开元组(p,g,G)和挑战元组(g,g^a,g^b)，其中，$a,b \leftarrow_R Z_p^*$，则敌手$\mathcal{B}$的目标为计算g^{ab}。敌手$\mathcal{B}$与敌手$\mathcal{A}$进行下述游戏，具体的消息交互过程如下所示。

1) 初始化

敌手$\mathcal{B}$进行如下操作。

令$n_u = 2(q_e + q_s)$和$n_m = 2q_s$，随机选取满足条件$0 \leqslant k_u \leqslant l_u$和$0 \leqslant k_m \leqslant l_m$的两个参数$k_u$和$k_m$。特别地，上述参数$q_e$、$q_s$、$l_u$和$l_m$满足条件$n_u(l_u+1) \leqslant p$和$n_m(l_m+1) \leqslant p$，否则，重新选取相应的参数$q_e$和$q_s$。特别地，$k_u$与$k_m$是用于标记挑战身份和挑战消息的标签。

选取长度为l_u的向量$\boldsymbol{X}=(x_1,x_2,\cdots,x_{l_u})$，其中，元素$x_i$均从区间$[0,l_u-1]$中随机选取；继续选取随机值$x' \leftarrow_R [0,l_u-1]$。选取长度为$l_m$的向量$\boldsymbol{M}=(m_1,m_2,\cdots,m_{l_m})$，其中，元素$m_i$均从区间$[0,l_m-1]$中随机选取；继续选取随机值$z' \leftarrow_R [0,l_m-1]$。

选择两个随机数$y',w' \leftarrow_R Z_p^*$，随机选取长度为l_u的向量$\boldsymbol{Y}=(y_1,\cdots,y_{l_u}) \leftarrow_R (Z_p^*)^{l_u}$和长度为$l_m$的向量$\boldsymbol{W}=(w_1,\cdots,w_{l_m}) \leftarrow_R (Z_p^*)^{l_m}$。

令$g_1 = g^a$和$g_2 = g^b$（隐含地设置主私钥$\mathrm{msk} = g_2^a = g^{ab}$），然后计算

$$u' = g_2^{-n_u k_u + x'} g^{y'}、u_i = g_2^{x_i} g^{y_i} (1 \leqslant i \leqslant l_u)、m' = g_2^{-n_m k_m + z'} g^{w'} 和 m_j = g_2^{z_j} g^{w_j} (1 \leqslant j \leqslant l_m)$$

通过上述计算生成了向量$\boldsymbol{U}=(u_1,u_2,\cdots,u_{l_u})$和$\boldsymbol{M}=(m_1,m_2,\cdots,m_{l_m})$。

为了方便分析，定义下述关于身份 id 和消息M的两组函数：

$$F(\mathrm{id}) = -n_u k_u + x' + \sum_{i \in \mathcal{U}} x_i \text{ 和 } J(\mathrm{id}) = y' + \sum_{i \in \mathcal{U}} y_i$$

$$K(M) = z' + \sum_{j \in \mathcal{M}} z_j - n_m k_m \text{ 和 } L(M) = w' + \sum_{i \in \mathcal{M}} w_j$$

对于任意的身份 id 和消息M，有下面两个等式成立：

$$u' \prod_{i \in \mathcal{U}} u_i = g_2^{F(\mathrm{id})} g^{J(\mathrm{id})} \text{ 和 } m' \prod_{j \in \mathcal{M}} m_j = g_2^{K(M)} g^{L(M)}$$

最后，敌手$\mathcal{B}$输出系统公开参数$\mathrm{Params} = \{p,G,g,g_1,g_2,u',m',\boldsymbol{U},\boldsymbol{M},\mathrm{Ext}_2,\mathrm{Fun}\}$，其中，$\mathrm{Ext}_2 : Z_p^* \times Z_p^* \to Z_p^*$是安全的二源提取器，$\mathrm{Fun}: G \to \{0,1\}^{l_m}$是抗泄露的单向哈希函数。

2) 阶段 1

敌手 $\mathcal{A}$ 进行多项式次的下述询问。敌手 $\mathcal{B}$ 能够生成除挑战身份之外的任意身份 id 的私钥 $\mathrm{sk_{id}}$。此外，敌手 $\mathcal{B}$ 能够应答由敌手 $\mathcal{A}$ 提交的关于身份消息对 (id, M) 的签名询问。

(1) 密钥生成询问。

收到敌手 $\mathcal{A}$ 关于身份 id 的私钥生成询问时，敌手 $\mathcal{B}$ 进行如下操作。

①若 $F(\mathrm{id}) \neq 0$，敌手 $\mathcal{B}$ 随机选取 $r' \leftarrow_R Z_p$，构造身份 id 所对应的私钥 $d_{\mathrm{id}} = (d_1, d_2)$。

$$d_{\mathrm{id}} = (d_1, d_2) = \left(g_1^{\frac{-J(\mathrm{id})}{F(\mathrm{id})}} \left(u' \prod_{i \in \mathcal{U}} u_i \right)^{r'}, g_1^{-\frac{1}{F(\mathrm{id})}} g^{r'} \right)$$

令 $r = r' - \dfrac{a}{F(\mathrm{id})}$，由于 $a, r' \leftarrow_R Z_p$，r 是 Z_p 上的均匀随机值。那么有

$$\begin{aligned} d_1 &= g_1^{\frac{-J(\mathrm{id})}{F(\mathrm{id})}} \left(u' \prod_{i \in \mathcal{U}} u_i \right)^{r'} = g_1^{\frac{-J(\mathrm{id})}{F(\mathrm{id})}} \left(u' \prod_{i \in \mathcal{U}} u_i \right)^{r + \frac{a}{F(\mathrm{id})}} \\ &= g_1^{\frac{-J(\mathrm{id})}{F(\mathrm{id})}} \left(g_2^{F(\mathrm{id})} g^{J(\mathrm{id})} \right)^{\frac{a}{F(\mathrm{id})}} \left(u' \prod_{i \in \mathcal{U}} u_i \right)^{r} = g_2^{a} \left(u' \prod_{i \in \mathcal{U}} u_i \right)^{r} \\ d_2 &= g_1^{-\frac{1}{F(\mathrm{id})}} g^{r'} = g^{r' - \frac{a}{F(\mathrm{id})}} = g^{r} \end{aligned}$$

因此，$d_{\mathrm{id}} = (d_1, d_2)$ 是身份 id 的有效私钥。

②若 $F(\mathrm{id}) = 0$，则敌手 $\mathcal{B}$ 中断，并随机选取 $\mu' \leftarrow_R \{0,1\}$ 作为挑战值 μ 的猜测值。

(2) 泄露询问。

当收到敌手 $\mathcal{A}$ 关于身份 id 的私钥 $\mathrm{sk_{id}}$ 对函数 $f_i : \{0,1\}^* \to \{0,1\}^{\lambda_i}$ 的泄露询问时，敌手 $\mathcal{B}$ 进行如下操作。

①如果 $F(\mathrm{id}) \neq 0$，那么敌手 $\mathcal{B}$ 按照密钥生成查询中相同的方式为该身份 id 生成对应的私钥 $\mathrm{sk_{id}}$，然后将相应的泄露信息 $f_i(\mathrm{sk_{id}})$ 返回给敌手 $\mathcal{A}$。特别地，关于同一私钥 $\mathrm{sk_{id}}$ 的最大泄露量为系统设定的泄露参数 λ。

②如果 $F(\mathrm{id}) = 0$，那么敌手 $\mathcal{B}$ 以猜测的方式输出相应的泄露信息 $f_i(\mathrm{sk_{id}})$，其中猜测正确的概率为 $1/2^{\lambda}$。

(3) 签名询问。

当收到敌手 $\mathcal{A}$ 关于身份消息对 (id, M) 的签名询问时，敌手 $\mathcal{B}$ 进行如下操作。

①如果 $F(\mathrm{id}) \neq 0 \bmod n_u$，那么敌手 $\mathcal{B}$ 按照密钥生成查询中相同的方式为该身份 id 生成对应的私钥 $\mathrm{sk_{id}}$，然后运行签名算法 Sign 生成关于消息 M 的签名 δ，其中，$\delta \leftarrow \mathrm{Sign}(\mathrm{sk_{id}}, M)$。

②如果 $F(\mathrm{id})=0 \bmod n_u$ 且 $K(M)\neq 0 \bmod n_u$（由于已知 $n_m(l_m+1)\leqslant q$，有 $K(M)\neq 0 \bmod p$ 成立)，敌手 $\mathcal{B}$ 随机选取 $z_1,z_2,r\leftarrow_R Z_p^*$，计算 $z'=\mathrm{Ext}_2(z_1,z_2)$，然后计算相应的签名 $\delta=(\sigma_1,\sigma_2,\sigma_3)$。

$$\sigma_1=\left(u'\prod_{i\in\mathcal{U}}u_i\right)^r g_1^{-\frac{L(M)}{K(M)}}\left(m'\prod_{j\in\mathcal{M}}m_j\right)^{z'}、\ \sigma_2=g^r \text{ 和 } \sigma_3=g_1^{-\frac{1}{K(M)}}g^{z'}$$

令 $z=z'-\dfrac{a}{K(M)}$，由于 $a,z'\leftarrow_R Z_p$，z 是 Z_p 上的均匀随机值。那么有

$$\begin{aligned}\sigma_1&=\left(u'\prod_{i\in\mathcal{U}}u_i\right)^r g_1^{-\frac{L(M)}{K(M)}}\left(m'\prod_{j\in\mathcal{M}}m_j\right)^{z'}\\&=\left(u'\prod_{i\in\mathcal{U}}u_i\right)^r g_1^{-\frac{L(M)}{K(M)}}(g_2^{K(M)}g^{L(M)})^{\frac{a}{F(\mathrm{id})}}\left(m'\prod_{j\in\mathcal{M}}m_j\right)^{z}\\&=\left(u'\prod_{i\in\mathcal{U}}u_i\right)^r g_1^{-\frac{L(M)}{K(M)}}(g_2^{K(M)}g^{L(M)})^{\frac{a}{K(M)}}\left(m'\prod_{j\in\mathcal{M}}m_j\right)^{z}\\&=g_2^a\left(u'\prod_{i\in\mathcal{U}}u_i\right)^r\left(m'\prod_{j\in\mathcal{M}}m_j\right)^{z}\end{aligned}$$

$$\sigma_3=g_1^{-\frac{1}{K(M)}}g^{z'}=g^{z'-\frac{a}{K(M)}}=g^z$$

因此，$\delta=(\sigma_1,\sigma_2,\sigma_3)$ 是关于身份消息对 (id,M) 的有效签名。

③如果 $K(M)=0 \bmod n_m$，那么敌手 $\mathcal{B}$ 终止，并输出相应的符号 $\perp$。

3) 伪造

若敌手 $\mathcal{B}$ 在上述询问中未终止，且敌手 $\mathcal{A}$ 能以不可忽略的优势返回一个关于挑战身份 id^* 和挑战消息 M^* 的有效伪造签名 $\delta^*=(\sigma_1^*,\sigma_2^*,\sigma_3^*)$。若 $F(\mathrm{id}^*)\neq 0$ 或 $K(M^*)\neq 0$，则敌手 $\mathcal{B}$ 终止；否则敌手 $\mathcal{B}$ 进行下述计算：

$$\begin{aligned}W^*&=\frac{\sigma_1^*}{(\sigma_2^*)^{J(\mathrm{id}^*)}(\sigma_3^*)^{L(M^*)}}\\&=\frac{g_2^a\left(u'\prod_{i\in\mathcal{U}^*}u_i\right)^{r^*}\left(m'\prod_{j\in\mathcal{M}^*}m_j\right)^{z^*}}{(g^{r^*})^{J(\mathrm{id}^*)}(g^{z^*})^{L(M^*)}}\\&=\frac{g_2^a(g_2^{F(\mathrm{id}^*)}g^{J(\mathrm{id}^*)})^{r^*}(g_2^{K(M^*)}g^{L(M^*)})^{z^*}}{(g^{r^*})^{J(\mathrm{id}^*)}(g^{z^*})^{L(M^*)}}\end{aligned}$$

$$=\frac{g_2^a g^{J(\mathrm{id}^*)r^*} g^{L(M^*)z^*}}{(g^{r^*})^{J(\mathrm{id}^*)}(g^{z^*})^{L(M^*)}}=g_2^a=g^{ab}$$

最后，敌手 $\mathcal{B}$ 输出 $W^*=g^{ab}$ 作为 CDH 问题的解。此外，由抗泄露单向函数 $\mathrm{Fun}: G\to\{0,1\}^{l_m}$ 的安全性可知，$\lambda\leqslant\log q-l_m-\omega(\log\kappa)$。

综上所述，如果存在一个敌手 $\mathcal{A}$，它能以明显的优势攻破上述 IBS 机制的不可伪造性，那么我们就可以构建一个敌手 $\mathcal{B}$，它能以不可忽略的优势解决 CDH 困难问题。因此，对于任意多项式时间敌手，如果泄露参数 λ 满足 $\lambda\leqslant\log q-l_m-\omega(\log\kappa)$，那么上述 IBS 机制具有抗泄露的不可伪造性。

定理 9-8 证毕。

参 考 文 献

[1] Boneh D, Lynn B, Shacham H. Short signatures from the Weil pairing. Proceedings of the 7th International Conference on the Theory and Application of Cryptology and Information Security, Gold Coast, 2001: 514-532.

[2] Guo F C, Susilo W, Mu Y. Introduction to Security Reduction. Berlin: Springer, 2018.

[3] Zhang F G, Reihaneh S N, Susilo W. An efficient signature scheme from bilinear pairings and its applications. Proceedings of the 7th International Workshop on Theory and Practice in Public Key Cryptography, Singapore, 2004: 277-290.

[4] Boneh D, Boyen X. Short signatures without random oracles. Proceedings of the International Conference on the Theory and Applications of Cryptographic Techniques, Interlaken, 2004: 56-73.

[5] Waters B. Efficient identity-based encryption without random oracles. Proceedings of the 24th Annual International Conference on the Theory and Applications of Cryptographic Techniques, Aarhus, 2005: 114-127.

[6] Gentry C. Practical identity-based encryption without random oracles. Proceedings of the 25th Annual International Conference on the Theory and Applications of Cryptographic Techniques, Saint Petersburg, 2006: 445-464.

[7] 杨波. 密码学中的可证明安全性. 北京: 清华大学出版社, 2017.

[8] ElGamal T. A public key cryptosystem and a signature scheme based on discrete logarithms. IEEE Transactions on Information Theory, 1985, 31(4): 469-472.

[9] Dodis Y, Haralambiev K, López-Alt A, et al. Efficient public-key cryptography in the presence of key leakage. Proceedings of the 16th International Conference on the Theory and Application of Cryptology and Information Security, Singapore, 2010: 613-631.

[10] Cramer R, Shoup V. A practical public key cryptosystem provably secure against adaptive chosen ciphertext attack. Proceedings of the 18th Annual International Cryptology Conference, Santa Barbara, 1998: 13-25.

[11] Rivest R L, Shamir A, Adleman L M. A method for obtaining digital signatures and public-key cryptosystems. Communications of the ACM, 1978, 21(2): 120-126.

[12] Shamir A. Identity-based cryptosystems and signature schemes. Proceedings of the 4th Annual

International Cryptology Conference, Santa Barbara, 1984: 47-53.

[13] Boneh D, Franklin M K. Identity-based encryption from the Weil pairing. Proceedings of the 21st Annual International Cryptology Conference, Santa Barbara, 2001: 213-229.

[14] Boneh D, Boyen X. Efficient selective-ID secure identity-based encryption without random oracles. Proceedings of the International Conference on the Theory and Applications of Cryptographic Techniques, Interlaken, 2004: 223-238.

[15] Boneh D, Boyen X. Secure identity based encryption without random oracles. Proceedings of the 24th Annual International Cryptology Conference, Santa Barbara, 2004: 443-459.

[16] Zhou Y W, Yang B, Mu Y. Continuous leakage-resilient identity-based encryption without random oracles. The Computer Journal, 2018, 61 (4): 586-600.

[17] Boneh D, Boyen X, Goh E. Hierarchical identity based encryption with constant size ciphertext. Proceedings of the 24th Annual International Conference on the Theory and Applications of Cryptographic Techniques, Aarhus, 2005: 440-456.

[18] Park J H, Lee D H. An efficient IBE scheme with tight security reduction in the random oracle model. Designs, Codes and Cryptography, 2016, 79 (1): 63-85.

[19] Sakai R, Kasahara M. ID based cryptosystems with pairing on elliptic curve. IACR Cryptology ePrint Archive, 2003: 54.

[20] Ren Y L, Gu D W. Fully CCA2 secure identity-based broadcast encryption without random oracles. Information Processing Letters, 2009, 109 (11): 527-533.

[21] Waters B. Dual system encryption: Realizing fully secure IBE and HIBE under simple assumptions. Proceedings of the 29th Annual International Cryptology Conference, Santa Barbara, 2009: 619-636.

[22] Lewko A B, Waters B. New techniques for dual system encryption and fully secure HIBE with short ciphertexts. Proceedings of the 7th Theory of Cryptography Conference, Zurich, 2010: 455-479.

[23] Canetti R, Halevi S, Katz J. A forward-secure public-key encryption scheme. Proceedings of the International Conference on the Theory and Applications of Cryptographic Techniques, Warsaw, 2003: 255-271.

[24] Dodis Y, Fazio N. Public key broadcast encryption for stateless receivers. Proceedings of the security and privacy in digital rights management, Washington, 2002: 61-80.

[25] Naor D, Naor M, Lotspiech J. Revocation and tracing schemes for stateless receivers. Proceedings of the 21st Annual International Cryptology Conference, Santa Barbara, 2001: 41-62.

[26] Boyen X, Waters B. Anonymous hierarchical identity-based encryption (without random

oracles). Proceedings of the 26th Annual International Cryptology Conference, Santa Barbara, 2006: 290-307.

[27] Boneh D, Hamburg M. Generalized identity based and broadcast encryption schemes. Proceedings of the 14th International Conference on the Theory and Application of Cryptology and Information Security, Melbourne, 2008: 455-470.

[28] Canetti R, Halevi S, Katz J. Chosen-ciphertext security from identity-based encryption. Proceedings of the International Conference on the Theory and Applications of Cryptographic Techniques, Interlaken, 2004: 207-222.

[29] Zhou Y W, Cao L, Yang B, et al. A direct construction of continuous leakage-resilient (H) IBE scheme with CCA security from dual system encryption. Computer Standards and Interfaces, 2023, 83: 103668.

[30] Sahai A, Waters B. Fuzzy identity-based encryption. Proceedings of the 24th Annual International Conference on the Theory and Applications of Cryptographic Techniques, Aarhus, 2005: 457-473.

[31] Goyal V, Pandey O, Sahai A, et al. Attribute-based encryption for fine-grained access control of encrypted data. Proceedings of the 13th ACM Conference on Computer and Communications Security, Alexandria, 2006: 89-98.

[32] Waters B. Ciphertext-policy attribute-based encryption: An expressive, efficient, and provably secure realization. Proceedings of the 14th International Conference on Practice and Theory in Public Key Cryptography, Taormina, 2011: 53-70.

[33] Shamir A. How to share a secret. Communications of the ACM, 1979, 22(11): 612-613.

[34] Hohenberger S, Waters B. Attribute-based encryption with fast decryption. Proceedings of the 16th International Conference on Practice and Theory in Public-Key Cryptography, Nara, 2013: 162-179.

[35] Rouselakis Y, Waters B. Efficient statically-secure large-universe multi-authority attribute-based encryption. Proceedings of the 19th International Conference of Financial Cryptography and Data Security, San Juan, 2015: 315-332.

[36] Xiong H, Yuen T H, Zhang C, et al. Leakage-resilient certificateless public key encryption. Proceedings of the 1st ACM Workshop on Asia Public-Key Cryptography, Hangzhou, 2013: 13-22.

[37] Al-Riyami S S, Paterson K P. Certificateless public key cryptography. Proceedings of the 9th International Conference on the Theory and Application of Cryptology and Information Security, Taipei, 2003: 452-473.

[38] Baek J, Reihaneh S N, Susilo W. Certificateless public key encryption without pairing. Proceedings of the 8th International Conference on Information Security, Singapore, 2005: 134-148.

[39] Zhou Y W, Yang B. Leakage-resilient CCA2-secure certificateless public-key encryption scheme without bilinear pairing. Information Processing Letters, 2018, 130: 16-24.

[40] Zhou Y W, Yang B. Continuous leakage-resilient certificateless public key encryption with CCA security. Knowledge-Based Systems, 2017, 136: 27-36.

[41] Zhou Y W, Yang B, Cheng H, et al. A leakage-resilient certificateless public key encryption scheme with CCA2 security. Frontiers of Information Technology and Electronic Engineering, 2018, 19(4): 481-493.

[42] 周彦伟, 杨波, 王青龙. 可证安全的抗泄露无证书混合签密机制. 软件学报, 2016, 27(11): 2898-2911.

[43] Cramer R, Shoup V. Universal hash proofs and a paradigm for adaptive chosen ciphertext secure public-key encryption. Proceedings of the International Conference on the Theory and Applications of Cryptographic Techniques, Amsterdam, 2002: 45-64.

[44] 陈宇. 浅谈哈希证明系统. https://zhuanlan.zhihu.com/p/29962617[2023-01-18].

[45] Zhou Y W, Yang B. Continuous leakage-resilient public-key encryption scheme with CCA security. The Computer Journal, 2017, 60(8): 1161-1172.

[46] Zhou Y W, Yang B, Zhang W Z, et al. CCA2 secure public-key encryption scheme tolerating continual leakage attacks. Security and Communication Networks, 2016, 9(17): 4505-4519.

[47] Yang R P, Xu Q L, Zhou Y B, et al. Updatable hash proof system and its applications. Proceedings of the 20th European Symposium on Research in Computer Security, Vienna, 2015: 266-285.

[48] Alwen J, Dodis Y, Naor M, et al. Public-key encryption in the bounded-retrieval model. Proceedings of the 29th Annual International Conference on the Theory and Applications of Cryptographic Techniques, Riviera, 2010: 113-134.

[49] Chow S S M, Dodis Y, Rouselakis Y, et al. Practical leakage-resilient identity-based encryption from simple assumptions. Proceedings of the 17th ACM Conference on Computer and Communications Security, Chicago, 2010: 152-161.

[50] Chen Y, Zhang Z Y, Lin D D. Anonymous identity-based hash proof system and its applications. Proceedings of the 6th International Conference of Provable Security, Chengdu, 2012: 143-160.

[51] Zhou Y W, Yang B, Mu Y. The generic construction of continuous leakage-resilient identity-based cryptosystems. Theoretical Computer Science, 2019, 772: 1-45.

[52] Zhou Y W, Yang B, Xia Z, et al. Anonymous and updatable identity-based hash proof system. IEEE Systems Journal, 2019, 13(3): 2818-2829.

[53] Chen R M, Mu Y, Yang G M, et al. Strongly leakage-resilient authenticated key exchange. Proceedings of the Cryptographer's Track of the RSA Conference, San Francisco, 2016: 19-36.

[54] 周彦伟. 泄露攻击下可证明安全的公钥密码机制. 北京: 科学出版社, 2021.

[55] Dodis Y, Reyzin L, Smith A D. Fuzzy extractors: How to generate strong keys from biometrics and other noisy data. Proceedings of the International Conference on the Theory and Applications of Cryptographic Techniques, Interlaken, 2004: 523-540.

[56] Boyle E, Segev G, Wichs D. Fully leakage-resilient signatures. Proceedings of the 30th Annual International Conference on the Theory and Applications of Cryptographic Techniques, Tallinn, 2011: 89-108.